GREEN MAMBA

SCHATTEN DES TODES

STILLER & STILLER

Barry & Dana Stiller

GREEN MAMBA
Schatten des Todes

Alle Ereignisse, Personen, Orte, öffentlichen und privaten Einrichtungen, Behörden, Firmen und Markennamen in diesem Roman sind entweder frei erfunden oder werden fiktiv verwendet.

Herausgeber: Jochen Seelhammer, Raiffeisenstr. 20, 57577 Hamm
Lektorat: Lena Gutacker
Umschlaggestaltung: Copyright © by SEELstyle
Umschlagfoto: © Jochen Seelhammer Photographie, www.seelhammer.de
Alle Karten und Illustrationen: Copyright © 2017 by Stiller & Stiller

Druck und Verarbeitung:
Sowa, Piaseczno, Polen

Bestellung und Vertrieb:
Nova MD GmbH, Vachendorf

ISBN: 978-3-96443-337-4

Dana widmet dieses Buch
Papa, Lolo und Chilla.

Barry widmet dieses Buch
seinen Eltern.

GREEN ★ MAMBA

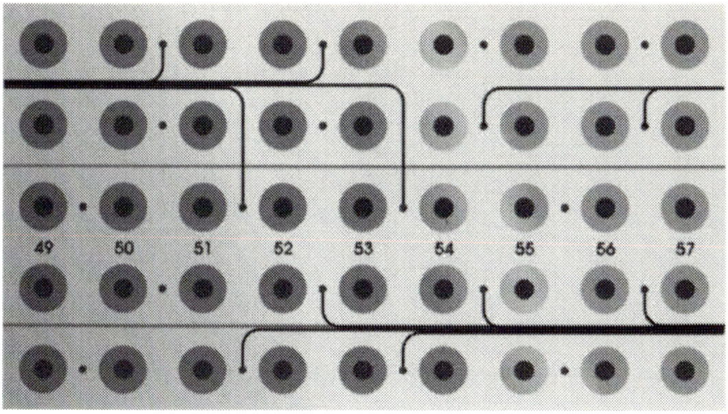

Dienstag, 12. Februar 1974

07:37 UHR

»Nun mach schon, mir wird kalt!« Der Junge, etwa zwölf Jahre alt, trat von einem Fuß auf den anderen und rieb die Finger gegeneinander, was kaum half.

Alexejs schlaksiger Schatten tauchte hinter dem Baumstamm auf. »Jetzt stell dich nicht so an«, gab er zurück, während er seinen Hosenstall schloss.

Obwohl die Jungen fast gleich alt waren, wirkte Alexej wie der große Bruder. »Weiter geht's. Stell die Träger enger, sonst tun dir nachher die Schultern weh«, wies er Sascha mit fachmännischem Blick auf seinen Rucksack an. Alexejs Vater verstand keinen Spaß bei fehlerhafter oder nachlässiger Ausrüstung. Er war ein fanatischer Naturfreund, der mit seinen Söhnen manchmal wochenlang in den Wäldern verschwand. Während Alexejs Schulfreunde Urlaub an der See machten oder in der Laubenkolonie mit Freunden Tischtennis spielten, lernten er und seine zwei Brüder, wie man auch unter schwierigen Bedingungen überleben konnte.

Sascha hingegen fuhr mit seinen Eltern immer zur Großmutter in die Stadt. Am liebsten aß er dann Eiscreme im Freibad. Alexejs Leben schien ihm anders und interessant. Er machte aus seiner grenzenlosen Bewunderung für den neuen Freund keinen Hehl, und so war dem letztlich nichts anderes übrig geblieben, als für ein echtes Abenteuer zu sorgen. Ein Abenteuer, das für Sascha zu einem großen Teil aus Frieren zu bestehen schien. Alexejs Jacke mochte der Herausforderung eines frostigen Februarmorgens gewachsen sein, Saschas Kaufhaus-Parka war es nicht. Bei den Vorbereitungen für ihre geheime Exkursion hatte Alexej kurz überlegt, die daunengestopfte Jacke von seinem Bruder Dmitri mitzunehmen, aber das wäre zu Hause gleich aufgefallen und hätte ihm unglaublichen Ärger mit seinen Eltern eingebracht.

»Gut, wir haben noch ungefähr zwei Stunden«, sagte Alexej im Tonfall eines Kommandanten, der seinen Generälen die Strategie erklärt.

»Zwei Stunden?«

»Bevor wir umkehren müssen.«

Sascha hielt sich im Windschatten des Freundes, während sie eine kleine Steigung erklommen. »Wo gehen wir genau hin? Du warst doch schon mal hier, oder?«

Alexej grinste kurz und blieb auf dem höchsten Punkt des Hügels stehen. Der Blick über die vor ihnen liegende Ebene war weit und wurde nur durch kleine Gruppen von dürren Bäumen unterbrochen. »Niemand geht hier hin, Sascha«, murmelte er mit bösartig verstellter Stimme.

Einen Moment starrten die Jungen einander an, dann fing Alexej an zu lachen und Sascha boxte ihn in die Rippen.

»Jetzt komm schon, wir sind am ersten Zaun«, rief Alexej und lief los.

Am Fuß des Hanges hing ein Maschendrahtzaun schlapp zwischen eisernen Pfosten. Gefrorenes Laub klebte an den Maschen und türmte sich an den betonierten Fundamentklötzen. Ein verrostetes Schild mit kaum lesbarer Beschriftung ließ noch erahnen, dass es sich einmal um eine militärische Absperrung gehandelt hatte – oder noch handelte? Saschas Herzschlag beruhigte sich, als ihm klar wurde, dass das, was sie taten, seine Mutter zwar sicherlich in Aufregung versetzen würde, aber nichts so richtig Verbotenes war. Jedenfalls redete er sich das ein.

Es war nicht so, als würde er Alexej nichts anderes zutrauen. Der hat Schneid. Das hat der von seinem Vater, hatte Saschas Mutter gesagt, und sie hatte das nicht freundlich gemeint, schien es Sascha. Seine Mutter mochte keine Soldaten und schon gar keine wie Alexejs Vater.

»Hier, nimm.« Sascha nahm ein Päckchen entgegen, das er nach einem Augenblick als ein in Papier gewickeltes Butterbrot erkannte. »Du hast bestimmt nicht gefrühstückt.«

»Du bist ja schlimmer als meine Mutter.«

»Klar, die will ja auch, dass du noch groß und stark wirst«, stichelte Alexej, der selbst ständig mit Essen vollgestopft wurde, in der Hoffnung, dass er nicht wie eine Bohnenstange immer weiter nur in die Höhe schießen würde.

Sascha schnaubte und biss in die buttrige Stulle. Die musste Alexej selbst für ihn geschmiert haben. Er grinste bei der Vorstellung. In seinem eigenen Rucksack waren nur eine Tüte harte Zuckerbonbons und Kekse, in einem unbeobachteten Moment aus dem Küchenkabuff entwendet. Und natürlich die Trinkflasche. Sie war aus Aluminium und sah aus, als hätte sie schon einiges mitgemacht. Wasser dabei zu haben war das Allerwichtigste, hatte sein Freund ihm erklärt. Und weil Sascha überhaupt nichts besaß, was für ein solches Abenteuer nützlich war, hatte er ihm seine alte Trinkflasche geschenkt.

Ein Stück hinter dem alten Zaun trafen die beiden Jungen auf einen überwachsenen Weg aus Betonplatten. Selbst Sascha erkannte die typisch militärische Bauweise gleich. Das Kribbeln in seinem Magen nahm wieder zu und er fragte sich, ob das hier eine gute Idee war, egal wie zerfallen der Zaun ausgesehen hatte. Hundert Meter hinter der alten Panzerstraße mussten sie einen zweiten, in einem breiten Streifen aus Nadelgehölz verborgenen Maschendrahtzaun überwinden – der wesentlich besser in Schuss war.

Sie gingen immer weiter durch die kalte Landschaft, in der es nicht viel zu sehen gab. Zumindest nicht für Sascha, weil für ihn alle Bäume gleich aussahen und er auch noch nie irgendetwas gejagt oder sich je dafür interessiert hatte. Nachdem er das zweite Mal ausglitt und beinahe lang hinschlug, hielt er seinen Blick die meiste Zeit auf den Boden unmittelbar vor seinen Füßen gerichtet. Wäre er nicht mit Alexej unterwegs gewesen, Sascha wäre längst umgekehrt.

Nach einer gefühlten Ewigkeit zeigte Alexej ihm Abdrücke im Boden und behauptete, dass die von einem Wolf stammten. Sie folgten der Spur ein Stück weit. Sein Freund zeigte stolz das Jagdmesser vor, das sein Vater ihm zum letzten Geburtstag geschenkt hatte, als wolle er sie damit gegen wilde Tiere verteidigen.

Doch Sascha vermisste das erhoffte Abenteuer. Leise Enttäuschung breitete sich in ihm aus, und insgeheim sehnte er sich nach seiner warmen Bettdecke.

»Wie krass! Guck dir das an.« Alexej hielt einen Stock in der Hand und stocherte auf dem Boden vor sich herum. Zunächst war nicht zu erkennen, was er da tat.

Sascha trat neben den Freund – und machte einen Satz zurück. »Igitt, das ist eklig!«

»Das ist nur ein toter Biber.« Alexej fasste nach dem Messer in der seitlichen Tasche seiner Hose. »Eigentlich sieht er noch frisch aus. Wenn ich meinem Vater nicht erklären müsste, wie ich an den Pelz gekommen bin…«

Sascha wurde kreidebleich und wagte nicht, sich zu rühren. Er sagte auch nichts. Im wurde übel.

Alexej ging neben dem verendeten Tier in die Hocke und musterte den feucht glänzenden Pelz. Als er den massigen Kadaver unter beträchtlichem Krafteinsatz mit dem Stock umgedreht hatte, verzog er enttäuscht das Gesicht. »Sowieso nicht zu gebrauchen. Der Pelz ist hier völlig kaputt.«

»Hm-hm.« Sascha kämpfte mit dem Brechreiz.

»Na hier! Da, siehst du das?« Er wies auf eine Stelle, an der sich etwas Unebenes, Dunkles von der weißlichen Haut abhob; das Haarkleid fehlte hier fast völlig.

»Ja doch.«

Alexej bemerkte erst jetzt, dass sein Freund sich unwohl fühlte. »Man könnte immer noch tolle Handschuhe daraus machen. Oder einen Pelzkragen.« Es klang wie eine Verteidigung.

»War das der Wolf?«

Alexej betrachtete das zerstörte Gewebe näher. »So eine Verletzung habe ich noch nicht gesehen. Von einem Wolf ist die sicher nicht.« Er schüttelte den Kopf. »Sieht eher aus, als wäre der Biber krank gewesen.«

»Lass uns einfach weitergehen, ja?«

Nach dem Fund des Bibers war Alexej schweigsamer und bewegte sich rascher durch die buckelige Landschaft als zuvor. Sascha hatte das Gefühl, den Freund verärgert zu haben. Unglücklich versuchte er, weiter Schritt zu halten.

Die Sonne löste endlich den Hochnebel über ihnen auf und spiegelte sich hell in den vereisten Senken überall um sie herum. Überhaupt war das Gelände irgendwie anders geworden, bemerkte Sascha, als er den Blick für einige Momente vom Erdboden vor seinen Füßen löste. Als hätte jemand eine Decke nur nachlässig über ein Bett gebreitet, hob und senkte sich die Erdoberfläche hier auf engem Raum. Überall lagen kleine Tümpel verstreut, aus denen gefrorenes Gras stak.

»Ich hab's doch gewusst«, rief Alexej plötzlich und blieb stehen. »Siehst du das?«, fragte er mit ausgestrecktem Arm.

Sascha kniff die Augen zusammen. »Was ist das denn?«

»Lass uns nachgucken.«

Mit neuer Energie marschierten sie los in Richtung des dunklen, schroffen Schattens, der sich in gut hundert Metern Entfernung mannshoch über den Boden erhob. Nach wenigen Schritten trafen sie erneut auf einen Militärweg aus standardisierten Betonelementen. Keinem der Jungen fiel auf, dass dieser hier weniger verfallen war als der in der Nähe des Sperrzauns.

Der Plattenweg führte genau in die Richtung des Bauwerks, das immer mehr Ähnlichkeit mit einem Bunker aufwies, je näher sie kamen. Endlich wurde es spannend, dachte Sascha. Er hatte eigentlich keine Ahnung, was man dort finden konnte. Trotzdem besaß die

Vorstellung, einen verlassenen Bunker zu erforschen, einen unerwartet hohen Reiz, der ihm die Handflächen schwitzig werden ließ. Während er wartete, schlich Alexej sich aufwendig an das ominöse Gebäude an, was Sascha mit einer Mischung aus Belustigung und Bewunderung beobachtete. Er hatte den Auftrag bekommen, aus der Deckung eines kahlen Holunderstrauchs heraus Wache zu halten. Alexej duckte sich alle paar Schritte tief in das Gras und umrundete den Bau zweimal in einer enger werdenden Spirale. Er sah nicht so aus, als mache er das zum ersten Mal. Erneut wunderte sich Sascha über seinen Freund. Er dachte an die Gerüchte, die über Alexejs Vater kursierten. Am liebsten hätte er ihn einfach gefragt, aber jedes Mal, wenn der Zeitpunkt geeignet erschien, brachte er es nicht über sich. Vielleicht würde er sich heute endlich überwinden, wenn sie sich auf den langen Weg zurück nach Hause machten.

Es waren vielleicht fünf Minuten vergangen, ehe Sascha einen seltsamen Pfiff hörte. So klang dann wohl ein Wiesenpieper, dachte er, denn das war das vereinbarte Signal für ihn nachzukommen. Er schlang sich den einen Riemen seiner Tasche über die Schulter und stakste durch den zunehmend matschigen Boden.

Minuten später war die Enttäuschung der beiden Abenteurer grenzenlos. »Verdammt nochmal, so eine Kacke.« Alexej trat gegen die Stahltür, die ihnen den Zugang verwehrte.

Er sah richtig wütend aus, fand Sascha. Jetzt, wo sie bloß herumstanden und auf den versiegelten Eingang starrten, wurde ihm wieder kalt und seine Zähne klapperten hinter den zusammengepressten Lippen.

»Ich sehe nach, ob es noch andere Wege da rein gibt«, erklärte Alexej und erklomm behände das kleine Bauwerk. Vielleicht verbarg sich darunter tatsächlich ein unterirdischer Bau – und dies war nur ein oberirdischer Zugang zu einem viel größeren Bauwerk. So mitten im Nirgendwo schien das Sascha unwahrscheinlich, aber was wusste er schon von Bunkern?

Alexej verschwand aus seinem Blickfeld, und Sascha ging auf dem freien und relativ ebenen Platz vor dem kleinen Gebäude einige Schritte umher. *Eigentlich könnte man hier gut ein Feuerchen machen.*

Er und Alexej sollten im Sommer noch einmal herkommen, dann wäre es hier bestimmt prima, überlegte er, und trat auf den flachen kleinen Moorsee zu, dessen schilfbestandenes Ufer sich einen Steinwurf vom Bunker entfernt befand.

Vor Erstaunen blieb der Junge wie angewurzelt stehen. »Alexej!« Der Freund hatte ihn scheinbar nicht gehört, und zu sehen war er auch nicht. Ein kurzes Schaudern durchlief ihn.

»Alexej! Ich habe etwas gefunden!«

Es dauerte nochmal zwanzig Sekunden, bis Sascha Rascheln und die Schritte seines Freundes im hohen Gras hinter sich hörte.

»Was schreist du denn hier so–« Alexejs Mahnung blieb unvollendet. Er blickte voller Erstaunen auf das, was Sascha entdeckt hatte, und dann grinste er den Freund breit an. »Das ist verrückt! Sowas habe ich ja noch nie gesehen.«

Sie hockten sich vor die stabile Konstruktion aus Metallrohren, an der eine Reihe eckiger, verschiedenfarbiger Kästen befestigt war. Die kleinen eingeprägten Buchstaben und Ziffern waren im Gegenlicht nicht lesbar. Alexejs Finger fuhren prüfend an ihnen entlang, und dann schnappte an dem dunkelbraunen Gerät die Abdeckung empor.

»Sieh dir das an«, murmelte Alexej, nachdem er einem leisen Pfiff ausgestoßen hatte. Sascha kam näher und betrachtete die nun sichtbaren Bedienelemente und Anzeigen, den großen Drehknopf auf der rechten Seite. Die Beschriftungen waren deutlich erkennbar, für ihn aber völlig unverständlich.

Alexej schloss die Klappe wieder und wandte sich dem nächsten Kasten zu, aus dem stabile Kunststoffschläuche zu kleineren, länglichen Apparaten führten.

»Was machst du denn da?«

»Wonach sieht es denn aus, Sascha?« Alexej hatte seine grünen Wollhandschuhe ausgezogen und zwischen die knochigen Knie geklemmt. Nun schob er seine Finger unter die Halterung und löste die etwa handlangen, röhrenförmigen Endstücke heraus, dann drehte er sie, bis sich die Anschlüsse lockerten. »Wir nehmen uns ein paar Andenken mit.«

Sascha nahm die kleine Trophäe entgegen. Es rumorte in seinem Magen, denn das war jetzt garantiert verboten. Er hatte noch nie etwas genommen, was ihm nicht gehörte. Er hatte noch nie gestohlen.

Das Geräusch eines Motors war plötzlich da.

Sein Herz blieb für einen Moment stehen, alles Blut wich ihm aus dem Kopf. Er und sein Freund starrten einander an und konnten sich nicht rühren. Dann tauchte ein dunkelgrüner Wagen aus dem Nichts zwischen den fernen Buckeln der Landschaft auf und ratterte wie ein Schnellzug den Plattenweg entlang. Er war vielleicht fünfhundert Meter entfernt, dann vierhundert. Dreihundert. Als sie endlich aufsprangen, um zu ihren Rucksäcken zu rennen, wurden sie von den Männern im Geländewagen entdeckt. Das Auto wurde einen Augenblick langsamer – dann trat der Fahrer aufs Gas.

»Scheiße, sie haben uns gesehen.« Die Stimme seines Freundes zitterte. Er war schon bei ihrem Gepäck angekommen und warf Sascha seinen Rucksack hart entgegen. »Renn.«

»Aber wohin denn?«

»Zurück. Ab hier kommt der Sumpf«, schrie er ihn an. »Jetzt renn endlich los!«

Sie überquerten den betonierten Panzerweg so knapp vor dem heranpreschenden Militärfahrzeug, dass sie die Gesichter der zwei Insassen erkennen konnten. Wie die Hasen wetzten die Jungen im Zickzack über Grasbuckel und matschige Senken; einfach nur weg. Der lose sitzende Rucksack schlug Sascha bei jedem Schritt hart aufs Rückgrat, aber er bemerkte es in seiner Panik kaum.

Der Wagen war mit Knirschen und grellem Quietschen zum Stehen gekommen. Jetzt war Fluchen zu hören. Dann hallte ein lauter Knall durch die Luft. Er erstarrte und drehte sich um. Wieder war er unfähig, sich von der Stelle rühren, obwohl Alexej sich immer weiter entfernte. Die zwei Soldaten setzten ihnen nach, und der eine hob erneut sein Gewehr an die Schulter. Ruhig legte er an. Aber nicht auf ihn.

Sascha wollte schreien und öffnete den Mund, doch die notwendige Luft blieb irgendwo in seinem Hals stecken. Zum Glück, denn hätte sein Freund sich umgedreht, hätte die nächste Kugel nicht den

Rucksack getroffen, sondern seinen Brustkorb. Die Projektile zerfetzten den groben Stoff der Tasche an der Seite. Als klar wurde, dass Alexej offenbar unverletzt weiterrannte, konnte er sich aus seiner Starre lösen. Sascha rannte los. Die Richtung war gleichgültig, die Landschaft bot in keiner Richtungen eine erkennbare Deckung. Dem Freund weiter zu folgen, kam ihm nicht in den Sinn – er wäre unweigerlich in die Schussbahn geraten.

Er bahnte sich einen Weg zwischen Birken und niedrigen Buchen. Die kahlen Bäume warfen feine Schattenmuster auf den Boden, weil die Sonne fahl, aber kräftig durch den morgendlichen Dunst schien. Überall schillerten flache Pfützen und kleine Tümpel wie poliertes Silber. Panisch realisierte er, dass es nirgendwo Verstecke gab. Das Gebiet war nicht vollkommen flach, doch die dünnen Bäume standen selten dicht genug, um Sichtschutz zu bieten. Wenn er sich in eine der Senken duckte, dann musste sein Verfolger nur etwas Geduld haben und warten, bis er Spannung oder Kälte nicht länger ertrug und sich erhob. Plötzliche Bewegungen waren leicht zu entdecken, gerade in der eisigen Starre dieses verlassenen Wäldchens.

Also lief er einfach weiter. Er war kein guter Sportler, aber ein wenig Ausdauer hatte er schon – und eine solche Angst, dass er die Anstrengung lange Zeit nicht wahrnahm. Der Mann, der sich ihm an die Fersen geheftet hatte, war noch immer da, kam jedoch schon seit einer ganzen Weile nicht näher. Was sollte das? Offenbar wusste sein Verfolger ganz genau, wo er sich befand, und mit so einem Gewehr konnte man ihn sicher noch aus einiger Entfernung treffen, schätzte er. Das konnte natürlich heißen, dass der Mann ihn vielleicht nicht erschießen wollte. Nach dem, was vorhin passiert war, schien das jedoch wenig wahrscheinlich.

Nein, der Mann brauchte nicht zu schießen, weil er sich ganz sicher war, seine Beute später einfacher zu erwischen. Das hier war eine Treibjagd. Was, wenn die beiden Jäger sich absprachen und ihn in die Enge trieben, wo er dann von weiteren Häschern erwartet wurde? Er war bisher davon ausgegangen, dass die beiden Soldaten auf Patrouillenfahrt und keine anderen Trupps in der Nähe waren, doch vermutlich stimmte das nicht. Es reichte ja, wenn sich die beiden

Männer auf eine Himmelsrichtung geeinigt hatten, dann liefen sie den anderen Jägern automatisch vor die Flinten. Man konnte es drehen, wie man wollte. Er hatte keine Ahnung, wo er sich befand, und er musste damit rechnen, dass schon hinter der nächsten kleinen Anhöhe die perfekte Falle auf ihn wartete. Er versuchte, die Panik herunterzuschlucken, und lauschte.

Der Mann, der ihm, zumeist außer Sicht, folgte, hatte noch keine Schüsse abgegeben, ihm aber immer wieder zugerufen stehenzubleiben. Das würde er auf keinen Fall tun, obwohl er wusste, dass er nicht unbegrenzt lange vor dem Erwachsenen davonrennen konnte. Er spürte bereits, dass er allmählich langsamer wurde; und wenn der Mann wirklich ein Soldat war, dann konnte er eine solche Verfolgung wahrscheinlich mehrere Stunden lang fortsetzen. Verzweifelt wünschte er sich den Freund an seine Seite. Der hätte ganz sicher gewusst, wie man sich in so einer Situation schlau verhielt und überlebte.

Alexej hatte ihn aber auch erst in diese Situation gebracht.

Unwirsch schob er den Gedanken beiseite. Er sollte sich darauf konzentrieren, hier herauszukommen. Wenn er versuchte, die Richtung zu ändern, riskierte er, den Verfolger näher herankommen zu lassen. Er konnte nur einen ganz leichten Bogen schlagen, wenn er ihm nicht vor die Waffe laufen wollte.

Sein Fuß stieß auf ein Hindernis unter dem tiefen Laub. Er war zu erschöpft, um das Gleichgewicht zu halten, und fiel in einen Zaun. Es dauerte einen Augenblick, bis er begriff, dass er tatsächlich zu derselben Stelle zurückgekehrt war, die sein Freund und er vor ein paar Stunden schon einmal passiert hatten. Noch ein weiterer Moment verging, bis er bemerkte, dass er fast zur Gänze im aufgehäuften Laub auf der hangwärtigen Seite des Maschendrahts versunken war. Hektisch streifte Sascha den Rucksack ab und schlüpfte tiefer in das eisige, lose Blattgewühl. Schließlich lag er längs des Zauns und sah sich um. Kein Verfolger. Keine Bewegung. Keine Tiere. Nicht einmal der Wind war zu hören, sein Herzschlag schien das lauteste Geräusch. Endlose Minuten passierte gar nichts.

Dann ein rhythmisches Rauschen von Blättern. Es kündigte den heranwatenden Verfolger an, lange bevor er in sein Blickfeld trat und sich suchend umsah. Mit angehaltenem Atem beobachtete er den Jäger. Das musste irgendeine Art von Soldat sein, auch wenn die Uniform nicht so war wie die, die er kannte. Doch die Haltung und die beiläufige Selbstverständlichkeit, mit der er die Waffe hielt, räumten alle Zweifel aus. Mit hellen Augen musterte der Mann aufmerksam die Umgebung, schien aber nicht sonderlich alarmiert, dass er seine Beute nicht sofort entdecken konnte.

Schweiß rann Sascha den Rücken hinunter.

Ein Ruf gellte zwischen den Bäumen, und der Soldat wandte den Kopf in die Richtung des Kameraden, der hinter Alexej her war. Er wagte nicht, den Kopf zu drehen. Ein Schuss fiel. Sascha versuchte zu atmen, aber es ging nicht. Ein weiterer Schuss krachte. Ein dritter. Der Mann, der ihn verfolgt hatte, verharrte reglos und hielt die Augen geschlossen, als zähle er die Schüsse mit. Als der letzte verhallt war, rief er dem anderen Soldaten etwas zu – in einer Sprache, die Sascha nicht verstand. Nach einigen Sekunden erhielt sein Verfolger eine kurze Antwort, die beunruhigend routiniert klang. Nicht so, wie er sich die Meldung eines Soldaten vorstellte, der gerade auf ein Kind geschossen hatte.

Dann drehte der Jäger sich zielsicher in Richtung des Laubverstecks und erwiderte Saschas Blick.

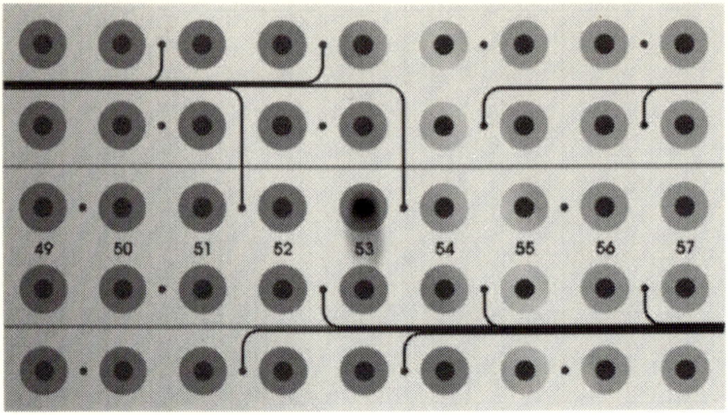

Mittwoch, 13. Februar 1974

00:39 UHR

Seit er hier war, zuckte der Blick des Mannes umher wie der eines Chamäleons. Der Polizist wartete geduldig, bis beide Augen in seine Richtung starrten. »Doktor Kaltenbrunn, hören Sie mich? Ich bin Oberleutnant Keller von der Mordkommission. Wissen Sie, warum ich hier–«

»Er wollte es nicht!«

»Sie wollten es nicht. Ja, ich verstehe, das ist klar... Was ist passiert, Doktor Kaltenbrunn?« Keller verstand überhaupt nichts, aber er war froh, dass Kaltenbrunn endlich redete.

»Er wollte es nicht. Ich musste ihn töten.« Erneut begann der leere Blick des Patienten, die stockfleckige Decke nach einer imaginären Beute abzusuchen.

»Doktor Kaltenbrunn.« Verdammt, er war kein Psychiater. »Worum ging es... Was wollte Professor Heise nicht?«

Der Alte in der Zwangsjacke reagierte nicht. Nur die Muskeln, die seine Augäpfel in ständiger Bewegung hielten, beschleunigten ihre Arbeit noch einmal. Keller dachte an die Ermahnungen seiner Mutter. Wenn man es provozierte, würden die Augen irgendwann in schielender Stellung einrasten – für immer. Das wusste jeder. Dann konnte man nichts mehr erkennen, sah blöde aus und wurde schließlich auch blöde. Doch das hier war weit gruseliger. Kaltenbrunns Augen waren nicht stehengeblieben. Sie hatten die Verbindung zueinander verloren und rasten in irrwitzigem Tempo durch die Welt. Was nahm man wahr, wenn man gleichzeitig in zwei verschiedene Richtungen blickte? Sah man überhaupt etwas – und was machte das Gehirn daraus? Kellers Hände wurden feucht, und ein kurzes Schaudern durchlief ihn. Er nahm seine unmoderne Schiebermütze ab und knetete sie. »Was wollte der Professor nicht, Doktor Kaltenbrunn? Reden Sie mit mir!«

Diesmal passierte die Frage des Ermittlers in wenigen Sekunden alle vorgeschalteten Instanzen. »Ich musste ihn töten... Er wollte nicht, dass ich mit jemandem spreche.« Für einen Moment schien der Patient bei klarem Verstand und fixierte Keller. »...einem von draußen.«

Wieder gingen die geweiteten Pupillen auf die ziellose Reise, und der Mann, der vor gut einer Stunde seinen Arzt erstochen hatte, zog sich tief ins Universum seiner Wahnvorstellungen zurück.

Das Sprechzimmer von Professor Doktor Wolfgang Heise lag am entgegengesetzten Ende des blassgrün gestrichenen Flures im ersten Stock. Stumpfer Linoleumboden, abblätternder Heizkörperlack und die dunklen Schatten, die der vergebliche Kampf mit Essigwasser gegen den winterlichen Schimmel hinterließ, machten es kaum einladender als den Besucherraum, in dem man Kaltenbrunn festgesetzt hatte.

Die berühmte Therapie-Couch eines Psychologen gab es in Heises Behandlungsraum nicht, nur eine unbequem aussehende Liege auf Rollen. Aber Heise war ja auch Psychiater. Die arbeiten wahrscheinlich eher mit Zwangsjacken, ging es Keller durch den Kopf. Beherrscht wurde das Zimmer von zwei großen Arbeitstischen mit grünlicher Linoleumoberfläche, die vielleicht deshalb zusammengeschoben worden waren, um Aufzeichnungen von Ärzten auszulegen oder Konferenzen abzuhalten – oder um mehr Abstand zwischen Personal und Insassen zu bringen, wie Keller vermutete. Zumindest Letzteres hatte heute Nacht nicht funktioniert. Auf der gegenüberliegenden Seite der großen Tischfläche saß ein korpulenter Mann um die siebzig mit Nickelbrille und weißem Arztkittel. Hemdkragen und linker Ärmel waren mit Blut getränkt. In seinem kahlen Kopf steckte ein dunkler Stift.

»Guten Tag, Genossin…«, begrüßte Keller die dunkelhaarige Frau, die hinter dem Toten stand und dessen Kopf betastete.

»Moreaux, Karla Moreaux. Ich bin von der Inneren der Poliklinik Döbeln. Und der Leichenbeschauer des Bezirks.« Die schlanke Mittfünfzigerin zog den Sezierhandschuh von ihrer Rechten und streckte sie Keller entgegen.

»Guten Tag, oder vielmehr guten Morgen, Frau Doktor. Ich bin Oberleutnant Keller von der K in Leipzig. Ich habe mich gerade gewundert, dass die Tatortarbeit schon so weit fortgeschritten ist. Leichenbeschau und Spurensicherung fast fertig, das ist–« Keller zögerte einen Augenblick nachdenklich. »Nun ja, wurscht, wenn Sie aus der Gegend sind.«

Moreaux wirkte ebenfalls überrascht. Jedenfalls vergingen einige Sekunden, bevor sie antwortete. »Da haben Sie ja einen ganz schönen Weg hinter sich. Wusste gar nicht, dass es im Kreisamt in Döbeln keine Kriminalpolizei gibt.«

»Haben die schon, aber bei Mord wird den Kollegen vom VPKA schnell mulmig. Ich nehme an, die Spurensicherung ist schon durch?«

»Sowas, gleich Leipzig…«, murmelte Moreaux und nickte ungläubig.

»Entschuldigung, Doktor Moreaux?«

»Äh, ja natürlich, die Spurensicherung ist fertig. Und der örtliche Tatortfotograf war auch schon da. Die hätten mich sonst gar nicht hier reingelassen.«

»Na ja, Tatortfotograf, immerhin. Nur einen hauptberuflichen Rechtsmediziner haben die hier augenscheinlich nicht. Seltsame Wege geht die Bürokratie manchmal. Dann lassen Sie mal hören, Doktor.«

Keller rang sich ein Lächeln ab und hoffte, dass die Ärztin nun konzentrierter antwortete.

»Der Tote ist Professor Heise. Ich kannte den Kollegen persönlich, guter Mann. Hatte einen Lehrstuhl für Neurologie und Psychologie an der Uni in Leipzig. Galt als echte Koryphäe am Universitätsklinikum. Seit seiner Emeritierung war er nur noch leitender Arzt hier in Waldheim. Aber das ist ja anstrengend genug, denke ich.«

»Über die Todesursache besteht wohl keine Unklarheit?« Der Polizist umrundete den Tisch.

»Nein, Genosse Oberleutnant. Er wurde erstochen. Mit dem Stift, der in seinem linken Ohr steckt. Dürfte zirka fünf oder sechs Zentimeter in sein Gehirn eingedrungen sein. Ist zu einem beträchtlichen Teil im Gehörgang verschwunden. Professor Heise war sofort tot, soweit ich das ohne weitere Untersuchung vermuten kann. So ähnlich wie bei einem Kopfschuss, bei dem das Projektil nicht austritt, nur nicht ganz so blutig.« Moreaux verzog das Gesicht, als habe sie Sodbrennen. »Mann, ich arbeite lieber mit Lebenden, das können Sie mir glauben, Genosse Keller. Auch nach beinahe fünfzehn Jahren geht mir das immer noch ganz schön an die Nerven.«

»Schon gut, Doktor. Ich habe mich mittlerweile fast an den Anblick gewöhnt – leider.«

Die Ärztin räusperte sich. »Ähem, ja. Im Laufe des Tages bekommen Sie von mir einen vorläufigen Bericht. Am Todeszeitpunkt besteht für mich kein Zweifel. Laut Zeugenaussagen gestern Abend, ziemlich genau drei viertel elf. Also vor zwei Stunden, was mit dem Zustand der Leiche zusammenpasst.« Sie zog einen neuen Handschuh über. »Rigor mortis am Kiefer setzt gerade ein. Temperatur stimmt ebenfalls mit dem vermuteten Zeitpunkt überein.«

»Das hier ist der Tatort?«

»Das hier ist mit Sicherheit der Tatort. Meines Erachtens passen die Blutspuren auf Haut und Kleidung des Toten sowie die auf der Tischplatte. Und Anzeichen dafür, dass der Professor post mortem bewegt wurde, sind nicht zu entdecken.«

»Gut, gut, Doktor. Ich denke, das wäre es fürs Erste. Alles Weitere wird ja der endgültige Bericht der KTU ergeben.« Keller besah sich die Mordwaffe aus der Nähe, während Moreaux ihre lederne Tasche packte. »Ein ganz normaler Kugelschreiber, kein Aufdruck oder Ähnliches, soweit ich das bis hier erkennen kann. Sieht nach heimischer Produktion aus. Ich würde sagen, wir verwenden die gleichen im Präsidium. Das wird uns kaum weiterhelfen. Tja, jedenfalls sieht das eher nicht nach vorsätzlichem Mord aus.«

»Ist der Täter Linkshänder?«

»Was meinen Sie, Doktor?«

Moreaux stand auf und schob ihre dickrandige Hornbrille mit dem Handrücken hoch. »Ach, nichts weiter, Oberleutnant.«

»Doch, doch. Raus damit, Frau Doktor. Wie kommen Sie darauf, dass Kaltenbrunn Linkshänder ist?«

Die Ärztin wirkte ein wenig genervt. »Ich meine nur, dass der Täter ja wohl Linkshänder sein muss, denn er kann den Professor nur von hinten attackiert haben – vor ihm auf dem Tisch wird er ja wohl nicht gestanden haben.«

»Verzeihen Sie, Doktor. Sie haben natürlich recht.« Keller gähnte. »Eine Stunde im Auto reicht anscheinend nicht, um wach zu werden. Ich notiere mir das besser.« Er betrachtete seinen Füllfederhalter. »Hmm... Vielleicht trotzdem eine Tat mit Vorsatz. Schließlich werden die Patienten in diesem Irrenhaus kaum Messer oder andere Dinge in die Finger kriegen, die als Waffe taugen könnten. Da muss man nehmen, was einem gerade so zur Verfügung steht.« Für Keller passte trotzdem nicht alles zusammen. »Sagen Sie mal, Doktor, die Spurensicherung hat keine Kappe zu diesem Stift gefunden oder einen Clip oder so etwas?«

Moreaux blickte Keller entgeistert an. »Was? Nein, nicht dass ich wüsste. Jedenfalls hat das mir gegenüber keiner erwähnt. Wieso? Spielt das eine Rolle?«

»Nun ja. Wenn ich davon ausgehe, dass der Kugelschreiber Professor Heise gehörte, dann frage ich mich, wo er ihn aufbewahrt hat. Der Tisch ist komplett leer, kein Stiftbecher, keine Schublade und auch sonst nichts, wo man Schreibutensilien aufbewahren würde.«

»Aha«, entgegnete Moreaux abwesend.

»Glauben Sie, Professor Heise würde einen offenen Kugelschreiber einfach so in die Kitteltasche stecken? Kugelschreibertinte macht kaum entfernbare Flecken. Nein, ich glaube, er hätte ihn genauso in die Brusttasche gesteckt wie den, der da noch ist – ordentlich mit Kappe.«

»Das stimmt wohl.«

»Es gibt aber keine Kappe, Doktor. Und einen Grund, den Kugelschreiber zu zücken, hatte er scheinbar auch nicht, oder sehen Sie hier etwas, auf dem man schreiben würde? Dokumente hat die Spurensicherung hier im Zimmer meines Wissens nicht gefunden. Der Tatort ist ja sicherlich soweit dokumentiert, wie ich hoffe.«

Moreaux wirkte gespannt, erwiderte jedoch nichts.

Keller machte eine ausholende Geste. »Wissen Sie was? Ich würde sagen, wir haben es mit vorsätzlicher Tötung zu tun. Das ist nicht Professor Heises Stift, völlig unwahrscheinlich. Das Einzige, was einen wirklichen Sinn ergibt, ist, dass der Mörder die Tatwaffe mitgebracht hat. Auch wenn mir dieser Kaltenbrunn im derzeitigen Zustand kaum zu geplantem Vorgehen fähig erscheint.« Der Volkspolizist stutzte kurz. »Aber wer weiß, vielleicht ist die Kappe noch auf dem Kugelschreiber drauf.«

»Jaja, man weiß nie, was in solchen Köpfen vorgeht…«, sagte Moreaux, während sie in ihrer Tasche herumkramte.

Keller konnte sich ein Grinsen nicht verkneifen, als er den Namen der Nachtschwester in sein abgegriffenes Notizbuch schrieb. Die Frau, die kurz vor dreiundzwanzig Uhr auf dem örtlichen Revier angerufen hatte, hieß Alice Patrizia Springfeld, was insofern unpassend wirkte, als sie sicherlich weder im Wunderland noch sonst wo herumhüpfen würde. Sie brachte trotz geringer Körpergroße gut zwei Zentner auf die Waage und schnaufte nach jedem Satz wie ein abgekämpfter Ackergaul. Von ihr erfuhr er, dass Professor Heise den Patienten Kaltenbrunn gegen zweiundzwanzig Uhr dreißig auf dessen intensives Drängen hin in seinem Sprechzimmer empfangen hatte. Auf Kellers Nachfrage, ob dies nicht äußerst ungewöhnlich sei, erklärte die

Schwester, dass Professor Heise ein ausgezeichneter Arzt und in wirklich dringenden Fällen auch nachts für seine Patienten zu sprechen gewesen sei. Außerdem habe er auf dem Klinikgelände gewohnt, wie die meisten Mitarbeiter des psychiatrischen Krankenhauses. Eine Viertelstunde später sei dann ein immer lauter werdender Streit aus dem Sprechzimmer zu hören gewesen, woraufhin sie die diensthabenden Aufseher herbeigerufen habe. Als die beiden Männer dann die Tür zu Heises Behandlungszimmer öffneten, sei es bereits wieder ruhig gewesen. Sie fanden den Professor ermordet auf seinem Stuhl und Kaltenbrunn leise jammernd zwischen Aktenschrank und Krankenliege kauernd. Die Pfleger Huber und Willendorf hatten den Patienten in einer Zwangsjacke fixiert, während Springfeld die Polizei rief.

Die Befragung der beiden Männer hatte Keller nicht weitergebracht. Sie hatten kaum Kontakt zu Kaltenbrunn, der sowieso mit niemandem außer mit Professor Heise und manchmal mit seinem Betreuer, einem gewissen Jörg Tassel, sprach.

Dieser junge Krankenpfleger stand nun völlig schlaftrunken hinter der Schwester und umklammerte einen emaillierten Metallbecher mit dampfendem Kaffee.

»Entschuldigung, Frau Springfeld, hätten Sie für mich vielleicht auch…«

»Oh, ja. Na klar.«

Nachdem Keller hastig einen großen Schluck genommen und sich der drückende Schmerz in der Speiseröhre etwas gelegt hatte, wandte er sich mit leidender Miene an Tassel. »Was können Sie mir über Doktor Kaltenbrunn sagen? Was ist er für ein Mensch? Womit hat er sich beschäftigt? Was macht er den ganzen Tag? Erzählen Sie doch mal.«

Tassel zögerte, als wisse er nicht recht, wo er anfangen sollte. »So genau weiß ich das gar nicht, Herr Kommissar. Ich kann Ihnen tatsächlich nicht viel über Doktor Kaltenbrunn sagen.«

Kellers Hoffnung, bei der Vernehmung zu nächtlicher Stunde nicht viel sagen zu müssen, zerschlug sich. Wie bei den meisten Befragungen würde er auch diesmal mehr reden als der Zeuge. Einen Vorwurf machte er den Befragten nie, es war schließlich nicht so einfach, aus dem Stegreif einen Vortrag zu halten. Würde man ihn fragen, was für ein Mensch sein Vorgesetzter ist...

»Nun gut. Erinnern Sie sich, wie er war, als er eingeliefert wurde? War er aggressiv oder ruhig? Hat er etwas Spezielles gesagt oder getan? War er klar oder so abwesend, wie ich ihn vorhin erlebt habe? Vielleicht hatte er Gegenstände bei sich, die uns helfen könnten, die Umstände seiner Tat zu erklären?«

»Ich war nicht dabei, als er aufgenommen wurde, und habe ihn erst am nächsten Tag gesehen, als ich ihm zugeteilt wurde. Da wirkte er eher ein wenig verängstigt, nicht gewalttätig. War er eigentlich später auch nicht. Nein, nicht soweit ich mich erinnere.«

»Wann genau war das? Ich meine, wann wurde er eingeliefert?«

»Das war im Oktober, kurz nach dem Tag der Republik, glaube ich.«

»Aha. Sagen Sie, Herr Tassel, wenn ein Mensch hier eingeliefert wird, wird er dann gleich behandelt? Ich meine, bekommt er sofort Medikamente?«

»Ja, nachdem alle Aufnahmeformalitäten erledigt sind, wird der Patient von einem Arzt untersucht, und meistens wird dann auch gleich mit der Therapie begonnen. Also auch mit der Medikamentierung.«

»Von Professor Heise, nehme ich an.«

Der junge Pfleger wirkte abwesend. »Wie? Ach ja, bei Kaltenbrunn ist der behandelnde Arzt Professor Heise.«

»Gut«, meinte Keller gedehnt. »Herr Tassel, was sind denn das für Medikamente? Was hat Doktor Kaltenbrunn verordnet bekommen?«

»Doktor Kaltenbrunn hat Paramnesie.«

Keller zog die Augenbrauen hoch und schraubte die Kappe seines Füllfederhalters ab.

»Das ist eine Gedächtnisstörung. Der Patient erfindet dann Ereignisse und erinnert sich an Sachen, die es gar nicht gegeben hat.« Tassel wartete, bis der Polizist seine Erklärung notiert hatte und den

Blick hob. »Gegen die Unruhe und Schlafstörungen hat Kaltenbrunn Meprobamat und Radedorm bekommen.«

Keller unterstrich die Namen der Präparate. »Aha, gut. So eine Art Münchhausen stelle ich mir da vor. Und das ist alles? Keine weiteren Medikamente? Nur gegen Unruhe und Schlafstörungen? Nichts gegen diese Paramnesie.«

Noch ehe Tassel antwortete, meldete sich die Springfeld zu Wort. »Außerdem natürlich noch täglich eine Vitaminspritze. Aber fragen Sie mich jetzt nicht nach der genauen Zusammensetzung. Die habe ich immer beim Professor abgeholt, oder er hat sie persönlich verabreicht.«

»Ist es nicht ungewöhnlich, dass der Chefarzt selbst die Medikamente austeilt?«

Tassel blickte zur Decke, als stünde dort die Antwort. »Nun ja. Das kommt nicht häufig vor. Es gibt aber schon Patienten, bei denen das so gehandhabt wird.«

»Außerdem mag... mochte der Professor den Kaltenbrunn irgendwie. Den Eindruck hatte ich«, ergänzte die Springfeld.

»Er mochte ihn?«

»Ja, ich glaube schon. Kaltenbrunn hat wohl viel gezeichnet. Das hat dem Professor auf eine Weise imponiert. Schließlich war Kaltenbrunn ja auch Wissenschaftler.«

»Wissenschaftler?«

»Ja, weiß ich auch nicht so genau... Hat Professor Heise mal erwähnt, glaube ich...«, druckste die Schwester.

Keller wandte sich wieder an Tassel. »Was hatten Sie für einen Kontakt zu Kaltenbrunn? Hat er Ihnen etwas über sein Leben erzählt, was er vorher gemacht hat und warum er krank geworden ist?« Keller spürte deutlich, dass seine Fragen in eine Richtung schwenkten, die dem Pfleger überhaupt nicht behagte.

»Nein. Nein, hat er nicht. Ich weiß nur, dass der Professor sagte, Kaltenbrunn könne nicht mehr zwischen Realität und Fantasie unterscheiden. Er hat eine Paramnesie, das habe ich Ihnen ja schon gesagt. Das hat mit Münchhausen übrigens überhaupt nichts zu tun.

Es geht da meistens eher um Traumata oder Wahnvorstellungen, unter denen der Patient sehr leidet.«

Keller zog die Augenbrauen zusammen, sagte aber nichts. Es reichte, um den Pfleger weiter unter Druck zu setzen.

»Hören Sie, Herr Kommissar, ich weiß wirklich nichts weiter. Das müssen Sie mir glauben.« Er holte tief Luft. »Der Kaltenbrunn, er… er fühlte sich verfolgt. Die ganze Zeit. Er hat kaum etwas anderes erwähnt, wenn er sprach – und das war sowieso äußerst selten. Ich kann Ihnen nicht mehr sagen, ehrlich. Außerdem wollte der Professor nicht, dass wir darüber sprechen. Er meinte, das würde Kaltenbrunn nur schaden. Und das wollte ich ja auch nicht.«

»Verfolgt? Von wem?«, hakte Keller nach.

Tassel zuckte mit den Schultern. »Aber ich weiß es doch nicht, Herr Kommissar. Er hat immer nur unverständliche Andeutungen gemacht, zusammenhangloses Zeug. Da konnte man nicht draus schlau werden. Das ist überhaupt nicht wichtig.«

Wieder schaltete sich die Schwester ein. »Nur einmal hat er sowas gesagt, dass eine grüne Mamba uns alle umbringen und dass der Tag näher rücken würde. Keine Ahnung, was das heißen soll.«

07:59 UHR

Roland Gärtners Ausgeglichenheit hing in nicht unwesentlichem Ausmaß von einem durchstrukturierten Tagesablauf ab. Wenn man ihn für den ganzen Tag verärgern wollte, musste man einer Sache, die in seinem Verantwortungsbereich lag, nur ein wenig zu viel Dringlichkeit zuordnen. Was er am meisten hasste, war es, gehetzt zu werden.

Heute Morgen war einer von diesen Tagen. Nicht nur, dass er beinahe eine Stunde vor der Zeit aus dem Bett geholt worden war, nein, man hatte ihm auch nicht zugestanden, die beiden obligatorischen Tassen Kaffee zu trinken – mit Sahne und jeweils zwei

Stücken Zucker. Nicht einmal zu einer Zigarette an der frischen Luft gab man ihm Gelegenheit. Sein Fahrer hatte keinen Zweifel daran gelassen, mit welcher Priorität seine baldigstmögliche Anwesenheit im kleinen Konferenzraum realisiert werden sollte. Gärtner vermied es, Kelkowitz nach den genauen Worten des Chefs zu fragen. Er konnte sich die Auftragsvergabe lebhaft vorstellen. Außerdem würde es sowieso nichts nützen. Sein Tag war gelaufen, daran ließ sich nichts mehr ändern.

Und so kam es, dass der dunkle Peugeot um genau sieben Uhr neunundfünfzig auf den Innenhof vor Haus sieben rollte. Mit Unbehagen bemerkte Gärtner, wie nachlässig die schwarze Riesenlimousine des Chefs neben dem Eingang von Haus eins geparkt war. Das verhieß nichts Gutes. Es kam ziemlich selten vor, dass der Chef so früh im Ministerium auftauchte. Gärtner bekam einen kurzen Schweißausbruch, als ihm in den Sinn kam, dass der Chef womöglich in seinen Diensträumen übernachtet hatte; dann musste es ganz übel stehen. So etwas war bisher nur ein einziges Mal vorgekommen, soweit er sich erinnern konnte.

Sobald Kelkowitz den Wagen zum Stillstand gebracht hatte, riss Gärtner die Tür auf, griff seine Aktentasche und den schweren Wollmantel und hastete ins Gebäude. Während er den Pförtner grüßte, bemerkte er aus den Augenwinkeln, dass der Pater Noster noch nicht wieder in Betrieb genommen worden war, und nahm die Treppe in den ersten Stock. Er rannte den Flur fast bis zum Ende hinunter, blieb vor der Tür zum Konferenzzimmer stehen, atmete einige Male tief durch, klopfte und betrat den Raum, ohne eine Aufforderung abzuwarten.

Das Wichtigste registrierte er sofort: Der Chef war noch nicht da. Dafür vier andere Personen, die er von der persönlichen Assistentin des Chefs, Frau Jessika Blume, abgesehen nur vom Sehen kannte. Alle waren sie aus den operativen Abteilungen des Ministeriums. Anscheinend war er der einzige Verwaltungsmensch hier, was seinem Wohlbefinden nicht gerade zuträglich war. Wortlos begab er sich an die gegenüberliegende Seite des Konferenztisches und wählte einen Stuhl, der möglichst viel Abstand zum Platz des Ministers versprach.

Ein Blick auf seine französische Automatikuhr zeigte eine Minute nach acht. Es herrschte eine bedrückende Stille. Niemand sagte etwas, und jeder gab vor, mit seinen Unterlagen beschäftigt zu sein. Gärtner verwunderte das, denn er wusste noch nicht einmal, warum man ihn so eilig in die Normannenstraße gerufen hatte. Was sollte er da für Papiere überfliegen? So kramte er aus Verlegenheit in seiner schweinsledernen Aktentasche und holte seine großformatige Notizkladde (Gärtner hasste lose Blattsammlungen), einen sorgfältig gespitzten, weichen Bleistift und einen Radiergummi (man wusste nie, wann man etwas ändern musste) hervor.

Noch immer kein Chef und noch immer kein Gespräch. Er ließ den Blick durch den Konferenzraum schweifen. Nicht ganz sein Geschmack, diese allgegenwärtigen Holzverkleidungen; noch weniger der hauptsächlich in Beige, Crème und ganz wenig Blau gehaltene Orientteppich, auf dem der große Tisch – aus dunklem Holz – und die halbwegs modernen Stühle aus verchromtem Stahlrohr standen. Viel mehr gab es nicht zu sehen. Er starrte eine Weile vor sich hin, als ihm zum ersten Mal klar wurde, in was für einem schlechten Zustand der Raum eigentlich war. Kaum eine Möbelkante nicht abgestoßen, die Tapeten auf den wenigen holzfreien Wandflächen fast vergilbt und der Teppich schon leicht abgenutzt. Sogar der hellbraune Boden, und der war kein billiges PVC aus heimischer Herstellung, sondern echtes Linoleum, wirkte mitgenommen.

Der Chef war ein Paranoiker, das wusste man. Und das hier waren die sichtbaren Folgen. Jede Renovierung, neue Möbel, Reparaturen an den elektrischen Leitungen oder sonstige Veränderung bargen die Gefahr der Installation von Abhörgerätschaften. Diese Teile waren wirklich winzig geworden. Ohne Probleme konnte man heute ein ordentliches Mikrofon samt Sender in einem Telefonhörer unterbringen. Da mussten noch nicht einmal mehr die Kupferleitungen direkt angezapft werden. Für all die Vorsichtsmaßnahmen hatte Gärtner in gewisser Weise Verständnis, aber selbst Aufzüge unrepariert zu lassen, das war doch ein bisschen viel des Guten. Wer tauschte schon streng geheime Informationen in einem offenen Fahrstuhl aus? Jedenfalls glaubte er, dass dies der

Grund für den seit einiger Zeit nicht betriebsbereiten Pater Noster sein musste.

Noch ein Blick auf die Uhr, sieben Minuten nach acht. Er beschloss, irgendetwas zu tun, um wach zu bleiben. Er schrieb Datum, Uhrzeit und die Namen der Anwesenden in sein Notizbuch. Als Nächstes machte er sich – völlig überflüssigerweise – einen Arbeitsplan für die kommende Woche. Dann klappte er den Deckel wieder zu und wartete. Mit jeder Minute zeigte der Koffeinmangel größere Wirkung, und er hatte Mühe, die Augen offen zu halten. Plötzlich hörte er laute Stimmen jenseits der Konferenzraumtür. Das Organ des Chefs, unverkennbar. Gärtner war wieder hellwach, der zuvor abgefallene Blutdruck sogar leicht erhöht.

Die schwere Tür wurde so heftig aufgestoßen, dass sie ungebremst gegen das dunkle Sideboard knallte und eine beeindruckende Kerbe erhielt, die niemals ausgebessert werden würde. Ein auffallend kleiner, dafür kompakter Mann ohne Hals und mit einem rundlichen Gesicht, das in diesem Moment entfernt an eine Bulldoge erinnerte, machte einen Schritt in das Konferenzzimmer und brüllte los, ohne jemanden anzusehen: »Was ist das für eine verdammte Schweinerei? Eine Sauerei! Wenn ich den erwische... der... die werden mich alle noch kennenlernen. Dem schlag' ich den Kopp runter!«

Keiner im Raum wagte zu fragen, worum es ging und wer woran schuld war. Gärtner vermied jeden Blickkontakt und begann, die Namen der Anwesenden zu unterstreichen. Als er wieder aufsah, war der Minister verschwunden. Offensichtlich ging die vorherige Konversation auf dem Flur weiter. Er konnte nichts Zusammenhängendes verstehen, schnappte aber »...machen Sie mir sofort eine Verbindung...«, »... interessiert mich einen verdammten Dreck...« und »...wie, nicht auffindbar?... Schaffen Sie diesen verdammten Stümper sofort her...« auf.

Ganz schlecht. Der Minister hatte offensichtlich ebenfalls nicht gefrühstückt. Oder noch schlimmer: Irgendein weltfremder Ignorant hatte das Frühstücksei des Chefs länger als viereinhalb Minuten im kochenden Wasser gelassen. Vielleicht hatte der Eierlöffel auch auf der

Papierserviette gelegen, statt daneben. Oder die Serviette fehlte. Äußerst schlecht.

Schwere Schritte, ein Türknallen und der Minister stand an der Stirnseite des Konferenztisches. Bevor er sich auf das schwarze Leder des sehr westlich aussehenden Drehstuhls niederließ, richtete er das Wort an die Runde.

»So eine verdammte Schweinerei! An uns darf nichts vorbeigehen. Wir müssen jederzeit alles wissen. So ein verfluchter Käse darf einfach nicht passieren. Ich könnte mich maßlos aufregen über sowas!« Keiner der Sitzenden sagte ein Wort und jeder mied weiterhin den Blickkontakt. »Wenn das hier vorbei ist, dann wird es für einige Genossen ernsthafte Konsequenzen geben... Früher haben wir da kurzen Prozess gemacht, da gab es nichts. Jetzt ist die Lage anders, aber wenn es nach mir ginge...« Er brach ab und setzte sich. Nachdem er seine untere Gesichtshälfte mit der Linken einige Sekunden durchgewalkt und die Finger der rechten Hand das unregelmäßige Trommeln auf der Tischplatte beendet hatten, sprach er in ungewöhnlich ruhigem Ton weiter.

»Ich denke, es hat jeder mitbekommen, dass wir uns letzte Woche, genauer gesagt am siebten Februar, mit der BRD auf die Einrichtung gegenseitiger Vertretungen geeinigt haben. Genosse Nier sei Dank. Außerdem hat sich die Deutsche Demokratische Republik nach langen Verhandlungen entschlossen, mit dem NSA Verhandlungen über die Aufnahme diplomatischer Beziehungen zu führen. Sogar das Mutterland des Imperialismus darf wahrscheinlich in wenigen Monaten seine dreckigen Hufe ganz offiziell in unsere Republik setzen.«

Gärtner konnte sich nicht vorstellen, dass die Etablierung einer ständigen Niederlassung der BRD in Ost-Berlin und die Anbahnung diplomatischer Beziehungen zum sonstigen nichtsozialistischen Ausland, speziell zu den Amerikanern, die Gründe für eine so hektisch einberufene Sitzung sein konnten, zumal das alles keine echten Neuigkeiten mehr waren – und endgültige Fakten waren auch noch keine geschaffen worden, auch wenn im Falle der

Vereinbarungen über Ständige Vertretungen die Gespräche bereits weit fortgeschritten waren.

Der Minister für Staatssicherheit fuhr fort: »Wie dem auch sei. Meine persönliche Meinung interessiert nicht. Ihr und ich, darum geht es. Wir haben uns der Sache, der großen Sache des Sozialismus auf deutschem Boden zu fügen. Und wenn der Genosse Honecker und die Mitglieder des ZK der Meinung sind, dass es der Sache dient, dass die Imperialisten bei uns Botschaften bauen dürfen, dann ist es eben so. Außerdem haben der Genosse Generalsekretär und das Politbüro schon überall verkündet, dass es einen großen Fortschritt für die Deutsche Demokratische Republik und den Frieden zwischen den Völkern bedeutet. Wir können jetzt keinen Ärger, kein Gerede und keine neugierigen Schreiberlinge aus dem Westen gebrauchen. Seit letztem Jahr haben die es ja noch einfacher, in der DDR zu spionieren, weil wir sie offiziell akkreditieren. Mensch.« Während der letzten Sätze war der ruhige Ton von offener Empörung verdrängt worden. Bevor Mielke in Rage geriet, legte er erneut eine Redepause ein. »Es gibt nach meiner Meinung schon genug Spione und Verräter in unserem eigenen Haus. Wir müssen aufräumen. Wir sind mehr als Schild und Schwert der Partei. Es geht um das Wohl unserer sozialistischen Gesellschaft. Also macht gefälligst eure Arbeit für unsere Republik. Ich will hier jetzt keinen langen Käse mehr!« Noch immer fragende Gesichter bei den Anwesenden. Nur der Mann, der Gärtner als Generalmajor Rehmers bekannt war, verzog keine Miene. Offenbar wusste er, was ihn erwartete. »Genosse Rehmers, ich will genau wissen, was da los ist. Das ist dein Operationsgebiet und deine Verantwortung. An uns darf nichts vorbeigehen. Wir müssen alles wissen, das kann nicht sein, dass sowas vorkommt. Haben wir das vollkommen unter Kontrolle?«

»Ich habe schon länger eine Quelle vor Ort, Genosse Minister, zur Sicherheit, aber diese Vorkommnisse waren für meine Leute nicht vorhersehbar. Es war ruhig und lief nach Plan. Wir sind davon ausgegangen, dass das nicht passieren kann. Ganz sicher wird der gesamte Sachverhalt in wenigen Tagen aufgeklärt sein. Ich habe deshalb alle Aktivitäten und Vorkommnisse im Zusammenhang mit dem OV Sonne umgehend in meinem Ressort gebündelt, in den entsprechenden Akten finden Sie alle relevanten Informationen. Ich habe außerdem sofort eine weitere Quelle installiert, die ganz nah dran ist. Ab jetzt haben wir alles unter Kontrolle, Genosse Minister. Und wenn SIRA demnächst läuft, wird sowieso alles übersichtlicher.«

»Noch nützt uns SIRA nichts. Außerdem verspreche ich mir da gar nicht so viel von wie die HV-A.« Der Minister für Staatssicherheit musterte Rehmers einige Sekunden. »Ich verlasse mich da ganz auf dich, Genosse. Du warst immer ein zuverlässiger Kamerad. Nur, wenn das hier schief geht, dann ist es endgültig vorbei, das versichere ich dir. Dann bin selbst ich machtlos. Ich will alles wissen, was da vorgeht. Jede Stunde Bericht, bis diese Schweinerei aus der Welt geschafft ist und wir die Lage beruhigt haben.« Ohne eine weitere Äußerung verließ er den Raum. Die verbliebenen MfS-Mitarbeiter sahen einander ratlos an, aber keiner von ihnen wagte es, das Konferenzzimmer zu verlassen.

Gelegentlich war die Stimme des Ministers über den Flur zu hören, verstehen konnte Gärtner nichts. Offensichtlich telefonierte er von seinem Dienstzimmer aus. Nach über einer halben Stunde kehrte er in das Konferenzzimmer zurück und wandte sich an Rehmers: »Deine Aufgabe ist klar. Enttäusch mich nicht. Ich will stündlich Bericht. Jetzt geht es um die durchzuführenden Maßnahmen im Ausland.«

Ohne eine Reaktion des Generalmajors zu erwarten, wechselte Mielke das Thema. »Wir haben es mit einem Vorgang zu tun, der sich nicht nur auf unser Staatsgebiet beschränkt, sondern auch Auswirkungen auf unser Verhältnis zum nichtsozialistischen Ausland haben könnte. Ich habe mich deswegen der Unterstützung der Hauptverwaltung Aufklärung in allen Belangen und in unbegrenztem Umfang versichert. In diesem Zusammenhang ist es erforderlich, dass ich Mitarbeiter der HV-A unmittelbar mit Aufgaben betraue.«

Er wandte sich an den kleineren der beiden Männer, deren Namen Gärtner nicht einfielen. »Genosse Kretschmann, du hörst mit deinen Leuten auf jedes Niesen und Hüsteln aus dem Westen. Sammelt

Stimmungsberichte, schaut Westfernsehen und kauft Zeitungen. Es müssen alle Kontakte aktiviert werden, da darf uns nichts entgehen. Wir müssen genau darüber informiert sein, was die beschäftigt, wie deren Kenntnisstand ist und wie sie reagieren werden. Ihr stellt jeden Tag einen ausführlichen Pressespiegel zusammen und dokumentiert die sonstigen Ereignisse. Jeden Morgen liegt das Ganze vor acht bei Frau Blume auf dem Schreibtisch. Es gibt Operationen und Quellen, die unter keinen Umständen gefährdet werden dürfen. Mehr müsst ihr nicht wissen, und mehr werdet ihr auch nicht erfahren. Tut einfach das, was verlangt wird.« Er ließ seinen Blick durch die kleine Runde wandern und sprach dann wieder Kretschmann an: »Der großspurige Hansen kann so wichtig werden, wie er immer sein möchte. Lass deinen Friedenskundschafter rotieren.«

Kretschmann hob die Hand wie ein Schüler, was beinahe lächerlich wirkte, bei der aktuellen Stimmung des Ministers aber die probate Methode für Wortmeldungen war. »Genosse Minister, ich möchte nur kurz zu bedenken geben, dass wir den Kundschafter Hansen als Vorsorgemaßnahme schon vor einiger Zeit abgeschaltet haben. Es scheint mir nicht klug, einen Mitarbeiter in strategisch so exzellenter Stellung jetzt wieder zu reaktivieren und damit seine Enttarnung zu riskieren.«

Mielkes Gesichtsfarbe verwandelte sich in wenigen Augenblicken von rosigem Grau in ein beinahe violettes Rot. »Was bilden Sie sich ein, Kretschmann? Ich kann mich weder erinnern, dass ich nach Ihrem Rat gefragt habe, noch dass untere Chargen der HV-A hier irgendein Mitspracherecht haben. Es passiert hier, was ich für richtig halte! Und wer nicht spurt, den schicke ich eigenhändig nach Bautzen. Und ich versichere euch, dass von da keiner zurück kommt, dafür sorge ich. Verdammt nochmal. Ist das verstanden, Genosse?« Er atmete schwer.

»Jawohl, Genosse Minister.« Die restlichen Anwesenden schlossen sich dieser Versicherung murmelnd an.

»Ich habe nicht umsonst mit der Abwehr telefoniert – und wir waren schnell einer Meinung. Der Hansen soll endlich einmal etwas Nützliches bringen. An der richtigen Stelle sitzt der Kerl ja, oder nicht?

Und was heißt hier Abschaltung... In Norwegen hat er sich auch nicht an seine Weisung gehalten. Ganz im Gegenteil, ein riskantes Husarenstück zur Befriedigung seiner Eitelkeit hat er sich geleistet – unwichtiges Zeug hat er angeguckt und anschließend ist alles auch noch im Rhein versenkt worden.« Mielke schüttelte den Kopf. »Kretschmann, du bist sein Führungsoffizier, mach ihm Dampf. Der kann froh sein, dass er so viele Freunde bei der HV-A hat und Mischa Wolf persönlich seine Hand über ihn hält. Bisher konnte man ja von den West-Touristen Erhellenderes erfahren als von diesem drittklassigen ABV, verflucht nochmal.« Er schnaufte, immer noch aufgebracht. »Mensch, wenn ich in dieser Position säße...«

Nach einigen Sekunden der Beruhigung wandte sich der Minister für Staatssicherheit dem anderen Unbekannten zu. »Und du, Genosse Delwo, kümmerst dich um unseren großen Bruder. Mit Fingerspitzengefühl. Bei jedem Vorkommnis Meldung an mich persönlich. Auch da will ich wissen, was vorgeht. Ansonsten haltet ihr den Mund. Gegenüber jedem – egal ob Freund oder Feind. Ist das alles verstanden?«

Die beiden Angesprochenen erhoben sich und deuteten ein Salutieren an. »Jawohl, Genosse Minister«, gelobte Kretschmann erneut, während Delwo schwieg.

»So. Raus, Leute. An die Arbeit. Tut, wofür ihr da seid, sammelt Informationen. Jede Unterlassung, jeder Fehler hat Konsequenzen.« Ob er die besondere Wichtigkeit der Aufgabe meinte oder schlicht drohte, war für die Angesprochenen nicht erkennbar, und das war sicherlich auch gewollt. »Und Sie, Gärtner, bleiben noch hier.«

Nachdem die drei Männer den Raum verlassen hatten, wirkte Mielke schlagartig ruhiger, so als hätte sein beinahe cholerischer Vortrag zum größten Teil aus Schauspielkunst bestanden.

»Also, Genosse Gärtner, jetzt zu Ihrer Aufgabe...« Der Minister erhob sich und tat zwei Schritte zu der großen Schrankwand in seinem Rücken. Er öffnete die beiden Flügel auf der linken Seite, was einen mannshohen Aktenschrank aus Metall mit grauem Hammerschlaglack zum Vorschein brachte. Eigentlich sieht das Ding aus wie ein riesiger Tresor, dachte Gärtner. Als der Chef mit einem langen, kompliziert aussehenden Schlüssel hantierte, der an einer Kette befestigt war, die wiederum mit seinem Gürtel verbunden war, war Gärtner sich sicher. Damit nicht genug; der Chef löste seinen Binder, öffnete den obersten Hemdknopf und zog eine Halskette über den Kopf, an der ein kleinerer, nicht minder aufwendig aussehender Schlüssel hing. Mit diesem schloss er die kleine Stahltür auf, die sich ganz oben rechts im Inneren des Tresors befand. Soweit Gärtner es von seinem Platz aus erkennen konnte, wurden darin nur zwei Schnellhefter aufbewahrt. Der Minister nahm den dickeren heraus und schloss sorgfältig alle Türen. Nachdem er die Halskette umständlich wieder über den Kopf gezogen, Hemd und Krawatte gerichtet und die Schlüsselkette in der Hosentasche verstaut hatte, ließ er die grüne Akte vor Gärtner auf den Tisch fallen.

»Sie, Genosse Gärtner, Sie lernen das ganze Dossier hier auswendig und fassen das so zusammen, dass Sie es mir in wenigen Sätzen wiedergeben können. Ich habe das Ganze bisher nicht für so wichtig gehalten. Ich bin mir nicht einmal sicher, dass es in allen Teilen der Wahrheit entspricht. Aber das ist jetzt egal. Sie schreiben eine leicht verständliche Zusammenfassung, die ich an verschiedene Stellen verteilen muss. Fangen Sie sofort an und konzentrieren Sie sich auf das Wesentliche.«

»Jawohl, Genosse Minister.«

Als Gärtner aufstehen wollte, drückte der Minister ihn zurück auf den Stuhl. »Sofort. Hier. Diese Akte darf den Raum nicht verlassen. Reden Sie mit niemandem, außer meiner Sekretärin – und auch mit ihr niemals über den Inhalt der Akte. Ich hoffe, ich habe mich klar genug ausgedrückt. Sie bekommen alles, was Sie brauchen, von Frau Blume. Sie werden hier essen und schlafen, falls nötig. Es gibt neben meinem Dienstzimmer einige private Räume, die Ihnen zur Verfügung stehen.»

»Vielen Dank, Genosse Minister.«

Mielke winkte unwirsch ab. »Das ist keine Gratifikation, Gärtner, es dient lediglich dazu, Sie nicht von Ihrer Aufgabe abzuhalten. Beeilen Sie sich. Je schneller Sie fertig werden, umso besser.« Mit einer weiteren Handbewegung scheuchte er die hinzugekommene

Sekretärin aus dem Raum. Bevor er das Konferenzzimmer verließ, sprach er noch einmal zu Gärtner: »Denken Sie daran, Ihre Aufgabe ist die geheimste. Ich weiß nicht einmal, wer über die Vorgänge in dieser Akte tatsächlich im Bilde ist. Es ist nicht unmöglich, dass diese Papiere sogar dem Genossen Honecker nicht gänzlich bekannt sind.« Dann steckte der Minister den Schlüssel von außen auf die Konferenztür. »Ich muss Ihnen nicht erklären, was das für Sie bedeutet«, mahnte er Gärtner, bevor er ihn einschloss.

11:16 UHR

»Mann, Keller. Ich habe schon gedacht, Sie hätten sich Ihren restlichen Urlaub genommen«, grüßte ein grauhaariger, nicht gerade schlanker Endfünfziger mit Ironie in der Stimme.

»Ich bin erst um vier aus Waldheim zurück gewesen, Chef.« Keller hatte keine Lust, sich schon am frühen Morgen mit seinem Vorgesetzten in die Haare zu bekommen.

»Und deswegen kreuzen Sie hier kommentarlos um elf auf, Oberleutnant? So geht das nicht. Eine gute Erfolgsquote rechtfertigt keine Disziplinlosigkeit, das wissen Sie doch. Also, was haben wir da in dieser Klinik in Waldheim?«

Keller rollte mit den Augen, während er seinen Mantel an den Haken hängte. Er kannte den Leiter der K zu gut, um etwas zu erwidern. Nach einer halbherzig gemurmelten Entschuldigung präsentierte er seinen knappen Bericht.

»Ein Irrer hat seinen Arzt umgebracht, kurz gesagt.«

Major Schüttau wartete auf mehr und seufzte lautstark, als Keller keine Anstalten machte, ausführlicher zu werden. »Das war nicht irgendein Arzt, Keller. Ich dachte eigentlich, dass Sie mit mehr Informationen zurückkommen. Sonst können Sie nächstes Mal ja gleich per Fernsprecher ermitteln und im Büro bleiben.« Nach einer kurzen Pause ergänzte Schüttau versöhnlicher: »Mensch, Keller, dieser Professor Heise hatte gute Beziehungen in die Partei und viele Freunde in einflussreichen Positionen. Ich möchte nicht, dass uns die ganze Sache auf die Füße fällt. Wir dürfen in diesem Fall keine Fehler machen. Aber das muss ich Ihnen doch nicht erzählen.«

Müde ließ sich Keller auf den unbequemen Besucherstuhl sinken und zog sein Notizbuch umständlich aus der Innentasche seines Jacketts. Ohne das Ding würde er die Details niemals zusammenbekommen. Schüttau schürzte die Lippen und wartete auf eine ausführlichere Schilderung. Keller fasste die Informationen zu Tatablauf und Todeszeit zusammen und beschrieb den Tatort mit einer Genauigkeit, die verriet, dass er seine Notizen vor allem für Daten, Zahlen und sperriges Fachvokabular benötigte, weniger für die visuellen Eindrücke. Das Gespräch mit dem dringend tatverdächtigen Kaltenbrunn hatte kaum hilfreiche Informationen geliefert, zu tief war der Mann in seine psychotischen Wahnvorstellungen verstrickt. Aber einen echten Zweifel an seiner Schuld konnte es kaum geben. Sofern ein derartig Verrückter wirklich schuldig sein konnte.

Erst als Keller zu seiner Unterhaltung mit Kaltenbrunns Pfleger Tassel kam, zeigte Schüttau Interesse. »Was soll das heißen? Der Mann ist Wissenschaftler? Das soll wohl ein Witz sein. Doktor Kaltenbrunn? Ist Doktor nicht eher sein Spitzname?«

»Ich weiß es nicht, Genosse Major«, erklärte Keller korrekt.

»Pah. Dann sollten Sie Ihre Hausaufgaben machen, Oberleutnant. Erstatten Sie um drei viertel vier Bericht. Und jetzt gehen Sie.«

Keller war eben dabei, seinen Mantel vom Haken zu klauben, als sein Vorgesetzter ihn noch einmal ansprach.

»Entschuldigungen Sie, Genosse Oberleutnant, ich verstehe ja, dass Sie glauben, dass dieser Fall nicht wirklich in unser Dezernat gehört. Normalerweise hätten die Kollegen vom VPKA vor Ort das auch erledigen können. Zu ermitteln gibt es da im Grunde nicht viel, nehme ich an. Sie verstehen sicher, dass Professor Heises Tod nicht wie eine Lappalie, wie ein beliebiger Unfall, abgehandelt werden soll. Also bringen Sie das sauber über die Bühne. Habe ich mich deutlich ausgedrückt?«

Der Oberleutnant nickte und trat auf den Flur hinaus.

Irgendetwas in Schüttaus Tonfall war seltsam gewesen. Und dass sein Chef eine Mordsache so schnell als Routinefall abzutun versuchte und auf der anderen Seite nachdrücklich betonte, wie wichtig es sei, keine Fehler zu machen, passte nicht recht zu ihm.

In Kellers Kopf schellten Alarmglocken, die in der Vergangenheit stets Komplikationen angekündigt hatten, doch er war fest entschlossen, sie diesmal zu ignorieren.

»Ja, genau. Doktor Heinrich Kaltenbrunn«, knurrte Keller in den Fernsprechapparat. »Nein, ich weiß nicht, an welcher Fakultät der Mann seinen Titel erworben hat. Nein, auch nicht, wo er davor studiert hat. Hören Sie–« Er verschwendete seine Zeit, aber was sollte er machen? Irgendwo musste er anfangen, und die Zahl der Universitäten, an denen Kaltenbrunn promoviert haben konnte, war begrenzt. Wenn er denn tatsächlich einen Doktortitel in der DDR erworben hatte. Keller bedankte sich tonlos bei der Verwaltungssekretärin und knallte den Hörer auf die Gabel.

Die Patientenakte Kaltenbrunns lag vor ihm auf dem Schreibtisch, wobei die Anstaltsleitung darauf bestanden hatte, dass alle auch nur vage behandlungsbezogenen Unterlagen entfernt wurden. So blieben nur zwei graue Blätter mit den Einlieferungsdaten des Patienten, die ihm praktisch nichts verrieten. Der Titel eines Dr. rer. nat. war in das dafür vorgesehene Feld feinsäuberlich eingetragen worden, konnte aber alles Mögliche bedeuten. Der Geburtsort war mit Berlin angegeben, und Keller hatte bereits einen Anruf zur dortigen K abgesetzt, allerdings ohne große Hoffnung auf baldigen Rückruf. In der Hauptstadt hatte die Kriminalpolizei selbst genug zu tun. So war für ihn der nächste logische Schritt, die Hochschule zu identifizieren, an der Kaltenbrunn vielleicht studiert hatte. Zuerst hatte er sein Glück in Berlin versucht, aber dort waren keine Dokumente über einen Heinrich Kaltenbrunn zu finden gewesen. Ein großes Problem war, dass er nicht einmal Kaltenbrunns Geburtsjahr kannte. Ob der Mann während oder erst nach dem Krieg promoviert hatte, war damit völlig unklar. Nachdem auch Leipzig sich als Reinfall erwiesen hatte, blieben noch fünf Universitäten und eine ganze Reihe von

Hochschulen. Keller nahm sein Büchlein, strich Leipzig durch und wählte dann die Nummer der TU Dresden. Dieses Ferngespräch blieb wie alle, die noch folgten, ohne jedes Ergebnis.

Wenn man davon ausging, dass die Akten seit Kriegsende unangetastet geblieben und mit typisch deutscher Gründlichkeit geführt worden waren, musste man zu dem Schluss kommen, dass ein Heinrich Kaltenbrunn an keiner Universität oder Hochschule der Deutschen Demokratischen Republik studiert oder promoviert hatte. Vielleicht waren seine Unterlagen auch einfach durch den Krieg verloren gegangen... Und was, wenn der Mann aus dem Westen kam? Oder wenn er bei den russischen Genossen studiert und promoviert hatte? Keller wischte sich über die Stirn und sank tief in seinen Sessel zurück.

Was, wenn dieser Kaltenbrunn einfach nur ein Hochstapler war? Falscher Name, falscher Lebenslauf, kein Studium, kein Doktortitel. Vielleicht war der Mörder von Professor Heise auch ein Landstreicher, der mit einer hanebüchenen Geschichte auf sich aufmerksam machen wollte und ein warmes Zuhause für den Winter gesucht hatte.

Keller seufzte, als ihm mit einem Mal bewusst wurde, dass er genau genommen nichts über diesen Kaltenbrunn wusste. Restlos alle Informationen über ihn stammten vom Klinikpersonal, und das gab sich offensichtlich Mühe, möglichst wenig preiszugeben. Doch vorausgesetzt das Wenige, was er von Jörg Tassel und der Springfeld erfahren hatte, stimmte, dann war die Theorie vom obdachlosen Landstreicher unwahrscheinlich. Insbesondere Professor Heises auffälliges Interesse an dem Patienten wäre so kaum zu erklären.

Nein, alles sprach dagegen, dass dieser vermeintliche Wissenschaftler aus einer verwirrten Laune heraus beschlossen hatte, seinen Arzt und damit seine wichtigste Kontaktperson zu töten. Und was hatte Kaltenbrunn damit gemeint, als er sagte, er habe Heise töten müssen, weil der ihn daran habe hindern wollen, mit jemandem 'von draußen' zu reden?

»Genosse Oberleutnant, Major Schüttau schickt mich.« Ein jüngerer Mann stand in der halboffenen Tür zu Kellers kleinem

Dienstzimmer. Obermeister Kohn blickte neugierig über den aktenbedeckten Schreibtisch und die vollgestopften Regale, ließ jedoch keine Absicht erkennen, den Grund seines Kommens zu nennen.

Nach einer knappen Minute verlor Keller die Geduld. »Ja, Genosse Obermeister?«

»Ach so, Major Schüttau erwartet Ihren Bericht in zwanzig Minuten. Ich sollte Sie nur daran erinnern.«

Keller verzog das Gesicht. Für einen Moment hatte er schon gehofft, dass der Leiter der Kriminalpolizei ihm einen Mann zur Verstärkung geschickt hatte, auch wenn Genosse Kohn nicht gerade seine erste Wahl gewesen wäre. Stattdessen blieb die 'Soko Heise' offensichtlich ein Ein-Mann-Unternehmen. »Was machen eigentlich Möllen und Schnetz?«, fragte er, bevor Kohn verschwinden konnte.

»Untersuchen einen Raub im Stellwerk. Da hat jemand–«

Keller winkte ab. »Schon gut, Kohn. Einen schönen Feierabend wünsche ich noch.«

Nachdenklich lauschte er den sich entfernenden Schritten. Schließlich griff er ein letztes Mal am heutigen Tage zum bakelitenen Hörer seines Dienstapparates. Wenigstens war in einer Irrenanstalt immer jemand zu erreichen.

»Sonne«, meldete sich eine Frauenstimme, die er schon kannte. Es war die Sekretärin des Anstaltsleiters. Kurz und knapp stellte er seine Fragen. Kurz angebunden waren die Entgegnungen des Fräulein Margarete Sonne. »Genosse Oberleutnant, ich kann Ihnen wirklich keine weiteren Auskünfte geben. Was es für Sie zu wissen gibt, finden Sie in den Akten von Doktor Kaltenbrunn.«

»Sie nennen ihn auch Doktor.«

»So steht es in den Akten«, erwiderte sie prompt.

Diese hochnäsige Vorzimmerdame schaffte es, ihn zur Weißglut zu treiben. Bemüht, nichts Unüberlegtes zu sagen, atmete er tief durch, um dann in möglichst freundlichem Ton fortzufahren: »In den Akten steht nur leider außer seinem Titel überhaupt nichts. Ich habe bislang nicht einmal seinen letzten Wohnort in Erfahrung bringen können.«

»Es kann wohl nicht meine Aufgabe sein, Ihre Arbeit zu machen, Genosse Keller.«

»Ihre Aufgabe wäre es aber, Ihre Patientenakten wahrheitsgetreu und umfassend zu führen.«

»Möchten Sie hier etwas unterstellen, Genosse Oberleutnant? Wenn dem so sein sollte, verbinde ich Sie besser gleich mit Professor Doktor–«

Keller lachte kurz auf. »Fräulein Sonne. Können Sie mir wenigstens sagen, wer Heinrich Kaltenbrunn in Ihre Klinik eingewiesen hat? Nicht einmal das konnte ich nämlich diesen Akten entnehmen.«

Einige Augenblicke herrschte Stille in der Leitung. Dann vernahm er das Geräusch von Schubladen und Papier. »Tut mir leid, Genosse Keller. Diese Information ist nicht verfügbar.« Damit legte Fräulein Sonne auf.

»Nicht gerade viel, Keller. Jetzt setzen Sie sich endlich. Vielleicht noch einen Kaffee?« Schüttaus Laune hatte sich seit dem Mittag nicht merklich gebessert. Keller blieb stehen und unterdrückte ein Gähnen.

»Das sind doch keine Ermittlungsergebnisse. Sie wissen nicht, wo dieser Kaltenbrunn herkommt, was er beruflich gemacht hat, nicht einmal, ob das tatsächlich sein richtiger Name ist. Geschweige denn, dass Sie ein Motiv nennen können. Ach, und wer weiß schon, ob das alles überhaupt eine Rolle spielt. Der Schlamassel ist da, und dieser Professor Heise wird auch nicht wieder lebendig.«

Keller verkniff sich jegliche Äußerung und wartete darauf, dass sein Chef sich einen Ausweg konstruierte, mit dem sie beide schnell und ohne Blessuren aus dieser Mordermittlung herauskämen.

»Der Fall an sich ist ja klar. Es kann doch nicht so schwer sein, ihn abzuschließen«, machte sich der Major Luft. »Schließlich ist dieser Kaltenbrunn verrückt, wie soll man da ein schlüssiges Tatmotiv erwarten? Vielleicht sollte es anschließend noch eine Diskussion über die Sicherheitsvorschriften in derartigen Anstalten geben… Aber das ist schließlich nicht unsere Angelegenheit.«

»Sie haben es ja selbst gesagt, in diesem Fall wird nicht viel zu ermitteln sein«, gab Keller beipflichtend zurück, obwohl ihn die Doppelzüngigkeit hinter Schüttaus Vorwürfen erheblich ärgerte.

Der Major war mit seiner eigenen Zurechtlegung des Falles nicht zufrieden. »So ein Mist! Aber wenn Sie schon anfangen zu ermitteln und solche Ungereimtheiten auftauchen, dann steckt da am Ende tatsächlich noch etwas dahinter, verdammt.« Der Major musterte Keller. »Sie gehen am besten zurück nach Waldheim und versuchen, ein Geständnis von diesem Kaltenbrunn zu bekommen. Es ist doch alles klar, was die Tat angeht. Gerede über die Sache kann niemand gebrauchen. Sie kriegen das schon hin.«

»Wen kann ich mitnehmen?«

Kellers Vorgesetzter schien das für einen gelungenen Scherz zu halten. »Ich bin mir sicher, dass Sie es auch weiterhin alleine schaffen, Oberleutnant. Sehen Sie lieber zu, dass Sie einen Deckel drauf machen. Ich will diese Angelegenheit aus der Welt haben – und aus meinem Kommissariat!«

Zurück in seinem Dienstzimmer machte Keller seinem Ärger Luft und fegte das Bakelittelefon, das bisher nur seine Zeit verschwendet hatte, vom Tisch. An so einem Vorgesetzten konnte man zum Mörder werden; fast konnte er den irren Kaltenbrunn verstehen. Er musste zurück in dieses Irrenhaus in Waldheim. Diese pampige Sekretärin Sonne, die fette Nachtschwester Springfeld, alle waren sie nicht koscher. Und dieser junge Pfleger, Jörg Tassel, der war richtig ins Schwimmen gekommen, als die Sprache auf Kaltenbrunn kam. Und wer wusste es schon? Eventuell hatte der verrückte Doktor einen hellen Moment. Am besten war es, er fuhr jetzt gleich.

Unter Fluchen hob er den Fernsprecher auf und stellte fest, dass der Hörer einen langen Riss aufwies. Mist, für diese Aktion würde das kostbare Tesa-Band draufgehen, das seine Schwester im letzten Fresspaket versteckt hatte.

Er konnte sich den gewünschten Inhalt der Ermittlungsakte Heise genau vorstellen: Ein amoklaufender Verrückter tötet in sinnloser Raserei den verdienstvollen, ehrenwerten Professor Heise. Ein tragischer Unglücksfall. Keiner kann etwas dafür, keiner konnte sowas voraussehen, keiner kann sich erklären, wie es dazu kommen konnte. Die Sicherheitsvorschriften würden noch einmal überdacht und ein bisschen modifiziert. Staatsbegräbnis für den Wohltäter, salbungsvolle Reden und eine Ladung Kränze von den richtigen Stellen. Der arme Irre verschwindet unauffällig von der Bildfläche, und das Leben geht weiter...

Aber nicht mit Oberleutnant Josef Keller. Oh, er *würde* einen Deckel auf diese ganze Chose machen, nur nicht so, wie der Genosse Schüttau sich das vorstellte. Wenn dabei Dreck aufgewirbelt und einige saubere Westen schmutzig würden, sollte es ihm recht sein.

Grimmig rückte er seine Kappe zurecht, legte Schal und Trenchcoat über den Arm und nahm die Wagenschlüssel aus dem Wandkasten. Auf Abmeldung und einen Eintrag ins Fahrtenbuch verzichtete er.

Ein wenig hoffte Keller, der Chef vom Dienst würde ihn gleich morgen früh darauf ansprechen; er war genau in der richtigen Stimmung für diese besonders wichtigen Formalitäten.

11:22 UHR

Oberst Sokolow rieb sich mit zwei Fingern die Nasenwurzel. Ihn plagten seit dem frühen Morgen Kopfschmerzen, und er wusste, dass der Tag noch zäh werden würde. Die stundenlange Fahrt von Schwerin hatte die Situation nur verschlimmert, auch wenn er den Wagen nicht selbst gesteuert hatte. Wenn es wenigstens eine moderne Autobahnverbindung bis Berlin gäbe. Stattdessen waren sie die meiste Zeit über die Fernstraße gegondelt.

Die Tür zum Besprechungszimmer öffnete sich, und Sokolow ließ die Hand sinken.

»Entschuldigen Sie, Genosse Oberst. Der Genosse Generalleutnant ist sofort bei Ihnen.«

Sokolow erwiderte nichts und richtete sich auf weiteres Warten ein. Das Treffen hätte schon vor einer Viertelstunde beginnen sollen, aber er kannte es, wartengelassen zu werden; schließlich machten alle Zweigstellen der GRU in der Deutschen Demokratischen Republik regelmäßig Meldung hier in der Wünsdorfer Zentrale.

Die Unternehmungen seiner Abteilung im Schweriner Raum hatten in der letzten Zeit wenig Handfestes zu Tage gebracht. Aktivitäten der Gegenseite hatte es auch nicht gegeben und so würde er nur wenig zu berichten haben. Er dachte an die relative Ruhe, die in den vergangenen Wochen geherrscht hatte, und fand sie fast ein wenig beunruhigend.

Sokolow wunderte sich, dass noch immer keiner seiner Amtskollegen eingetroffen war. Er selbst war um einiges zu früh angekommen, weil er Unpünktlichkeit verabscheute. Ihm war klar, dass die anderen Teilnehmer des Koordinierungstreffens von weniger weit anreisten und daher besser kalkulieren konnten, doch jetzt wären sie alle viel zu spät. Um sich die Wartezeit zu verkürzen, überlegte er, nach einem Kaffee zu fragen, verbot sich den Gedanken aber sogleich. Sein Blutdruck war sowieso zu hoch, und seinem Kopf würde er damit ebenfalls keinen Gefallen tun. Sokolow blickte auf seine Armbanduhr. Beinahe halb zwölf jetzt, eine halbe Stunde über die Zeit. Er schluckte den Fluch herunter, der ihm auf der Zunge lag.

»Oberst Sokolow, guten Morgen.« Sokolow erhob sich und nahm kurz Haltung an, während er Generalleutnant Morosow grüßte. Der Mann war klein, sicher einen Kopf kleiner als er, drahtig und durchaus respekteinflößend. »Bitte, nehmen Sie wieder Platz.«

Sokolow verharrte einen Augenblick verwirrt. Es war ein Treffen mit wenigstens zwei weiteren leitenden Offizieren anderer Standorte angesetzt. Diese Abweichung vom Plan musste einen Grund haben. Routine war das, was die Arbeit gerade hier in der Zentrale bestimmte. Wo so viele Fäden zusammenliefen, gab es wenig Raum für Abweichung und spontane Änderungen, da sonst rasch das Ganze in Mitleidenschaft gezogen wurde. Sokolow sank wortlos zurück in seinen Sessel, der ihm mit einem Mal nicht mehr bequem vorkam, sondern als würde er darin versinken.

»Uns hat vorhin eine Meldung aus Ihrem Bezirk erreicht, Genosse Oberst.«

Sokolow zwang sich zu äußerer Ruhe. Dieser Satz konnte alles Mögliche bedeuten. Er faltete die Hände und sah zu Morosow auf. »Worum geht es, Genosse Morosow?«

»Nun. Vielleicht warten wir gerade noch auf den Genossen Gussew, der das Gespräch entgegengenommen hat. Ah, da ist er schon.«

Sokolow wunderte sich nicht weiter darüber, dass der Generalleutnant seine Untergebenen im Hause offenbar an ihren Gehgewohnheiten erkannte, denn die Tür öffnete sich erst gut drei Sekunden nach dieser Bemerkung. Ein recht junger Mann trat ein und grüßte die beiden ranghöheren Geheimdienstoffiziere förmlich, ehe er sich auf ein Zeichen Morosows hin seitlich des Schreibtisches niederließ und ein kleines Notizbuch hervorzog.

Ob er es sich eingestand oder nicht, Sokolows Nerven waren angespannt. Ganz gleich, worum es bei dieser mysteriösen Meldung aus seiner Zuständigkeit ging, er war nicht im Bilde. Er saß in der Zentrale, ohne eigene operative Ergebnisse, und als sei das nicht unangenehm genug, ging offenbar genau in den wenigen Stunden, in denen er nicht auf seinem Posten war, eine Information ein, die relevant genug war, um sie ohne seine Zustimmung nach oben weiterzumelden. Er würde sich Iljin schnappen, sobald er wieder zu Hause war, und dann würde es einiges zu klären geben. Iljin war ihm bislang kompetent und loyal erschienen. Was, wenn er sich in seinem Stellvertreter getäuscht hatte? Vielleicht hatte der Mann aber auch vollkommen angemessen auf eine unvorhergesehene Situation reagiert und durch diese Direktmeldung Schaden abgewandt. Sokolow zwang seine Unruhe nieder und wandte sich mit bemüht ausdrucksloser Miene Gussew zu.

»Genosse Generalleutnant, soll ich dann…«, setzte Gussew an, den das Schweigen wie beabsichtigt irritierte.

»Dafür sind Sie doch hier«, bemerkte Morosow. Seine und Sokolows Blicke kreuzten sich in einem Moment des Verständnisses, dass man es mit einem Anfänger zu tun hatte. Telefondienst war auch keine Aufgabe, die höchste Ansprüche an die Erfahrung eines Mitarbeiters der Aufklärung stellte…

»Der Kommandant der Garnison Hagenow hat Meldung erstattet, dass zwei Zivilisten abgängig sind.«

Sokolow setzte sich aufrechter. Er war noch nicht lange Leiter des Schweriner Operationsgebiets der militärischen Aufklärung, aber der Standort Hagenow war ihm sehr wohl ein Begriff. Er versuchte, sich an die Details der Kaserne zu erinnern. Ein Bataillon der 2. Garde Panzerarmee und ein motorisiertes Schützenregiment der 21. Division waren dort stationiert, nebst ansehnlichem Arsenal. Das Gelände glich einer kleinen russischen Enklave und lag vom Ort Hagenow ein Stück entfernt. Er war ein einziges Mal dort gewesen, kurz nachdem er seinen aktuellen Posten im vergangenen Jahr übernommen hatte.

»Zwei Zivilisten?«

»Alexander, genannt Sascha, Janowitsch Petrow und Alexej Dmitriwitsch Orlow, beide zwölf Jahre alt, sind offenbar seit zwei Tagen verschwunden. Zunächst gingen die Eltern wohl davon aus, dass sich die Jungen auf dem Gelände der Kaserne versteckt hätten, aber gestern wurde Meldung an den Kommandanten gemacht und das Gelände durchsucht – ohne Erfolg. Heute früh wurden wir und ihre Dienststelle in Schwerin informiert.«

Morosow legte die Stirn in Falten und blickte erwartungsvoll in Sokolows Richtung.

»Wir wissen nichts weiter?« Sokolow war über den ruhigen Klang seiner Worte selbst verwundert. Auf eine Art war das Gehörte weniger dramatisch, als er zunächst befürchtet hatte. Es hatte keinen militärischen Zwischenfall gegeben, keine Grenzübertritte, keine Aktivitäten der westlichen Geheimdieste, die zu verhindern ihre Aufgabe war. Zugleich ahnte er, dass diese Sache unter Umständen noch hässlich werden konnte.

»Ein ausführlicherer Bericht liegt wohl Ihrem Büro vor«, antwortete Gussew.

»Wenn Sie mir eine Verbindung schalten, werde ich mich umgehend bei Major Iljin informieren und die erforderlichen

Maßnahmen einleiten«, erklärte Sokolow, aber Morosow schüttelte nur den Kopf.

»Ich bin mit Major Orlow bekannt, Genosse Sokolow. Persönlich bekannt. Ein guter Mann. Ein guter Soldat und ausgezeichneter Offizier. Wenn Orlows Jüngstem hier etwas passiert ist, dann fasse ich das als persönliche Angelegenheit auf, fast als Familienangelegenheit. Verstehen Sie mich?«

Sokolow legte den Kopf ein wenig auf die Seite. Sein erster, in dieser Situation eigentlich vollkommen nutzloser Gedanke war, ob wohl der Generalleutnant und seine Vorgesetzten direkt darüber entschieden, wer in die Einheiten der GSSD aufgenommen und damit in der Deutschen Demokratischen Republik stationiert wurde. Dann fragte er sich, wie weit das Vertrautheitsverhältnis zwischen diesem Orlow und Morosow ging – jedenfalls konnte er sich darauf einrichten, dass die gesamte Untersuchung unter dem scharfen Blick der Zentrale durchgeführt würde. *Fast eine Familienangelegenheit.* »Ich denke, ich verstehe, Genosse Generalleutnant. Ich habe genau den richtigen Mann–«

Morosow schoss in seinem Sitz nach vorn und sein Frettchengesicht war nun deutlich näher, als er ihn unterbrach: »Sie, Sokolow. *Sie* sind genau der richtige Mann dafür.«

»Genosse Morosow...«

»Sie sind noch nicht sehr lange in Deutschland. Ihr aktueller Posten scheint Ihnen aber durchaus zuzusagen.« Morosow wartete einen Augenblick, um seinen Worten die beabsichtigte Bedrohlichkeit zu verleihen. »Um ehrlich zu sein, bin ich von Ihrer Arbeit bisher weniger beeindruckt, als ich dies von einem Mann Ihrer Reputation erwartet hatte. Dieser Fall bietet Ihnen jedoch Möglichkeiten.«

»Und welche Möglichkeiten wären das?« Sokolow biss sich auf die Zunge. Er hasste solch vorlauten Äußerungen bei seinen eigenen Untergebenen.

»Sie müssen bedenken, dass es sich um eine Entführung handeln könnte. Es könnten faschistische Kräfte hinter dem Verschwinden der Jungen stecken. Wenn sie sich tatsächlich nicht auf dem

Garnisonsareal aufhalten, dann werden Sie nicht vermeiden können, die Deutsche Volkspolizei einzuschalten.«

Das Ganze wurde immer besser, dachte Sokolow. Aber wenigstens hatte der Generalleutnant damit tatsächlich einen sachlichen Grund, ihm den Fall persönlich zu übertragen. »Und Sie denken, dass ich aufgrund meiner Sprachkenntnisse am besten geeignet bin, diese... Liaison zu führen?«

»Sie haben es erfasst, Oberst Sokolow.«

Es war spät am Abend, als das Dienstfahrzeug der sowjetischen Hauptverwaltung Aufklärung mit Sokolow wieder auf den Parkplatz der Schweriner Kaserne zurückkehrte. Er meinte fast, das erleichterte Aufatmen seines Fahrers zu hören, als der den Wagen auf dem gekennzeichneten Stellplatz plaziert und den Motor abgestellt hatte.

»Wenn das alles war, Genosse Oberst...«, setzte der Mann an. »Oder soll ich Sie noch gleich das Stück–«

»Nein, das ist nicht notwendig.« Sokolow stieg aus. »Ich wünsche Ihnen einen guten Abend, Andrej.« Der Geheimdienstoffizier nahm seine Aktentasche aus dem Kofferraum und betrat das Gebäude durch den hinteren Eingang.

»Guten Abend.«

Er war nicht wirklich überrascht, Iljin an seinem üblichen Platz hinter dem Schreibtisch des Vorzimmers zu sehen. Sokolow nickte und nahm die warme Mütze ab. Im Vergleich zu den Temperaturen in Sankt Petersburg war Schwerin derzeit nicht winterlich, dennoch fror er hier häufiger als zu Hause. Entweder wurde er langsam weich oder es war diese Nässe in der Luft, die so unangenehm zwischen alle Lagen Kleidung kroch.

»Ich habe die bisherigen Informationen zum Vorgang Orlow/Petrow auf Ihrem Schreibtisch zurechtgelegt, Genosse Oberst. Es sieht–«

»Nicht jetzt, Iljin«, schnitt Sokolow ihm das Wort ab. »Ich werde mich heute Abend mit dem befassen, was Sie zusammengetragen haben. Und dann werden wir morgen früh darüber sprechen.«

»Aber–«

Sokolow warf die Tür hinter sich ins Schloss. Sein Arzt würde ihn für seinen Blutdruck rügen, doch es gelang ihm nicht, die Wut über den Verlauf des Tages zu unterdrücken. Iljin mit seiner beflissenen Art machte das Ganze nicht besser, denn Sokolow fragte sich noch immer, ob sein Assistent ihn mit Absicht bei seinem Vorgesetzten hatte ins Messer laufen lassen.

Nun gut, dachte Sokolow, nachdem er etwa eine Stunde später die Unterlagen auf seinem Tisch vollständig gesichtet hatte. Wenigstens war Iljin kein Vorwurf zu machen, denn anders als vermutet, hatte nicht er, sondern ihr Vertreter in der Garnison Hagenow direkte Meldung nach Wünsdorf gemacht. Kurz nachdem der dortige Kommandant auch die Deutsche Volkspolizei informiert hatte.

Aus den Aufzeichnungen des Kommandanten wurden Sokolow einige interessante Aspekte des Vorganges klar: Es war nicht der von Morosow geschätzte Major Orlow, sondern die Eltern des anderen Jungen, die den Kommandanten unter Druck gesetzt und die Einschaltung der Polizei gefordert hatten, nachdem die erste Suche erfolglos verlaufen war. Zwischen den Zeilen meinte er außerdem zu lesen, dass das Verschwinden möglicherweise nicht so gänzlich unerwartet und einmalig war, wie die Petrows glaubten. Der Kommandant schrieb von einer gewissen Tendenz zum Ungehorsam, die zumindest an dem jungen Orlow aufgefallen sei. Oberst Sokolow lehnte sich in seinem Stuhl zurück und blickte nachdenklich ins Leere.

17:05 UHR

Kellers Stimmung hatte sich kaum aufgehellt, als er nach einer guten Stunde Fahrt auf den rissigen Asphalt des Hinterhofes der Nervenklinik rollte. Der alte Backsteinbau war heruntergekommen. Nicht einmal die rußigen Spuren vergangener Zimmerbrände hatte man beseitigt. Mit seiner Laderampe, den metallenen Außenaufgängen und der garagenähnlichen Einfahrt wirkte das

Gebäude eher wie eine aufgelassene Fabrik oder eine Lagerhalle. In so einer Einrichtung wäre er von ganz alleine verrückt geworden.

Nirgendwo brannte ein Licht, obwohl es bereits dämmerte. Er parkte den Wartburg direkt vor den eisernen Schiebetoren. Hier fuhr jedenfalls niemand raus, während er seine Befragung durchführte. Eigentlich gab es überhaupt keinen Grund für eine solche Maßnahme, aber schaden konnte sie auch nicht – und wenn er nur das unfreundliche Personal mit seiner Blockade ärgerte. Wie befürchtet gab es an der Rückseite des Klinikgebäudes keine Klingel. Nachdem weder das Dröhnen seiner Faustschläge noch das Rütteln an der Tür zur Laderampe eine Reaktion im Haus provozierten, machte Keller sich grummelnd auf den Weg zum Haupteingang auf der anderen Seite.

»Ja?«

»Oberleutnant Keller von der K, Mordkommission Leipzig. Ich war heute Nacht schon einmal hier.«

Keine Antwort, nur das Grundrauschen der Gegensprechanlage. Keller schlug mit der flachen Hand auf das Messinggitter des Lautsprechers. »Aufmachen!«

»Ja, Sie wünschen?«

Keller versuchte, ruhig zu bleiben. »Oberleutnant Keller von der Kriminalpolizei in Leipzig, ich ermittle im Tötungsdelikt Professor Wolfgang Heise.«

»Ja?«

»Ich muss noch einige Personen befragen. Für meinen Bericht. Öffnen Sie die Tür.«

Keine Reaktion aus der Gegensprechanlage. Es reichte jetzt.

»Wenn Sie nicht augenblicklich die Tür öffnen, werde ich von meiner Schusswaffe Gebrauch machen. Anschließend haben Sie eine Hundertschaft hier, die dieses Irrenhaus mit Mann und Maus auf den Kopf stellt. Und Sie nehme ich mir höchstpersönlich vor.«

Ein leises Klicken.

Keller marschierte geradewegs in die geflieste Eingangshalle, auf die Schwester zu, die mitten im Raum stand, als hätte sie vergessen, wo sie gerade hinwollte. »Wieso behindern Sie die Arbeit der Volkspolizei, Bürgerin Springfeld? Gibt es da etwas, was ich wissen sollte?«

Im Damenbart der korpulenten Stationsschwester sammelten sich Schweißtropfen. »Ich wusste nicht... Ich dachte, die Untersuchungen wären abgeschlossen. Der Fall ist doch klar, Herr Kommissar.«

»Oberleutnant«, korrigierte er scharf. »Kommissar gibt's schon lange nicht mehr; und wenn dann *Ober*kommissar, Genossin Springfeld.« Angewidert beobachtete er, wie ihr Schweiß auf den Kittel tropfte. »Ich muss noch einmal mit dem Patienten Doktor Kaltenbrunn sprechen. Und während Sie mich begleiten, können Sie mir auch gleich erklären, warum der Fall klar ist. Kommen Sie. Wo ist das Zimmer des Patienten, Genossin?«

Sie schüttelte heftig den Kopf und ruderte mit den Armen. Keller zuckte zusammen, als er Schweißtropfen fliegen sah. »Also, das geht momentan wirklich nicht, Genosse Oberleutnant! Der Patient ist ruhiggestellt. Es wird frühestens morgen möglich sein, ihn zu sehen.«

»Bringen Sie mich sofort zu Kaltenbrunns Zimmer. Ich kann auch selbst jeden Raum durchsuchen, wenn Ihnen das lieber ist.«

Springfeld gewann wieder an Fassung. »Das ist nicht möglich, Genosse Oberleutnant. Der Patient wurde verlegt. Sie können ihn jetzt nicht sprechen.«

»Verlegt?« Keller verlor die Geduld und ergriff den Oberarm der Krankenschwester, die dies mit einem lauten Quieken quittierte. »Sie erzählen mir jetzt, was es mit dieser Verlegung auf sich hat, oder ich vergesse meine Manieren. Also?«

Wenn er sie verunsichert hatte, dann ließ sie sich das nicht anmerken. Sie schüttelte seine Hand von ihrem Arm und machte einen kleinen Schritt zurück. »Soweit ich weiß, wurde Doktor Kaltenbrunn heute Nachmittag auf Anordnung von Frau Doktor Piechkow zur Beobachtung in das Krankenhaus der Strafvollzugseinrichtung verlegt. Sie können es ja dort versuchen.« Dann lächelte sie. »Allerdings heute nicht mehr.«

Die Stationsschwester schien genau zu wissen, dass er dort ohne richterlichen Beschluss weder Auskunft noch Einlass bekam. Vielleicht log sie aber auch schlicht. Für einen Moment erwog er, sämtliche Krankenzimmer zu überprüfen, entschied jedoch, dass es noch zu früh war, das ganz große Fass aufzumachen. Die Springfeld wirkte nach ihrer letzten Auskunft zu sicher, und Keller hielt sie nicht für nervenstark genug, um einen Bluff durchzuziehen. Jedenfalls nicht ohne Unterstützung von höherer Stelle.

»Und die Genossin Doktor Piechkow können Sie natürlich auch nicht erreichen.«

»Genau, kann ich nicht, Genosse Oberleutnant.«

Keller nickte nachdenklich, dann stapfte er davon.

Springfeld folgte ihm schnaubend. »Wo wollen Sie hin, was haben Sie vor, Genosse Oberleutnant?«

Der Polizist wandte sich um, fasste erneut den schwitzigen Oberarm der protestierenden Stationsschwester und zog sie hinter sich über den Krankenhausflur. »Da Sie sich so für die Arbeit der Polizei interessieren... besuchen wir Professor Heises Arbeitszimmer jetzt zusammen. Wollen wir mal schauen, ob der Herr Doktor nicht doch Aufzeichnungen über seinen Lieblingspatienten hat. Dann sehen wir weiter.« Sie versuchte, sich seinem Griff zu entwinden, aber diesmal ließ er es nicht zu. »Sie kommen schön mit und leisten mir Gesellschaft, sonst kommen Sie mir noch in die Versuchung, den Haushalt unserer Republik mit unnötigen Telefongebühren zu belasten.« Keller zerriss das Polizeisiegel und schob die schnaubende Schwester in das Behandlungszimmer des Klinikleiters.

»Das können Sie doch nicht...«

»Ich kann. Setzen Sie sich da hin und halten Sie den Mund.« Er wies auf den abgewetzten Ledersessel, auf dem vor nicht einmal vierundzwanzig Stunden der tote Psychiater gesessen hatte. »Wenn Sie hier herumkrakeelen oder sonst wie Ärger machen, bekommen Sie Handschellen und Knebel. Sie wissen doch: Gefahr im Verzug und so. Sie sollten öfter mal Polizeiruf gucken.«

Keller machte sich auf die Suche nach Aufzeichnungen zu den Patienten, die Heise in seinen Räumen behandelt hatte, und wurde rasch in einem Metallkabinett fündig. Eigentlich erstaunlich, dass die Unterlagen nicht alle zentral verwaltet und aufbewahrt wurden, dachte er. Er durchsuchte die Hängeregister der umfangreichen

Patientenkartei. Ob das hier Zweitausfertigungen aller Patientenunterlagen waren? Oder nur die Fälle, die Heise besonders beschäftigt hatten? Er wagte kaum zu glauben, dass es so einfach sein würde, aber unter dem Buchstaben K war tatsächlich ein Reiter mit *Kaltenbrunn* abgelegt. Offenbar hatte in dem Aufruhr um Heises Tod niemand daran gedacht, dass hier Zweitakten lagen, und seit die Polizei die Klinik verlassen hatte, war der Raum ja auch polizeilich versiegelt gewesen.

Keller warf einen raschen Blick auf die beleibte Oberschwester, die ihm demonstrativ den Rücken zugekehrt hatte, als wollte sie jeden Verdacht von Neugier weit von sich weisen. Dann nahm er die dünne Mappe aus dem Hängeregister.

Natürlich haben die aufgeräumt. Verdammt noch mal! Als er den Hefter aufklappte, fand Keller nur zwei Bögen Papier darin, und das erste davon, mit Kaltenbrunns vermeintlichen Daten, kannte er bereits. Das zweite nahm er an sich und las den ernüchternd knappen Inhalt: Eingeliefert wurde der Mann am neunten Oktober des vergangenen Jahres, weil er am frühen Morgen in verwirrtem Zustand an der Landstraße zwischen Coswig und Radebeul saß. Eine Streife der Volkspolizei hatte ihn aufgegriffen. Um Viertel nach sieben hatte man ihn in Waldheim aufgenommen. Laut Einlieferungsschein hatte Kaltenbrunn weder Papiere noch sonstige Dokumente bei sich gehabt, nur die Sachen, die er am Leibe trug. Die Kleidung wurde – angeblich um die Einschleppung von Keimen zu verhindern – auf Weisung von Professor Heise umgehend vernichtet. Die Identifizierung des Patienten wurde auf seine eigenen Angaben hin vorgenommen. Die anschließende Erstuntersuchung ergab die von Jörg Tassel erwähnte Diagnose und medikamentöse Einstellung. Eine Anamnese gab es ebenso wenig wie Therapievorschläge oder einen Behandlungsplan. Unterzeichnet war das Ganze von Prof. Dr. Wolfgang Heise.

Hier ist so ziemlich alles faul, was faul sein kann. Kellers Alarmglocken gingen auf Dauerbetrieb. Nicht nur, dass Kaltenbrunn allem Anschein nach eine Sonderbehandlung von Professor Heise bekam, es stellte auch niemand die Frage, wo er herkam und wer er wirklich war. Und seine Vorgeschichte oder eine Therapie spielten offenbar keine Rolle. Entweder war diese psychiatrische Einrichtung besonders schlampig, was Keller nicht glaubte, denn die anderen Akten, die er in Händen gehabt hatte, widersprachen dem – oder es gab im Falle des Patienten Kaltenbrunn manches zu verbergen.

»Schaffen Sie mir sofort diesen Tassel herbei.«

Die beleibte Stationsschwester setzte zu einer Bemerkung an, entschied sich aber angesichts der Miene des Oberleutnants anders.

Keller nutzte die Zeit bis zu Tassels Ankunft, indem er Heises gesamtes Büro nochmals einer raschen Durchsuchung unterzog. Wenn er auf keine schriftliche Dokumentation hoffen konnte, dann vielleicht wenigstens auf Zeugnisse der Behandlung, von der die Springfeld berichtet hatte? Erinnerungen, Notizen, Rezepte – irgendwas sollte sich doch finden lassen. Er dachte in erster Linie an die Injektionen, die Heise laut Aussagen persönlich verabreicht hatte, und hoffte, dass sich das Medikament noch in den Räumen des ermordeten Anstaltsleiters befand. Immerhin hatte scheinbar niemand damit gerechnet, dass die Polizei noch einmal in der Klinik auftauchen würde.

Im Medizinschrank des Nebenraumes, der so etwas wie das private Büro des Mediziners gewesen sein musste, wurde er tatsächlich fündig. Zwischen einigen leeren braunen und grünen Pipettengläschen und weiteren Injektionsfläschchen, endeckte er eines mit einer klaren Flüssigkeit und der Beschriftung *Kaltenbrunn*. Endlich ein handfester Hinweis in diesem Fall. Er steckte die Ampulle ein, verließ Heises Räume und erneuerte die Versiegelung.

Tassel war noch immer nicht da, und so bat Keller die Springfeld um einen Kaffee. Die Schwester wirkte jetzt, da der Polizist seine Aufmerksamkeit auf den Pfleger richtete, wesentlich entspannter. Vielleicht war es das Beste, sie fürs Erste in Ruhe zu lassen. Er hoffte, dass sie so kooperativer würde, denn er war sich sicher, dass er die Springfeld nicht das letzte Mal befragt hatte.

Fast eine halbe Stunde später fuhr Kaltenbrunns Pfleger auf einer MZ mit Beiwagen vor, und Keller trat auf den Hof hinaus. Er war nicht böse, den Anstaltsgeruch gegen die Februarkälte einzutauschen.

»Schönes Gespann«, eröffnete er das Gespräch, während Tassel vom Sattel stieg.

Wie erwartet taute der junge Mann auf. »Ja, keine zwei Jahre alt. Macht bei den Mädels eine Menge her, wirklich super.«

»Aber nicht billig. Für einen jungen Mann...«

»Meine Eltern haben mir geholfen, wissen Sie. Uns geht es nicht so schlecht... Wir können uns nicht beklagen. Also meine Eltern meine ich. Mein Vater ist Chefarzt in der Chirurgie in Dresden.«

Keller nahm die unerwarteten Informationen still auf und wechselte abrupt das Thema. »Ich muss noch einmal mit Ihnen über Doktor Kaltenbrunn sprechen.«

Tassels joviales Lächeln verschwand. Je tiefer der Polizist mit seinen Fragen grub, umso zerknirschter wirkte der Pfleger, für den diese Arbeit vermutlich nur eine Zwischenstation auf dem Weg in die medizinische Fakultät war. Keller nahm ihm ab, dass er von der plötzlichen Überstellung Kaltenbrunns aus der Psychiatrischen Klinik in die Krankenstation des Zuchthauses Waldheim keine Ahnung hatte. Ohne Zögern hatte Tassel ihn zur Unterkunft des Patienten geführt. Das Bett schien unbenutzt, doch leergeräumt war das Zimmer nicht. Als Keller den Krankenpfleger auf die Zeichnungen des Insassen ansprach, gab der sich betont ahnungslos.

»Da müssen Sie in den Unterlagen des Professors nachschauen. Er hat das alles immer sofort an sich genommen. Ich sagte Ihnen ja, dass der Professor ein Faible für Doktor Kaltenbrunns Kritzeleien hatte.« Ob Heise Kaltenbrunns Zeichnungen überhaupt aufbewahrt hatte, konnte oder wollte er Keller nicht sagen.

17:07 UHR

Der geländegängige UAZ hüpfte die letzten Meter über den Sumpfboden und blieb dann abrupt stehen. Sofort sanken die grobstolligen Reifen ein, bis der Wagenboden fast aufsetzte. Zwei

Männer, von Kopf bis Fuß in hellen Kunststoff gekleidet, entstiegen dem Wagen. Der ältere fluchte, als er an ihre Abreise, später am Abend, dachte. Zum Glück hatte er an Anfahrbleche und die Handwinde gedacht.

Die Dämmerung kündigte sich bereits mit glühend rotem Licht über den Baumreihen im Westen an; es konnte losgehen. Fassbender blickte auf die Uhr, schnaufte und straffte die Schultern. Keiner von beiden hatte sich um diese Aufgabe gerissen, aber irgendjemand musste die Arbeit ja erledigen. Er tauschte einen Blick mit seinem Begleiter. Von Steiners Gesicht war unter der beschlagenen Schutzhaube nicht viel zu erkennen, doch er konnte sich den Ausdruck lebhaft vorstellen. Fassbender gab ein Handzeichen und marschierte mit dem schweren Ausrüstungskoffer in nördliche Richtung. Der Untergrund machte unter seinen Gummistiefeln schmatzende Geräusche und wurde nasser und nachgiebiger, je weiter sie sich vom Wagen entfernten. Steiner folgte in etwas Abstand mit dem zweiten Teil ihrer Ausrüstung. Er keuchte nach nicht einmal fünfzig Metern wie bei einem Dauerlauf. Mit schlechtem Gewissen verlangsamte Fassbender seine Schritte. Steiners Gesundheitszustand bereitete ihm seit einiger Zeit Sorge, nur reagierte der extrem ablehnend auf jede Anteilnahme. Als ob er durch Verdrängen sein Schicksal ändern könnte... Aber vielleicht konnte er das wirklich, Arno war noch jung. Fassbender jedenfalls hatte schweren Herzens beschlossen, den Kollegen nicht mehr auf seine Beschwerden anzusprechen.

Das Hochmoor bestand aus Buckeln und Senken, und obwohl alles mit scharfkantigem, grünen Sumpfgras bewachsen war, wirkte das Land seltsam leblos. Einige Insekten summten, waren aber nicht zu sehen, und von Vögeln oder Säugetieren war keine Spur zu entdecken. Auch Fische, Frösche oder andere Amphibien hatte er in diesem Areal selten zu Gesicht bekommen. Ein leichter Dunst stieg von den Senken auf. In denen stand das Grundwasser gleich unter den Graswurzeln und bei einem unachtsamen Schritt hinein versank man bis zum Knie im vermeintlich festen Boden. Fassbender und Steiner hielten sich deshalb auf den höher gelegenen, welligen Teilen des Sumpfgebiets.

Nach etwa fünf Minuten Marsch konnten sie ihr Ziel erkennen, einen der Moorseen, die sich an verschiedenen Stellen in größeren Mulden gebildet hatten. Kurz darauf erreichten sie die vorgesehene Messstelle direkt an dem Ufer des flachen Sees. Die Abendsonne verwandelte die vollkommen bewegungslose Wasseroberfläche in einen goldenen Spiegel, nur unterbrochen von kleinen Grasbuckeln und abgestorbenem Wurzelholz. Die Ränder waren von hüfthohem Röhricht und Wollgras umstanden. Manchmal fiel es ihm schwer zu glauben, dass das, was sie suchten, wirklich hier war. Alles schien so friedlich und idyllisch. Doch Fassbender wusste, dass es sich überall fand, zwischen den Halmen, in den Kriechtieren und Insekten. Überall im Boden, im Wasser und der Luft lauerte es und wartete auf seine Chance. Und es gewann eigentlich immer, denn es hatte beinahe endlose Geduld.

Steiner rammte einen Metallstab in den weichen Grund neben seinen Füßen. Fassbender verzog das Gesicht angesichts Steiners pragmatischer Lebenseinstellung. Seinem Partner würde es nie einfallen, einen Blick an Sonnenuntergang oder Landschaft zu verschwenden. Fassbender öffnete den Metallbügel seiner Tasche und entnahm eine fabrikneue Kunststoffflasche. Er kniete am Rand des Gewässers, sein Bein wurde eiskalt, aber dank des Schutzanzugs blieb es immerhin trocken. Trotzdem jagte ihm die scheinbare Berührung mit dem Untier jedes Mal einen Schrecken ein.

»Ich bin hier fertig.« Steiner hatte den Bohrstock gezogen und die Probe bereits beschriftet.

Fassbender nickte, drehte den Schraubdeckel fest und schrieb mit klammen Fingern fahrig Datum und Messpunktbezeichnung darauf. Während des gesamten Arbeitsprozesses fluchte er leise vor sich hin, doch beim Anbringen des Sicherungsbügels über dem Deckel verlor er die Beherrschung. »Verdammter Dreck. Wie soll man mit diesen steifen Dingern ordentlich arbeiten? Können die Russen noch nicht mal ordentliche Schutzhandschuhe produzieren? Dreck, verdammter! Ich bin kurz davor, diese klobigen Dinger in die Ecke zu schmeißen, Mann.« Sein jüngerer Partner sah ihn schweigend an und wartete, bis er sich wieder in der Gewalt hatte. »Ist schon in Ordnung, Arno. Ich behalte die blöden Dinger ja an, außerdem habe ich keine Lust, mich von Doktor Schabrow ausschimpfen zu lassen.« Fassbender zog die Bündchen seines Schutzoveralls ein Stück weiter über seine Handschuhe »Wobei man ja sowieso nicht weiß, ob die Dinger überhaupt dicht sind – oder nicht von Anfang an verseucht. Bei unseren großen Brüdern aus der Sowjetunion würde mich auch das nicht mehr überraschen.«

»Lutz, das ist nicht lustig.« Noch einmal sah er Fassbender ernst an. »Komm schon.« Steiner wandte sich ab und ging einige Schritte vor. Fassbender hörte sein heftiges Husten dennoch.

Sie gingen noch vier weitere Messstellen ab, ehe sie sich auf den Rückweg zu ihrem Geländewagen machten. Steiner protestierte nicht, als sein Kollege den direkten Weg nahm, der durch einen lichten Birkenhain führte. Eigentlich galt die Anweisung, jeden Weg durch Unterholz und Baumbestand zu meiden, weil immer die Gefahr bestand, den Schutzanzug zu beschädigen.

Die Sonne war so weit herabgesunken, dass sie beinahe waagerecht durch die dünnen Baumstämme strahlte. Fassbender blinzelte kurz in westliche Richtung, dann tauchten er und Steiner in die Dämmerung des Wäldchens ein. Zwischen den Bäumen herrschte Totenstille. Hier waren seltsamerweise noch nicht einmal die Geräusche der Insekten vorhanden. Unter dem Plastik der Schutzkleidung rann Schweiß an Fassbenders Rücken hinunter, und das lag nur teilweise an der Bewegung. Er hatte plötzlich das Gefühl, als würden ihn die Bäume beobachten, mit blutunterlaufenen Augen, und sie röchelten. Fassbender wischte mit dem Handrücken über die Sichtscheibe, erreichte aber nichts anderes, als Lehm im Blickfeld zu verteilen. Er sah fast nichts mehr, unterdrückte jedoch den Drang, erneut laut zu fluchen. Er hätte lieber den sicheren Umweg gehen sollen, so wie sie es immer taten, aber er hatte dem erschöpften Steiner jeden unnötigen Schritt ersparen wollen.

»Kollege Fassbender, was ist jetzt, geht's weiter?« Erneut bekam Steiner einen Hustenanfall.

Die Bäume waren zu dieser Jahreszeit noch kahl und nackt, Fassbender spürte die Galle in seinem Hals aufsteigen, als er anstelle der rissigen, weißen Birkenrinde plötzlich tote, weiße Haut vor sich sah, die sich in Fetzen abschälte. Er schüttelte den Kopf, die Birken kamen zurück, zusammen mit Steiner, der ihn misstrauisch beäugte.

»Mann Lutz, was ist los?« Steiner pumpte, das Atmen fiel ihm sichtlich schwer. »Ich gehe jetzt zum Auto, und wenn du hier festwachsen willst, dann musst du das allein tun.«

Fassbender schüttelte den Kopf. »Nein, ist schon in Ordnung, lass uns gehen. Irgendwas... Dieser Ort...« Mehr brachte er nicht hervor. Vielleicht würde auch er seine letzte Ruhe hier finden, unter den Birken, im Moor.

18:58 UHR

Keller und Tassel setzten ihr Gespräch in dem kleinen Aufenthaltsraum fort, den sich Schwestern, Pfleger und Aufseher teilen mussten. Der Raum war kaum einladender als Kaltenbrunns karges Krankenzimmer, das sie eben aufgesucht hatten. Aber immerhin gab es eine kleine Kochnische mit Herdplatte und Spülbecken, wo sich der Krankenpfleger nun zu schaffen machte. Er stellte einen blitzsauberen Becher mit abgebrochenem Henkel vor den Oberleutnant, zwei Minuten später folgte eine Kanne dampfenden Tees.

»Sie können mir also wirklich nichts weiter über Doktor Kaltenbrunn sagen.« Kellers Feststellung stand einige Sekunden im Raum. Tassel legte seine Hände um das warme Porzellan der Tasse und starrte in die Tiefen des russischen Chais. Schließlich sah er den Polizisten an.

»Ich weiß wirklich nicht mehr.«

»Wissen Sie, ich glaube Ihnen sogar das meiste. Allerdings bin ich mir zugleich vollkommen sicher, dass Sie mir etwas verschweigen.«

Keller beobachtete die Reaktion seines Gegenübers genau und wusste, dass er ins Schwarze getroffen hatte. Der Pfleger mochte nichts Genaues wissen, doch er ahnte oder befürchtete zumindest irgendetwas. Die Frage war bloß, wie Keller ihn zum Reden bringen konnte. Druck während der Befragung schien dem Krankenpfleger noch weniger auszumachen als der Springfeld, die er zumindest kurzzeitig verunsichern konnte. Manchmal, das hatte der Oberleutnant in seinen inzwischen über zwanzig Dienstjahren gelernt, war Zeit der entscheidende Faktor. Und Tassel schien einer von denen zu sein, die mit der Zeit von alleine weich wurden. Er konnte sich vorstellen, wie der junge Mann die ganze Nacht über seine Anschuldigung nachgrübeln würde. Möglicherweise würde er auch die nächsten Tage auf der Arbeit noch überstehen, aber Keller war sich sicher, dass er spätestens nach einer Woche von Tassel hören würde. Nur konnte er leider nicht so lange warten. Nicht nur, weil die wenigen Spuren mit der Zeit erkalten würden, sondern auch weil der Druck auf ihn selbst von höherer Stelle sicherlich nicht abnehmen würde. Trotzdem beschloss er, Tassel im Moment nicht weiter zu bedrängen. Sonst würde der Pfleger womöglich komplett dicht machen.

»Genosse Tassel, ich denke, ich habe Sie lange genug von Ihrem Feierabend ferngehalten.«

Der Pfleger blickte überrascht auf. »Sie wollen gehen?« Schnell überwand er seine Verblüffung und fügte beiläufig hinzu: »Für mich fängt der Dienst jetzt erst an, ich habe heute Nachtschicht, wissen Sie.«

Keller zuckte mit den Schultern und wandte sich der Tür zu. »Danke für den Tee. Gute Nacht.«

Tassel begleitete ihn ohne ein Wort hinaus auf den Flur. Es war still und dunkel auf dem langen Gang, nur alle paar Meter brannte eine schwache Nachtleuchte. Ein leises Quietschen hob hinter einer der stabilen Türen an, die sie passierten. Keller blieb lauschend stehen, und Tassel warf einen kurzen Blick durch das Kontrollfenster, sagte oder tat aber nichts. Das Geräusch setzte sich fort. Bei dem Gedanken, wie das Personal die ganze Nacht in diesem düsteren Gebäude, umgeben von Verrückten, zubrachte, stellten sich Kellers Nackenhaare auf. Das Quietschen wurde etwas deutlicher, als sie dem Stationsgang weiter in Richtung Treppenhaus folgten.

Der Lichtschein, der durch die schmale Ritze unter der Tür fiel, war so schwach, dass Keller ihn sicher übersehen hätte, wenn Tassel nicht mit seinen weißen Schuhen genau in die Bahn des Lichts getreten wäre. Er hielt den Pfleger am Arm zurück und legte den Finger auf die Lippen. Der junge Mann nickte. Jemand war in Heises Büro.

Keller drückte Tassel an die Wand des Flures. »Sie bleiben hier«, raunte er ihm zu. Seine Hand fuhr unter das Jackett an das weiße Holster, in dem er seine Dienstwaffe trug. Erst als er sie mit einem kaum hörbaren Klick entsichert hatte, schob er sich an die Bürotür heran und drückte behutsam die Klinke herunter. Das Polizeisiegel, das er vorhin noch säuberlich in Augenhöhe angebracht hatte, hing zerrissen am Rahmen. Dem Eindringling schien es egal zu sein, dass sein Einbruch schnell bemerkt würde, sonst hätte er sicherlich das Papiersiegel sauber durchtrennt. Mit der Schulter schob Keller die Tür langsam auf. Sein Blick ging über Liege, Regale, Schreibtisch und Wandtafeln hinweg. Das Behandlungszimmer schien leer zu sein, genau so, wie er es verlassen hatte. Keller machte einen raschen Schritt in den Raum und kontrollierte mit gezogener Waffe die Wand hinter der Tür, der einzige Platz, wo sich noch jemand hätte verbergen können. Nichts.

Da hörte er ein rappelndes Geräusch aus dem Nebenraum. Er erstarrte und lauschte. Jemand hatte eine Schublade aufgezogen und wühlte nun durch Papier. Keller setzte langsam Schritt vor Schritt. Seine schwarzen Lederschuhe machten glücklicherweise kaum einen Laut – quietschende Gummisohlen oder knirschende VEB-Plasteschuhe, das wäre es jetzt gewesen. Er näherte sich der halbgeschlossenen Tür zu Heises Nebenzimmer und überlegte. Sollte er warten, bis der Unbekannte seine Durchsuchung beendet hatte und herauskam? Oder sollte er den Eindringling gleich stellen? Und was, wenn derjenige bewaffnet war? Keller verfluchte seine Unentschlossenheit. Da er nicht wusste, wonach der Unbekannte suchte und was er plante, bedeutete es ein Risiko abzuwarten. Wenn er ihn jetzt anrief und aufforderte, sich zu stellen, dann musste er allerdings damit rechnen, dass ihm die Tür vor der Nase zugeknallt und der Schlüssel im Schloss herumgedreht wurde. In beiden Fällen könnte der Eindringling Spuren beseitigen oder verändern. Außerdem konnte er sich nicht erinnern, ob es in diesem Raum ein unvergittertes Fenster gab; entkommen durfte er auf keinen Fall. Was also tun, verdammt? Überrumpelungstaktik. Er öffnete die Tür mit einem kräftigen Fußtritt und gab sich im selben Moment als Angehöriger der Volkspolizei zu erkennen. Dann schien alles auf einmal zu passieren.

Das, was von dem kleinen Büroraum in sein Blickfeld kam, war leer. Er stürmte in den Raum hinein, wurde aber von etwas getroffen, bevor er die nicht einsehbaren Winkel beiderseits der Tür sichern konnte. Der harte Gegenstand, der ihn am Arm traf, war bloß ein Buch, doch das Manöver verschaffte dem Unbekannten die Sekunde, die er brauchte, um Keller beiseitezustoßen und ins Behandlungszimmer zu entkommen.

»Bleiben Sie stehen, ich habe–« Keller fluchte, als der Schatten in dem düsteren Flur verschwand. Er rannte los und stieß mit Tassel zusammen, der anscheinend im selben Moment die Verfolgung aufnehmen wollte. Sie stürzten hin, und Keller stieß lautstarke Verwünschungen aus. »Verdammt nochmal, Sie Dummkopf. Warum haben Sie den Typen nicht aufgehalten?«, machte er seinem Ärger Luft. »Bleiben Sie bloß hier, den schnappe ich mir noch!«

Keller sprang wieder auf die Füße und lief den Gang hinab in die Richtung, in die die Gestalt geflüchtet war. Das Treppenhaus war die einzige Möglichkeit, das Gebäude zu verlassen. Alles, was er von dem Unbekannten in Heises Räumen erkannt hatte, war seine weiße Pflegeruniform. Kein Gesicht, nichts Wiedererkennbares. Aber er war sich sicher, dass es ein Mann gewesen war, der das schwere Medizinstandardwerk geworfen hatte. *Nicht viel, Genosse Oberleutnant*, meinte er Schüttaus Stimme zu hören. Aber er hatte ja nicht vor, diesen Schnüffler entkommen zu lassen. Keller stürmte um die Biegung des Traktes und bekam den Flüchtigen wieder ins Blickfeld. Es war zu erkennen, dass die Gestalt etwas unter dem Arm trug. Ob es Krankenakten oder andere Papiere waren, ließ sich auf diese Entfernung nicht feststellen. Ein einzelnes Blatt segelte zu Boden, als der Flüchtende eine Tür aufzog. Im nächsten Moment knallte schweres Metall, und er war fort.

Das Treppenhaus war noch dunkler als die notbeleuchteten Flure. Keller blieb stehen und vernahm die hallenden Schritte des Eindringlings. Aber von wo? Oben oder unten? Der Oberleutnant reckte sich über das Geländer und schaute nach oben. Da, ein weißer Fleck. Er setzte ihm nach und versuchte, sich an die Anlage des Krankenhauses zu erinnern. Der verwinkelte Backsteinbau war von außen schwer überschaubar, und obwohl Keller sich sicher war, dass er nicht mehr als zwei Stockwerke gesehen hatte, konnte er nicht ausschließen, dass Teile der Klinik mehr Etagen hatten. In diesem Treppenhaus war jedenfalls im zweiten Stock Schluss. Über sich sah er die rissige Verkleidung der Dachschrägen. Wenige Schritte entfernt gab es eine einzige Tür auf diesem Stockwerk. Er stürmte nur Sekunden nach dem Flüchtenden durch die massive Brandschutztür, und fand sich in einer völlig anderen Welt wieder. Der kahle Flur endete etwa zwanzig Meter vor ihm, wo eine stabile Gitterkonstruktion eingebaut worden war und den Durchgang versperrte. Ein Blechschild erklärte, dass dort die forensische Abteilung begann.

Keller hatte sich informiert. Er wusste, dass das Psychiatrische Krankenhaus in Waldheim in erster Linie der Behandlung von Straftätern der benachbarten Justizvollzugsanstalt diente, und hatte sich über die geringen Sicherheitsvorkehrungen gewundert. Dies schien der Trakt zu sein, in dem die zur Gewalt neigenden Insassen untergebracht wurden und therapiert werden sollten. Er hatte seine Zweifel, was die Erfolgsaussichten dabei anging, aber das spielte ja nun keine Rolle. Es war jedenfalls interessant, dass Kaltenbrunn ganz offenbar nicht als Krimineller oder gewaltbereiter Patient in diese Klinik überstellt, sondern in der allgemeinen psychiatrischen Abteilung untergebracht worden war.

Erst jetzt nahm er den gelangweilten Gefängnisaufseher wahr, der sich von seinem Stuhl erhob, als er Keller sah.

»Wer sind Sie denn?«

»Haben Sie einen Pfleger vorbeikommen sehen? Vor ein paar Sekunden?«

Der Aufseher nickte bedächtig. »Und wer sind–«

Keller schlug gegen die Gitterstäbe. Der Mann konnte froh sein, dass er dahinter in Sicherheit war. »Ich bin Oberleutnant Keller von der Mordkommission, und wenn Sie mir jetzt nicht sofort sagen, wohin der Mann verschwunden ist, dann nehme ich Sie wegen Behinderung meiner Ermittlungen fest.«

Der sprachlose Wachposten deutete auf eine unauffällige, schmale Tür am Anfang des Flures, direkt neben Brandschutztür, durch die er eben hereingekommen war. Keller rannte zurück und hörte schon nicht mehr, was der Wärter ihm hinterherschickte. »Und ich dachte noch, dass das doch komisch ist, dass nachts einer von den Brüdern aufs Dach hinaus wollte. Völlig verrückt, sowas.«

Die dünne, weiße Holztür wirkte in diesem massiven Gebäudetrakt mit seinen Stahlgittern und dem bewachten Durchgang irgendwie deplatziert, fast wie eine Geheimtür. Keller dachte sofort an den Dachboden seines Elternhauses, wo der nicht ausgebaute Bereich im Giebel ebenfalls mit so einer leichten Furniertür verschlossen war. Gerade groß genug, um all die Dinge hinein- und hinauszuschaffen, die dort lagern sollten. Der Dachboden der Nervenklinik Waldheim allerdings machte mehr den Eindruck eines Museums oder eines Panoptikums. Der Raum unter dem nicht isolierten Dachstuhl war bis in die letzte Ecke mit schiefen Schränken, mottenzerfressenen Polstermöbeln, Büchern, Lampen verschiedenster Formen und Stilrichtungen und Kisten vollgestopft und außerdem eiskalt.

Keller wurde klar, dass es noch einen zweiten, deutlich größeren Zugang geben musste, denn den Koloss von Eichenschrank, der sich zu seiner Linken erhob, hätte man niemals durch die enge Türöffnung gebracht, die er eben benutzt hatte. Eine weitere Erkenntnis war, dass der Flüchtige sich im Gebäude auskennen musste. Wahrscheinlich hatte er den Dachboden als Fluchtweg schon ausgekundschaftet. Und er hatte in kürzester Zeit den Lichtschalter gefunden, denn es brannten einige schwache Glühbirnen in regelmäßigen Abständen. Vermutlich waren die während des Krieges über die gesamte Länge des Daches am Firstbalken angebracht worden, um einen größeren, fensterlosen Raum zur Verfügung zur haben, wenn Verdunkelung angeordnet war. Die Lichtverhältnisse im Dachboden waren mies, und in jeder Ecke lagen tiefe Schatten. Unmöglich, in diesem mit Sperrmüll vollgestellten Teil etwas zu erkennen, aber besser als kein Licht war es allemal. Dabei fiel ihm ein, dass er das garantiert weitläufige Kellergeschoss der Klinik noch nicht untersucht hatte.

»Hören Sie, ich weiß, dass Sie hier drin sind. Es hat keinen Sinn, sich zu verstecken. Kommen Sie heraus.« Er lauschte auf verräterisches Atmen, Schritte oder irgendein anderes Zeichen. Es blieb still. Keller bewegte sich langsam zwischen dem Gerümpel hindurch. Ihm fiel nun auf, dass die Möbel anfänglich so aufgestellt worden waren, dass beiderseits des schmalen Mittelganges abgeteilte 'Zimmer' entstanden – eines für jeden, der sein restliches Leben in dieser Anstalt verbrachte. Doch diese Ordnung war schon vor langer Zeit aufgegeben worden. In jeder Lücke stand irgendein Einrichtungsgegenstand, und so blieb nur der halbherzig freigelassene Mittelgang zum Vorwärtskommen. Das hatte auch Vorteile, war es so doch nicht möglich, sich ohne aufwendiges Schieben und Rücken von Möbelstücken zu verstecken. Keller hielt seine Waffe im Anschlag und arbeitete sich vorsichtig voran. Die Dielen unter seinen Füßen machten immer wieder Geräusche. Der andere wusste mit Sicherheit, wo er war. Er dachte an Schüttau mit seinem Geiz an Personal. Wenn der Major ihm wenigstens einen zweiten Mann an die Seite gegeben hätte, sähe das alles hier schon völlig anders aus... Er schlich um einen Jugendstilsekretär und spähte in die Ecken, als der Unbekannte endlich zuckte: Eine Diele quietschte grell.

»Kommen Sie endlich heraus! Ich habe eine Waffe und werde davon Gebrauch machen«, warnte er ordnungsgemäß.

Ein krachender Laut war die Antwort. Keller ging instinktiv in die Knie und brachte seine Makarow in Anschlag, aber es waren bloß Kisten und Kartons, die von einem der Schränke gestürzt waren. *Da ist der Kerl also.* Keller näherte sich geduckt der Position, wo er den

Flüchtigen vermutete. Der Mann versteckte sich sicher auf der anderen Seite des Nussbaumregals, das neben dem Schrank zu sehen war. Keller verließ den Mittelgang und drückte sich zwischen einem Ohrensessel und einem anatomischen Skelett, dem ein Unterarm und der Unterkiefer fehlten, hindurch. Wenn er jetzt keinen Lärm machte, dann wäre er gleich an dem anderen dran, ohne dass der ihn bemerken konnte. Eine Messingstehlampe vereitelte seinen Plan. Er tauchte hinter dem Sessel auf und stieß mit dem Kopf von unten gegen den Schirm der Lampe. Es gab ein reißendes Geräusch, als der morsche Stoffschirm nachgab, dann polterte die ganze Leuchte zu Boden. Er und der Unbekannte bewegten sich gleichzeitig. Keller fluchte und kletterte über die Hindernisse zum Mittelgang zurück. Wieder war der andere schneller. Der kannte sich hier mit Sicherheit richtig gut aus. Und die Kisten, die zuvor scheinbar aus Versehen herabgestürzt waren, erwiesen sich nun als hervorragende Barrikaden. Er sah den Mann wieder nur von hinten, wie er unter den Funzeln am Firstbalken die schmale Gasse entlanghuschte.

»Bleiben Sie sofort stehen, oder ich muss von der Schusswaffe Gebrauch machen.« Er war entschlossen, diese Jagd endlich zu beenden. Der Eindringling reagierte nicht. Keller drückte den Abzug. Der Warnschuss schlug irgendwo in das Gebälk des Dachstuhls ein.

»Verdammter Mist, verdammter!«, brüllte er lauthals, als der Flüchtende das Ende des Dachbodens erreichte und ein quietschendes Tor öffnete. Wie konnte denn an diesem Ende der zweite Zugang sein, zum Kuckuck? Wohin sollte der denn führen? Der Oberleutnant kämpfte sich über die letzten Kisten hinweg und gelangte zu einer großen Doppeltür. Sie war mattschwarz lackiert. Kein Wunder, dass er sie bei der schlechten Beleuchtung nicht gesehen hatte.

Als er das Metalltor aufdrückte, wurde Keller klar, wo er sich befand. Vor ihm erstreckte sich die Ebene eines ausgedehnten Flachdaches. Er sicherte rasch die Mauer in seinem Rücken, doch der Unbekannte war sicher nicht darauf aus, ihn hier aus dem Hinterhalt zu überraschen. Viel wahrscheinlicher war, dass er unter allen Umständen unerkannt entkommen wollte.

Der Dachboden gehörte zum ursprünglichen Klinikgebäude aus Backstein. Irgendwann hatte man dann einen weiteren Flügel mit flachem Dach angebaut, auf dem er nun stand und Ausschau hielt. Gut dreißig Meter entfernt ragte ein Betonblock mit einer weiteren Doppeltür aus der Dachfläche: der direkte Zugang über ein Treppenhaus. Vielleicht sogar mit Lastenaufzug, um die Möbel zu transportieren. Aber der Flüchtige musste noch hier sein, denn genug Zeit, um hinüberzulaufen und die Torflügel zu öffnen, war ihm nicht geblieben. Vermutlich duckte er sich hinter einen der Kamine. Kellers Schritte knirschten auf dem losen Sand der erneuerungsbedürftigen Teerpappe. Er schwenkte nach rechts, um einen Blick hinter die Aufbauten zu werfen. Dabei vermied er es, über den Rand des Daches nach unten zu sehen, doch er schätzte, dass es mindestens zehn, zwölf Meter in die Tiefe gehen musste. Als Keller sich dem dritten Schornsteinblock näherte, machte der andere seinen Zug. Er stürzte aus seiner Deckung und lief geradewegs auf den Rand des Daches zu. Keller stürmte hinter dem Mann her, und sah, dass der keineswegs die Absicht hatte zu springen. Über den Rand des Daches ragte das metallene Geländer einer Nottreppe.

»Ich warne Sie ein letztes Mal, bleiben Sie sofort stehen.«

Er stand nur noch ein paar Meter hinter dem Mann, und dieses Mal zögerte der.

»Seien Sie vernünftig. Drehen Sie sich um.«

Mit dem letzten Schritt auf die Leiter zu, vollführte der Mann eine schnelle Drehung. Der Kerl versuchte, das Geländer zu greifen und sich dann einige Sprossen hinunterrutschen zu lassen, um in Deckung zu gelangen. Doch er griff daneben.

Eine Sekunde schien der Flüchtige in der Luft zu hängen, mit einem überraschten Ausdruck auf dem Gesicht. Ein Fuß auf der Leiter, der andere in der Leere, und kein fester Halt, der seinen Sturz hätte aufhalten können. Als der Polizist die Feuerleiter erreichte, war der Mann bereits auf dem welligen Kopfsteinpflaster des Klinikhofes aufgeschlagen. Fast lautlos.

Fünf Minuten später war der Vorplatz voller Angestellter des Krankenhauses. Noch einmal fünf Minuten vergingen, bis die örtliche

Polizeidienststelle ihren Wachtmeister geschickt hatte. Nach einem Moment des Zögerns hatte Keller das Dach durch das Treppenhaus des Anbaus – in dem es tatsächlich einen Lastenaufzug gab – verlassen und nicht den schnellsten Weg, die Leiter, genommen. Nun stand er in einiger Entfernung zu den Schaulustigen im Hof. Er hatte dafür gesorgt, dass einer der Ärzte den Tod feststellte und danach alle einen sicheren Abstand zu dem Toten hielten. Aber das hier war kein Tatort eines Verbrechens, und die Frage des Unfallherganges konnte jederzeit geklärt werden.

Die Durchsuchung des Toten hatte ihm keinerlei Hinweise auf dessen Identität oder eine Beziehung zu der Klinik gegeben. Keller hielt es nicht für notwendig, den Hof zu räumen.

»Mein Name ist Auerswald. Sind Sie Oberleutnant Keller aus Leipzig?« Ein Uniformierter Anfang dreißig, mit Tassel im Schlepptau, näherte sich ihm.

Keller nickte. Er zog seine Dienstmarke und sah Erleichterung auf dem Gesicht des Obermeisters. »Na, dann ist das ja alles kein Problem mit Ihrer Aussage bezüglich des Unfallherganges. Wie ich meine…« Der Polizist geriet offensichtlich ins Trudeln.

»Genosse Obermeister, Sie sollten einen Leichenwagen für die Überstellung des Toten nach Döbeln in die Poliklinik anfordern. Außerdem dem dortigen VPKA Meldung machen, dass es hier im Verlauf einer Ermittlung der Leipziger K einen tödlichen Unfall gegeben hat. Ich werde mich bei den Kollegen in Döbeln bezüglich meines Berichts schnellstmöglich melden.«

Auerswald nickte gewichtig und eilte davon. Tassel blieb neben Keller stehen und schaute mit einem gequälten Gesichtsausdruck auf den Toten auf dem Pflaster.

»Es hat wohl keinen Sinn, dass ich Sie frage, wer das ist und was er in den Räumen des Ermordeten zu suchen hatte?« Wie der Polizist befürchtet hatte, zeigte der Pfleger keinerlei Reaktion. »Nun gut, Herr Tassel, ich brauche einen Fernsprecher.«

Es brauchte fast eine Viertelstunde, bis Keller die Privatnummer der Döbelner Rechtsmedizinerin in Erfahrung gebracht hatte.

»Moreaux.«

»Keller. Guten Abend, Frau Doktor. Entschuldigen Sie bitte die späte Störung, aber es ist sehr wichtig.«

»Oh, Genosse Keller…«, die Medizinerin klang verlegen. »Hören Sie, Herr Oberleutnant, ich weiß, ich hatte Ihnen einen vorläufigen Bericht für heute versprochen. Leider bin ich noch gar nicht dazu gekommen, meine Aufzeichnungen–«

»Sie brauchen sich wirklich nicht zu rechtfertigen, Doktor. Wenn Sie wüssten, wie viel Zeit sich unsere Pathologen manchmal nehmen. Ich habe eine große Bitte. Ich weiß, dass Sie das nicht hauptberuflich machen, nur weiß ich im Augenblick nicht, an wen ich mich wenden soll. Und es ist äußerst dringend.«

Moreaux schien geschmeichelt. »Es geht um die Obduktion von Heise, nehme ich an, Herr Kommissar? Treffen wir uns am Haupteingang der Klinik. Das ist Block C. Liegt, glaube ich, am Steinhausener Weg. Auf jeden Fall kommen Sie da raus, wenn Sie der Beschilderung zum Krankenhaus folgen.«

»Bin in zwanzig Minuten da, Doktor.« Welch ein Glück, dass es noch Leute gibt, die ihren Feierabend der Wahrheitsfindung opfern, dachte Keller überrascht.

20:37 UHR

Die Leichenhalle lag ein ganzes Stück vom Haupteingang der Poliklinik entfernt. Während Moreaux ihn durch die verwinkelten Gänge des Untergeschosses führte, kam Keller auf den Grund für seine Eile zu sprechen. Es fiel ihm schwer, den richtigen Anfang zu finden, aber er wusste, dass er der engagierten Ärztin eine Erklärung und etwas Ehrlichkeit schuldete.

»Sie können mir glauben, Doktor. Wenn es nicht einen guten Grund gäbe, hätte ich Sie nicht so spät rausgeklingelt«, setzte er an.

»Davon bin ich überzeugt. Vielleicht bin ich neugierig geworden. Jetzt erzählen Sie schon, Kommissar.«

»Tja, wo anfangen…« Keller nahm seine Schiebermütze ab und fuhr sich über die müden Augen. »Also. Das ist alles komplizierter und verzwickter, als es sich auf den ersten Blick dargestellt hat. Anfangs sah es so aus, als ob ein Irrer in einem Anfall seinen Arzt umgebracht hätte. Ganz so einfach scheint es nicht zu sein.«

Moreaux blickte den Polizisten fragend an. »Sie vermuten, es war ganz anders?«

»Ich will's kurz machen, Doktor. Ich glaube, an diesem Fall stinkt einiges gewaltig, eigentlich alles.«

»Sie haben meine vollkommene Aufmerksamkeit.«

»Ich muss eines vorwegschicken.« Keller zögerte. Wie sollte er der unfreiwillig zum Gerichtsmediziner ernannten Ärztin klar machen, dass er sie zum Mitwisser in einer nicht ganz regulären Mordermittlung machen wollte – gewissermaßen zu einer Mitverschwörerin? »Sie sind die Einzige, der ich zurzeit vertraue«, gab er unumwunden zu, »und ich will Ihnen auch sagen, warum. Sie haben keine Interessen in dieser Angelegenheit – höchstens, dass es keine weiteren Toten gibt, mit denen Sie sich beschäftigen müssen. Und da stehen wir auf derselben Seite.«

Die Ärztin verlangsamte ihren Schritt und blickte nachdenklich zu Boden. Offenbar wurde ihr allmählich klar, in welche Richtung sich das entwickelte.

»Bitte, Doktor. Ich muss mich darauf verlassen, dass Sie im Augenblick niemandem gegenüber erwähnen, was ich Ihnen nun anvertrauen werde. Auch Einzelheiten bezüglich Ihrer Leichenbeschau sollten Sie bitte für sich behalten.«

»Sie wissen, was Sie da von mir verlangen, Oberleutnant?« Moreaux schien sich plötzlich nicht mehr besonders wohl in der Rolle der Amateurdetektivin zu fühlen.

»Sie sollen ja nicht lügen, Doktor, nur eben nicht alles vorschnell und zu ausführlich in Ihrem Bericht niederschreiben. Genau genommen haben meine Überlegungen auch gar nichts mit dem offiziellen Obduktionsbericht zu tun.«

Moreauxs Gesichtsausdruck war schwer zu deuten. Sie war nun stehengeblieben und sah Keller geradeheraus an. »Würden Sie zur Sache kommen, Oberleutnant?«

Keller seufzte. »Es scheint, als hätte jemand größtes Interesse daran, dass in der Tötungssache Heise keine Fragen gestellt werden. Keiner weiß, wer Kaltenbrunn eigentlich ist, jedenfalls geben das alle vor. Ein Mann dieses Namens hat anscheinend in der Deutschen Demokratischen Republik niemals ein wissenschaftliches Studium absolviert oder promoviert – und niemand scheint das komisch zu finden. Außer mir. Zweitens: Wieso hat sich der in Fachkreisen so bekannte Professor Doktor Wolfgang Heise ausgerechnet um diesen Allerwelts-Gedächtnisgestörten so innig gekümmert? Dieser Doktor Kaltenbrunn ist noch nicht einmal im Gebäudetrakt für gefährliche oder gewalttätige Patienten untergebracht. Offensichtlich hat man es nicht für möglich gehalten, dass es zu so einer Tat kommen könnte. Das wirft nebenbei die Frage auf, wie gut es um die diagnostische Kompetenz dieses Irrenhauses bestellt ist.« Der Oberleutnant konnte sich ein Grinsen nicht verkneifen. »Und drittens: Wieso möchte eigentlich jeder, dass ich aufhöre, diese Fragen zu stellen? Sogar mein Chef hat mir nahegelegt, bald einen Deckel auf dic Sache zu machen.« Keller überlegte kurz. Er konnte auch den jüngsten, tödlichen Zwischenfall in der Klinik nicht unerwähnt lassen, denn er hatte Anweisung gegeben, den Dachstürzer ebenfalls zu Doktor Moreaux bringen zu lassen – trotzdem fiel es ihm nun schwer, davon zu erzählen. Schließlich fasste er die Ereignisse knapp in drei Sätzen zusammen und endete mit: »Und spätestens jetzt können wir wohl ausschließen, dass ich einfach nur paranoid bin. Irgendjemand versucht hier, die Aufklärung zu verhindern.«

Moreaux ging schweigend neben ihm weiter, dann blieb sie stehen und betrachtete Keller mit schmalen Augen. »Nun gut, Herr Kommissar. Sie haben Ihren Watson.«

Keller war erleichtert, sogar mehr, als er selbst erwartet hatte. »Gut, dann weiter zum toten Professor.«

»Da sind wir bereits.« Moreaux zog an einem armlangen Hebel und schob die große Stahltür zur Seite.

Keller hatte einen Raum mit großen Schubfächern erwartet, ähnlich wie auf dem Bahnhof, nur dass Schlüssel und Geldeinwurfschlitz fehlten. So, wie er das aus Leipzig und auch aus Berlin kannte. Was nun vor ihm lag, ließ ihn nicht nur wegen der niedrigen Raumtemperatur frösteln. In dem weißgekachelten Raum befand sich nichts außer einer Armee rollbarer Liegen, von denen etwa ein Drittel belegt war.

Moreaux steuerte zielsicher auf eine der Bahren zu und zog sie aus ihrer Parkposition. »Das ist der Professor. Dann lassen Sie uns ihn mal hinüber in den Sektionssaal fahren. Da ist es etwas wärmer.«

Kellers Magen verkrampfte sich. Er konnte Doktor Moreaux gut verstehen. Auch er arbeitete lieber mit Lebenden. An den Anblick von Unfall- und Mordopfern hatte er sich zwar in zwanzig Dienstjahren einigermaßen gewöhnt, aber Obduktionen waren etwas ganz anderes. Noch immer konnte er sich nicht vorstellen, wie man es schaffte, einem Menschen den Schädel aufzusägen, um das Gehirn zu entnehmen, oder den Brustkorb wie bei einem Truthahn zu spreizen, um an die Lunge zu kommen – auch nicht bei einem Toten.

Die Ärztin schien seine Gedanken zu erahnen. »Ich denke, bei der inneren Besichtigung brauchen Sie nicht zugegen zu sein, zumal keine spektakulären Befunde zu erwarten sind, auch wenn die Mordwaffe in den Kopf eingedrungen ist.« Sie grinste schief. »Sie haben sicherlich mehr Interesse an der äußeren Beschau.«

»Da haben Sie vollkommen recht, Doktor.« Keller nahm mit eiskalten Fingern die dünnen Operationshandschuhe, die Moreaux ihm entgegenhielt. »Eigentlich interessiere ich mich in erster Linie für die Mordwaffe und dafür, ob es bei dem Toten Verletzungen, Kampfspuren, Abwehrspuren oder etwas anderes gibt, das auf Handgreiflichkeiten hindeutet.«

Moreaux sah den Volkspolizisten fragend an, während sie die Rollliege neben dem Sektionstisch parkte und die Feststeller von zwei Rollen mit den Fußspitzen herunterdrückte.

»Na, es gab zwar eine lautstarke Auseinandersetzung – jedenfalls berichten das die Zeugen.« Keller stutzte. »Nein, genau genommen gibt es nur die Aussage einer einzigen, wenig kooperativen Zeugin.«

»Der beeindruckenden Nachtschwester?« Moreaux blies ihre Wangen auf, um keine Unklarheiten aufkommen zu lassen.

Keller wunderte sich, wie jemand in dieser Umgebung scherzen konnte, und versuchte, möglichst sachlich zu wirken. »Ja, richtig, Doktor. Auf alle Fälle hätte ich dann einen besseren Eindruck, ob es eine Tat im Affekt war, infolge eines Handgemenges. Oder ob Kaltenbrunn den Professor nicht doch *ohne* jede Vorwarnung getötet hat.«

»Ich weiß, was Sie vermuten, und so, wie wir den Toten vorgefunden haben, teile ich Ihre Ansicht. Wenn es einen Streit gab, dann könnte es eine Kurzschlussreaktion von Kaltenbrunn gewesen sein. Wenn nicht, dann sieht es nach geplanter Tötung aus.«

Keller hörte die letzten Worte der Ärztin nur halb, denn ihm fiel in genau diesem Moment siedendheiß etwas ein. »Mist, ich glaube, Kaltenbrunn ist noch gar nicht richtig untersucht worden. So ein verfluchter Mist!«

»Was meinen Sie, Kommissar?«

»Doktor, am Anfang sah alles nach der Affekttat eines geistig verwirrten Patienten aus. Kein großer Aufriss, Sachverhalt klar, Motiv angesichts des Geisteszustandes des Täters nicht nachvollziehbar, um nicht zu sagen unwichtig. Aber jetzt, wo wir angesichts der Ereignisse an dieser einfachen Erklärung große Zweifel haben müssen, wäre es äußerst aufschlussreich gewesen, wenn Kaltenbrunn von einem unabhängigen Mediziner sofort einer ausführlichen kriminaltechnischen Untersuchung unterzogen worden wäre.«

Moreaux schien unbeeindruckt. »Was hätte das bringen sollen? Dass dieser Doktor Kaltenbrunn keine Kampfspuren trug, habe ich schon überprüft... Und ansprechbar war er ja auch nicht...«

»Das war kein Vorwurf an Sie, Doktor. Ich ärgere mich über mich selbst. Denn es ist verdammt nochmal wichtig, ob Kaltenbrunn unter Drogen stand, als er die Tat beging. Oder, ob man ihn nach der Tat sediert hat. Mein Gott, wir wissen nicht einmal, ob er etwas im Blut hatte, als ich versucht habe, ihn zu vernehmen. Verflucht nochmal!«

»Ich denke, Sie können ganz sicher davon ausgehen, dass der Patient *irgendetwas* im Blut hatte, Herr Kommissar«, beschied

Moreaux ihm lakonisch. Ohne weiter auf Kellers Befürchtungen einzugehen, nahm sie dann das weiße Leinentuch von der Leiche. »Wenn Sie mir bitte helfen würden, den Professor auf den Tisch zu heben.«

Nachdem alle Werkzeuge, die sie für die Leichenbeschau benötigen würde, bereit lagen, schloss Moreaux die unterste Schublade eines Schreibtisches auf und brachte eine braune Umhängetasche aus Leder zum Vorschein.

»Holla«, entfuhr es Keller. »Sie sind ja beinahe ausgestattet wie die Staatssicherheit.«

»Meine Sonett. Brandneu«, bestätigte Moreaux mit offenkundigem Stolz. »Arbeitet mit Kassetten. Nicht einfach zu bekommen. War nicht billig, ist aber unglaublich praktisch.« Sie steckte das Mikrofonkabel, das von einem am Seziertisch aufgestellten Fotostativ herabhing, in den Rekorder. »Leider muss man hier alles wegschließen.«

»Unsere Aufzeichnungsgeräte sind noch aus den fünfziger Jahren. Transportierbar sind die nicht, obwohl man das schon öfters hätte gebrauchen können.« Keller musste sich eingestehen, dass er die Ablenkung durch die technische Spielerei genoss.

»Hatte vorher ein Bändi von Pouva. Das war auch recht handlich, aber das bleibt jetzt zu Hause. War dann doch etwas empfindlich mit diesen Tonbandspulen und der Einfädelei. Dieses neue System mit Kassetten ist die Zukunft, das prophezeie ich Ihnen, Keller.«

Der Polizist nickte nachdenklich.

»Außerdem wird das mittlerweile eigentlich überall verwendet, auch im Westen. Na ja, kommt ja auch von da. In Zukunft könnte man einfach Kassetten mit den Protokollen zwischen den Dienststellen hin und her schicken.«

»Wenn das denn einer will…«, murmelte Keller.

»Wie bitte?«

»Ich meinte nur, dass es schon schwierig genug ist, eine simple Patientenakte von bestimmten Stellen zu bekommen. Wer weiß, wie kompliziert die Vorschriften werden, wenn Tonbänder beziehungsweise diese Kassetten verschickt werden sollen.«

»Ah, ich verstehe. Dann lassen Sie uns mal beginnen.« Moreaux richtete das Mikrofon aus und startete die Aufnahme.

»Durchführender: Doktor der Medizin Karla Moreaux, Ärztin an der Poliklinik in Döbeln und bestellter Rechtsmediziner des Bezirkes Döbeln. Poliklinik Döbeln, den dreizehnten Februar 1974. Im Auftrag des Polizeipräsidenten Leipzig habe ich heute einundzwanzig Uhr die gerichtsärztliche Leichenschau vorgenommen. Als Hilfsbeamter der Staatsanwaltschaft ist anwesend Herr Oberleutnant der K Josef Keller von der BdVP Leipzig, im Auftrag der Staatsanwaltschaft bei dem Landgericht Leipzig. Befund und vorläufiges Gutachten. A. Äußere Besichtigung.« Moreaux stoppte die Aufnahme. »Alles korrekt, Genosse Oberleutnant?«

Der nickte. »Fahren Sie fort, Frau Doktor.«

»Leiche eines, bitte einsetzen, Zentimeter langen und, bitte einsetzen, Kilogramm schweren Mannes in gutem Ernährungszustand beziehungsweise von sehr kräftigem Körperbau.« Dann diktierte Moreaux Angaben zu Totenflecken und Leichenstarre. Schließlich untersuchte sie den Kopf des Toten. »Das Haupthaar ist lediglich in Form bis maximal einen Millimeter langer schwarzer Haarstoppeln angelegt und zeigt, soweit beurteilbar, an der Stirn starke geheimratseckenartige Lichtungen. Im Bereich der rechten Stirnregion, in der unbehaarten Kopfhaut gelegen, besteht eine drei Zentimeter breite und bis zwei Zentimeter hohe Zone, innerhalb derer die Haut dunkelbraunschwärzlich verfärbt ist.«

»Schmuck…«, murmelte Keller, als Moreaux das auffällige Muttermal auf Heises Kopf beschrieb.

Moreaux quittierte den Kommentar mit einem grimmigen Blick. *Die gute Frau Doktor schätzt unqualifizierte Beiträge von anderen nicht*, ging es Keller durch den Kopf, als er an die Grimasse dachte, die die Moreaux zur Identifizierung der Springfeld gezeigt hatte.

»Das knöcherne Nasenskelett ist intakt. Im Bereich beider Nasenöffnungen findet sich etwas weißlich-zäher, fadenziehender Schleim. Der rechte Gehörgang ist frei. In den linken Gehörgang ist ein Kugelschreiber zirka–« Sie unterbrach die Aufzeichnung erneut.

»Wir sind uns einig, dass an der Todesursache kein Zweifel besteht und der Kugelschreiber die Tatwaffe ist?«

»Natürlich nicht. Hauptsache, ich habe schnell etwas Schriftliches in der Hand, Doktor, damit ich weiter ermitteln kann. Wir wollen doch eigentlich nur wissen, ob es Kampfspuren gibt oder irgendwelche Verletzungen, die von Abwehrversuchen herrühren.« Schonender konnte er der Medizinerin nicht beibringen, für wie überflüssig er in dieser Situation einen minutiösen Obduktionsbericht hielt.

Moreaux winkte ab, zog den Stift mit einigem Krafteinsatz heraus und legte ein Lineal an. Sie setzte die Aufnahme fort: »Zirka zehn Zentimeter in den Schädel eingedrungen. Schätzungsweise fünf bis sechs Zentimeter in Gehirngewebe.«

Ungeduldig wartete Keller die Beschreibung der Äußerlichkeiten und des Zustandes von Heises Leichnam ab.

»Teil B., innere Besichtigung, folgt.« Dann diktierte die forensische Medizinerin eine erste Zusammenfassung der äußeren Befunde. »C. Vorläufiges Gutachten aufgrund äußerer Besichtigung. Erstens. Eine anatomisch eindeutig nachweisbare Todesursache konnte bei der Obduktion der Leiche des Herrn Heise, Wolfgang festgestellt werden. Die im Bereich des Kopfes, linksseitige Ohrregion, feststellbare Verletzung ist als Todesursache zu werten. Hinweise für einen Tod aus natürlicher Ursache haben sich erwartungsgemäß mit bloßem Auge nicht ergeben. Zweitens. Ich bitte gegebenenfalls um Auftrag zu weiteren Untersuchungen. Drittens. Ein abschließendes Gutachten bleibt vorbehalten. Viertens. Gegen die Freigabe der Leiche bestehen ärztlicherseits keine Bedenken. Gezeichnet Doktor Moreaux.«

Keller nahm mit spitzen Fingern den blutigen Stift aus der Metallschale. »Ein normaler Kuli aus inländischer Produktion, wie ich mir gedacht habe. Die werden wohl überall verwendet.«

»Genau.« Moreaux zog eine braune Pappschachtel mit identischen Kugelschreibern aus dem Schreibtisch.

In Gedanken betrachtete Keller die Mordwaffe in seinen Händen. »Irgendwie bin ich da blockiert.«

»Wieso? Das hatten Sie doch erwartet? Es gibt keinerlei Anzeichen für einen Kampf. Kaltenbrunn hat das Opfer wahrscheinlich von hinten angegriffen.« Die Medizinerin streifte ihre Einweghandschuhe ab und warf sie in den Mülleimer. »Wissen wir übrigens mittlerweile, ob Kaltenbrunn Linkshänder ist? Ist zwar eigentlich überflüssig, aber der Vollständigkeit halber.«

»Leider nein, ich konnte den Verdächtigen bisher nicht wieder befragen.« Keller steckte den Kugelschreiber in eine kleine Plastiktüte. »Wichtig ist das schon. In jedem anderen Fall würde ich Ihnen zustimmen. Schließlich gibt es ein Geständnis von Kaltenbrunn.«

»Ich kann Ihnen leider nicht folgen, Herr Kommissar.«

»Es gibt so viele Ungereimtheiten, dass ich nichts mehr glaube, was man mir in dieser Klinik serviert.« Keller steckte das Tütchen mit dem Beweismittel in die Manteltasche und entledigte sich ebenfalls seiner Handschuhe. »Offensichtlich hat Kaltenbrunn den Mord an Professor Heise geplant. Er hat den Moment abgepasst und konnte sich, ohne dass der Psychiater misstrauisch wurde, hinter ihm postieren. Dann hat er zielsicher zugestochen. Man muss sich zudem ja vorher überlegen, wie man, nur mit einem Kugelschreiber bewaffnet, jemanden zuverlässig ausschalten kann. Also mir wäre diese wirklich effektive Möglichkeit nicht sofort in den Sinn gekommen. Vielleicht noch ein Auge, obwohl ich da gar nicht weiß, ob der Stift weit genug ins Gehirn geht. Nein, ich denke, das Ohr ist schon die professionellste Wahl. Und nebenbei bemerkt: Die zugehörige Kappe des Kugelschreibers war nicht in Professor Heises Kopf.«

Es schien, als wolle die Ärztin überhaupt nicht auf seine detaillierten Ausführungen eingehen. »Aber es gab kurz vorher eine lautstarke Auseinandersetzung, ich meine...« Moreaux verstummte, als sie Kellers Blick bemerkte.

»So, Doktor? Das steht nur im Raum, weil die Springfeld das ausgesagt hat. Und der traue ich genauso wenig wie diesem Jörg Tassel. Niemand sonst hat diesen angeblichen Streit mitbekommen.« Keller blätterte in seinem Notizbuch. »Ja hier, genau. Als die beiden

Bediensteten, die die Springfeld gerufen hatte, ankamen, war alles ruhig und der Professor war bereits tot.«

Moreaux seifte sich die Hände ein. »Doch wenn es so war, wie Sie annehmen, und Kaltenbrunn hat die Tat geplant und kaltblütig durchgeführt, wieso nimmt er dann einen Kugelschreiber?« Sie schüttelte die Hände und wischte sie an der Hose trocken. »Mir ist schon klar, dass er nicht an ein Messer kommen konnte. Aber ein Bleistift beispielsweise ist viel stabiler. Der bricht nicht mal eben durch wie unsere volkseigenen Plasteschreibgeräte.«

»Eben, Doktor, auch das ist komisch. Über Blei- und Buntstifte verfügte Kaltenbrunn zur Genüge, so viel habe ich in seinem Zimmer gesehen. Und das würde auch zu der Aussage des Personals passen. Kaltenbrunn soll viel gezeichnet haben.«

Während Keller grübelte, beschäftigte sich Moreaux damit, die Instrumente für die nun folgende Obduktion zurechtzulegen.

»Frau Doktor, ich muss noch ein Paar Handschuhe verschwenden«, verkündete Keller schließlich.

»Keine Ursache.«

Keller fischte das Plastiktütchen hervor und schraubte den Kugelschreiber auseinander. Als er die Mine herauszog, fiel ein kleiner Papierfetzen zu Boden. »Ha! Hab ich's doch gewusst!«

Schweigend blickten sie auf die vier Worte, die alles veränderten:

ich bin nicht verrückt

Moreaux war völlig aus der Fassung. Keller konnte sich nicht erinnern, dass er schon einmal jemanden wirklich die Hände hatte ringen sehen, aber genau das tat die Ärztin nun vor Verblüffung. »Völlig unglaublich«, murmelte sie immer wieder. »Einfach unglaublich. Wissen Sie, was das bedeutet?«

»Dass wir endlich eine Spur haben, verehrte Frau Doktor.« Nachdem er den Stift wieder zusammengeschraubt hatte, verstaute er Kaltenbrunns Nachricht in einem eigenen Beweismitteltütchen. »Was mich noch viel mehr beeindruckt, ist die Vorgehensweise von diesem Doktor Kaltenbrunn.«

»Was meinen Sie?«

»Wären Sie so berechnend? Also ich finde, zu dem Tatablauf, der sich mir hier immer klarer darstellt, gehört eine gehörige Portion krimineller Energie und Kaltblütigkeit. Als Erstes kommt unser Patient zu dem Schluss, er müsse persönlich mit der Außenwelt Kontakt aufnehmen, weil er sich bewusst ist, dass die Psychiatrische Klinik sein Anliegen niemals weitergeben wird.«

»Nun gut, so weit folge ich Ihnen.« Mit einem Mal wirkte die Medizinerin wieder sehr aufmerksam.

»Also braucht Kaltenbrunn einen Plan. Einen guten, denn ihm dürfte klar gewesen sein, dass er nur eine einzige Chance bekommen würde. Er bittet also um eine Unterredung mit der einzigen Person, zu der er zumindest etwas Vertrauen hat und die gleichzeitig genügend Kompetenz beziehungsweise Entscheidungsgewalt hat, um seinen Wunsch nach Kontaktaufnahme zu ermöglichen.« Keller ordnete für einen Moment schweigend seine Gedanken. »Es läuft nicht, wie erhofft. Der Professor verweigert Kaltenbrunn kategorisch die Kontaktaufnahme. Jetzt braucht er eine Alternative – und die hat er bereits durchdacht und ist bereit, sie ohne Zögern oder Skrupel durchzuführen. Den Professor zu töten, war überhaupt nicht Kaltenbrunns Absicht!«

Moreaux schien völlig perplex. »Was soll das heißen, Kaltenbrunn habe nicht die Absicht gehabt, Heise zu ermorden? Ich dachte, wir wären uns einig, dass die Tat vorsätzlich geschehen ist.«

»Natürlich war die Tötung des Professors Absicht, und natürlich gehörte sie zum Plan. Aber trotzdem war der Mord für Kaltenbrunn nur ein Mittel zum Zweck; ein Kollateralschaden sozusagen.« Keller genoss die offensichtliche Ratlosigkeit der Gerichtsmedizinerin.

»Tut mir leid, ich tue mich schwer, Ihnen zu folgen.«

»Nun überlegen Sie doch einmal, Doktor. Was war das eigentliche Anliegen von Kaltenbrunn?«

Moreaux kniff die Augen zusammen. »Mit der Außenwelt Kontakt aufzunehmen, würde ich sagen, oder?«

»Ha!« Der Polizist erhob triumphierend den Zeigefinger. »Und genau das hat er erreicht, Doktor. Kaltenbrunn brauchte nichts weiter als ein geeignetes Transportmittel für seine Nachricht. Er musste sich zusätzlich sicher sein, dass der kleine Zettel auch wirklich gefunden wird und nicht im Müll landet. Einfach genial. Unser allseits hochgeschätzter Professor Doktor Wolfgang Heise ist für den Täter nichts anderes als ein perfekter Container.«

»Das ist gruselig.«

»Meinetwegen, aber es ist genial durchdacht.«

Moreaux konnte die Begeisterung des Kriminalisten für eine solch perfide Planung eines Verbrechens nicht nachvollziehen und rang offensichtlich um Beherrschung. »Warum schreibt der geniale Verbrecher dann nicht, was er will? Ich meine, es ist doch eher bescheuert, so einen Aufwand zu treiben und dann eine so lapidare Botschaft an uns zu übermitteln.«

»Das ist ganz und gar nicht bescheuert, wie Sie es bezeichnen, Doktor. Er kann nicht wissen, wer seine eigentliche Nachricht empfangen wird. Nein, zuerst musste er auf sich aufmerksam machen. Das hat er mit dem Kuli getan. Als Nächstes muss er jemandem sein wirkliches Anliegen schildern, von dem er glaubt, dass der es versteht, der wahrscheinlich auf seiner Seite steht, und der auch noch etwas bewegen kann.«

Die Ärztin schwieg, schien jedoch Kellers Schlussfolgerungen widerwillig zu akzeptieren.

»Ich glaube, er hat versucht, mit mir zu sprechen, wurde aber von den verabreichten Medikamenten daran gehindert. Ich muss den Mann unvernebelt in die Finger bekommen, so viel ist klar. Das wird einiges, wenn nicht alles, was hinter diesem seltsamen Fall steckt, aufklären. Das sagt mir mein Instinkt, Doktor.«

»Vielleicht haben Sie recht.«

Keller wunderte sich über die unvermittelt desinteressierte Moreaux, verkniff sich aber eine Antwort. Stattdessen beschloss er, das Thema zu wechseln, und fingerte eine andere Plastiktüte heraus. »Das hier habe ich in Heises Medikamentenkabinett entdeckt.«

Die Gerichtsmedizinerin nahm das kleine Glasfläschchen mit dem Aufkleber entgegen. »Lassen Sie mich raten…«

Keller nickte. »Laut der Zeugin Springfeld bekam Kaltenbrunn außer–«, er griff nach seinem Notizbuch. »Ja, hier. Er bekam

Radedorm und Meprobamat, das ist wohl üblich. Ich habe mich erkundigt. Das geben die jedem Patienten, um ihn ruhig zu stellen… macht ja auch weniger Arbeit. Zusätzlich verabreichte ihm der Professor persönlich eine geheimnisvolle Vitaminspritze, wie die Springfeld es nannte.«

Moreaux verschränkte die Arme und überlegte einen Moment. »Sie haben es geschafft, ich bin neugierig, Kommissar. Da gibt es heute Nacht wohl keinen Schlaf. Ich werde das Zeug analysieren, sobald ich mit der inneren Beschau von Professor Heise durch bin.«

»Ist gut, danke«, murmelte Keller. Die wenig vorhersehbaren Reaktionen der Ärztin hatten ihn einigermaßen verwirrt, aber er verließ den Obduktionsraum ohne ein weiteres Wort.

21:32 UHR

Sie brauchten eine scheinbare Ewigkeit, um den russischen Geländewagen aus dem Schlammloch zu befreien, in das Fassbender ihn unbeabsichtigt manövriert hatte. Arno Steiner hatte den Platz hinter dem Steuer eingenommen, und Fassbender hantierte im Dunkeln allein mit dem Spaten und den Lochblechen. Er schimpfte leise vor sich hin, zu zweit wäre das alles schneller gegangen, aber er wusste, dass Steiner ihm keine Hilfe mehr sein konnte. Der war nach ihrem Gang durchs Moor völlig am Ende, keuchte und hyperventilierte, auch wenn er das so gut wie möglich vor ihm zu verbergen suchte. Beim Schein der Wagenleuchten kroch Fassbender auf den Knien an die Hinterreifen heran und brachte die Bleche erneut in Position. Dann gab er seinem Kollegen ein Zeichen, und der trat beherzt auf das Gaspedal des UAZ. Der Motor röhrte, Schlamm spritzte hinter allen vier Reifen in die Luft. Es gab einen Ruck, und der Wagen hüpfte aus den Löchern.

»Na also, endlich.« Erleichtert, dass er in der baumlosen Senke nicht erst umständlich eine Verankerung für die Winde hatte suchen müssen, stieg Fassbender auf den Beifahrersitz, schlug die Hacken einige Male zusammen, um die Stiefel vom gröbsten Dreck zu befreien, und schloss die klapprige Tür. Steiner brummte etwas Unverständliches und blickte anklagend auf seine Gummistiefel. »Ist ja gut, Arno, du hast ja vollkommen recht. Das nächste Mal bürste ich die Dinger wieder sorgfältig ab. Ich ärgere mich gerade am meisten, dass ausgerechnet bei mir die Sorgfalt nachgelassen hat. Zum Glück wird die Karre nachher noch dekontaminiert. Ich sag den Dekonheinis gleich auch noch Bescheid, dass sie den Fußraum besonders sauber machen. Entschuldige.«

Steiner wendete auf der kleinen Sandfläche, die ihnen als Ausgangspunkt für ihre Exkursionen ins Moor gedient hatte, und schlug dann den ausgefahrenen Sandweg ein. Die mit Schlitzblenden versehenen Scheinwerfer beleuchteten die kahlen Äste der Büsche und Sträucher beiderseits der Piste nur spärlich. Sie waren den Weg mittlerweile oft genug gefahren, sodass Steiner zügig durch die Dunkelheit steuern konnte, obwohl sie nicht wirklich sahen, wohin sie fuhren. Durch den welligen Untergrund leuchteten die Lampen abwechselnd hinauf in die Nacht und hinunter in Pfützen. Sie mussten nicht sehr weit fahren, bis sie die besser ausgebaute Panzerstraße erreichten, die im letzten Krieg aus zahllosen Betonplatten mäßiger Qualität quer durch die flache Landschaft gezogen worden war.

Steiner bretterte routiniert über die kilometerlange Piste mit ihrem Plunk-Plunk-Plunk und wich geschickt den vielen Schlaglöchern aus, die durch den Frost jedes Winters zunahmen, weil nichts ausgebessert wurde. Es war beinahe zehn Uhr, als sie schließlich auf den hohen Gitterzaun trafen, der die gesamte innere Sperrzone umgab. Steiner bog nach rechts ab und beschleunigte wieder etwas. Sein Atem stockte. Er sog hektisch Luft ein, ein rasselndes Geräusch war aus seinem Mund zu hören. Fassbender griff ins Lenkrad und hielt den Wagen auf der Straße, während Steiner von einem heftigen Hustenanfall geschüttelt wurde.

»Es geht schon wieder.«

Fassbender nahm die Hand vom Steuer und verkniff sich einen Kommentar. Die Militärstraße machte nun einen scharfen Linksknick und führte noch ein paar hundert Meter an der Befestigung entlang, bis sie an einem hell beleuchteten Tor endete. Vier Männer mit Kalaschnikows beobachteten ihre Ankunft. Einer näherte sich dem Fahrerfenster.

»Wo wart ihr so lange? Es hieß schon, man müsste einen Suchtrupp nach euch schicken.«

Als die wachhabenden Soldaten den Schlagbaum hochschwenkten, trat Steiner wortlos aufs Gas. Dieses Sperrgebiet unterschied sich kaum von anderen militärischen Anlagen sowjetischer Machart. In einigem Abstand von der Sicht- und Annäherungssperre, die der Drahtzaun bildete, standen stahlgrau gestrichene Gebäude in losen Gruppen beieinander, die durch farbliche Markierungen auf den Zugängen verrieten, dass sie verschiedenen Bereichen zugeordnet waren und unterschiedliche Funktionen erfüllten. Steiner fuhr eine Schleife über den staubigen Platz zwischen drei besonders großen Flachbauten. Die Gebäude waren aus Wellblech und Gasbetonblöcken konstruiert, ebenfalls Militärstandard. Einige wenige hohe Lampen verbreiteten ein gelbstichiges Natriumlicht. Steiner brachte den UAZ vor einer der rohen Gebäudewände zum Stehen. Er bewegte sich nicht, sah durch die Frontscheibe und hielt weiterhin das Lenkrad fest, als führe der Wagen noch.

»Gut, ruh dich noch ein wenig aus, ich hole schon einmal das Zeug aus der Karre.«

Sein Kamerad zeigte keinerlei Regung.

Fassbender stieg aus und wuchtete die großen Kisten mit ihren Proben und den kleineren Werkzeugen und Geräten, die heute noch dekontaminiert werden mussten, von der Ladefläche.

»Na los, bringen wir die Sachen rein, dann ist endlich Feierabend für heute«, sagte er, als Steiner noch immer keine Anstalten machte auszusteigen. Erst nach einigen weiteren Sekunden sah er durch die Seitenscheibe und erkannte, dass Steiner ganz offensichtlich keine Luft bekam. Er röchelte erstickt, hatte eine Hand um das Lenkrad gekrampft und fingerte mit der anderen an der Plexiglasscheibe seines Schutzanzuges herum.

Fassbender riss die Fahrertür auf, zerrte Steiner aus dem Wagen und zog die Schutzhaube vom Kopf des jüngeren Mannes. Als er um Hilfe rief, wurde die unscheinbare Tür aufgestoßen, neben der sie den Wagen abgestellt hatten.

»Ach du Scheiße. Sieh zu, dass du ihn reinbringst«, kommandierte der wachhabende Unteroffizier ohne echte Aufregung. Auch er sah das nicht zum ersten Mal.

Fassbender schob seine Schulter unter Steiners Achsel und brachte ihn wieder auf die Beine. Erschrocken stellte er fest, dass sein Kollege in den vergangenen Wochen massiv an Gewicht verloren haben musste. Sie wankten durch die Tür und die erste Schleuse in den rundum weiß gekachelten Raum dahinter, der Fassbender immer an eine Metzgerei erinnerte. Er schälte Steiner und dann sich selbst aus den Schutzanzügen, die sogleich in die Dekontamination wanderten. Was dann folgte wäre Routine gewesen, hätte Steiner nicht noch immer an Fassbender gehangen wie ein Ertrinkender. Sie standen lange unter der lauwarmen Dusche; irgendwann ging Steiners Atem etwas ruhiger und er konnte sich selbst an der Wand abstützen.

Das Wasser aus den Rohren versiegte nach der vorgesehenen Zeit. Die beiden Männer verließen den Duschraum, folgten ein paar Meter einem unbeheizten Flur zum Umluftherd. So nannten die Arbeiter der Anlage den Raum, in dem maximal vier Personen im heißen Luftstrom getrocknet werden konnten. Ein wenig sah die Gebläsekonstruktion wie diese neuartigen Autowaschanlagen aus, die seit einiger Zeit benutzt wurden, um die Einsatzfahrzeuge zu reinigen. Nach etwa drei Minuten, in denen jede Unterhaltung unmöglich war, verließen Steiner und Fassbender die Kabine. Im anschließenden Umkleideraum hatte man bereits frische Sachen für sie bereitgelegt.

»Du, Lutz«, murmelte Steiner zwischen dem Anlegen von Unterhemd und Socken. »Ich glaube–«

Was Arno Steiner glaubte, erfuhr Fassbender nicht mehr, denn in diesem Moment schoss ein Schwall Blut aus seinem Mund.

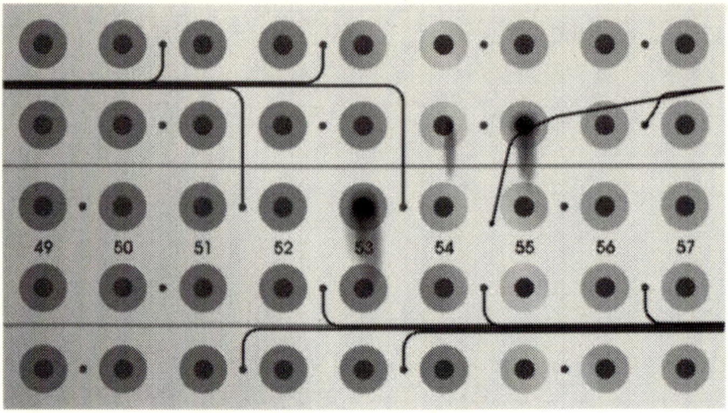

Donnerstag, 14. Februar 1974

04:46 UHR

Keller wachte auf und fühlte furchtbare Schmerzen in seinem Nacken, was nicht verwunderlich war, weil sein Kopf stundenlang in völlig verdrehter Position auf seinem Schreibtisch geruht hatte. Er blinzelte gegen das Licht seiner Arbeitslampe und versuchte, die Uhrzeit auf dem klappbaren Reisewecker abzulesen. Drei viertel fünf. *Mann, das darf doch nicht wahr sein.* Migräneartiges Kopfweh gesellte sich mit einem Mal zu den Genickschmerzen. Keller beschloss im selben Augenblick, sich für alle weiteren Ermittlungen im Mordfall Heise in Waldheim oder Döbeln einzuquartieren. Da musste er sich wenigstens nicht das Gemecker des Majors anhören. Im Grunde war Schüttau ja kein übler Chef. Dass er seine Untergebenen nicht mit Lob überschüttete, war bekannt, aber er stellte sich stets schützend vor sie und er war objektiv. Nichts war ihm so zuwider, wie geheucheltes Lob und gespielte Harmonie. Für Schüttau war das der Nährboden von Intrigen. Keller war das nur recht, und er hatte gelernt Anerkennung aus Schüttaus Tonfall zu lesen, wenn es sie gab. Im Mordfall Heise jedoch wirkte der Major nervös. Die sonst übliche

Souveränität schien wie weggeblasen. Eine weitere Absonderlichkeit dieses Falls.

Sein Genick knackte so laut, dass er einen Schrecken bekam. So konnte es nicht weitergehen. Jetzt nach Hause zu fahren und sich auszuschlafen, daran war nicht zu denken. Er käme so und so nicht zur Ruhe – jetzt, wo er gerade den ersten dünnen Faden in den Händen hielt.

Die nächste sinnvolle Maßnahme war das Aufbrühen eines kräftigen Bohnenkaffees. Seine eingeschlafenen Beine meldeten sich stechend zu Wort, als er aufstehen wollte. Ihm knickten die Knie ein, und er musste sich an der Schreibtischkante abstützen. Keller brüllte einige Flüche und fühlte sich gleich besser. Nach kurzem Überlegen beschriftete er die frisch angelegte Ermittlungsakte mit Datum und Aktenzeichen und gab ihr mit einem grimmigen Schmunzeln im Gesicht den Namen *Kugelschreiber*. Dann machte er sich auf den Weg zum Tauchsieder.

Bevor der dienstliche Betrieb in der Bezirksbehörde losging, gab es noch viel zu erledigen. Schüttau sollte alle notwendigen Eingaben auf dem Tisch haben, wenn er sein Büro betrat. Das Wichtigste war, alle Hebel in Bewegung zu setzen, damit er diesen Kaltenbrunn möglichst schnell befragen konnte. Kellers Einschätzung der Lage hatte sich in den zurückliegenden Stunden drastisch geändert. Er bezweifelte jetzt, dass ein Psychiatrieinsasse, der permanent so weggetreten war, wie er Kaltenbrunn gestern Nacht erlebt hatte, einen geplanten Mord durchziehen konnte, um eine Nachricht an die Außenwelt zu schicken. Nicht nur, dass Kaltenbrunn eine Zeit abpassen musste, in der möglichst wenig Personal in der Klinik anwesend war, er musste auch dafür sorgen, dass das Opfer den Angriff ermöglichte. Bemerkenswert war ebenso die Auswahl des Opfers. Schließlich wäre die Mordkommission auch ausgerückt, wenn Kaltenbrunn seinen Pfleger Tassel oder, besser, den schwitzenden Pittiplatsch Springfeld umgebracht hätte. Der Aufwand, Professor Heise in der Nacht zu einer Sprechstunde zu bewegen, ergab einen Sinn, wenn Kaltenbrunn zuerst 'im Guten' versuchen wollte, einen Kontakt zu Außenstehenden zu erwirken, und nur im Notfall zur Gewalt entschlossen war. Nein, so durchgedreht, wie ihn alle in Waldheim glauben machen wollten, war dieser Doktor Kaltenbrunn mit Sicherheit nicht. Die Nachricht im Kugelschreiber ergab eine Menge Sinn.

Beim Heben der Kaffeekanne meldete sich sein Nacken erneut mit herzhaftem Ziehen. Diese Psycho-Mischpoke würde ihn kennenlernen.

06:54 UHR

Wenige Minuten vor sieben stand mit einem Mal Moreaux in der Tür von Kellers unaufgeräumtem, kleinem Dienstzimmer. »Gar nicht so einfach, hier reinzukommen. Guten Morgen, Oberleutnant.«

Keller erhob sich hektisch. »Doktor Moreaux. Was machen Sie denn hier? Woher wussten Sie…?«

»Man kann Ihnen ja heutzutage nachtelefonieren, mein Lieber. Aber ich hätte auch so darauf gewettet, dass Sie nicht nach Hause fahren. Schließlich habe ich ebenfalls die Nacht durchgearbeitet.«

Keller spürte einen Anflug schlechten Gewissens wegen seines kurzen Büroschlafes. Und er war beeindruckt. Diese Medizinerin schien gerade eine kriminalistische Ader in sich zu entdecken. »Na ja, nu. Dann nehmen Sie doch erst einmal Platz. Einen Kaffee? Bei mir gibt's echte Bohne.«

Moreaux nahm dankend an und kam sofort zur Sache. »Dieses Vitaminpräparat hat es in sich, Oberleutnant Keller.«

»Ich bin ganz Ohr, Frau Doktor.«

»Im Grunde genommen sind die beiden Medikamente, die Ihnen Kaltenbrunns Pfleger genannt hat, Beruhigungsmittel, wenn auch nicht gerade Baldrian. Besonders bei Radedorm sind Seh- und Konzentrationsstörungen keine Seltenheit, das geht bis zu Verwirrtheit und Gedächtnisverlust. Meprobamat ist kaum besser.

Ich habe keine Ahnung, was da bei hoher Dosierung passiert. Vor allem nicht in Kombination und über längere Zeit.«

»Das passt doch. Und unser Vitaminfläschchen?«

»Nun... Die Lösung enthält auf jeden Fall Lithiumsalze in hoher Konzentration. Vom medizinischen Standpunkt ergibt das durchaus Sinn, denn diese Salze werden oft als Antidepressiva eingesetzt.«

»Hm«, brummte Keller.

»Auch diese Wirkstoffe können zu Gedächtnisstörungen und sogar Halluzinationen führen. Was sonst in der Lösung enthalten ist, konnte ich auf die Schnelle noch nicht feststellen. Meine Möglichkeiten der Laboranalyse sind natürlich eingeschränkt.«

»Wenn ich Sie richtig verstehe, dann erklärt diese Medikation ganz gut den Zustand, in dem ich Kaltenbrunn vorgefunden habe?«

»Ja, das könnte man so sagen.« Doktor Moreaux nippte an ihrem schwarzen Kaffee. »Ich bin kein Neurologe oder Psychiater, aber als – sagen wir interessierter – Laie würde ich sagen, dass diese Behandlung nur bedingt geeignet ist, Paramnesie oder eine andere Gedächtnisstörung positiv zu beeinflussen. Sicherlich helfen die Mittel bei der Beruhigung des Patienten, und dass Doktor Kaltenbrunn unter depressiven Verstimmungen leidet, ist plausibel...« Erst jetzt nahm Moreaux auf der anderen Seite des Schreibtisches Platz. »Allerdings weiß ich ja, wie gesagt, noch nicht, welche Substanzen das sogenannte Vitaminpräparat sonst noch enthält.«

»Frau Doktor, ich bin Ihnen zu großem Dank verpflichtet. Sie haben was gut bei mir.« Keller zögerte, weil er seine einzige Verbündete nicht vor den Kopf stoßen wollte. »Aber hätten Sie mir das nicht auch fernmündlich mitteilen können? Ich meine, schließlich ist Döbeln nicht um die Ecke. Nicht, dass ich Ihren Einsatz nicht zu schätzen weiß...«

»Telefonisch? Wo Sie noch nicht einmal Ihrem Vorgesetzten so richtig über den Weg trauen? Nein, nein, entweder ganz oder gar nicht, Genosse Oberleutnant. So einfach werden Sie mich nicht wieder los.«

Keller schob den Ärmel seines Jacketts hoch und tippte auf das Glas seiner Armbanduhr. »Sieben durch, Kollegin. Da müssten wir schon 'ne ordentliche Wurstbemme in der Kantine kriegen.«

08:13 UHR

Schüttau wischte sich mit dem Handrücken einige Krümel aus den Mundwinkeln. Einfach unwiderstehlich so eine dick belegte Semmel zum ersten Kaffee. Nett von Keller, ihm eine aus der Kantine mitzubringen. Schüttau zog eine Grimasse des schlechten Gewissens. Der Oberleutnant und er hatten ihre Schwierigkeiten miteinander, doch er wusste sehr genau, dass Keller einer der besten Männer bei der Leipziger Kriminalpolizei war. Der hatte Gespür, der hatte Sitzfleisch. Und war manchmal unerträglich. Die Unterredung mit Keller und dieser Doktor Moreaux aus Döbeln hatte ihm alles drei bestätigt.

Die Frage war, was er nun tun sollte. Wie konnte er gleichzeitig seine Anweisungen befolgen und dennoch die Arbeit so machen, wie sein Eid und – schwieriger zu ignorieren – sein Selbstverständnis es verlangten? Schließlich musste in Professor Heises Tod angemessen ermittelt werden, und Keller war wie immer unkonventionell, aber zuverlässig, was das anging. Doch es war auch klar, dass der Oberleutnant zumindest in den Augen einiger Funktionäre zu weit ging. Warum bremste man Keller? Ging es nur darum, das Ansehen des verdienten Wissenschaftlers Professor Doktor Wolfgang Heise nicht zu beschädigen, wie man ihm versicherte? Was erwartete man jetzt von ihm? Kellers Bericht gab Anlass zu weiteren Nachforschungen, das war unbestreitbar. Außerdem ärgerte es Schüttau, die Befugnisse der Volkspolizei infrage gestellt zu sehen. Was fiel diesen arroganten Heinis von der Klinik ein, einem ermittelnden Oberleutnant der Kriminalpolizei Zugang zu einem Verdächtigen zu verweigern? War das tatsächlich nur die

Überheblichkeit eines wichtigtuerischen Arztes, oder hatte da jemand ganz anderes seine Finger im Spiel?

Schüttau zog sein Telefon heran und suchte aus Kellers Ermittlungsbericht die Nummer der Psychiatrischen Klinik Waldheim heraus. Er zögerte. Dieser ganze Fall um Heises Tod stank zum Himmel, und selbst wenn Kaltenbrunn fraglos der Mörder war... das Ganze ergab so einfach keinen Sinn. Er konnte nicht zulassen, dass seine Mordkommission vorgeführt wurde.

»Sonne.«

»Major Schüttau, BdVP Leipzig. Ich bin der Leiter der hiesigen MUK.«

Obwohl er das Fräulein am anderen Ende der Leitung nie gesehen hatte und auch nie kennenlernen würde, hatte er schon nach diesem einen Wort einen lebhaften Eindruck von seinem Gegenüber. Er stellte sich eine nervöse, dünne Blondine vor, mit lackierten Nägeln, toupierter Kurzhaarfrisur und blasiertem Gesichtsausdruck.

»Worum geht es bitte?«

»Das können Sie sich doch sicherlich denken, Fräulein Sonne. Oberleutnant Keller musste mir vorhin bedauerlicherweise mitteilen, dass von Ihrer Seite nur wenig Kooperationsbereitschaft im Mordfall Heise erkennbar ist.«

Die Leitung war wie abgeschnitten. Das Fräulein atmete anscheinend nicht einmal.

»Ich erwarte, dass–«

»Ich verbinde Sie mit Genossin Doktor Piechkow«, erklang es unverbindlich von Fräulein Sonne. Die Anstaltssekretärin hielt es wohl nicht für nötig, sich von einem Major der Volkspolizei Vorhaltungen machen zu lassen.

»Piechkow.«

Schüttau wiederholte seine Worte, wenn auch etwas weniger scharf.

»Ach, das überrascht mich.«

»Sie scheinen über die Vorgänge in Ihrem Haus nicht umfassend im Bilde zu sein.«

Zu Schüttaus Überraschung reagierte die neu ernannte Leiterin der Psychiatrie mit einem kurzen Lachen und erklärte: »Manchmal scheint es, dass die Angestellten schwieriger zu händeln sind als die Patienten, Major Schüttau. Ich werde Rücksprache nehmen und Sie umgehend informieren, wenn ich Ihnen Doktor Kaltenbrunns derzeitigen Zustand und seinen genauen Aufenthaltsort mitteilen kann. Auch ich habe meine Anweisungen, wie Sie sich vielleicht denken können.« Sie war wieder ernst. »Allerdings müssen Sie genauso verstehen, dass das Verhalten Ihres Oberleutnants hier nicht gerade förderlich für die Art unbürokratischen Entgegenkommens gewesen ist, das Sie von meinen Angestellten erwarten.«

Schüttau rollte mit den Augen. Dass Keller die Anstaltsmitarbeiter vor den Kopf gestoßen hatte, konnte er sich lebhaft vorstellen. Spätestens nachdem einer von ihnen tot auf dem Pflaster vor dem Klinikgebäude gelandet war, kursierten dort sicherlich nicht die freundlichsten Ansichten über den ermittelnden Oberleutnant aus Leipzig und die VP im Allgemeinen.

»Und Sie werden verstehen, dass die Ansichten Ihrer Angestellten einer Mordermittlung nicht im Weg stehen können. Ich rate Ihnen dringend, dafür zu sorgen, dass mein Mann noch am heutigen Vormittag Zugang zu Kaltenbrunn erhält.«

Piechkow blieb unverbindlich, versicherte zu tun, was sie könne, und beendete das Gespräch, ohne den Major noch einmal zu Wort kommen zu lassen.

Schüttau war noch immer in Gedanken versunken, als Kohn in seinem Büro erschien. Der junge Mann hielt eine Tasse in der Hand, die er mit einem bescheidenen Lächeln seinem Vorgesetzten servierte. Innerlich schüttelte der Major sich, er konnte diese Neulinge nicht leiden, die glaubten, fehlendes Können und Erfahrung durch Gefälligkeiten wettmachen zu können. Bei Keller wusste er wenigstens gleich, dass der etwas Bestimmtes von ihm wollte, wenn er Semmeln aus der Kantine anschleppte.

»Woran arbeiten Sie denn gerade, Kohn? Sie könnten Oberleutnant Keller–«

»Ich nehme für Leutnant Schnetz Zeugenaussagen zum Stellwerk-Raub auf, Genosse Major«, kam blitzartig zurück.

Schüttau winkte ab. Es war wahrscheinlich sowieso nicht die beste Idee, Keller auch noch mit Obermeister Kohn zu belasten. Das grelle Schellen des Fernsprechers beendete ihr Gespräch. Weil der Obermeister neugierig in Hörweite stehenblieb, schloss Schüttau die Tür seines Dienstzimmers, bevor er den Hörer abhob. Es fiel ihm schwer zu glauben, dass dies bereits der Rückruf aus Waldheim sein könnte, aber er wollte sicher sein, dass Kohn seine Nase nicht in Dinge steckte, die ihn nichts angingen. Schüttau wurde bewusst, dass er dem vor zwei Wochen nach Leipzig versetzten Obermeister nicht recht traute.

»Major Schüttau.«

»Piechkow.« Die Stimme der neuen Klinikleiterin schien heller als zuvor. »Bevor Ihr Kommissar hier wieder Drohungen gegen meine Mitarbeiter ausstoßen muss, schicken Sie ihn her. Schwester Springfeld hat ausdrückliche Anweisungen von mir, Oberleutnant Keller Zugang zu unserem Patienten Kaltenbrunn zu ermöglichen.«

»Doktor Kaltenbrunn kann also vernommen werden? Oberleutnant Keller hat mir berichtet, dass der Mann zwischenzeitig in ein anderes Gebäude verlegt worden sei.«

Die Ärztin schwieg einen kleinen Moment zu lang. »Eine notwendige Maßnahme. Kaltenbrunn musste behandelt werden. Aber nun ist er wieder im Hause.«

Schüttau riss sich zusammen. Es war vollkommen sinnlos, Piechkow auf ihre Lügen festzunageln, auch wenn er gern wieder einmal die erlernten Verhörtechniken zur Anwendung gebracht hätte. Die Hauptsache war, dass die Klinik bereit war zu kooperieren. »Ich kann dem Oberleutnant also sagen, dass er sich auf den Weg machen soll?«

»Bitte, Genosse Major. Schwester Springfeld wird ihn erwarten. Er kennt sie bereits.«

Da wird Oberleutnant Keller ganz aus dem Häuschen sein, dachte Schüttau. Er verabschiedete sich von der Piechkow und legte auf.

Er fand Keller in seinem kleinen Büro, nur einige Schritte den Flur hinunter, auf dem sich die Morduntersuchungskommission der Leipziger K befand. Schüttaus kritischem Blick entging weder das zerknautschte Jackett auf dem Besucherstuhl noch der geborstene und notdürftig geflickte Telefonhörer. Mit einem lautstarken Seufzen machte er den Oberleutnant auf sich aufmerksam.

»Major Schüttau.« Keller wandte sich von dem kleinen Rasierspiegel ab.

»Rasieren Sie sich schnell zu Ende. Schwester Springfeld wird entzückt sein, Sie zu sehen, Genosse Oberleutnant. Ich habe soeben Meldung aus Waldheim erhalten, dass Sie mit Kaltenbrunn sprechen können.«

»Ach, wirklich?« Keller fuhr mit dem Messer über den schaumbedeckten Teil seiner linken Wange und wischte sich mit einem Geschirrtuch die Seifenreste aus dem Gesicht.

»Haben Sie daran etwas auszusetzen, Oberleutnant?«

»Nicht direkt, Genosse Major.« Keller war bereits damit beschäftigt, eine kleine Tasche aus dem Einbauschrank hinter seinem Schreibtisch zu befüllen. Der Rasierer und das knittrige Jackett wanderten hinein. Dann die Akten, die aufgeschlagen auf dem Tisch lagen. »Ich denke, dass ich für ein oder zwei Nächte in Waldheim bleiben sollte. Bis diese ganze Angelegenheit geklärt ist.«

Schüttaus erster Reflex war es, dem Oberleutnant solche Eigenmächtigkeiten zu untersagen. Konnte Keller nicht ein Mal nach den Regeln spielen? Einen Antrag stellen, oder seinen Vorgesetzten wenigstens um die erforderliche Genehmigung bitten? Schüttau konnte sich beim besten Willen nicht erinnern, dass der Mann jemals richtig um seine Erlaubnis gefragt hatte. Andererseits... Seit die Piechkow ihn zurückgerufen hatte, gab es für den Major keinen Zweifel mehr, dass in Waldheim etwas Seltsames im Gange war.

»Zwei Bedingungen, Keller. Schauen Sie bei den Kollegen in Döbeln vorbei wegen diesem Toten vom Dach. Und erstatten Sie mir fernmündlich Meldung, sobald Sie Kaltenbrunn endlich verhört haben.«

»Selbstverständlich, Major Schüttau«, gab Keller leutselig zurück.

Schüttau knurrte. »Glauben Sie nicht, dass ich nicht wüsste, dass Sie meinen, Sie könnten machen, was Sie wollen«, hielt er ihm vor. »Diese Anstaltsleiterin war alles andere als begeistert von Ihrem Umgang mit den Angestellten der Klinik. Ich erwarte, dass mir von dieser Seite keine Klagen mehr zu Ohren kommen. Haben wir uns verstanden, Oberleutnant?«

Keller nickte andeutungsweise, aber Schüttau sah genau, dass er in Gedanken schon wieder in Waldheim bei seinen Ermittlungen war und die Anweisung in den Wind schlagen würde, sobald er in eine entsprechend nervenzehrende Situation mit Springfeld oder Tassel geriet. Dieser Keller war einfach ein wenig aufbrausend, dachte er. Vermutlich würde er deshalb auch keine große Karriere machen. Schüttau brummte ein »Auf Wiedersehen« und war schon halb aus der Tür, als Keller ihn noch einmal ansprach. »Sie finden das doch auch nicht normal, dass diese Piechkow so schnell einlenkt und den Kaltenbrunn mit einem Mal auftreiben kann.«

»Was ist schon normal in einem Irrenhaus?«

»Vielleicht haben Sie recht.« Keller schloss die Schnallen seiner Tasche und hob den Riemen auf seine Schulter. »Aber ich sage Ihnen, dass der Kaltenbrunn die Klinik niemals verlassen hat. Und da frage ich mich, warum er nun angeblich wieder da ist und ich mit ihm sprechen darf.« Er winkte ab. »Egal, ich bin gespannt, was die diesmal für mich inszeniert haben.«

09:55 UHR

Es wurde erst richtig hell, als Keller Döbeln bereits hinter sich gelassen hatte. Die gute Frau Doktor Moreaux war inzwischen sicher in ihrem Bett angekommen. Vielleicht konnte er ihr später am Tag noch einen Besuch in der Klinik abstatten. Keller atmete tief durch, als ihm einfiel, dass er heute nicht zurück nach Leipzig fahren musste. Noch vor zehn Uhr stellte er sein Dienstfahrzeug vor der Klinik ab, und diesmal wurde er auf sein Klingeln hin sogar eingelassen. *Geht doch.* Er stieg die Treppe in den ersten Stock hinauf und wurde von einer nervösen Schwester in Empfang genommen, die er vom gestrigen Abend zu kennen glaubte. *Richtig, die hat mit den anderen auf dem Hof gestanden.* Keller ermahnte sich, später nicht den Besuch bei der Polizeidienststelle in Döbeln zu vergessen. Auch der abgestürzte Unbekannte war schließlich Teil dieses höchst merkwürdigen Falles.

»Wo ist denn Schwester Springfeld?«, fragte er die junge Frau, erleichtert weil die graue Eminenz der Abteilung ihn anscheinend vergessen hatte.

Die Schwester zuckte mit den Schultern. »Sie macht gerade ihre Morgenrunde, Genosse Oberleutnant. Aber sie lässt fragen, ob Sie nach Ihrem Gespräch mit Doktor Kaltenbrunn im Empfang auf sie warten könnten. Es wäre wichtig.«

»Worum geht es denn?« Keller fühlte sich angesichts des bevorstehenden Vieraugengesprächs unbehaglich.

Doch Schwester Melanie, wie er auf ihrem Kittel lesen konnte, wusste nichts Genaues, und Keller ärgerte sich jetzt schon wieder über Oberschwester Springfeld. Was führte sie wohl im Schilde? Welchen Anteil hatte sie an diesem Verwirrspiel?

»Hier, bitte«, riss die Schwester ihn aus seinen Gedanken. Sie waren vor dem gleichen Besucherraum angelangt, in dem er bereits vor zwei Nächten dem Mörder Kaltenbrunn gegenübergesessen hatte.

Keller betrat angespannt den unwohnlichen Raum. Kaltenbrunn saß auf dem gleichen Stuhl wie zuvor. Davon abgesehen hatte der Mann nicht viel mit dem zwanghaften, zittrigen Irren gemeinsam, den er Mittwoch, kurz nach Mitternacht verhört hatte. Der vermeintliche Doktor saß still zusammengesunken da und starrte auf seine zusammengelegten Hände. Vielleicht würde er endlich etwas Verwertbares in Erfahrung bringen können, dachte Keller. So, als würde er sich einem scheuen Tier nähern, trat er bedächtig in den Raum hinein und zog langsam sein Notizbuch aus der Jacke.

»Doktor Kaltenbrunn?«

Der Mann zeigte keine Reaktion auf seine Frage. Aber er schrak auch nicht zurück oder begann, wieder irr im Raum herumzustarren. Keller betrachtete das als gutes Zeichen und zog den zweiten Stuhl mit einem Quietschen unter dem Tisch hervor. Er legte das Büchlein aufgeschlagen vor sich hin und plazierte den Stift in die Mitte.

»Doktor Kaltenbrunn, erinnern Sie sich an mich? Wir haben uns vorletzte Nacht schon einmal unterhalten. Über Professor Heise.«

Kaltenbrunns Kinn war auf die Brust gesunken, das fettige, graue Haar hing weit in sein Gesicht und verwehrte einen Blick auf seine Augen. Hin und wieder zuckten die dürren Finger.

»Doktor Kaltenbrunn, sprechen Sie mit mir. Ich–« Mit einem Mal hatte der Oberleutnant das Gefühl, einen Knoten im Hals zu haben. Seine Gedanken überschlugen sich. Konnte Kaltenbrunn nicht sprechen, oder *wollte* er nicht? Keller war kurz davor gewesen, ihm zu sagen, dass er seinen Hilferuf gefunden hatte und bereit war, ihm zuzuhören. Aber vielleicht sprach der Doktor aus gutem Grund nicht. Was, wenn in den Räumen dieser Irrenanstalt mitgehört wurde? Das war alles andere als eine verrückte Idee, fühlte Keller. Er machte sich keine Illusionen darüber, dass die Wände hier Ohren haben konnten. Durfte er also die geheime Nachricht überhaupt erwähnen? Was würde geschehen, wenn jemand vom Klinikpersonal davon erfuhr?

Unschlüssig starrte er auf sein Notizbuch, dann musterte er die Wände des Besucherraumes genauestens. Ob hier irgendwo ein Abhörapparat installiert war oder nicht, konnte er unmöglich sagen. Aber er war sich ziemlich sicher, dass es keine Überwachungskamera geben konnte. Leise nahm er seinen Füller auf, schrieb Kaltenbrunns eigene Worte auf die leere rechte Seite und schob ihm das Büchlein zu. Der Mann reagierte noch immer nicht erkennbar.

»Doktor Kaltenbrunn, bitte. Erinnern Sie sich, was passiert ist? Wissen Sie, was mit Professor Heise geschehen ist?«

Ein unartikulierter Laut erklang. Der Mann wiegte sich schwerfällig hin und her, und Keller schrak schockiert zurück, als das Licht der Lampe auf Kaltenbrunns Gesicht traf. Die vormals flirrenden Augen waren stumpf wie erloschene Kerzen und blutunterlaufen. Aus dem einen Mundwinkel floss Speichel am Kinn herunter und tropfte auf den schmutzigen Anstaltskittel.

»Doktor Kaltenbrunn«, flüsterte Keller eindringlich. »Können Sie mich verstehen? Nicken Sie, oder geben Sie irgendein Zeichen.«

Der Mann hob langsam seine linke Hand und ließ sie auf die Nachricht in Kellers Notizbuch sinken. Damit schien seine Kraft aufgezehrt, nichts weiter geschah.

»Können Sie mir sagen, ob Kaltenbrunn Ihr richtiger Name ist? Wo wurden Sie geboren? Wo haben Sie studiert? Wo haben Sie Ihren Doktor gemacht?«

Kellers fühlte eine Gänsehaut auf seinem Rücken. Er hatte schon genug Unschönes in seinem Beruf erlebt, auch die eine oder andere fürchterlich zugerichtete Leiche, aber dieses Irrenhaus bot Grauen in einer anderen Qualität. Was hatten diese sogenannten Ärzte mit Kaltenbrunn angestellt? Zwei Nächte zuvor hatte der Mann immerhin noch sprechen können, wirr und schwer verständlich vielleicht, doch wenigstens hatte er Keller wahrgenommen... Jetzt sah er nichts als inneren Kampf in den Augen des Mannes.

Kalte Wut erfasste Keller, denn er war sich völlig sicher, dass er hier nicht Kaltenbrunns Kampf gegen den Wahn sah, sondern den gegen die Medikamente. Moreaux hatte ihm ja bereits bestätigt, dass diese Präparate alles andere als eine heilsame Wirkung besaßen.

»Sie erinnern sich, nicht wahr?«, fragte er noch einmal und deutete auf das Notizbuch, das nach wie vor unter Kaltenbrunns Hand lag. *War das ein Nicken?* Keller war sich nicht sicher. Mit einmal Mal zuckten die Finger wieder, kratzten beharrlich über die unebene Tischplatte und das Papier, als versuchten sie, etwas zu erreichen.

Den Stift! Keller biss sich auf die Zunge, um nichts Verräterisches zu äußern, und reichte Kaltenbrunn das Schreibgerät. Ihm entging nicht, dass er damit einem Mörder erneut zu dessen Tatwaffe verhalf. *Denk bloß daran, ihm den Füller wieder abzunehmen.* Aber der Mann war nicht in der Verfassung, jemanden zu attackieren. Und warum sollte er auch? Mit Mühe schloss er die Finger seiner linken Hand. Womit eine weitere Frage beantwortet wäre, dachte Keller.

Minutenlang sah er dem vermeintlich Geisteskranken dabei zu, wie er die Konzentration sammelte, um seinen Fingern den Befehl zu geben, etwas niederzuschreiben. Gleich, was Kaltenbrunn dabei genau im Weg stand, er schaffte dieses Mal nicht, es zu überwinden. Ein schwaches, zittriges A war das Einzige, was er zu Papier brachte, bevor seine dünne Verbindung zur Realität endgültig riss. Sein Kopf sank nach vorn, die Hände fielen seitlich herunter, und der Füller rollte unter den Tisch. Keller sammelte ihn auf, schraubte die Kappe fest und verließ den Raum.

Immerhin war damit die Frage beantwortet, weshalb die Piechkow so schnell nachgegeben hatte. Kaltenbrunn war ein Wrack, vollgepumpt mit Drogen. Heises Nachfolgerin würde sich noch wundern, wenn sie glaubte, ihn mit solchen Mitteln abschütteln zu können.

10:30 UHR

Keller ließ sich auf einem der ungepolsterten Holzstühle in der Nische neben der Empfangstheke nieder und rekapitulierte die bisherigen Kontakte mit Kaltenbrunn. Wenn er nicht brutal sediert wurde, war der Mann in der Lage, eine Kontaktaufnahme mit der Außenwelt am Personal der Nervenheilanstalt vorbei zu planen und kompromisslos durchzuführen. Mit der Wahl des Opfers ging er sicher, dass Aufsehen erregt wurde und die Ermittlungen intensiver geführt wurden, als wenn die lokale VP es als Routinefall abhakte. Des Weiteren hatte er seine Nachricht so geschickt getarnt, dass nur der gewünschte Empfänger sie finden würde. Und dass Kaltenbrunn mit der Polizei reden wollte, daran gab es für Keller keinen Zweifel mehr. Was wollte ihm der alte Wissenschaftler mitteilen? Was war so wichtig für ihn? Etwas, wofür er sogar einen Mord auf sich nahm.

Auf die Kooperation der Klinikleitung konnte er bei seinen Ermittlungen wohl endgültig nicht hoffen. Vielmehr schien es so, als wolle man mit allen Mitteln verhindern, dass der Patient irgendetwas Verwertbares von sich gab. Nur warum? Und wieso regte sich eigentlich niemand ernsthaft über den Einbruch in Heises Büro auf? Alle taten so, als hätte man es mit einem Dummejungenstreich zu tun, den man nicht weiter zu erwähnen brauchte. Dabei hatte es in diesem

Zusammenhang einen weiteren Toten gegeben. Einen, der sich offenbar frei im Gebäude bewegen konnte, den aber niemand kennen wollte; auch deswegen herrschte keinerlei Unruhe.

Keller war froh, dass er im Eifer des Gefechts dafür gesorgt hatte, dass der verunglückte Eindringling bei Doktor Moreaux in Döbeln lag. Vielleicht konnte die Ärztin Hinweise auf seine Identität feststellen. So wie sich die Dinge in der Klinik jetzt darstellten, hätte es ihn nicht gewundert, wenn das Klinikpersonal anderenfalls für eine schnelle Beseitigung gesorgt hätte. Man hätte es als Unfall während der Dienstzeit deklariert – und schon wäre die Angelegenheit erledigt gewesen. Und ein anstaltseigenes Krematorium gab es hier praktischerweise auch, das hatte er schon mitbekommen.

Keller hörte leise quietschende Schritte im Flur, die sich näherten. Klang nicht nach der Springfeld, die man schon am schweren Atmen erkannt hätte. Als es Tassel war, der im nächsten Moment an ihm vorüberkam, fasste der Oberleutnant nach dem Ärmel des Pflegers. »Einen kurzen Moment noch, Herr Tassel. Entschuldigen Sie die Störung.«

»Mann, haben Sie mich erschreckt!« Tassel griff sich an die Brust. »Was gibt's denn noch?«

»Nun. Wir sind noch gar nicht dazu gekommen, uns über den Vorfall gestern Abend zu unterhalten.«

»Herr Kommissar, ich bin wirklich in Eile. Ich muss der Schwester helfen, die kriegt die alte Schnetzkow nicht alleine aus der Wanne.«

»Lassen Sie der Dame die Freude, noch ein paar Minuten im Badewasser zu verweilen.«

»Ich wüsste wirklich nicht, wie ich Ihnen helfen könnte, Kommissar, ehrlich. Sie waren doch dabei.«

»Setzen Sie sich für einen Moment, Genosse Tassel.«

Der Krankenpfleger zögerte kurz, kramte eine verknautschte Packung Juwel Filter hervor und ließ sich neben dem Oberleutnant nieder. »Auch eine?«

»Lassen Sie mal, vielen Dank.« Keller wartete, bis Tassel seine Aufmerksamkeit von der Zigarette wieder zu ihm verlagert hatte. »In der Angelegenheit des abgestürzten Einbrechers sind Sie zurzeit mein wichtigster Zeuge.«

Der Klinikangestellte ließ sich zu keiner Regung hinreißen.

»Sie müssen mir doch irgendetwas sagen können. Schließlich ist der Mann in Pflegeruniform hier herumgelaufen, während Ihrer Schicht. Außerdem kannte er sich anscheinend bestens in der Klinik aus. Es erscheint mir absolut unwahrscheinlich, dass er hier nicht schon vorher gesehen wurde.«

»Trotzdem *habe* ich ihn noch nie gesehen, wirklich.«

Keller nickte versonnen. »Ja, vermutlich haben Sie recht. Wahrscheinlich können Sie mir in der Tat nicht weiterhelfen.«

»Nein, kann ich nicht. Wenn ich etwas wüsste, würde ich's Ihnen sagen, glauben Sie mir.« Tassel schnippte die lange Asche auf den Boden, was ihm augenblicklich peinlich war. »Eigentlich darf man auf den Gängen nicht rauchen, deswegen gibt's auch keine Ascher. Das machen alle so. Außerdem wird ja jeden Morgen gewischt...«

»Soso.« *Mist, da wird die KTU heute noch schlechtere Karten haben.* Daran hätte er denken sollen. Gestern Abend fand er es plausibel die Untersuchungen auf dem Dach beginnen zu lassen. »Nun gut, Genosse Tassel. Wenn Ihnen noch etwas einfällt, egal, wie unwichtig es Ihnen erscheint, dann melden Sie sich bitte sofort bei mir. Hier ist meine Nummer in der Leipziger Dienststelle. Da können Sie auch jederzeit eine Nachricht für mich hinterlassen.«

»Versprochen, Herr Kommissar. Ich werde mich melden.«

Keller zweifelte daran.

Schwester Springfeld war schon fast zwanzig Minuten über die Zeit. Gegen halb elf wollte sie im Wartebereich erscheinen. Mangels anderer Sitzgelegenheiten war Keller davon ausgegangen, dass nur die kleine Nische an der Empfangstheke gemeint sein konnte. Wartengelassen zu werden war Psychoterror. Es machte ihn wütend, wenn er durch die Schuld anderer untätig herumsitzen musste. Und das zufällige Gespräch mit Tassel hatte seine Laune nicht gebessert. Er war geneigt, andere Saiten aufzuziehen, um diesem arroganten Klinikpack zu zeigen, über welche Befugnisse die K der Volkspolizei verfügte. Doch der Major hatte mit Engelszungen auf ihn eingeredet, behutsam vorzugehen. Wenigstens stand Schüttau noch hinter ihm, und das wollte er nicht leichtfertig aufs Spiel setzen.

Es war schon erstaunlich, wie wenig Personal in der Nervenklinik sichtbar war; seit er hier wartete, war nur Tassel aufgetaucht. Entweder waren alle Pflegekräfte mit ihren Patienten auf den Zimmern beschäftigt oder es gab nur die paar Figuren, die er schon kannte, und die Kranken wurden prophylaktisch sediert. Wenn er an Kaltenbrunns Zustand und die unheimliche Ruhe im ganzen Gebäude dachte, hielt er die zweite Variante für glaubhafter.

Kurz bevor Keller einen cholerischen Anfall bekam, bei dem sicherlich der Stuhl, auf dem er saß, Schaden genommen hätte, keuchte die dicke Schwester die letzten Stufen zum ersten Stock empor und begrüßte den Polizisten. »Schönen guten Morgen, Genosse Oberleutnant. Es tut mir leid, dass ich Sie so lange habe warten lassen.«

»Keine Ursache, Schwester«, heuchelte Keller.

»Na ja, nu. Jetzt bin ich ja da.«

Ein großzahniges Grinsen, das ihm augenblicklich Schweiß in die Handflächen schießen ließ, entstand auf Springfelds teigigem Gesicht. »Sie wollten nach meinem Gespräch mit Doktor Kaltenbrunn noch einmal mit mir reden?«

Das Lächeln verschwand, und die Schwester blickte unsicher den Gang hinauf und hinunter. »Nicht hier, Herr Kommissar.« Sie fasste sein Handgelenk. »Kommen Sie mit.«

Was war hier los? Unvermittelt zeigt die schnippische Stationsschwester konspirative Kooperation. Oder wurde er in eine Falle gelockt? Nein, so weit würde noch nicht einmal diese seltsame Irrenanstalt gehen. Oder doch?

»Ich muss Ihnen etwas zeigen.« Sie schloss die Tür eines Patientenzimmers auf, das nach dem ersten Augenschein nicht in Benutzung war.

»Dann legen Sie mal los, Schwester.« Als Springfeld die Tür von innen abschloss, hoffte Keller mit einem Kloß im Hals, dass die voluminöse Klinikangestellte tatsächlich etwas zu den Ermittlungen loswerden wollte und das Grinsen, mit dem sie ihn begrüßt hatte, ohne weitere Bedeutung war.

Offensichtlich hatte sie seinen Gesichtsausdruck bemerkt und richtig gedeutet. »Na, schon gespannt, Herr Kriminalkommissar?« Sie setzte sich auf das Krankenbett und klopfte auf die unbezogene Matratze. »Jetzt setzen Sie sich schon, ich lasse Sie ganz sicher in Ruhe.«

Mit hochrotem Kopf ließ Keller sich nieder; es war an der Zeit, seine Schiebermütze ein wenig zu kneten. »Warum diese Geheimniskrämerei, Schwester? Ich meine, hätten wir das nicht auf dem Flur besprechen können?«

»Nein.« Springfeld suchte nach den richtigen Worten. »Es ist so... Ich finde manche Vorgänge und Anweisungen... nun, seltsam...«

»Ja?«

»Besonders seit der Sache mit dem Professor.«

Keller sah sie erwartungsvoll an. Und schwieg.

»Nun, wissen Sie, Herr Kommissar, ich bin nicht blöde, auch wenn das einige glauben mögen. Ich bekomme sehr wohl mit, was um mich herum vorgeht. Und ich weiß auch, was Sie von mir halten.«

Jetzt fall ihr nicht ins Wort. Die taut auf.

»Mir ist schon klar, dass ich nicht gerade kooperativ wirke. Aber wissen Sie, es gibt da Anweisungen... na ja, vielmehr Gerüchte.« Sie holte tief Luft »...dass eine zu enge Zusammenarbeit mit anderen Behörden nicht gewünscht ist.«

»Von wem?«

»Wie gesagt, ich persönlich habe keine speziellen Dienstanweisungen oder sowas, das ist mehr so eine Stimmung...«

»Die *wer* verbreitet?«

»Professor Heise, der ist... war ja schließlich der Leiter der Klinik. Also, der Tassel hat mir im Vertrauen gesagt, dass der Professor sich Sorgen um unsere Verschwiegenheit macht. Wir haben viele Patienten, und jeder hat seine eigene Geschichte. Natürlich müssen alle Patientenakten äußerst vertraulich behandelt werden...«

»...aber?«

»Es geht ja jetzt um Mord.«

»Ja. Sie handeln vollkommen richtig, Frau Springfeld«, ermutigte Keller die Krankenschwester.

»Kurz und gut, ich weiß nicht genau, was ich machen soll, aber mit Mord will ich nichts zu tun haben. Ich denke, ich überschreite meine Kompetenzen nicht, wenn ich Ihnen dies hier übergebe.« Sie zog ein zerknülltes Blatt Papier aus der Kitteltasche und überreichte es Keller, der es mit spitzen Fingern entgegennahm.

Keller konnte sich auch nach minutenlanger Betrachtung noch immer keinen Reim auf die Zeichnung machen. Das kräftige Zeichenpapier war kaum holzig und stammte von einem Block, wie die Leimreste am Rand zeigten. Darauf hatte, das erschien ihnen beiden sicher, Doktor Kaltenbrunn mit Buntstiften einen Mann mit brauner Hose und weißem Kittel gezeichnet, der offensichtlich eine kleine Schlange fraß. Gesäumt wurde die Szene von einer Art Prägemuster, als habe jemand mit einem leeren Kugelschreiber versucht, die Zeichnung zu umrahmen oder zu dekorieren. Ein wenig fühlte Keller sich an alte Maya-Kodizes erinnert.

»Was hat das zu bedeuten?«

Springfeld zuckte mit den Schultern.

»Fressen die Pfleger hier Schlangen?«

Die Schwester überging Kellers Bemerkung. »Keine Ahnung. Ich kann Ihnen nicht sagen, was das zu bedeuten hat. Sie wissen ja, dass Doktor Kaltenbrunn viel gezeichnet hat.«

»Hat er so etwas hier öfter gemalt?«, hakte der Polizist nach.

»Das kann ich Ihnen ebenfalls nicht sagen, Kommissar. Ich habe selten ein Bild von Kaltenbrunn gesehen. Der Professor könnte Ihnen da jetzt sicherlich wesentlich mehr … Ich habe Ihnen ja schon gesagt, dass der Professor sich persönlich darum gekümmert hat.«

»Und Sie wissen natürlich nicht, ob er die Zeichnungen vernichtet oder aufbewahrt hat, ich weiß, ich weiß, Schwester.«

»Das stimmt.«

Keller brummte leise vor sich hin und praktizierte Kaltenbrunns Werk vorsichtig in ein Beweismitteltütchen. »Vielleicht sind ja noch

Fingerabdrücke drauf, außer denen von Kaltenbrunn und von Heise.«

»Und meinen.«

»Genau. Sagen Sie, Schwester, wo haben Sie dieses Blatt her?«

»Es lag im Papierkorb, der unter der Rezeptionstheke steht.«

»Aha, und da wühlen Sie dann regelmäßig im Müll, um zu sehen, ob da eventuell Beweismittel drin sind.«

Keller hatte sich verschätzt, die Springfeld schien beleidigt. »Natürlich nicht, wofür halten Sie mich?«

»Entschuldigung. Es kam mir nur komisch vor, dass Ihnen ein zerknülltes Blatt Papier auffällt.«

»Geschenkt, Herr Kommissar. Aber das ist schnell erklärt. Normalerweise benutzt niemand außer mir diesen Papierkorb, weil niemand etwas hinter dem Tresen zu suchen hat. Außerdem leere ich den Abfall am Abend aus, so auch gestern.«

»Und heute Morgen lag das zerknüllte Papier drin«, vervollständigte Keller.

»Ganz richtig. Ich hab' es da nicht reingeworfen. Und in der derzeitigen Situation... da habe ich mir gedacht, nachschauen schadet ja nichts. Man weiß ja nie, Herr Kommissar.«

»Nein, man weiß nie, Schwester.« Keller stand auf. »Ich bedanke mich, dass Sie mir vertrauen. Ich gebe zu, ich habe Sie falsch eingeschätzt.«

Die Springfeld wirkte verlegen. »Ich weiß.«

Als sie das Krankenzimmer wieder verließen, überlegte Keller kurz, ob er seine Krawatte aufwendig geraderücken sollte, falls ein Klinikangestellter sie beobachtete, entschied aber dann, die Schwester nicht weiter in Verlegenheit zu bringen. Der kleine Spaß war es nicht wert, seinen einzigen Stützpunkt in diesem Rattennest zu gefährden. »Eine Frage noch, Schwester. Sie haben nicht zufällig eine Idee, wer die Zeichnung in Ihren Papierkorb befördert haben könnte?«

»Keine.«

»Bitte behalten Sie alles, was wir besprochen haben, für sich. Ich traue hier nämlich auch niemandem.«

Springfeld zog die Augenbrauen hoch.

»Außer Ihnen natürlich, Schwester.«

Während sie ihn zum Ausgang begleitete, wurde kein Wort gewechselt. Keller fragte sich, ob ihm jemand mit Kaltenbrunns Zeichnung einen Hinweis geben wollte, ob er einer gelegten Spur aufsaß oder schlicht jemand unvorsichtig gehandelt hatte – oder ob Schwester Springfeld doch ein doppeltes Spiel trieb. Vielleicht hatte aber auch einfach nur ein ordnungsliebender Mensch ein herumliegendes Stück Papier im Mülleimer entsorgt.

10:41 UHR

Durch einen Korridor mit rot gestrichenem Estrich gelangte Fassbender in den Lazaretttrakt von Gebäude vier. Eigentlich sollte man das 'Hospiz-Bereich' nennen, ging es ihm durch den Kopf, als er die Tür aus gesprungenem Sicherheitsglas aufzog. Denn nichts anderes war dieser Gang, das wusste hier jeder. Keine Therapieeinrichtung zur Pflege und Genesung Kranker, sondern ein Sterbehospiz für Menschen, die längst aus dem öffentlichen Leben verschwunden waren und nach denen niemand mehr fragen würde. Wer einmal hier untergebracht wurde, endete auch fast immer hier. Vielleicht nicht beim ersten Aufenthalt, sicherlich aber beim letzten. Fassbender hatte schon zu viele Kollegen zu Grunde gehen sehen, als dass er sich etwas vormachen konnte. Und er konnte sich an niemanden erinnern, der diese Abteilung wieder dauerhaft gesundet verlassen hatte. Jeder wusste um die Gefahr, der sie tagtäglich ausgesetzt waren, und jeder hoffte, das für hiesige Verhältnisse fürstliche Ruhegeld möglichst lange genießen zu können, weil er nicht zu dem Fünftel Pechvögel gehörte. Aber sein Partner würde zu diesen Unglücklichen zählen, das stand jetzt fest. Bald wäre Arno Steiner nur noch ein kleines Blechschild auf einer grauglänzenden Steintafel in dem kleinen Tonnenhangar am östlichen Sichtschutzzaun des Geländes. Eigentlich war das Gebäude mit der improvisierten

Gedenkstätte im Lageplan des nordwestlichen Gebäudekomplexes mit dem Decknamen 'Block Pazifik' bezeichnet – für sie alle war es nur das Grüne Gewölbe.

Das Zimmer, in das man Steiner geschoben hatte, verfügte nur über eine Waschecke und einen kleinen Spind; kein Tisch, kein Stuhl, noch nicht einmal ein Rollcontainer stand neben dem Bett. Einziger Trost waren die großen Fenster, die einen weiten Blick über die mittlerweile verschneite Landschaft des Moores boten. Ein trügerischer Eindruck unberührter Natur. Doch Fassbender bezweifelte, dass Steiner von dieser Aussicht etwas hatte. Obwohl er recht genau wusste, was ihn erwartete, war er geschockt, als er seinen Kollegen erblickte. Steiners Haut war kalkweiß und sein Gesicht wirkte eingefallen, dabei war es gerade einmal zwölf Stunden her, dass er ihn das letzte Mal gesehen hatte. Unterhalb der geschlossenen Augen zeichneten sich dunkle Ränder ab, und im rechten Nasenloch steckte ein durchsichtiger Plastikschlauch, der mit reichlich Gewebeband befestigt war. Die Venen in Steiners rechtem Arm waren mit einem großen Tropf verbunden, am linkem Arm waren gleich zwei Flaschen mit Flüssigkeiten unterschiedlicher Farbe angeschlossen. Auch hier hatte man nicht an Verbandsmaterial gespart. Fassbender fragte sich, wie viel Blut nach solchen Infusionsmengen wohl in dem Gemisch verblieb, das durch Steiners Körper zirkulierte. Er schloss leise die Tür hinter sich, trat näher ans Bett und berührte zaghaft die rechte Hand des Patienten.

Steiner schlug die Augen auf. »Lutz?« Es dauerte eine Weile, bis sein Blick klar wirkte und Fassbenders Gesicht fixiert hatte. »Lutz, was ist passiert... Ich fühl' mich so... kaputt. Ich bin so furchtbar müde...«

»Du bist gestern in der Dekon-Dusche zusammengebrochen. Erinnerst du dich nicht? Wir haben dich sofort in die Krankenabteilung rübergebracht.«

»Mir ist einfach schwarz vor Augen geworden...« Steiner atmete rasselnd. »Eigentlich kann ich mich... danach an nichts mehr klar erinnern... Was sagen die Ärzte... Lutz? Sag mir, was los ist. Alles tut mir weh. Als wenn mich ein Lastwagen überrollt hätte.«

Fassbender wusste genau, was los war. Er überlegte kurz. »Du hattest einfach einen Schwächeanfall. Die ganze Arbeit in den letzten Wochen war ein bisschen viel für dich.« Den Freund so zu belügen tat weh, aber warum sollte er ihn noch weiter ängstigen? Das änderte an seinem Zustand auch nichts. Ihm die Wahrheit zu sagen, würde nur sein eigenes Gewissen erleichtern. Arno konnte es nicht mehr helfen. »Du kommst schon wieder auf den Damm, das dauert nur eine Weile. Du weißt doch, wie das ist.«

»Ich dachte–« Steiner wurde von einem trockenen Husten gequält, bis sein Gesicht dunkelrot anlief. »Mensch Lutz, ich dachte… ich habe immer darauf geachtet… genug Abstand zu halten.«

Fassbender tätschelte ihm die Hand. Eigentlich war ihm solche Vertraulichkeit fremd, sogar peinlich, doch sein Bauch sagte ihm, dass dieser Kontakt mit einem verlässlichen Kameraden Arno Steiner die Situation ein wenig erträglicher machte.

»Lutz, ich sage dir… irgendwann kriegt es uns alle, dieses–« Wieder schüttelte ihn ein Hustenanfall. Einige mit Schleim vermischte Blutstropfen landeten auf Fassbenders Handrücken.

»Schon gut, Arno. Sprich jetzt nicht.«

»Dieses verdammte… es erwischt uns irgendwann alle… Lutz.« Steiner schloss mit einem Stöhnen die Augen.

Fassbender betrachtete die roten Flecken auf seiner Hand. »Ich weiß, Arno. Ich weiß. Schlaf jetzt, du musst dich erholen. Schließlich fährt mich niemand so gut wie du durch dieses Gelände. Alles wird gut.«

11:00 UHR

»Ich weiß davon nichts, überhaupt nichts«, sagte der Junge zum vierten oder fünften Mal. Gleichgültig, welche Frage, der ermittelnde Offizier Anton Sokolow ihm zum Verschwinden seines jüngsten Bruders gestellt hatte, die Antwort war immer dieselbe. Sergej

Dmitriwitsch Orlow war sechzehn und dachte nicht daran, dem stechenden Blick des Obersts auszuweichen. Im Gegenteil. Er tat sein Bestes, nicht einmal zu blinzeln. Es schien, als wäre er unangenehme Gespräche gewohnt und wüsste genau, wie man den Anschein von Ehrlichkeit erweckte, dachte Sokolow. Gut möglich aber auch, dass da die Fantasie mit ihm durchging – etwas an der ganzen Familie Orlow störte ihn, doch er konnte nicht sagen, was es war.

»Du weißt nicht, welche Freunde dein Bruder hatte? Du weißt nicht, wie er nachmittags seine Zeit verbracht hat, du weißt nicht, wann genau du ihn zuletzt gesehen hast. Und ob in den vergangenen Tagen irgendetwas Besonderes vorgefallen ist, weißt du also auch nicht?«

Sergej nickte mit erhobenem Kinn. »Jawohl.«

»Ein Jawohl reicht hier nicht, Sergej Dmitriwitsch.« Sokolow rückte auf seinem Stuhl näher an den Jugendlichen heran, bis er die unreine Haut unangenehm nah vor sich sah. »Wie erklärst du, dass du die Suche nach deinem Bruder auf diese Weise behinderst? Gab es einen Streit zwischen euch? Denkst du vielleicht, dass er deshalb verschwunden ist?«

Sergej Orlow schnappte empört nach Luft. »Ich versuche nicht, die Untersuchungen zu behindern, Genosse Oberst. Ich weiß nur einfach nichts.«

Sokolow lehnte sich ein wenig zurück. Einige hektische Flecken waren nun auf den Wangen des Jungen zu sehen. Er fragte sich, ob es der Vorwurf der Lüge war, oder ob er mit seinen Spekulationen vielleicht einen Punkt getroffen hatte. »Dann erklär mir bitte einfach, wie es kommt, dass du so wenig über deinen Bruder weißt, Sergej.«

»Ich habe keine Zeit, mich mit ihm zu beschäftigen. Ich studiere hart für die Schule und Alexej ist ein *Kind.* Wir haben uns morgens meist kurz gesehen und das war's dann. Was denken Sie denn, was ich mit einem Zwölfjährigen sonst so zu tun gehabt hätte?«

»Immerhin frage ich dich nach deinem Bruder Alexej, nicht nach irgendeinem fremden Jungen. Und ich habe gehört, dass ihr in den Ferien wochenlang gemeinsam unterwegs wart.«

Der Halbstarke gab ein verächtliches Zischen von sich. »Das war, bevor Vater hierher versetzt wurde. Seit wir hier sind, haben sich die Dinge geändert.«

»Zum Besseren? Was würdest du sagen?«

»Selbstverständlich, Genosse Oberst.«

Seltsam, dass Sokolow ihm kein Wort glaubte. Der Junge war stramm und folgsam und sicherlich nicht dumm. Aber irgendetwas stimmte nicht. Natürlich fehlte Sokolow jegliche Handhabe, um Auskünfte aus einem Minderjährigen herauszupressen. Er musste froh sein, dass der Vater nichts gegen dieses Vieraugengespräch einzuwenden gehabt hatte.

»Ich denke, wir sind hier für den Moment fertig, Sergej Dmitriwitsch.« Der Junge ließ kein Zeichen der Entspannung erkennen. »Du solltest aber noch einmal sehr genau nachdenken, ob du nicht doch etwas weißt.« *Oder die Wahrheit sagen willst.* Sokolow erhob sich, und erst dann stand auch Sergej von seinem Stuhl auf und nahm fast militärisch Haltung an.

»Guten Tag, Oberst Sokolow.«

In einer halben Stunde würde er mit Oberst Orlows anderem Sohn sprechen können, der Vater stand erst für den Nachmittag zu einem Gespräch zur Verfügung. Sokolow nutzte die Zeit und suchte die Kommandeure der Nachrichtenkompanien in der Garnison Hagenow zu einem kurzen Gespräch auf. Er hatte mit Unmut, vielleicht Widerstand gegen seine Involvierung gerechnet; tatsächlich schienen die leitenden Offiziere vor Ort erleichtert, dass nicht sie in der Vermisstenangelegenheit aktiv werden sollten. Eigentlich völlig verständlich – schließlich hatte es nichts mit ihren militärischen Kernaufgaben zu tun, nicht das Mindeste. Sokolow schnaufte. Vielleicht war Morosows Idee, jemanden von außen in die Angelegenheit einzuschalten, nicht so abwegig; trotzdem fürchtete er, Zeit zu verschwenden.

Auch der Generalmajor, der die Garnison befehligte, hatte auf die Einschaltung des Offiziers des selbständigen Garde-Nachrichtenbataillons leidenschaftslos reagiert. Die Hagenower

Truppenteile gehörten zur selben Armee wie die in Schwerin stationierten. Autonomes Handeln der Einheiten des Nachrichtendienstes auf Geheiß des kommandierenden Offiziers der Division oder der Verwaltung Aufklärung in Wünsdorf war man längst gewöhnt.

Nachdem er den örtlichen Kollegen eine Liste von zu überprüfenden Punkten überreicht hatte, verließ Sokolow den Besprechungsraum und trat aus dem Stabsgebäude hinaus ins Freie. Links von ihm erstreckte sich das leicht gebogene Hauptgebäude der Garnison sicher gut sechshundert Meter weit, in regelmäßigen Abständen unterbrochen von Eingängen und Fenstern. Die ungewöhnliche Architektur stammte aus der Zeit, als all das hier ein deutscher Fliegerhorst gewesen war. Sie gefiel ihm. Ganz am anderen Ende befand sich eines der Offiziersheime, in dem auch die Orlows lebten. Noch ein Punkt auf seiner Agenda.

Sokolow vertrat sich ein wenig die Beine und hielt nach seinem Assistenten Iljin Ausschau, aber der war offenbar noch mit der Befragung der Wachhabenden beschäftigt. Sokolow wandte sich nach rechts und umrundete das Stabsgebäude. Hier, auf der Rückseite des langen Hauptgebäudes standen etliche große Bäume, die das Garnisonsgelände bis zur Absperrung in ein paar hundert Metern fast wie einen Park aussehen ließen. Auf der anderen Seite des Areals lag der große Gefechtsübungsplatz für die hier stationierten Panzerregimenter, ebenfalls durch große Waldflächen gut geschützt. Sokolow wusste, dass es keine Sichtachsen gab, die Einblicke in die isolierte Garnison boten – dazu gab es sogar Untersuchungen der deutschen Bruderdienste.

Das erste Mal seit Tagen war es wieder richtig hell, und Sokolow fühlte gleich ein wenig Optimismus. Vielleicht würde der erst vierzehnjährige Dmitri Orlow ja bereit sein, ihm etwas über den Charakter des jüngeren Bruders zu erzählen. Sokolow machte sich auf den Weg zurück zum Aufmarschplatz. Er erwiderte den Gruß der beiden Wachsoldaten und betrat erneut das Stabsgebäude, wo man den Jungen bereits überpünktlich in den schmucklosen, fensterlosen Raum geführt hatte, der ihm zur Befragung bereitgestellt worden war.

»Guten Tag, Dmitri Dmitriwitsch. Ich bin Oberst Sokolow.«

»Sie sind wegen Alexej hier.« Die Stimme des Jungen klang leiernd, und er räusperte sich sofort. »Sie haben meinen Bruder verhört?«

»Ich habe mit Sergej gesprochen«, korrigierte Sokolow. Er fragte sich, woher der Junge das wusste. Iljins und sein Besuch war nicht angekündigt gewesen. »Und jetzt möchte ich gern mit dir sprechen. Setz dich bitte auf den Stuhl.«

Wie Sergej gehorchte auch Dmitri automatisch auf die klare Anweisung.

»Hast du eine Idee, wo sich dein Bruder Alexej aufhält?«

»Nein, Genosse Oberst.«

»Ist er schon einmal länger als erlaubt von zu Hause weggeblieben?«

Dmitri zögerte – anders als sein älterer Bruder zuvor. »Nun…«

Sokolow überlegte, ob er den Jungen ermuntern sollte, aber da er nicht sicher war, was den Jungen am Sprechen hinderte, hätte er ebenso gut das Falsche sagen und ihn so verschrecken können. »Nun?«

»Ich weiß nicht genau.«

»Aha. Hmm… Dann erzähl mir bitte ein wenig über Alexej. Wie würdest du ihn beschreiben?«

Dmitri blickte ihn kurz an. Den unlesbaren Blick des älteren Bruders beherrscht er nicht, dachte Sokolow. Noch nicht, wahrscheinlich. Er konnte den Eindruck nicht abschütteln, dass beide Jungen Verhöre gewohnt waren. Sergej hatte sich eine Maske zur Schau gestellter Ehrlichkeit antrainiert, Dmitri jedoch wollte dem Druck einfach nur ausweichen.

»Alexej ist halt ganz normal. Ich weiß nicht, was ich dazu sagen soll, Genosse Oberst.«

»Ist er fröhlich? Kann man Spaß mit ihm haben?«

»Na ja, ich glaube schon«, erwiderte Dmitri mit einem Stirnrunzeln und schob dann rasch hinterher, »aber ein Clown ist er nicht.«

Sokolow quälte sich durch ein weiteres Dutzend Fragen, ohne mehr als ein paar Kleinigkeiten zu erfahren. Alexej hatte die teils wochenlangen Biwake mit ihrem Vater von den drei Brüdern am meisten gemocht. Alexej vermisste die Heimat, worunter alle drei Orlow-Kinder offenbar den Ort verstanden, wo der Vater vor der Versetzung in die Deutsche Demokratische Republik stationiert gewesen war. Alexej hatte nie von Freunden gesprochen, aber eigentlich sprach er sowieso nicht viel. Nach einer halben Stunde entließ Sokolow den Jungen. Als er hinter ihm den Raum verließ, sah er einen großen Schweißfleck auf dem Hemdrücken.

11:20 UHR

Nach der verstörenden Begegnung mit dem Mörder Kaltenbrunn und der auf ihre Weise nicht weniger seltsamen Begegnung mit der Springfeld hatte Keller genug von der bedrückenden Klinikatmosphäre. Er musste seine Gedanken ordnen, bevor er eine Dummheit machte und dieser Doktor Piechkow aufs Dach stieg. Immerhin hatte er Schüttau versprochen, sich nicht wie der Elefant im Porzellanladen zu benehmen, und dazu gehörte auch 'höflicher Umgang mit leitenden Ärzten'.

Noch bevor er das Treppenhaus erreichte, fiel ihm etwas ein, und er machte kehrt. Kurz darauf stand er wieder vor Professor Heises Arbeitszimmer. Er musste einen Hinweis finden, was der Mann, der vom Dach gefallen war, hier gesucht hatte. Nachdem die KTU bereits in der Mordnacht den Tatort untersucht und er selbst gestern noch einmal alles in Augenschein genommen hatte, hatte der Eindringling doch kaum hoffen können, dass Dokumente oder andere Beweismittel unentdeckt geblieben waren. Oder war der Einbruch deshalb erfolgt, *weil* Keller die Büroräume unerwarteterweise noch einmal durchsucht hatte? Es fiel ihm schwer an einen Zufall zu glauben. Das Polizeisiegel, das er selbst nach dem Einbruch am Vorabend erneuert hatte, war unversehrt. Immerhin.

Die Situation im Untersuchungsraum hatte sich seit der Mordnacht nicht erkennbar verändert, doch im kleinen Arbeitszimmer des Ermordeten hatte der Durchwühler eine regelrechte Verwüstung angerichtet. Schubladen waren herausgezogen, zahllose Hefter und Bücher lagen auf dem Fußboden, unter anderem das dicke Handbuch, mit dem er nach Keller geworfen hatte.

Er stand inmitten des Papiergewühls, seufzte und streifte sich ein paar Handschuhe über. Natürlich war nicht auszuschließen, dass ihm gestern etwas entgangen war, auch wenn er sicher war, keine Unterlagen zu Kaltenbrunn übersehen zu haben – wenn er allerdings an die Methoden gewisser staatlicher Organe dachte, dann waren die Patientenakten hier womöglich codiert? Oder unter Decknamen geführt? Da konnte er lange nach Papieren mit dem Namen Kaltenbrunn suchen.

Vielleicht gab es weitere Unterlagen, die man ihm vorenthalten wollte, andere Einweisungen, Patienten und Behandlungen, die ihn auf eine eindeutige Spur in seinem Fall führen könnten. Noch tappte er völlig im Dunkeln, und das ertrug Oberleutnant Josef Keller ganz schlecht.

Er hatte gut eine Viertelstunde auf dem Fußboden durch Hefter und Patientenakten geblättert, als er etwas Ungewöhnliches bemerkte. Es hatte nichts mit den Akten selbst zu tun, die erwiesen sich allesamt als nutzlos. Erst recht für einen medizinischen Laien. Es war eine der Schubladen, die der Eindringling herausgezogen, aber – wohl weil Keller ihn gestört hatte – nicht ganz richtig zurückgeschoben hatte. So war der verborgene Mechanismus geöffnet geblieben. Keller drückte die metallenen Bügel, die in den hinteren Ecken sichtbar waren, zusammen. Dann zog er die kurze, hölzerne Lade vollständig heraus und fand dahinter ein erstaunlich geräumiges Geheimfach. Ein leeres Geheimfach.

»Verdammter Dreck.« Hätte er gleich in der Mordnacht seine Arbeit gewissenhaft erledigt, dann hätte er dieses Versteck gefunden, da war er sich sicher. Oder gestern Nachmittag, als er nach dem Fund des angeblichen Vitaminpräparates zufrieden von dannen gezogen war. Er fühlte sich wie ein Stümper. Andererseits, wer konnte vorhersehen, dass der anfangs einfach scheinende Fall so vertrackt werden würde? Keller fluchte erneut, als er bemerkte, dass er nicht einmal eine Taschenlampe dabeihatte, und tastete in dem dunklen Geheimfach umher. Aber kein noch so kleiner Hinweis auf den ehemaligen Inhalt war zurückgeblieben. Hatten hier Unterlagen gelegen, die über Kaltenbrunns wahre Identität und seine Bedeutung für Professor Heise Auskunft gaben? Oder vielleicht die mysteriösen Zeichnungen, an denen der Mann angeblich so eifrig arbeitete?

Enttäuscht setzte Keller die Suche fort, bis er einen kleinen Stapel Akten zusammengestellt hatte, den er genauer unter die Lupe nehmen wollte. Sie aus dem versiegelten Raum mitzunehmen, hielt er nicht für ein Problem. Dass die Kriminaltechnik alle Papiere im Raum untersuchen würde, erschien ihm mehr als unwahrscheinlich. Was sollte darauf anderes zu finden sein als die Abdrücke von Heise oder dem unidentifizierten Eindringling? Und die waren beide tot und konnten nur noch wenig zur Klärung des Falles beitragen.

Als er eben im Begriff war, den Tatort ein weiteres Mal gegen unbefugtes Betreten zu sichern, tauchten die Männer von der Kriminaltechnik auf, um die Spuren des Eindringlings zu sichern. Sie waren in Springfelds Begleitung, und die Schwester warf Keller einen halb heimlichen, halb konspirativen Blick zu.

»Ist Doktor Piechkow im Haus, Schwester?«

»Nein, Oberleutnant, die Frau Doktor ist zur Strafvollzugsanstalt raufgefahren.«

Das war vielleicht auch besser, sein Zorn über Kaltenbrunns Zustand war keineswegs völlig verraucht. »Sagen Sie ihr, dass ich sie heute Nachmittag befragen werde. Um fünfzehn Uhr dreißig.«

Die kleinen Schweinsäuglein der Oberschwester sahen ihn skeptisch an, als habe sie ihre Zweifel, dass es ihm gelingen würde, über die Zeit von Frau Doktor Piechkow so einfach zu bestimmen. Aber sie enthielt sich eines Kommentars und versprach, die Ärztin zu informieren.

Keller beobachtete noch einige Augenblicke die Männer von der Spurensicherung, nachdem er sie knapp über die konfiszierten Akten unter seinem Arm informiert hatte, und eilte dann der davonwatschelnden Springfeld hinterher. »Was ich Sie noch fragen wollte, Schwester. Wo gibt es denn hier ein günstiges Fremdenzimmer?«

Keller verließ die Psychiatrische Klinik und ließ auf Anraten der Schwester seinen Wagen stehen. Als Erstes folgte er der Straße hinauf in Richtung der hohen Mauer, die die Strafvollzugsanstalt umgab. Vom Dach der Psychiatrie aus hatte Keller gestern die beachtlichen Ausmaße des hell erleuchteten Gefängnisgeländes erkennen können. Wie eine Stadt in der Stadt oder wie eine mittelalterliche Burg lag der ummauerte Bezirk mit seinen zahlreichen Gebäuden oberhalb der Altstadt Waldheims. Tatsächlich standen Teile der Anstalt auf mittelalterlichen Fundamenten, und August der Starke hatte später schlossartige Bauten beigesteuert, die als Waisenhaus ursprünglich wohltätigeren Zwecken gedient hatten. Von dort, wo er nun stand, sah Keller vom Gefängnisareal allerdings wenig. Nur eine hohe, mit Lampen bestückte Mauer und einen eckigen Wachturm an der Stelle, wo die Mauer einen Knick machte.

Nach links bog die Ernst-Thälmann-Straße ab. Keller folgte ihr gemäß Schwester Springfelds Beschreibung. Malerische Altbauten rahmten dicht an dicht die Straße ein, der Krieg hatte hier kaum Spuren hinterlassen. Ein Blumenladen und ein kleines Lebensmittelgeschäft, dann wieder einige Wohnhäuser, teilweise mit kleinen Vorgärten. Keller sah bewusst an den allgegenwärtigen Zeichen schleichenden Verfalls und der Verwahrlosung vorbei und genoss den freundlichen Spätwintertag. Der markante Rathausturm tauchte über den Dächern auf und zeigte an, dass er in der korrekten Richtung unterwegs war. Die Ernst-Thälmann-Straße machte zwei große Kurven, die kein moderner Städteplaner je geduldet hätte, und Keller steuerte geradewegs auf die freie Fläche vor dem Jugendstil-Rathaus zu. Einige riesige kahle Eichen standen mitten auf dem befahrenen Platz rund um einen kleinen, etwas verloren wirkenden Brunnen. Keller war überrascht von der Weitläufigkeit in dieser kleinen Stadt. Was die Springfeld als den Markt bezeichnet hatte, erwies sich als eine riesige Straßen- und Marktfläche, deren eines Ende die Kirche St. Nicolai markierte. *Nettes Plätzchen, schade, dass ich nie Urlaub mache. Die Perle des Zschopautals.* Er schmunzelte und setzte seinen Weg am Rathaus vorbei fort. Das Rathaus mit seinem beeindruckenden Turm stand unmittelbar an der viel beworbenen, steinernen Zschopaubrücke, über die er nun schnelleren Schrittes seinen Weg fortsetzte. Über dem Fluss wehte ein unangenehmer Wind, der zwischen den Häusern nicht zu spüren gewesen war. Die Sonne schien zwar an einem wolkenlosen Himmel, aber die schneidende Kälte des Winters kroch immer noch durch das grüne Tal und wartete nur darauf, dass jemand um eine Hausecke bog oder eine freie Fläche überquerte.

Am Westufer angelangt, bog er in die erste Straße, parallel zum Fluss ein und hielt die Augen offen. Nach etwa drei Minuten kam die Zschopauperle in Sicht. Wären Kellers Hände nicht zu Eis gefroren gewesen, hätte er es sich in diesem Moment vielleicht noch einmal überlegt. Doch ein verblichenes Lackschild über der Tür versprach immerhin Hausmannskost und Fremdenzimmer. Er streifte seine Schuhe auf der löchrigen Matte ab und betrat eine Mischung aus Kneipe, Restaurant und Hotelrezeption. Ölig riechendes Holz bedeckte den Boden, täfelte sämtliche Wände, bildete Trenngerüste zwischen den Tischen und fand sich auch an der Decke, von der mit zu wenigen Glühbirnen besetztes schmiedeeisernes Lampenwerk baumelte. Um diese Uhrzeit war kein Kunde im Dämmerlicht des Schankraums zu sehen, und es war still bis auf eine tickende Standuhr – natürlich aus Holz. Keller erschauderte, gab sich einen Ruck und näherte sich der brusthohen Eichentheke gegenüber der Eingangstür. Eben als er festgestellt hatte, dass es zum einen noch freie Zimmer gab (sämtliche sieben Schlüssel hingen an ihren Plätzen) und zum anderen keine Schelle oder Rezeptionsglocke, wurde der schrill gestreifte Vorhang zurückgeschlagen.

Eine korpulente Mittsechzigerin starrte ihn mit schreckgeweiteten Augen an und kreuzte die Arme über dem üppigen Busen. »Großer Gott! Sie müssen doch was sagen! Schleichen hier rum. Sie ham mich bald zu Tode erschreckt!«

Das beruht auf Gegenseitigkeit, dachte Keller. »Ich brauche ein Zimmer. Einzel.«

»Wir ham aber nur mit Etagenbad.«

»Sicher.«

Frau Göbel, die Wirtin, stapfte geschäftig vor ihm die Treppe hinauf und machte sich sofort an dem alten Gasofen zu schaffen. Die Hotelzimmer hielten, was das unten gesehene Interieur versprach. Ein billiges Holzbett mit Matratze und Bettwäsche, die nach Mottenkugeln rochen, ein welliger Teppichboden auf welligen Dielen und graubraune Vorhänge. Alles war in erdigen Farbtönen gehalten, die es dem Gast wohl schwer machen sollten, Schmutz und Dreck auszumachen. Als echten Pluspunkt wertete er den kleinen Tisch am Fenster und den bequemen Omasessel.

»Dieser Winter will gar nicht aufhören. Essen Sie heute auswärts, Herr–?«

»Keller, Josef«, ergänzte er zögernd. Die Meldeformalitäten mussten ohnehin erledigt werden. Er fürchtete, dass Waldheim klein genug war, um noch nach dörflichen Tratschmustern zu funktionieren. Also behielt er seinen Dienstgrad wie auch den Grund seines Hierseins für sich. »Abends ja, aber das Frühstück hätte ich gern gegen sieben Uhr. Den Tag über bin ich wohl unterwegs, da brauchen Sie sich nicht zu bemühen.«

Die Göbel fuhr sich durch das auftoupierte, graue Haar und starrte neugierig auf die Akten, die er auf dem Tischchen abgelegt hatte. »Haben Sie denn kein Gepäck?«

Keller drängte die Frau allmählich auf die Tür zu. »Ist noch im Wagen. Ich hole es später. Auf Wiedersehen, Frau Göbel. Vielen Dank.«

Aufatmend ließ er sich in den Ohrensessel sinken. Der Gasofen in der Ecke zischte leise vor sich hin, sodass er heute Abend vielleicht sogar auf seinen Mantel würde verzichten können. Der Blick auf die Uhr sagte ihm, dass ihm noch etwa zwei Stunden bis zu seinem Gespräch mit der neuen Klinikleiterin blieben. Er verbrachte die Zeit mit den Unterlagen aus Heises Büro, darunter einige persönliche

Briefe und Briefwechsel mit Kollegen an der Universität. Außerdem ein paar Berichte des Professors über Patienten der Klinik.

Er hatte bislang selten Kontakt mit psychiatrischen Einrichtungen gehabt. Der eine oder andere Straftäter, den er im Lauf seiner Dienstjahre überführt hatte, war einem Nervenarzt vorgeführt worden, aber Keller hatte das immer für eine Masche gehalten, sich aus der Verantwortung zu winden und einer Bestrafung zu entgehen. Keinen seiner Mörder hätte er verrückt genannt. Ein Täter beispielsweise hatte angeblich auf eine innere Stimme gehört, die er 'Marvin' nannte. Diese hatte ihm während einer Betriebsfeier – der Mann war Abteilungsleiter in einem Centrum Warenhaus – befohlen, nach der Veranstaltung eine Frau abzupassen und zu töten, die ihn bereits mehrfach abgewiesen hatte. Keller hatte diesem Kerl die Machtlosigkeit gegen seinen Marvin nicht abgenommen. Für so etwas brauchte man keinen Psychiater. Der Typ war abgeblitzt und hatte aus Frust und Wut, vermutlich einfach in einer Kurzschlussreaktion, die Frau umgebracht. Vielleicht hatte sie auf der Feier einem anderen Mann schöne Augen gemacht, was den Täter erst recht in Rage gebracht haben würde. So einfach war das.

Aber was er nun über Heises Patienten im forensischen Trakt las, ließ ihn zweifeln, dass er mit seiner Meinung immer richtig gelegen hatte. Geisteskrankheiten konnten wirklich faszinierende Gestalt annehmen – und schreckliche Taten nach sich ziehen. Er las von einem Mann namens Stöckler. Der hatte seine schwangere Frau und drei Kinder ertränkt, weil er der festen Überzeugung war, dass sie von 'bösen Geistern' besessen waren. Bis heute war der Patient überzeugt, nicht seine eigene Familie, sondern nur diese unheimlichen Wesen umgebracht zu haben, und zeigte keinerlei Reue.

Gegen Viertel vor drei machte Keller sich schließlich auf den Rückweg zur Psychiatrischen Klinik. Als er die Treppe in den Schankraum hinunterstieg, fiel sein Blick auf ein handgemaltes Schild *Öffentlicher Fernsprecher* über einer Tür. Er nahm es als Wink des Schicksals und verabredete sich für den späten Nachmittag mit Doktor Moreaux.

15:17 UHR

»Oberleutnant Keller. Es freut mich, Sie endlich persönlich kennenzulernen.«

Frau Doktor Piechkow empfing den Polizisten noch vor der verabredeten Zeit und zeigte kein Anzeichen von der Hochnäsigkeit, mit der Keller fest gerechnet hatte. Sie erhob sich von ihrem Ledersessel und begrüßte ihn mit einem festen Händedruck, der manchem seiner Kollegen im Präsidium Ehre gemacht hätte. Keller fühlte seinen Zorn über Kaltenbrunns Zustand in den Hintergrund treten und ärgerte sich darüber, dass er sich durch eine nette Begrüßung beinahe einlullen ließ. »Ich muss einige Details mit Ihnen klären, Doktor Piechkow.« Er zog sein Notizbuch hervor.

»Setzen wir uns doch dort hin.« Sie wies auf eine Sitzgruppe in der Nische am Fenster. Das Büro der frisch ernannten Klinikchefin befand sich im Erdgeschoss des alten Backsteinbaus. Wie Keller erfuhr, waren dies schon die Amtsräume des ursprünglichen Leiters gewesen, als das Gebäude noch das staatliche Frauengefängnis gewesen war. Das große Erkerfenster bot einen wenig anregenden Blick in den gepflasterten Hof und war darüber hinaus vergittert.

»Genossin Piechkow, in welchem Verhältnis standen Sie zu Ihrem Amtsvorgänger, dem verstorbenen Professor Heise?«

»Ich war ein großer Bewunderer seiner Arbeit an der Universitätsklinik in Leipzig. Als Studentin habe ich dort zunächst für Professor Schneider gearbeitet, bis ich Professor Heises Assistentin wurde.«

Keller notierte in Stichworten. »Wann war das?« Die Piechkow war seiner Einschätzung nach noch keine vierzig, somit hatte sie bereits eine beachtliche Karriere gemacht.

»Ich habe mit einunddreißig promoviert, Oberleutnant Keller. Das muss also etwa sechsundsechzig gewesen sein.«

»Und seither haben Sie hier an der Klinik gearbeitet?«

»Mit Unterbrechungen, wenn ich in Leipzig an der Universität war. Aber die meiste Zeit, ja.«

»Woher kommen die Insassen der Klinik?«, wechselte Keller übergangslos das Thema.

Die Piechkow parierte seine absichtlich schwammig gehaltene Frage beinahe völlig ohne Verzögerung, während sie aus dem Fenster sah. »Ursprünglich gehörte unser Haus zur Strafvollzugsanstalt, wie Sie vielleicht wissen. Inzwischen sind wir als psychiatrische Klinik eine selbständige Einrichtung, das heißt, dass sehr unterschiedliche Menschen als Patienten zu uns kommen.« Sie warf ihm einen kurzen Blick zu. »Es mag Sie erstaunen, aber ein großer Teil unserer Patienten ist freiwillig hier, auf eigenen Wunsch. Andere werden von ihrer Familie mehr oder weniger abgegeben, weil sie mit dem kranken Verwandten nicht mehr fertigwerden. Nur die wenigsten werden im klassischen Sinne von offizieller Stelle eingewiesen.«

»Und was ist mit der forensischen Abteilung im zweiten Stock?«, hakte Keller nach.

»Das Zentrale Haftkrankenhaus für Neurologie und Psychiatrie wird Ihnen sicher ein Begriff sein. Es liegt innerhalb der SVA, wir erledigen hier sozusagen die Vorarbeiten.«

»Wie meinen Sie das?«

»Die weniger gefährlichen und noch nicht verurteilten Straftäter mit neuro-psychologischen Störungen werden oft bei uns untergebracht, besonders vor und während ihres Prozesses. Die speziellen Sicherheitsvorkehrungen in der SVA sind für gefährliche Gewaltverbrecher ausgelegt und so hoch, dass ein ständiger Transport unnötige Probleme schafft. Wenn die Patienten bei uns sind, ist das erheblich einfacher.«

»Weil die Sicherheitsvorkehrungen dieser psychiatrischen Klinik unter dem nötigen Standard sind?«, verdrehte Keller ihre Aussage.

Doch die Ärztin ließ sich nicht provozieren. »Oberleutnant Keller, ich sehe wirklich nicht, was das mit Ihrem Fall zu tun hat. Doktor Kaltenbrunn ist, falls Sie das nicht bemerkt haben sollten, nicht als Krimineller hier.«

»Ja, Doktor Piechkow, als was *ist* Doktor Kaltenbrunn denn eigentlich hier?« Keller konnte sich ein Lächeln nicht verkneifen.

»Er ist ein Patient wie alle anderen, ohne jedes Anzeichen einer gewalttätigen Neigung. Vor diesem schrecklichen Angriff auf Professor Heise, meine ich selbstverständlich. Aber das war für uns absolut nicht vorhersehbar.«

»Offen gesagt, Doktor Piechkow, ich bezweifle inzwischen, dass Kaltenbrunn ein Patient wie alle anderen ist. Ihnen wird kaum entgangen sein, dass Professor Heise ein ungewöhnliches Interesse an dem Mann zeigte. Ebenso wenig dürften Sie überrascht sein zu erfahren, dass es nicht den geringsten Hinweis auf Herkunft und Identität dieses sogenannten Doktor Kaltenbrunn gibt.«

Das Gesicht der Piechkow zeigte keine Regung. »Haben Sie eigentlich auch Fragen, Genosse Oberleutnant? Oder sind Sie nur hier, um sich in unsachlichen Andeutungen zu ergehen?«

»Unsachlich? Wenn Sie es direkter wollen: Ich fordere Sie auf, mir alles Material zu Doktor Kaltenbrunn auszuhändigen. Damit meine ich alle medizinischen Akten und anderweitigen Informationen über Kaltenbrunns Identität.«

»Selbst, wenn ich Ihnen helfen könnte… Ich bin gar nicht befugt, Ihnen solch sensibles Material zu übergeben. Schließlich habe ich eine ärztliche Verantwortung gegenüber Doktor Kaltenbrunn. Auch wenn er Professor Heise getötet hat. Ich bin mir sicher, dass er keines Mordes, in Ihrem strafrechtlichen Sinne, fähig ist.«

Keller schluckte seine Antwort herunter. Wenn diese Ärztin sich auf ihre Schweigepflicht zurückzog, sollte er ihr erst recht keine weiteren Informationen über seine Vermutungen zu Kaltenbrunns tatsächlichem Geisteszustand geben. Er versuchte es mit Provokation. »Aha. Aber Ihrem ärztlichen Pflichtgefühl entsprach es, was Sie heute mit Kaltenbrunn gemacht haben?«

»Gemacht?« Die Piechkow schob ihre feinrandige Brille die Nase hoch. »Ich verstehe gerade nicht, was sie damit andeuten wollen, Genosse Oberleutnant.«

»Ach so, Sie wissen nichts davon, dass Kaltenbrunn so weggetreten war, dass er mir gar nicht antworten konnte, selbst wenn er gewollt hätte. Und von Professor Heises Vitaminspritzen-Spezialmedikation wissen Sie natürlich auch nichts, Frau Doktor.« Keller steckte sein Notizbuch wieder in die Innentasche seiner Anzugjacke und erhob sich. »Wissen Sie, ich denke, das hat alles wenig Sinn. Ich werde dafür sorgen, dass ich meinen Mordverdächtigen verhören kann, und wenn ich ihn aus dieser Klinik entfernen muss, um das tun zu können. Das verstehen Sie doch. Wissen Sie, ich kann es überhaupt nicht leiden, wenn man mich für dumm verkaufen will, Frau Doktor.«

Dampf abzulassen hatte ihm gutgetan, aber schon in dem Moment, als er aus dem Büro der Ärztin stapfte, fragte er sich, ob er das Richtige getan hatte. Andererseits kam er mit Leisetreten auch nicht weiter, und die Piechkow sollte ruhig wissen, dass er sich nicht so leicht abschütteln ließ. Die ganze Situation war einfach verdammt unbefriedigend. Keller sah auf die Uhr und stellte fest, dass er kaum eine halbe Stunde in der Klinik gewesen war. Moreaux würde frühestens in einer Stunde in Waldheim sein. Er stieg in den wenig dezenten Polizei-Wartburg und fuhr zurück zum Hotel. Zu seinem Glück war die Göbel nicht da. Er trug seine Tasche schnell ins Zimmer hinauf und verschwand zu Fuß wieder in Richtung Markt. Der Himmel hatte sich zugezogen und die Dunkelheit setzte langsam ein. Das kleine Café am Markt bot ihm einen guten Blick auf Brunnen und Rathaus, und bei einer Tasse mäßigen Kaffees wartete der Oberleutnant gedankenverloren auf die Gerichtsmedizinerin. Er hatte Schwierigkeiten, die Begegnung mit Kaltenbrunn zu vergessen, dessen Geist man mit irgendwelchen Chemikalien ausgepustet hatte wie eine Kerze.

Die Ärztin erschien um kurz nach fünf ein wenig abgehetzt und mit roten Wangen am Brunnen auf der Marktplatzmitte. »Entschuldigung, ich bin in der Klinik aufgehalten worden«, erklärte sie, als Keller auf sie zukam.

»Doktor Moreaux, ich weiß sehr zu schätzen, dass Sie überhaupt bereit sind, sich nach Ihrer Arbeit noch mit mir zu treffen.« Keller reichte der Frau die Hand. »Haben Sie schon zu Abend gegessen?«

Doktor Moreaux verneinte, sie habe seit ihrem frühmorgendlichen Wurstbrot gar nichts mehr zu sich genommen. »Die ganze Arbeit, und dann habe ich mich gleich ins Auto gesetzt.«

»Kennen Sie vielleicht ein Lokal hier?«, fragte Keller. »Ich möchte eigentlich ungern in der Zschopauperle speisen.«

Als Moreaux ihn fragend ansah, schilderte er seine Gastwirtin und die zweifelhafte Holzhöllen-Gemütlichkeit seiner Unterkunft. Die Ärztin lachte. »Gehen wir einfach in die Ratsstuben. Nicht unbedingt das, was Sie aus der Großstadt gewohnt sein dürften, aber für unsere Verabredung wird es reichen.« Moreaux deutete auf das Gebäude unmittelbar neben dem dunklen Rathaus. »Außerdem hat es den großen Vorteil, zentral gelegen zu sein.«

Nachdem das bestellte Pils auf dem Tisch stand und sie von der unerwartet umfangreichen Karte gewählt hatten, wandten sie sich der Arbeit zu. Moreaux entnahm ihrem Lederetui einen Schnellhefter und legte ihn vor Keller auf den Tisch. Der blätterte kurz durch die Fotos, überflog die aufgelisteten Daten und den Bericht.

»Das sieht alles vollkommen normal aus, wenn ich das richtig interpretiere. Oder?«

»Richtig erkannt, Genosse Keller.« Moreaux wirkte für eine Sekunde etwas irritiert, als sei ihr diese Anrede unwillentlich über die Lippen gekommen. Vielleicht war sie, wie Keller selbst, kein großer Freund der sozialistisch korrekten Anrede. »Ich habe absolut nichts Ungewöhnliches feststellen können. Für einen beinahe Siebzigjährigen erfreute sich Professor Heise wirklich einer bemerkenswert robusten Konstitution.«

»Es trifft immer die Falschen.«

Die Ärztin schnitt eine Grimasse angesichts Kellers Sarkasmus. »Wolfgang Heise hätte jedenfalls hundert werden können, wenn Kaltenbrunn nicht einen Kugelschreiber exakt fünf Komma fünf Zentimeter tief in sein Gehirn getrieben hätte. Ein leicht erhöhter Blutzuckerspiegel war das Einzige, was ich sonst finden konnte. Aber das hat wohl kaum seine Lebensqualität beeinflusst. Würde mich nicht wundern, wenn er selbst von seiner beginnenden Altersdiabetes noch nicht einmal wusste.«

»Er war Arzt. Ich meine, da bleibt einem sowas wie Zucker doch nicht verborgen.«

Moreaux grinste. »Wissen Sie, Genosse Oberleutnant, das ist wie mit dem Chirurgen, der raucht, und dem fettleibigen Kardiologen. Manches will man gar nicht immer so genau wissen – gerade als Mediziner.«

Keller bog das unangenehme Thema ab, weil er fürchtete, über seinen eigenen ungesunden Lebenswandel nachdenken zu müssen. »Erwarten Sie noch weitere Laborergebnisse oder sind Ihre Untersuchungen damit abgeschlossen, Doktor?«

»Es fehlen natürlich noch einige Werte, aber ehrlich gesagt, da wir nicht erwarten, dass Professor Heise vergiftet wurde...«

Keller nickte und klappte hastig die Obduktionsakte zu, als die Kellnerin mit Tablett erschien. Mit verschwörerischem Gesichtsausdruck stellte sie zwei großzügige Portionen Schweineschnitzel mit Bratkartoffeln und Zwiebelgemüse ab und verschwand lächelnd wieder. Einige Minuten waren der Polizist und die Döbelner Ärztin völlig mit dem Essen beschäftigt, dann unterhielten sie sich über unverfänglichere Dinge als ihre Arbeit. Keller erfuhr, dass Doktor Moreaux wie er selbst aus Berlin stammte. Sie hatte in Leipzig studiert und war schließlich als Allgemeinmedizinerin an der Poliklinik im beschaulichen Döbeln gelandet. Die Arbeit für ihre Patienten hielt sie für durchaus abwechslungsreich. Als man dann vor fünf Jahren einen Arzt suchte, der bereit war, die gesetzlich vorgeschriebene Leichenbeschau im Kreis Döbeln zu übernehmen, da hatte sie nach kurzer Überlegung zugesagt. »Ich muss aber sagen, dass dieser Fall mit Abstand das Aufregendste ist, was mir bisher untergekommen ist.«

»Gewöhnen Sie sich bloß nicht daran, das liegt nur an meinem persönlichen Ermittlungsstil und der Tatsache, dass mein Chef mich mutterseelenallein auf diesen Fall angesetzt hat«, erwiderte Keller grinsend. »Außerdem dachte ich mir, ich mach' Ihnen eine Freude, wenn ich Sie involviere.«

»Vielleicht sollte ich mich zu Ihnen nach Leipzig an die Gerichtsmedizin bewerben.« Moreaux schob die letzte Bratkartoffel auf ihre Gabel und verspeiste sie mit offenkundigem Genuss. »Womit wir wieder bei unserem Fall sind, Herr Kommissar. Ich habe da nämlich noch etwas Interessantes für Sie.«

Keller nahm eine zweite Akte entgegen, schob seinen leergegessenen Teller zur Seite und sah hinein. »Alle Wetter, wie haben Sie das denn gemacht?«, fragte er erstaunt. Er hielt einen Bericht über den Toten vom Dach in den Händen.

Moreaux zuckte mit den Schultern. »Ein guter Assistent, eine flexible Interpretation des Dienstweges und zu wenig Schlaf. Und mit Professor Heises Beschau war ich ja ziemlich schnell fertig«, wiegelte sie ab.

Aber Keller sah sehr gut, dass die Frau sich über seine Reaktion gefreut hatte. Mit dieser Moreaux ließ sich wirklich etwas anfangen, dachte er. Dann vertiefte er sich in die Notizen. »Etwa dreißig Jahre jünger als Heise allerdings von wesentlich weniger beeindruckender Gesundheit?«

»Sehr richtig. Lassen Sie mich einfach kurz zusammenfassen. Ich weiß, dass das alles noch nicht gut lesbar ist«, bemerkte Moreaux. Keller musste ihr zustimmen, denn der vorläufige Bericht bestand aus abgehackten Fachjargon-Sätzen und Zahlen, die ihm wenig sagten. Moreauxs Assistent hatte bisher nicht mehr geschafft, als das Band, das bei der Obduktion mitgelaufen war, in Stichworten abzutippen.

»Haben Sie irgendetwas gefunden, das so speziell ist, dass es eine Identifikation ermöglicht?«, fragte Keller als Erstes.

»Nun, nicht direkt. Aber Ihre Leute von der Kriminaltechnik haben die Fingerabdrücke heute Vormittag genommen. Vielleicht kommt dabei ja etwas heraus. Hier sind die übrigen Fakten: Der angebliche Pfleger starb infolge des Sturzes, um genau zu sein an einem Schädel-Hirn-Trauma, das er beim Aufprall auf das Pflaster erlitten hat. Dazu passend ist sein Hinterhaupt zertrümmert. Hinzu kommen einige Knochenbrüche an den linken Extremitäten und oberflächliche Abschürfungen an Rücken und Ellbogen. Soweit nichts Besonderes.« Sie legte fotografische Rückenansichten und Bilder der Kopfverletzung des Toten vor Keller auf die karierte Tischdecke.

»Alles vom Sturz?«

»Ja, fraglos. Interessant wird es erst bei den Details.« Doktor Moreaux schob weitere Bilder zu ihm hinüber. »Ich bezweifle stark, dass der Tote längere Zeit als Krankenpfleger gearbeitet hat, wie seine Kleidung wohl suggerieren sollte. Und als Aufseher wäre er keine gute Wahl gewesen. Auch das scheint mir relativ unwahrscheinlich.«

Keller zog ermunternd die Augenbrauen hoch.

»Sehen Sie sich diese Röntgenbilder an.« Moreaux winkte ab. »Oder glauben Sie mir einfach, das Licht hier wird nicht reichen. Der Mann dürfte älter als dreißig, aber sicher noch keine vierzig Jahre alt gewesen sein. Hier sieht man allerdings, dass er nicht gerade athletisch war, denn den ersten Bandscheibenvorfall hat er schon vor ein paar Jahren hinter sich gebracht.«

»Passt das denn nicht? Schließlich ist das Herumwuchten von unwilligen Geisteskranken eine der Kernaufgaben der Pfleger in der Klinik.«

»Das ist schon richtig. Ich glaube aber eben nicht, dass unser Mann dazu in der Lage gewesen wäre. Sein Rücken hätte ihm praktisch ununterbrochen Schmerzen bereitet, zumindest bei solch extremer Belastung.«

»Hm. Da haben Sie wahrscheinlich recht.«

»Dass der Mann kein Pfleger war, wird noch durch einen weiteren Umstand gestützt. Die Hände des Mannes waren nämlich außergewöhnlich gepflegt und, na ja, zart. Ich halte es für ausgeschlossen, dass er tagtäglich gefüttert, gewaschen und mit Desinfektionsmitteln hantiert hat. Wenn Sie mich fragen, dann sind das die Hände eines typischen Schreibtischtäters.«

Keller legte die entsprechenden Photographien vor sich. »Interessant, interessant… Vielleicht *war* der Mann ja früher in der Klinik beschäftigt.« Er fragte sich, ob er wohl Zugriff auf alte Personalakten der Waldheimer Psychiatrie bekäme. »Das bringt uns zum jetzigen Zeitpunkt nicht unmittelbar voran, aber man weiß ja nie. Die Befragung der Klinikangestellten durch Obermeister Auerswald hat leider nichts Hilfreiches ergeben. Na ja.«

Keller stutzte, als er eine der Aufnahmen von der Innenfläche der rechten Hand des Toten musterte. »Was ist denn das?«

Moreaux beugte sich zu ihm herüber. »Ja richtig, das war etwas seltsam«, erinnerte sie sich. »An dieser Hand und im Brustbereich des Kittels haben wir einige kreidige Spuren gefunden.«

»Farb–?« Keller stockte. »Aber das…«

»…könnte bedeuten, dass der Mann im wahren Leben Kunstmaler war oder einfach nur mit seinen Kindern gespielt hat und dabei den Kittel trug?«, schlug Doktor Moreaux vor.

»Mitnichten, Frau Doktor. Das ist doch völlig klar! Sehen Sie das denn nicht? Das bedeutet, dass er kurz vor seinem Tod die Kunstwerke eines anderen angefasst hat, und zwar als er Professor Heises Zimmer durchwühlt hat«, vollendete Keller. Und dann erzählte er der Ärztin, was sich heute in der Klinik ereignet hatte. Von seiner zweiten Begegnung mit Kaltenbrunn und Schwester Springfelds Fund, schließlich noch von der Unterredung mit Doktor Piechkow und dem Geheimfach. Moreaux hörte schweigend zu.

15:53 UHR

Der Junge war auf der Rückbank des Wagens eingeschlafen, kaum dass sich die Tür hinter ihm geschlossen hatte. Er lag eingerollt da und hatte sich nicht wieder gerührt.

»Was machen wir denn jetzt?«, fragte Anja Schneider mit gedämpfter Stimme.

»Wir bringen ihn zum nächsten Revier. Was fragst du mich das immer wieder?«

Die nicht mehr ganz junge Frau auf dem Beifahrersitz wandte sich ihrem Mann am Steuer zu. »Ist ja schon gut.«

In der folgenden Stille zogen die ersten, einsam stehenden Häuser vorbei.

»Glaubst du, er ist stumm?«, fragte Anja dann.

Hans schüttelte den Kopf. Als sie den Jungen vor einer Viertelstunde am Straßenrand hatten sitzen sehen, da war ihm gleich etwas ganz anderes durch den Kopf gegangen. Er sagte nichts darüber, aber die völlige Teilnahmslosigkeit in den eisblauen Augen und der Zustand, in dem sich seine Kleidung befand, lenkten Hans' Gedanken in eine Richtung, die in ihm nur den Wunsch weckte, das Kind so schnell wie möglich wieder loszuwerden. Fort mit der Verantwortung und dem diffusen Gefühl von Bedrohung, das von dem Jungen ausging. Er wusste, dass seine Frau da ganz anders dachte. Er spürte es in der Art, wie ihr Blick ständig zum Rückspiegel flickerte, auch wenn sie nur wenig von der Rückbank sehen konnte. Sie tat es dennoch, zwanghaft.

»So, nicht mehr weit«, bemerkte er, als endlich die Fernstraße in Richtung Ludwigslust in Sicht kam. Das Wetter war biestig, und er schlitterte mit dem Wagen um die Kurve, bekam den Wagen aber rasch wieder unter Kontrolle. Der Bengel auf der Rückbank rührte sich nicht.

Die Straße führte schnurstracks in das Zentrum der schönen alten Residenzstadt. Unter anderen Umständen hätte Hans Schneider den Umweg vielleicht sogar begrüßt, doch es wurde langsam dämmrig. Er hatte keine Ahnung, wo zum Kuckuck das Polizeirevier war, und wenn das erst erledigt war, konnten sie sich gleich überlegen, wie sie zu ihrem eigentlichen Ziel fanden – der Geburtstagsfeier von Elke, einer Arbeitskollegin von Anja. Hans seufzte erneut, dann sah er endlich eine Fußgängerin, die die Straße zum großen Kirchplatz überquerte. Die würde sicherlich wissen, wie sie am schnellsten zur Polizei kamen.

Tatsächlich war Ludwigslust Sitz eines Kreisamtes der Volkspolizei, und sie fanden das große Dienstgebäude unmittelbar an der F 5, nicht weit von der Ortsmitte entfernt. Mit einem Aufatmen steuerte Hans Schneider seinen noch fast neuen Wartburg zu einer nur noch vagen Kennzeichnung auf dem Kopfsteinpflaster vor dem VPKA.

»So«, raunte er, während er den Schlüssel drehte und abzog.

Ohne ein Wort stieg Anja aus. Ein leises Schnaufen verdeutlichte ihren Missmut. Was genau sie jetzt an seinem Verhalten auszusetzen hatte, war Schneider nicht ganz klar. Hätten sie das Kind vielleicht erst zu einem Eis oder, bei diesem Wetter passender, einer Ketwurst einladen sollen? Oder möglicherweise zu einem Krankenhaus fahren? Das hätte mehr Sinn ergeben, auch wenn ihm äußerlich nichts zu fehlen schien. So oder so war es vollkommen verrückt gewesen, einen wildfremden Jungen einfach mitzunehmen, verdammt nochmal.

»Kommst du jetzt?«

Am liebsten hätte er sie allein hineingeschickt, aber er wollte keinen Streit provozieren, auch wenn er sowieso keinen gemütlichen Abend mehr erwartete.

Er öffnete die Tür zur Rückbank. Der Junge schlief tief und fest, trotz der nassen Sachen, die zweifellos schöne Flecken auf den neuen Polstern hinterlassen hatten. Hans biss sich auf die Zunge und weckte den unerwünschten Mitfahrer mit einem kräftigen Griff an die Schulter.

Der Junge schreckte mit hektischem Keuchen auf und erstarrte dann wieder. Völlig übergangslos. Schneiders düstere Ahnungen kehrten zurück. Wer wusste, wo sie hier hineingeraten waren. Aus irgendeinem Grund schwirrte ihm das Wort Entführung durch den Kopf.

»Nun komm. Steig aus.«

Die hellblauen Augen waren das einzig Bemerkenswerte an dem Jungen, der ihn einfach anstarrte. Schneider hätte schwören mögen, dass seine Worte nicht verstanden wurden. Nach einem Augenblick kroch das Kind dann mit steifen Gelenken aus dem Wagen und verharrte reglos in der Tür. Schneider fühlte seinen Geduldsfaden dünner und dünner werden. Anstatt hier in der Kälte herumzustehen, in einer Kleinstadt, in der er nichts verloren hatte, hätten sie schon längst auf Elkes Geburtstagsfeier sein und mit gutem Selbstgebranntem auf das lange Wochenende anstoßen sollen.

Anja reichte dem Jungen schließlich ihre Hand. Gemeinsam stiegen sie die wenigen Stufen hinauf und betraten das Revier.

»Der heißt Alexander Janowitsch Petrow.« Volkspolizei Wachtmeister Kraiser las den sperrigen Namen vor, der spät am gestrigen Abend von der Dienststelle in Hagenow durchgegeben worden war. Zusammen mit dem eines Alexej Dmitriwitsch Orlow und einer Beschreibung der beiden vermissten Jungen.

»Gehen den russischen Genossen jetzt schon die eigenen Kinder ab«, hatte Oberwachtmeister Linnow gestern noch gefeixt – jetzt saß der Mann schwitzend in seinem Stuhl und wünschte sich, ihr Chef, Hauptmann Frisch, wäre zu erreichen. Stattdessen hatten sie erst einmal nur dem Diensthabenden Meldung machen können.

Wieso tauchte dieses Kind ausgerechnet in ihrem Revier auf? Nach dem wenigen, was durchgegeben worden war, hatte man die Kinder zuletzt gut zwanzig Kilometer entfernt gesehen. Und der Zustand des Jungen warf weitere Fragen auf, von denen Kraiser nicht einmal sicher war, ob sie sie stellen durften.

»Alexander? Ist das dein Name?« hakte er noch einmal nach.

Der Junge hatte aufgehört zu zittern, seit sie ihm eine trockene Uniformjacke und eine Decke gebracht hatten, und langsam sah es so aus, als nähme er auch seine Umwelt wieder ein Stück weit wahr. War das ein Nicken gewesen? Er stellte dieselbe Frage noch einmal auf Russisch und wurde mit einem deutlich zuckenden Blick belohnt.

»Sag oben Bescheid und ruf nach Hagenow durch«, wies Linnow ihn an, der die Reaktion ebenfalls bemerkt hatte. »Sag ihnen, dass wir den einen Ausreißer haben.«

Natürlich würde er nichts von einem Ausreißer sagen. Sie wussten überhaupt nichts über diesen seltsamen Vermisstenfall. Hin und wieder rissen in ihrem Bezirk tatsächlich Halbstarke von zu Hause aus. Fast ausnahmslos waren eine neue Liebe, ein Streit mit den Eltern oder einfach Abenteuerlust die Gründe für das zeitweise Verschwinden. Dass sich etwas Ernsteres dahinter verbarg, war in Kraisers Dienstzeit nur ein einziges Mal vorgekommen. Aber beim jetzigen Fall war ihm einfach unwohl. Es kam selten vor, dass sie Kontakt zu den russischen Genossen hatten, geschweige denn zu den Zivilisten, die auf den Militärstützpunkten lebten. Dass zwei Kinder aus einer solchen Umgebung verschwanden, war alarmierend. Dass sogar die örtliche Polizei über ein Hilfegesuch der Sowjets eingebunden worden war, vielleicht noch ein Stück beunruhigender.

Ermittelten die Russen in solchen Fällen nicht autonom? Kraiser schluckte seine Bedenken herunter und setzte den Anruf nach Hagenow ab.

Die Dienststelle war heute dünn besetzt; im Kommissariat drei nur mit Linnow und Kraiser. Die beiden Männer brachten ein Stück Abstand zwischen sich und den Jungen.

»Wo haben die den Jungen nochmal gefunden?«

Kraiser blätterte zu den Aussagen der Schneiders. »An der Landstraße bei Leussow irgendwo, nicht allzu weit ab von der F 5, sagen sie.« Er wusste auch nicht, warum er das so betonte, doch diese Schneiders waren ihm seltsam vorgekommen. Vor allem bei dem Mann hätte es ihn nicht gewundert, wenn er mehr wusste, als er ihnen sagte. Der hatte so gehetzt gewirkt, so unruhig.

»Seit wann waren die Jungs verschwunden?«

»Die Meldung ging gestern ein, also seit mindestens zwei, vielleicht auch drei Tagen«, schätzte Kraiser. »Da kann alles Mögliche in der Zwischenzeit passiert sein.«

»Denkst du, er wurde entführt?«

»Ich habe keine Ahnung. Aber weißt du, was ich mich frage? Wo ist der andere Junge?«

19:21 UHR

Nachdenklich schlenderte Keller über die nächtliche Brücke und verharrte trotz des eisigen Windes einige Augenblicke über der Flussmitte. Wie ein pechschwarzes Band zog die Zschopau sich durch das dunkle Tal, hin und wieder glitzerte das Mondlicht auf kleinen Strudeln und Stromschnellen. Künstliches Licht war nur in einigen Fenstern am Ufer zu sehen, eine funktionierende Straßenbeleuchtung gab es nicht. Er schob die gefühllosen Hände tiefer in die Taschen seines Parkas. Die Temperatur war seit dem Nachmittag noch einmal kräftig gefallen, und der wolkenlose Himmel gewährte einen Blick zu den Sternen. Mit einem Mal fühlte er die wenigen Stunden Schlaf der letzten Tage in den Knochen und freute sich sogar auf das durchgelegene Hotelbett. Viel schlimmer als seine kleine, kalte Wohnung in Leipzig war das Zimmer hier auch nicht.

Der Gasthof war um diese Zeit deutlich belebter, als er ihn am Nachmittag kennengelernt hatte. Nachdem er die schwere Butzenglastür hinter sich geschlossen hatte, begegnete ihm ein Dutzend neugierige Blicke. *Große Güte, die ersten Männer des Dorfes unter sich.* Er hatte schon so einige seltsame Existenzen im Rahmen seiner Arbeit kennengelernt, aber diese Versammlung war trotzdem noch beeindruckend. Ein unheimlich dicker, vielleicht fünfzig Jahre alter Mann mit Speckfalten am Hals, wie sie sonst nur Schweine entwickelten, schien der Vorsitzende zu sein. Er saß ganz zu Beginn der Theke an einem kleinen Tisch, der offensichtlich eigens für ihn dort aufgestellt worden war, und nickte Keller gewichtig zu.

»Guten Abend. Das ist doch sicherlich Ihr Wagen vor der Tür, Genosse–?«

»Oberleutnant Keller von der K Leipzig. Guten Abend. Mein Wagen wird dort doch nicht stören?«, fragte er den neugierigen Kneipenvorsitzenden betont arglos.

»Aber nein. Auf keinen Fall! Marianne war bloß verwundert, Sie verstehen, ein Polizeiwagen vor unserem Geschäft. Da fragt man sich, warum der dort steht, das war alles. Und weil der nu' schon den ganzen Nachmittag da stand, da hab' ich zu ihr gesacht, na, hab' ich gesacht, wenn der da steht, wird der wohl einem von den Gästen gehören. Aber die Marianne meinte, nee, das könnte sie sich nich' vorstellen.« Der Kneipier setzte seinem Redefluss ein abruptes Ende und sah Keller eindeutig erwartungsvoll an.

»Doch, doch, das ist mein Wagen«, bestätigte Keller und ging zur Rezeptionstheke hinüber. Er langte unter den Blicken der Kneipenbesucher nach seinem Schlüssel, da Marianne offensichtlich nicht da war, um ihm den Schlüssel ordnungsgemäß auszuhändigen. Seine Hoffnung, schnell verschwinden zu können, war dahin, als der dicke Göbel unbeirrt weiterbohrte. »Sind Sie wegen diesem toten Arzt da, was, Genosse Oberleutnant?«

Ein sehr kleiner, gräulich aussehender Mann mit riesiger Hornbrille begann zu nicken und schaltete sich ein. »Dieser Professor, der von seinem Irren umgebracht worden ist. Wir wussten alle, dass das keine gute Idee ist, das mit der Irrenanstalt. Wo wir hier im Ort auch schon ein Zuchthaus haben.«

»Wie hieß der noch? Heiß oder Heß? Von Leipzig ist der, der hat oben in der alten Temmler-Villa gewohnt«, warf der älteste Gast ein.

»Sie verstehen, dass ich nichts dazu sagen kann.« Keller ignorierte die enttäuschten Mienen. »Laufende Ermittlungen.« Allerdings wusste er, dass manchmal auch Gerüchte einen wahren Kern und einen hilfreichen Hinweis enthalten konnten. Und wenn die Besucher der Zschopauperle in gesprächiger Laune waren, sollte er das möglicherweise ausnutzen. Er seufzte. »Aber natürlich wäre die Volkspolizei für jede Information dankbar, schließlich wissen Sie viel besser Bescheid, was sich hier in Ihrem Ort so abspielt, als wir in Leipzig...«

Das reichte bereits, um sämtliche anwesenden Waldheimer zu einem Lächeln zu bewegen und einigen die Zungen zu lösen. »Wissen Sie, der Verlobte von der Nichte meines Schwagers arbeitet sogar in der Klapse, da kriegt man halt so einiges mit, wissen Sie, Herr Kommissar. Sie sind doch Kommissar?«

Keller nickte und hoffte, dass er seine spärliche Freizeit nicht investierte, um lächerliche Schauermärchen zu hören.

»Wolfgang, jetzt hör schon auf! Der putzt da nur die Flure, glaubst du, der bekommt irgendwas Wichtiges mit?«, spottete ein Gast mit näselnder Stimme, zu dem Keller spontan die Bezeichnung 'Hutzelmännchen' in den Sinn kam. »Der Kerl will sich bloß wichtig machen, das sag' ich dir.«

»Womit will er sich wichtig machen?«, versuchte Keller das Gespräch zu lenken.

»Ach, das kann man sich ja vorstellen. Da bei den ganzen Verrückten, da wird man selber ein bisschen seltsam, das ist meine Meinung. Sogar die Ärzte, wie dieser Doktor aus Leipzig.«

Davon jedoch wollte Wolfgang Göbel mit den weitläufigen Verwandtschaftsbeziehungen nichts wissen. »Du kennst den Martin doch kaum. Ich sage dir, der Junge erzählt keinen Unsinn, der weiß schon, was er sagt«, beharrte er. »Außerdem sagt er ja bloß, dass manche Dinge etwas seltsam sind in der Anstalt, das ist ja schon alles. Und das kann er doch finden, dass das seltsam ist.«

»Was ist denn so... seltsam?« Keller bemühte sich, nicht ungeduldig zu wirken.

Der Hotelbesitzer presste unentschlossen die Lippen zusammen. Das alte Männchen kicherte leise und andere murmelten. Schließlich gab Göbel mit der Autorität des Wirtes über ein augenscheinlich oft und tiefgehend diskutiertes Stammtischthema Auskunft. »Also. Der Martin behauptet halt, dass manchmal Patienten ankommen, die eigentlich vollkommen normal wirken, und manche auch von sich sagen, sie wären gar nicht verrückt. Nu ja, das behauptet wahrscheinlich jeder Irre von sich. Außerdem hat der Martin gemeint, dass hin und wieder auch welche von den Bekloppten verschwinden, einfach von einem auf den anderen Tag. Und dann sind ihre Zellen plötzlich leer, aber jeder tut so, als wäre da nie einer dringewesen. Diese Art von Dingen. Wenn Sie verstehen, Herr Kommissar.«

»Das wäre ja wirklich...« Das, was ich die ganze Zeit schon vermute, dachte Keller. »Und was sagt Ihr... dieser Martin sonst noch? Hat er vielleicht etwas über Doktor Heise erzählt?«

Die Runde schüttelte die Köpfe. »Nein, und der Martin arbeitet wirklich gern in der Anstalt, er will auch gar nichts Schlechtes reden«, fühlte sich Göbel genötigt zu erklären. »Man macht sich ja bloß seine Gedanken, wenn da welche von denen sagen, sie wären gar nicht verrückt... Wer weiß. Man kann sich ja vorstellen, wie sowas abläuft. Da hat man Ärger mit irgendeinem, oder vielleicht mit der Frau, und dann ist man selber plötzlich im Irrenhaus...«

»Sind dabei Namen gefallen, ich meine, welche Patienten sich zum Beispiel für normal hielten? Oder woher sie kamen? Warum man sie in der Psychiatrischen Klinik untergebracht hat.« Kellers plötzlich interessierter Tonfall verschreckte die Männer der Zschopauperle sichtlich. Er kniff die Lippen zusammen und ballte die Faust in der Manteltasche. *Mist.* Ein Wort hing unhörbar im Raum, Keller wusste es, die Männer wussten es, und offensichtlich wusste auch die Wirtin

Göbel es, denn als sie nun wieder hinter der Theke erschien, sah sie verängstigt aus. Niemand wollte, dass in einer geselligen Kneipenrunde von der Staatssicherheit gesprochen wurde.

Keller wurde klar, dass er hier nicht weiterkommen würde, jedenfalls nicht heute. Also wünschte er allgemein einen guten Abend und stieg, die bohrenden Blicke im Rücken, die Treppe hinauf.

Weil der Gasofen sich nicht regulieren ließ, war das Zimmer völlig überheizt, als er zurückkehrte. So hatte Keller zuerst Parka, Jackett und Krawatte in den Schrank gehängt, die Hemdsärmel aufgekrempelt und anschließend die Unterlagen aus Heises Arbeitszimmer auf der beige gemusterten Tagesdecke ausgebreitet. Doch er fand nichts Interessantes, außerdem war er mit den Gedanken nicht wirklich bei der Sache. Sein Problem war ja eigentlich nicht, dass er zu wenige Ansatzpunkte für weitere Untersuchungen fand. Nun gut, in Bezug auf die Person Kaltenbrunn war das vielleicht ein Problem, aber davon abgesehen entwickelten sich an allen Ecken und Enden dieses merkwürdigen Falles Perspektiven, denen man hätte nachgehen können. Man denke bloß an diesen Martin, der in der Anstalt putzte... Sollte er den Mann befragen? Oder war es wichtiger, Zeit aufzuwenden, um die Identität des Dachstürzers zu ermitteln? Aber wie sollte er vorgehen? Er dachte an Schüttau und seine Weigerung, ihm einen zweiten Mann als Unterstützung mitzugeben. Zugegebenermaßen musste es den Major verwundern, dass der Wunsch diesmal von Kellers Seite kam. Er war es gewöhnt, grundsätzlich allein zu arbeiten, und hatte Assistenten immer abgelehnt. Allein ging die Arbeit seiner Erfahrung nach meist schneller; außerdem hatte er dann keine Probleme mit Zuverlässigkeit und Loyalität. Und wenn er Mist gebaut hatte, dann konnte er sich selbst dafür in den Hintern treten und musste nicht mit solchen Memmen wie dem Kohn schimpfen, bei denen das sowieso nichts brachte. Keller seufzte, denn dieses eine Mal hätte er Verstärkung wirklich gebrauchen können, schon weil er mittlerweile ein bunter Hund in Waldheim und Umgebung war und jedes Gespräch gleich als Verhör angesehen wurde. Ja, jetzt hätte er einen Assistenten gebrauchen können – und dieses Mal bekam er natürlich keinen.

Gegen zehn fielen ihm die Augen zu, und er träumte wirres Zeug von einem dünnen Mann an einer Staffelei, von dicken Krankenschwestern, die in einem großen Misthaufen wühlten, und Schweinen mit kurzärmeligen Hemden, die den Schwestern zusahen. Dann begann irgendwann ein monotones Klopfen, dem er scheinbar stundenlang nachlief, bis er schweißgebadet in seinem Bett hochfuhr. Das Klopfen kam nicht aus seinem Traum. Ein rascher Blick auf seine Uhr zeigte, dass es Viertel nach elf war.

»Hm, was ist denn los?«, murmelte er verschlafen und tappte zur Tür.

»Da ist jemand am Telefon für Sie, Oberleutnant Keller.« Die Göbel stand in einem altertümlichen Bademantel und mit einem rosafarbenen Haarnetz vor seiner Tür.

»Was, Telefon?«, fragte er durch den Türspalt. *Was soll das? Wer zum Kuckuck sollte um diese Zeit anrufen?* Aber die Wirtin nickte nur und gähnte nicht sehr dezent.

Keller warf sich eilig sein Hemd über und schlüpfte in seine Hosen. Er konnte sich schließlich schlecht in Unterhosen und Feinripp an den öffentlichen Fernsprecher stellen. Den Versuch, den rechten Schuh anzuziehen gab er schließlich auf. Er stolperte auf der Holztreppe und sah sich schon mit gebrochenem Genick im Erdgeschoss liegen. Im letzten Moment bekam er das Geländer zu fassen und musste nach dem Schreck erst einmal kurz verschnaufen. Der graue Kunststoffhörer lag oben auf dem Telefonapparat, und Keller hoffte, dass der Anrufer das Warten nicht inzwischen sattgehabt hatte.

»Hallo? Keller hier.«

»Hören Sie?«, krächzte es am anderen Ende der Leitung.

»Wer ist denn da?«, fragte Keller irritiert. Die verstellte Stimme erinnerte ihn ein wenig an diese Mickey Maus.

»Wenn Sie von Kaltenbrunn Auskünfte wollen, dann versuchen Sie es morgen früh, sehr früh. Bevor die Schwestern und Pfleger ihre erste Runde machen.«

»Kaltenbrunn war heute nicht ansprechbar–«, setzte Keller an, wurde aber sofort unterbrochen.

»Er wird bald wieder bei Bewusstsein sein«, versprach der anonyme Anrufer. »Kommen Sie um zwei Uhr zum Seiteneingang an der Gartenstraße.«

Dann klickte es in der Leitung.

19:44 UHR

Sokolow hatte fast den ganzen Tag mit seinem Assistenten Iljin in der Garnison Hagenow verbracht, um sich ein möglichst umfassendes Bild von dieser sogenannten Familienangelegenheit zu machen. Nach den unbefriedigenden Gesprächen mit Sergej und Dmitri, den beiden älteren Orlow-Jungen, hatte er sich mit Genehmigung des Kommandanten in dem Zimmer umgesehen, das Alexej mit Dmitri bewohnte. Er war sich mehr als sonderbar dabei vorgekommen. Die beiden schmalen Standardbetten waren mit militärischer Präzision gemacht, und die wenigen persönlichen Habseligkeiten waren streng nach ihren Besitzern auf die beiden Raumhälften aufgeteilt.

Alexej interessierte sich für Luft- und Raumfahrt, wie die Bilder sowjetischer Kosmonauten und selbstgezeichnete Weltraumszenen zeigten. Ein batteriebetriebenes Lunochod-Modell hatte einen Ehrenplatz auf dem kleinen Nachttisch. Im übersichtlichen, ebenfalls zwischen den Brüdern aufgeteilten Schrank schienen nur die Kleidungsstücke zu fehlen, von denen man annahm, dass der Junge sie am Tag seines Verschwindens getragen hatte. Ob der Junge irgendetwas anderes mitgenommen hatte, fand Sokolow unmöglich zu entscheiden. Ihm erschien das Zimmer karg, aber auch in Flur und Küche, in die er einen Blick geworfen hatte, fehlten jede persönliche Gestaltung und Zugeständnisse an Bequemlichkeit. Das Heim der Orlows war ihm ebenso leer und ausgehöhlt erschienen wie die Aussagen der beiden Kinder.

Nachdem er sich am Nachmittag dann noch mit den Petrows und schließlich Major Orlow unterhalten hatte, war Anton Sokolow einmal mehr froh, dass er Geheimdienstoffizier und nicht Polizist geworden war, wie man ihm gelegentlich vorgeschlagen hatte.

Das Gespräch mit den Petrows war Sokolow von Anfang bis Ende gegen den Strich gegangen. Es war nicht so, dass ihn die intensive Befragungssituation störte, denn er war durchaus in der Lage, Verdächtige zu verhören. Nur sah er es als seine Aufgabe, die Gegenseite zu überwachen und damit vorzugsweise amerikanische oder westdeutsche Pläne gegen sein Land aufzudecken und zu durchkreuzen. Es hatte ihn hingegen nie interessiert, im Leben sowjetischer Mitbürger zu wühlen und deren Geheimnisse aufzuklären, wie es das Kerngeschäft des KGB war.

Sokolow rieb sich die Stirn. Manchmal fragte er sich, ob er sich etwas vormachte. Er stammte aus einer alten Soldatenfamilie. Alle männlichen Vorfahren, von denen er wusste, hatten dem Militär gedient. Vielleicht hätte auch er dabei bleiben sollen, anstatt sich in das Geheimdienstgeschäft locken zu lassen. Es waren Ehrgeiz und Neugierde gewesen, mit denen sie ihn nach wenigen Jahren an der Militärakademie überzeugt hatten, sich für einen anderen Weg zu entscheiden. Die GRU, die militärische Aufklärung, hatte ihn mit knapp fünfundzwanzig Jahren angeworben, und er war geblieben. Er konnte sich an wenige Momente in all den Jahren seiner Dienstzeit erinnern, die ihm ernsthafte Bauchschmerzen beschert hatten, und fragte sich, warum er ausgerechnet diese Untersuchung in Hagenow als so unangenehm empfand. Er kam zu dem Schluss, dass es an der Befragung der Zivilistin Petrowa lag. Sie hatte die ganze Zeit den Eindruck auf ihn gemacht, als hätte sie Angst. Um ihren Sohn, das war verständlich. Und vor ihm. Auch das war verständlich, und doch belastete es Sokolow. Genau das waren die Situationen, deretwegen er nicht zur Polizei gegangen war.

Was interessierte ihn die schmutzige Wäsche, die überall zu Hause gewaschen wurde? Dabei hätten die Petrows auf den ersten Blick als Vorzeigefamilie der sowjetischen Armee, und insbesondere der GSSD, jedem Werbefilm Ehre gemacht. Anjana Petrowa führte ein bescheidenes Leben in dem kleinen Stückchen russischer Heimat, das ihr auf dem Gelände der Garnison zur Verfügung stand.

Gelegentliche Besuche in Hagenow mit seinen Einkaufsmöglichkeiten waren die größte Abwechslung, seit sie ihrem Mann vor zwei Jahren in die DDR gefolgt war. Petrow selbst war ein unscheinbarer Mann, der in der Verwaltung der Garnison allem Anschein nach gute Arbeit leistete.

Nach dem Gespräch heute konnte er wetten, dass Frau Petrowa irgendein Geheimnis hatte, das sie unbedingt vor ihrem Mann verbergen wollte. Sokolow wollte es nicht genauer wissen – doch da er mit diesem Fall betraut worden war, war es seine Pflicht zu erwägen, ob ihre Geheimnistuerei etwas mit dem Verschwinden ihres Sohnes zu tun haben könnte. Im Augenblick schien ihm das eher unwahrscheinlich, weil noch ein zweiter Junge involviert war. Aber wenn sie nicht bald bei ihrer Suche nach den Kindern weiterkamen, würde er sich gezwungen sehen, eine ernsthafte Befragung mit Anjana Petrowa durchzuführen.

Dann war da Major Orlow, Alexejs Vater. Der Mann war ihm schon vor dem ersten persönlichen Treffen wenig sympathisch gewesen, und die heutige Begegnung hatte daran nicht das Mindeste geändert. Obwohl Orlow wenig sprach, waren seine Ungeduld und Unzufriedenheit mehr als deutlich geworden. Er hielt die erneute Durchsuchung der Garnison, um die Iljin sich am Nachmittag gekümmert hatte, für Zeitverschwendung. Er war nicht zufrieden, dass nicht sofort eine Hundertschaft ausrückte, um Alexej zu suchen. Sokolow hatte versucht, den Mann zu befragen, es aber bald aufgegeben. Orlow konnte praktisch keine Frage zu seinem Sohn, dessen Umgang oder Vorlieben auch nur mit einiger Sicherheit beantworten – seine Ehefrau befand sich unglücklicherweise zurzeit auf einem Heimatbesuch in der Sowjetunion, weil ihre Mutter schwer erkrankt war. Sokolow fragte sich, ob da ein Zusammenhang zwischen der Abwesenheit der Mutter und dem Verschwinden des Jungen bestand. Diese Möglichkeit wollte er nach den Aussagen von Sergej und Dmitri nicht gänzlich ausschließen. Vielleicht würde er sie noch einmal zu Alexejs Verhältnis zur Mutter befragen. Der Vater Orlow war hart, unnachgiebig und an seinen eigenen Kindern nur im Rahmen deren Erfüllung seiner eigenen Erwartungen interessiert.

Orlow war der Typ, bei dem er sich ohne große Probleme vorstellen konnte, dass ein Junge in einem bestimmten Alter das Weite suchen würde.

Anton Sokolow nahm seine spärlichen Notizen aus den Befragungen der beiden Brüder zur Hand und setzte gerade dazu an, diese noch einmal durchzugehen.

»Genosse Oberst«, hörte er aus dem Nebenraum. »Es gibt Neuigkeiten.« Iljins Stimme war flach und unaufgeregt. »Einer der Jungen ist wieder aufgetaucht, jemand hat ihn in Ludwigslust auf eine Dienststelle der Deutschen Volkspolizei gebracht.«

»Sagen Sie dem Fahrer Bescheid, dass wir sofort dorthin müssen«, gab Sokolow zurück.

»Das hat wenig Sinn, Genosse Oberst. Die Kollegen aus Hagenow haben den Jungen bereits abgeholt. Er ist entweder schon zurück in der Garnison oder befindet sich auf dem Weg dorthin.«

Sokolow fluchte leise und griff sich seinen Mantel. »Sagen Sie Andrej trotzdem Bescheid, Iljin. Wir fahren.«

Sascha drückte sich so fest gegen die Stuhllehne, wie er nur konnte. Er wollte aus diesem fensterlosen Raum heraus, der ihn mit seinen betongrauen Wänden zu erdrücken schien.

Ihm gegenüber saß ein Mann, den er nie zuvor gesehen hatte, aus dessen fremdem Gesicht ihn aber Alexejs Augen beobachteten. Sobald sie ihn fixierten, brach Sascha der Schweiß aus, obwohl ihm alles andere als warm war. Sein Gedächtnis funktionierte nicht. Irgendwie brachte er die Dinge nicht mehr zusammen. Er wartete jeden Moment darauf aufzuwachen, aber nichts geschah. Die eine Gewissheit, die er noch verspürte, war die, dass dies hier nicht die Wirklichkeit war. Es konnte einfach nicht sein. Was er meinte, gesehen zu haben, war niemals passiert, weil es einfach keinen Sinn ergab.

Der Junge grub seine Fingernägel tief in seine schwitzigen Handflächen und war erleichtert, den erwarteten Schmerz nicht zu fühlen. Warum nur wachte er nicht endlich auf...

»Alexander.« Das Gesicht des Fremden bewegte sich wieder in sein Blickfeld. Es war ein karges Gesicht mit tief eingegrabenen Falten.

Nur beiderseits des Mundes war die Haut glatt, fest gespannt. Als hätte der Mann noch nie den Mund verzogen oder gelacht. Saschas Name rollte ohne Beiklang über die schmalen Lippen. Er wollte den Blick nicht erwidern, der auf ihn gerichtet war, aber irgendetwas in der Art, wie sein Name ausgesprochen worden war, zwang ihn dazu. »Du bist Alexander Petrow. Und du wirst mir jetzt sagen, was passiert ist.«

Es vergingen einige gespannte Sekunden.

»Alexander!« Der Mann hieb mit der Faust auf den Tisch, und Sascha fuhr zusammen. »Gib mir jetzt endlich eine Antwort.«

Die Worte lagen ihm auf der Zunge wie eiskalte Kieselsteine. Er versuchte sie über seine Lippen hinauszurollen, aber er konnte es einfach nicht. Dabei fühlte es sich an, als müsste er ersticken, wenn sich noch mehr dort ansammelten. Er schluckte, und schluckte noch einmal. Zum ersten Mal fiel ihm der schöne goldene Stern auf der Schulterklappe des Mannes auf.

»Hör zu, Alexander. Ich weiß, dass du nach Hause willst. Und zu deiner Mutter.«

Aber Sascha war sich nicht sicher, ob er seine Mutter wirklich sehen wollte. Die Idee, dass sie gleich vor ihm stehen könnte, ließ ihm erneut kalt werden. Er wandte das Gesicht fort und schloss die Augen.

»Jetzt hör mir mal zu, Junge. Ich habe keine Zeit für diese Spielchen. Du redest–«

Er hörte die einzige Tür, die in den Raum führte. Durch einen winzigen Spalt zwischen den Lidern sah er einen jüngeren Offizier eintreten. Er nahm Haltung an. »Major Orlow.«

»Was ist denn?«

Orlow? Sascha riss unwillkürlich die Augen auf und konnte den Blick nicht mehr von dem Gesicht des Mannes abwenden. Im Profil stach die Ähnlichkeit noch deutlicher hervor. Als habe jemand dieselbe Schablone angelegt, um ein Profil zweimal zu modellieren. Was bei Alexej noch unfertig und etwas linkisch zusammengefügt wirkte, war bei seinem Vater ein markantes, scharf geschnittenes Gesicht, das wie bei einem Falken Aufmerksamkeit, Anspannung und Ruhe in beunruhigendem Gleichmaß ausstrahlte.

»Der Junge soll nach Hause.«

»Sagt wer?« Orlows Miene verfinsterte sich dramatisch.

»Leutnant Petrow und seine Frau haben mit dem Genossen Generalmajor gesprochen. Man wünscht, den Jungen nach Hause zu bringen und später erneut zu befragen.«

»So? Sieh an. Petrow hat mit dem Generalmajor gesprochen…« Orlow hatte seinen Stuhl verlassen und war im Laufe des kurzen Wortwechsels auf den Untergebenen zugetreten. »Wünscht man das?«

»Jawohl, Genosse Major.«

»Dann werde ich ebenfalls mit dem Genossen Generalmajor sprechen müssen. Wir können diesen Jungen nicht einfach nach Hause gehen lassen. Wir haben überhaupt keine Ahnung, nicht einen Anhaltspunkt, was in den letzten drei Tagen passiert ist. Wir wissen nicht, wie die Jungen den Stützpunkt verlassen haben, wir wissen nicht, wo sie sich in der Zeit aufgehalten haben, wir wissen nicht, was mit ihnen passiert ist – und wir wissen verflucht nochmal nicht, wo Alexej ist. So, wie es aussieht, ist Alexander Petrow der Einzige, der etwas über das Verschwinden meines Sohnes berichten könnte. Und wenn der Genosse Petrow nun der Meinung ist, dass ich ihm jetzt seinen Jungen einfach nach Hause schicke, obwohl der wie eine Auster schweigt–«

Drei Tage also. Sascha hatte sich immer wieder gefragt, wie viel Zeit wohl vergangen war, aber obwohl es zwischendurch einen klaren Tag-Nacht-Wechsel gegeben haben musste, konnte er sich kaum daran erinnern. Er erinnerte sich an fast gar nichts. Nur die Kälte war überall in seinem Gedächtnis verankert. Vielleicht war die Kälte das Einzige, dessen er gewiss sein konnte.

»Major Orlow. Das war kein Vorschlag, sondern ein Befehl«, unterbrach ihn ein älterer Mann, der lautlos in der Tür aufgetaucht war. »Sie können hier und jetzt nicht die polizeiliche Befragung durchführen – die es geben wird, seien Sie dessen versichert.«

Sascha brachte nicht die Kraft auf, den Kopf zu heben. Er legte ihn stattdessen langsam auf der glatten, kühlen Tischplatte ab. Der Raum kippte.

»Ihnen ist klar, dass es mit jeder Minute schwieriger werden könnte, Alexej zu finden.« Orlow hatte seinen scharfen Ton gezügelt, doch seine Besorgnis wurde nur noch deutlicher hörbar. Plötzlich hatte Sascha Mitleid mit ihm.

»Ich verstehe Ihre Sorge, Major Orlow. Wir haben von den Genossen von der Deutschen Volkspolizei den Auffindeort des Alexander Petrow in Erfahrung gebracht. Dort sollten wir ansetzen, gleich morgen früh. Sobald es hell wird.«

»Er könnte uns sagen, was passiert ist!«

»Sehen Sie sich den Jungen an, Genosse Orlow. Aus dem kriegen Sie überhaupt nichts raus. Gott weiß, was genau da vorgefallen ist, aber er wird Ihnen jetzt ganz sicher nichts mehr sagen.«

Die Männer blickten auf ihn hinunter. Sascha fürchtete, dass seine Knochen weich würden unter ihrem Starren. Es fühlte sich an, als fließe er ganz langsam aus seiner Haut heraus unter den Tisch. Seine Gedanken verloren den letzten Halt. Mit einem tiefen Ausatmen verlor er das Bewusstsein und rutschte aus dem armlehnenlosen Stuhl auf den lackierten Boden.

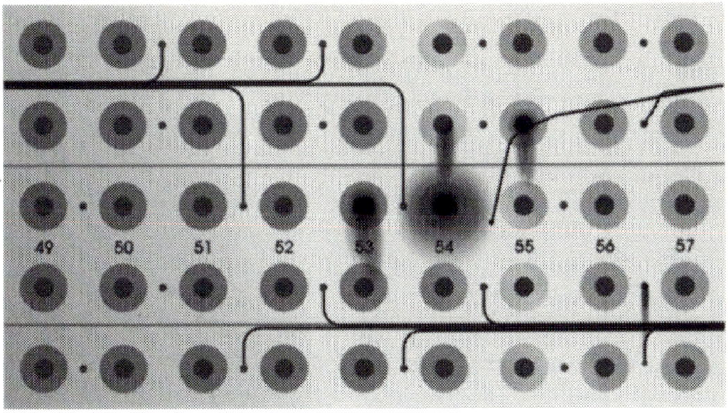

Freitag, 15. Februar 1974

01:31 UHR

Keller hatte nach dem Anruf kurz überlegt, ob er sofort zur Klinik fahren sollte. Aber er sah keine Möglichkeit, um diese Zeit in das Gebäude zu gelangen, und ohne Durchsuchungsbefehl und Rückendeckung durch den Staatsanwalt brauchte er keinen Versuch zu unternehmen, sich mitten in der Nacht gegen den Willen der Klinikleitung Zugang zu Kaltenbrunn zu verschaffen. Nachdem er den Entschluss gefasst hatte, den Anweisungen des anonymen Anrufers zu folgen, schlief er diesmal traumlos und wachte pünktlich um halb zwei durch das Läuten seines Reiseweckers auf.

Fünfundzwanzig Minuten später hielt er den Wartburg vor dem Backsteinkomplex der Waldheimer Psychiatrie an. Das Gelände grenzte an einer Seite an die Gartenstraße, von der der Anrufer gesprochen hatte. Er wartete eine Weile und beobachtete den Eingang, doch nichts tat sich. Um sechs Minuten nach zwei verlor er die Geduld. Es war eiskalt, als Keller ausstieg und die Wagentür leise ins Schloss rasten ließ. Von seiner Verabredung war nichts zu sehen. Er zog die Schiebermütze tiefer ins Gesicht, vergrub die Hände in den Manteltaschen und ging hinüber zum Gebäude der Psychiatrischen

Klinik. War das eine Falle? Wieso ließ sein Informant sich nicht blicken?

Mit einem ratlosen Schulterzucken griff er nach dem Knauf und stellte erstaunt fest, dass die Tür unverschlossen war. Er öffnete sie bedächtig und versicherte sich, dass niemand im Treppenhaus wartete. Der Tippgeber wollte offensichtlich anonym bleiben. Er entschied, seine Taschenlampe ausgeschaltet zu lassen, und tastete sich vorsichtig am Geländer entlang in den ersten Stock. Oben angekommen stand er vor einer weiteren Tür, unter der man den Schein der nächtlichen Flurbeleuchtung sehen konnte. So ein Mist, dachte Keller, in fast jeder Tür in diesem Irrenhaus gibt es ein Guckloch, nur hier nicht. Er legte sein Ohr an das lackierte Holz. Alles war still.

Dahinter erstreckte sich ein langer Flur, der nach links abbog. Wenn er sich richtig erinnerte, dann lag auf diesem Gang Kaltenbrunns Zimmer. Nach wenigen Minuten hatte er herausgefunden, dass der Patient nicht da war. Was sollte das? Wollte man ihn verkohlen? Keller beschloss, seine Anwesenheit offiziell zu machen und an der Rezeption auf jemanden vom Personal zu warten. Doch alles blieb ruhig. Sollte nicht wenigstens eine Nachtschwester Dienst schieben und durch die Gänge laufen? Als gegen halb drei immer noch niemand einen Rundgang gemacht hatte, entschied er, seine Wartezeit sinnvoll zu verbringen. Die Rückseite der Holztheke erwies sich als Enttäuschung. Abgesehen von einigen Stiften und einer leeren Kladde waren alle Fächer leer. Keine einzige Patientenakte, nicht einmal der Kalender, der beim letzten Mal hier gelegen hatte, war zu finden. Sogar der Papierkorb war peinlich sauber. Hier gab es für ihn keine Hinweise mehr zu entdecken, warum noch länger warten? Keller schlug mit der flachen Hand auf das Holz der Theke.

Die gewünschte Reaktion ließ nur Augenblicke auf sich warten. Er war ein wenig verwundert, dass es Tassel war, der gestikulierend und mit wehendem Kittel auf ihn zukam.

»Was haben Sie denn hier zu suchen, Oberleutnant Keller? Um diese Zeit! Das darf doch nicht wahr sein!« Der sonst so zurückhaltende Pfleger wirkte äußerst ungehalten und baute sich vor Keller auf.

»Warum so aufgebracht, Genosse Tassel? Wie Sie wissen, ermittle ich in einem Mordfall. Und bis der abgeschlossen ist, müssen Sie sich schon mit mir arrangieren. Bisher habe ich Sie recht kooperativ erlebt, lassen Sie uns doch dabei bleiben.«

Der junge Mann schien sich wieder in der Gewalt zu haben. »Schon gut, Herr Kommissar. Normalerweise schleicht hier nachts nur niemand herum. Wie sind Sie eigentlich hereingekommen?«

Sollte er Tassel erzählen, dass ihn jemand angerufen hatte? Keller überging die Frage. »Ich muss noch einmal mit Doktor Kaltenbrunn sprechen.«

»Um halb drei in der Nacht?«

»Es ist dringend, Genosse Tassel, und ich dachte mir, ein Krankenhaus schläft nie. Schon gar nicht eine Einrichtung wie diese hier. Tut sie ja auch nicht, wie ich mit Freude feststelle.«

Der Pfleger ließ sich nicht aus der Reserve locken. »Wir haben nur einen Nachtdienst hier und zwei Krankenwärter in Bereitschaft.«

»Sie sind also heute die Nachtschwester.« Kellers Versuch, die Situation aufzulockern, lief ins Leere.

»Nennen Sie es, wie Sie wollen. Jedenfalls kann man hier nicht einfach so hereinspazieren, auch nicht die Volkspolizei. Wer hat Sie denn hereingelassen?«

So selbstbewusst hatte er den Pfleger noch nicht erlebt. »Wo ist Doktor Kaltenbrunn, ich muss mit ihm sprechen, jetzt.«

»Ich weiß es nicht.«

»Was soll das heißen? Ich denke, Sie haben Nachtdienst, dann werden Sie ja wohl wissen, wo sich die Patienten befinden. Also?« Keller zog ungeduldig die Augenbrauen hoch.

»Das heißt, dass ich es nicht weiß. Als ich meinen Dienst um Mitternacht begonnen habe, war Kaltenbrunn bereits weg.«

»Und nachgefragt, wo er geblieben ist, haben Sie natürlich nicht?«

Tassel schwieg.

»Wer weiß denn, wo Kaltenbrunn ist? Ich höre.«

»Fragen Sie Schwester Melanie, von der habe ich meinen Dienst übernommen.«

»Dann schaffen Sie Schwester Melanie herbei.«

Melanie Brecker sah völlig übermüdet aus, was kein Wunder war, weil sie nach Ende der Spätschicht noch bis zum Sendeschluss ferngesehen und gerade einmal eine halbe Stunde Schlaf hinter sich hatte.

»Sie wissen, warum ich Sie habe rufen lassen, Schwester?«

»Ich kann's mir denken, Herr Kommissar. Der Jörg – also Herr Tassel – sagte, Sie wollten wissen, wann der Kaltenbrunn abgeholt worden ist.«

»Aha, er ist abgeholt worden. Interessant. Wann denn genau, und warum?«

Schwester Melanie blickte unruhig zwischen Keller und Tassel hin und her. »Kurz vor Ende meines Dienstes, so halb zwölf muss das gewesen sein.« Wieder sah sie Tassel hilfesuchend an. »Habe ich etwas... ich meine, habe ich irgendetwas übersehen? Das war doch nicht falsch, oder? Ich muss doch davon ausgehen, dass das alles seine Richtigkeit hat?«

Seltsamerweise schien die Anwesenheit des Pflegers die Befragung der Zeugin eher zu behindern. »Genosse Tassel, würden Sie uns bitte einen Moment allein lassen. Sie haben sicherlich eine Menge Arbeit.«

Einige Sekunden hielt der junge Mann dem Blick des Polizisten stand, dann drehte er sich abrupt um und entfernte sich ohne ein Wort.

»Hat wohl schlecht geschlafen, der Kollege. Na ja nu, kann ich mir vorstellen, für mich wäre Nachtdienst auch nichts.«

Die Schwester lächelte gequält.

»In welchem Verhältnis stehen Sie eigentlich zu Herrn Tassel?«, versuchte es Keller.

»Verhältnis? Wie meinen Sie das? Wir haben kein Verhältnis. Was glauben Sie eigentlich? Ich bin verlobt... nicht mit Jörg Tassel. Nur weil wir uns duzen, ist das noch kein Grund, mir sowas zu unterstellen. Wir sind schlicht Kollegen.«

»So habe ich das gar nicht gemeint, Fräulein Brecker.« Keller grinste, weil seine Zweideutigkeit getroffen hatte. »Ich habe mich nur gefragt, welches dienstliche Verhältnis Sie beide haben. Eben hatte ich den Eindruck, dass Ihnen Tassels Anwesenheit regelrecht unangenehm war.«

Melanie Breckers Wangen glühten. »So ein Quatsch! Herr Tassel ist hier Pfleger, ich bin Krankenschwester. Was ist daran schon besonders?«

»Nur so eine Frage, Fräulein Brecker, ich dachte bloß…« Er brachte den Satz absichtlich nicht zu Ende. Schwester Melanie schien als Einzige in diesem Irrenhaus keinen Kurs in Abgebrühtheit absolviert zu haben. Vielleicht half ein wenig Verunsicherung bei der Wahrheitsfindung. »Er hat Ihnen also nichts zu sagen, der Herr Tassel. Keine Weisungsbefugnis Ihnen gegenüber?«

»Natürlich nicht, Herr Kommissar. Er ist hier nur als Pfleger angestellt, das sagte ich bereits.«

»Schön. Sagen Sie Fräulein Brecker, ist das üblich, dass hier Patienten nachts abgeholt werden?«

Man merkte der Krankenschwester an, dass sie froh war, keine persönlichen Fragen mehr beantworten zu müssen. »Das ist eigentlich unüblich. Manchmal gibt es oben in der Abteilung Verlegungen in andere SVAs, aber auch die sind nachts selten. Doktor Kaltenbrunn wurde ja nicht verlegt. Er wurde zu einer OP in das Kellergeschoss runtergefahren. Es war wohl sehr eilig.«

»Eine Operation?« Keller war völlig vor den Kopf geschlagen. »Warum? Wer hat das angeordnet?«

Schwester Melanie schien seine Aufregung nicht nachvollziehen zu können. »Na, die Chefin, Frau Doktor Piechkow. Sie hat ihre übliche Spätvisite durchgezogen und dann gemeint, der Kaltenbrunn müsse dringend operiert werden. Deshalb würde er in den OP gebracht. So habe ich das ja auch ins Stationsbuch eingetragen, das können Sie nachkontrollieren.«

Keller hörte ihr kaum noch zu. Schon wieder die Piechkow, diese verdammte Schlange.

Mit Schwester Melanies Hilfe hatte er die neue Klinikleiterin nach einigen Minuten ans Telefon bekommen. Sie war zu Hause, und Keller merkte sofort, dass sie um das nächtliche Vorkommnis kein großes Aufheben machen wollte. Sie teilte ihm mit, dass man den Patienten medizinische Versorgung eben zukommen lassen müsse, wenn es nötig sei, und nicht, wenn der Dienstplan es erlaube. Keller, der sich angesichts von so viel Scheinheiligkeit zwingen musste, ruhig zu bleiben, erkundigte sich, wann er den Patienten denn besuchen könne.

»Das wird leider gar nicht möglich sein, Oberleutnant Keller.«

»Und wieso das, Frau Doktor?«

»Ach«, die Stimme der Ärztin klang geradezu beiläufig. »Doktor Kaltenbrunn ist im Verlauf der Notoperation verstorben. Das kommt leider immer wieder vor. Sie verstehen, jeder Eingriff birgt ein gewisses Risiko–«

»Er ist *was*?« Alles drehte sich in seinem Kopf. Das war unmöglich, das war... sicherlich kein Zufall. Konnte es sein, dass diese Piechkow unliebsame Zeugen beseitigte? Nicht versteckte, vielmehr beiseiteschaffte, ermordete? Wieder kamen diese unterschwelligen Zweifel an Kaltenbrunns Täterschaft hoch. »Sagen Sie das bitte noch einmal, Frau Doktor.«

»Der Patient Heinrich Kaltenbrunn ist heute Nacht leider an den Folgen einer notwendigen und nicht verschiebbaren Operation gegen ein Uhr vierzig verstorben. Es tut mir schrecklich leid.«

»Das darf doch nicht wahr sein, jetzt–« *Jetzt bloß kein falsches Wort*, bremste sich der Oberleutnant. Gegen Androhung von polizeilicher Gewalt war diese Ärztin sowieso immun. Er musste sie in Sicherheit wiegen, ihr das Gefühl geben, gewonnen zu haben. Vielleicht wurde sie wenigstens nachlässig bei der Beweismittelvernichtung, wenn sie sich überlegen fühlte.

»Tja, Frau Doktor, jetzt kann ich eigentlich nur noch den Deckel draufmachen, wie mein Chef sich gerne ausdrückt. So ein Mist, aber was soll's, jeder Fall ist eben anders.« Er hoffte, dass er die scheinbare Resignation nicht zu dick auftrug. »Dieser Sachverhalt hat sich ja letztendlich gewissermaßen von selbst aufgeklärt, wenn nun der Täter verstorben ist.«

»Ja, tut mir schrecklich leid, Herr Kommissar. So ist es manchmal. Seien Sie mir nicht böse, ich muss mich jetzt endlich schlafen legen, es war eine sehr anstrengende Nacht. Morgen muss ich leider schon früh nach Leipzig, aber natürlich stehe ich Ihnen für ein abschließendes Gespräch zur Verfügung. Wahrscheinlich haben Sie ja noch einige Formalitäten für Ihren Bericht zu klären.«

Wieso interessiert die sich eigentlich nicht dafür, warum ich um zwei Uhr morgens in der Klinik aufkreuze? Aber er kannte ja bereits die Antwort.

Keller beschloss, weiterhin den zerknirschten Ermittler zu geben. »Schlafen Sie gut, Frau Doktor, wir können ein anderes Mal über alles reden. Ich muss mich auch dringend hinlegen, ich habe in den vergangenen Tagen kaum ein Auge zugemacht. Und das hat ja alles keine Eile mehr.«

Keller stützte den Kopf in die Hände und starrte zwei, drei Minuten lang verloren den Fernsprecher an. Er konnte nicht wirklich fassen, dass der Mann tot war. Nein, für diese Art von Überlegungen war wirklich keine Zeit. Er musste jetzt schnell handeln, solange der morgendliche Betrieb noch nicht losging. Er war sich sicher, dass die Piechkow seine eingestandene Niederlage gefressen hatte. Jetzt zählte das Überraschungsmoment. Nur wie ging es weiter, was war der nächste sinnvolle Schritt?

Das Telefon! Ihm kam eine verrückte Idee, und er konnte sich auch vorstellen, wer noch ein Herz für verrückte Ideen hatte. »Guten Morgen, Frau Doktor. Keller hier. Ich störe nur, weil ich glaube, dass es unbedingt notwendig ist. Ich hoffe, Sie haben wenigstens bis jetzt gut geschlafen.«

»Keller.« Moreaux gähnte lautstark. »Entschuldigen Sie.« Im Hintergrund konnte man die ungehaltene Stimme eines Mannes vernehmen.

»Ich bitte Sie um Entschuldigung für diesen Anruf, so früh am Morgen, aber es ist wichtig, Sie werden sehen.« Der Oberleutnant fasste die Ereignisse dieser Nacht in drei Sätzen zusammen und kam zur Sache. »Und jetzt brauche ich einen Arzt, der sich mit der Gerichtsmedizin auskennt und der vor allem die Nerven behält.«

»Ich kann Ihnen noch nicht folgen. Wie kann ich Ihnen helfen, Kommissar?«

»Sie sind dabei? Das ist gut.« Nun freute Keller sich fast auf das geplante Husarenstück.

»Sagte ich doch, Sie haben mich an der Angel.« Die Ärztin ließ ein ausgedehntes Gähnen hören.

»Kennen Sie sich ein wenig in der Nervenheilanstalt aus? Ich nehme an, hier sterben ja auch ab und zu Patienten. Und Sie als Gerichtsmedizinerin für den Landkreis werden sicherlich manchmal benötigt... auch wenn es kein Mord war.«

»Ja, natürlich, worum geht es denn nun? Nun machen Sie es nicht so spannend.«

»Sage ich Ihnen alles vor Ort, Kollegin. Wir treffen uns am Seiteneingang an der Gartenstraße, aber nicht direkt am Tor.« Keller überlegte. »Nein, besser wieder auf dem Markt, liegt für Sie auf dem Weg. Ich bin gleich dort. Wir fahren dann zusammen hoch. Bitte beeilen Sie sich, es kommt auf jede Minute an.«

Man hörte leise, wie Moreaux ihrem Mann erklärte, sie müsse zu einem Tatort, dann ein lautes Seufzen. »Ich bin schon unterwegs, Genosse Kommissar.«

01:41 UHR

Sokolows Blick erfasste die technischen Gerätschaften, zwei leere Standardbetten und die hantierende Krankenschwester, die auf sein Eintreten praktisch nicht reagiert hatte. Sie nahm gerade Kontrollwerte des Jungen und notierte alles in einer Dokumentationsmappe, die sie sich anschließend unter den Arm klemmte.

»Lassen Sie mir die doch einen Augenblick hier«, bat Sokolow, als sie – noch immer ohne Blickkontakt zu ihm aufzunehmen – an ihm vorbeigehen wollte.

Die Frau blieb stehen und musterte ihn scharf. »Wer sind Sie denn überhaupt?«

Sokolow hätte fast aufgelacht. Er vergaß gelegentlich, dass es Menschen gab, denen es gleichgültig war, dass er eine Uniform trug, die seinen militärischen Rang auswies. Auch vergaß er manchmal, dass er nicht in der Sowjetunion war. »Ich führe die Untersuchung darüber, was mit dem Jungen passiert ist, Schwester... Simone.« Er streckte die Hand aus.

»Und Sie sind Arzt?«, fragte die Schwester verärgert.

»Wenn ich beim Lesen irgendwelche Fragen habe, wende ich mich an Sie.« Er sah, wie der Schwester das Blut in die Wangen schoss. Sie hielt ihm die Unterlagen entgegen und verschwand wortlos aus dem Raum. Er hatte keinen Zweifel, dass sie sich bei der Stationsleitung nach ihm erkundigen würde. Es gefiel ihm, dass sich hier jemand Gedanken darum machte, ob alles mit rechten Dingen zuging und seine Ordnung hatte. Manchmal waren es Kleinigkeiten wie diese, die den Unterschied zwischen Erfolg und Niederlage ausmachten. Auf der anderen Seite konnten solche Kleinigkeiten seinen Beruf auch zur Hölle machen und mehr Probleme verursachen, als sie wert waren. Sokolow schüttelte den Kopf und strich Schwester Simone aus seinem Gedächtnis.

Sokolow sah auf den Jungen, der in einem Erwachsenenbett lag und schlief. Er hatte nichts anderes getan, seit er vor fast fünf Stunden eingeliefert worden war. *Was für einen Unterschied eine halbe Stunde machen kann.* Hätte man ihn sofort informiert, wäre er früher in der Garnison Hagenow eingetroffen und hätte jetzt vielleicht schon wichtige Informationen in der Hand... Sokolow verfluchte Orlow und sein eigenmächtiges, völlig unprofessionelles Vorgehen, das zum Zusammenbruch des Jungen geführt hatte. In der Garnison gab es dringenden Bedarf, die Befehlsstrukturen neu zu ordnen, fand Sokolow. Er hatte ein gewisses Maß von Verständnis für Orlows Einmischung, aber dass der Kommandant diese Befragung nicht verhindert hatte... *Fast eine Familienangelegenheit.* Vielleicht hatte man dem Kommandanten in Hagenow aber auch deutlich gemacht, dass Orlow nicht zu den Leuten gehörte, denen man sich in den Weg stellte.

Was auch immer den Kollaps des Jungen ausgelöst hatte, es war nicht mehr zu ändern. Sokolow war sich sicher, dass sie bei einer vernünftigen Befragung hätten herausfinden können, wo sich Alexej Orlow befand. Er schlug die Aufzeichnungen des Klinikpersonals auf und las mit gerunzelter Stirn.

Er war kein Arzt, hatte aber zumindest ein wenig Ahnung von der Materie, da er einen Teil seiner frühen Dienstzeit im Sanitätsdienst eines Armeelazarettes zugebracht hatte. Dass der Junge wirklich krank war, hätte allerdings auch ein Unbedarfter an den farbigen Markierungen bestimmter Werte und den Kommentaren des Arztes erkennen können. Sokolow legte die Mappe auf die Fensterbank.

Wo hatte der Junge nur gesteckt? Er trat nahe an das Bett heran und betrachtete die reglose Gestalt. Das Gesicht des Jungen wies eine größere Anzahl Kratzer auf, die durch seine extreme Blässe besonders hervorstachen. Sokolow vermutete, dass der Junge sich diese selbst beigebracht hatte, als er – vielleicht auf der Flucht – zwischen Bäumen und Sträuchern hindurch gerannt war. Er wandte sich den Händen zu. Bei der Einlieferung in die Klinik hatte man den Jungen gründlich gewaschen. Bedauerlich. Sokolow konnte dennoch etwas Dreck erkennen, der sich tief unter den Nägeln und ins Nagelbett eingegraben hatte. Einige Nägel waren eingerissen, als hätte Alexander kräftig im Erdboden gewühlt. Die Frage war nur, wann das geschehen war. Was völlig fehlte, waren eindeutige Anzeichen fremder Gewalteinwirkung. Die Handgelenke waren frei von Fesselungsspuren, nicht einmal Hämatome an den Oberarmen, wie es sie fast immer bei Übergriffen auf Kinder gab, konnte er erkennen.

Der Geheimdienstoffizier setzte sich auf die Kante eines leeren Bettes. Hoffentlich wachte Alexander Petrow bald wieder auf. Die ganze Sache war wirklich merkwürdig, und Sokolow wollte der Versuchung nicht erliegen, sich aus den wenigen Fakten eine Geschichte zusammenzuspinnen, die er schwer wieder aus dem Kopf bekäme. Dieser Fall musste ganz von unten aufgebaut werden. Sokolow hoffte, dass Iljin nicht vergessen hatte, die Hundestaffel für morgen früh anzufordern.

03:36 UHR

Kaum zwanzig Minuten nach ihrem Telefonat fuhr ein roter Schiguli auf den ausgestorbenen Marktplatz von Waldheim und hielt hinter Kellers Einsatzfahrzeug. Moreaux stellte ihren Arztkoffer auf die Rückbank und ließ sich mit einem demonstrativen Gähnen auf dem Beifahrersitz nieder.

»Morgen, Doktor. Danke, dass Sie gekommen sind. Schickes Gefährt, rot ist wohl Ihre Farbe, was?« Moreaux stand der Sinn offenbar nicht nach Konversation, denn sie reagierte nicht. »Also gut, Frau Doktor, ich erklär's Ihnen. Wie Sie wissen, habe ich das Gefühl, dass ich mit den Ermittlungen im Mordfall Heise auf der Stelle trete. Und je mehr ich darüber nachdenke, warum das so ist, desto klarer ist der Schluss, dass es nicht an fehlenden Spuren und Indizien liegt.«

»Sondern?«

»Daran, dass es... sagen wir, eine Gegenseite gibt. Eine, die unter Ausnutzung aller Mittel, und da schließe ich seit heute Nacht Mord nicht aus, eine Aufklärung verhindern will.«

»Hm. Extremer Standpunkt, Kommissar. Ich neige nicht dazu, leichtfertig an Sabotage oder Ähnliches zu glauben, aber ein bisschen kommt mir das auch so vor, das gebe ich zu. Doch was wollen Sie dagegen tun?«

»Ganz einfach. Bisher habe ich mit den legalen Mitteln des Rechtsstaates gekämpft.« Keller setzte eine theatralische Miene auf. »Doch ich kann auch anders. Wir beide werden jetzt die Leiche von Doktor Kaltenbrunn entwenden, um ihn zu obduzieren.«

»Wie bitte?«

»Sie haben mich richtig verstanden, Doktor.«

Die Gerichtsmedizinerin starrte ihn an, als hätte er den Verstand verloren.

»Sie können immer noch aussteigen, ich könnt's Ihnen nicht verdenken«, ergänzte Keller.

»Und was ist mit Ihnen? Sie riskieren da eine Menge, und das vielleicht nur für eine fixe Idee. Ist es das wert, Kommissar?« Doch ihr Appell hörte sich für seine Ohren halbherzig an.

Keller schüttelte den Kopf. »Wenn Sie gehört hätten, wie die Piechkow sich vorhin am Telefon geäußert hat... Ich kann das nicht auf sich beruhen lassen. Und ich kann bei einem Mord nicht wegsehen.«

Moreaux gab ein leises Seufzen von sich. »Ich lasse Sie nicht hängen, habe ich doch gesagt. Aber wie wollen Sie... wir das anstellen?«

»Fahren wir erst einmal los.« Keller erklärte den Plan, den er sich in der letzten halben Stunde zurechtgelegt hatte.

Der Polizist stellte etwa hundert Meter vor der Klinik den Motor ab und schaltete die Scheinwerfer aus. Direkt vor dem Seiteneingang, durch den er vor fast zwei Stunden ins Gebäude gelangt war, ließ er den Wartburg ausrollen. Moreaux hatte ihm erklärt, dass der Zugang zum Operationssaal von hier wesentlich näher war und dass die kleine Leichenhalle der Klinik unmittelbar daneben lag. Eine Erleichterung ihres Vorhabens, ersparte es ihnen doch den Vorbeimarsch an der Rezeption, die ausnahmsweise um diese nachtschlafene Zeit todsicher besetzt sein würde.

Verlassen hatte er die Psychiatrische Klinik vor einer guten halben Stunde durch den Haupteingang, und er hatte Schwester Melanie unter dem Siegel der Verschwiegenheit aufgetischt, dass er durch eben diese Tür auch ins Haus gekommen sei. Zur Unterstützung seiner Geschichte hatte er ihr konspirativ ein Ledermäppchen gezeigt, das in Wirklichkeit aber bloß seine Wohnungsschlüssel enthielt. Er war sich sicher, dass Tassel die junge Schwester noch zur Rede gestellt hatte, bevor sie zurück in ihr Bett gehen konnte. Und sie würde nicht schweigen können, auch da war sich Keller sicher.

»Wir nehmen also den Lieferanteneingang, Doktor. Sobald wir drinnen sind, müssen wir uns beeilen und möglichst unbemerkt in die Leichenhalle kommen.«

»Und was machen wir, wenn sie uns entdecken?«, fragte die Ärztin besorgt.

»Sie werden uns so und so entdecken, die Frage ist nur, wann. Je später, desto einfacher wird es werden. Aber spätestens, wenn wir den Kaltenbrunn auf einer Bahre zum Ausgang rollen, wird es Ärger geben.«

»Ganz sicher«, murmelte Moreaux. »Zumal es keinen Aufzug im Seitenflügel gibt.«

»Was meinten Sie, Doktor?«

Die Gerichtsmedizinerin winkte ab.

Erleichtert stellte Keller fest, dass der Eingang an der Gartenstraße immer noch unverschlossen war.

»Nach unten«, flüsterte Moreaux, doch Keller stieg längst mit seiner abgeschirmten Taschenlampe die Treppen hinab ins Untergeschoss.

»Kommen Sie. Und passen Sie auf, Doktor, die Treppe hat einen Absatz in der Mitte. Ich hätte mich fast langgemacht.«

Unten angekommen übernahm Moreaux die Führung. »Die Räume liegen auf der linken Seite.« Sie nahm dem Polizisten die Taschenlampe aus der Hand. »Ich glaube, rechts sind nur Lagerräume für die Wäsche und Ähnliches; und weiter hinten ist der Heizungskeller.«

»Danke für die Informationen, Doktor«, raunte Keller und hoffte, dass sie nicht schon durch Moreauxs kundige Führung aufflogen.

Die Ärztin hatte verstanden und leuchtete stumm auf eine Tür, die in roten Lettern mit *OP-Bereich – ab hi.r .teril* bezeichnet war. Sie zeigte drei Finger und deutete den Gang hinunter.

Keller nickte und winkte Moreaux hektisch zu, sie solle endlich vorangehen.

Moreaux hielt nach weiteren zwanzig Schritten vor einer zweiflügeligen Schiebetür. »Hier ist es.«

Gleichzeitig bewegten sie die großen Hebel und zogen die Türflügel vorsichtig auseinander. Kurz bevor die Öffnung groß genug für ihr Vorhaben war, gab die dicke Isoliertür ein metallisches Knarzen von sich. Erschrocken ließ Moreaux den Riegel los, was ein noch lauteres Geräusch zur Folge hatte.

»Scheiße, verdammt«, zischte Keller und schob die Gerichtsmedizinerin durch die Türöffnung. Er folgte rasch und schloss die Kühlraumtür, was diesmal fast geräuschlos geschah.

»Tut mir–«

»Wo ist der Lichtschalter, Doktor? Schnell. Ich glaube kaum, dass wir jetzt noch unentdeckt bleiben.«

Bereits im Flackern der zündenden Neonleuchten begann Moreaux, die Schubladen der Kühlboxen aufzuziehen. »Fangen Sie von der anderen Seite an.«

Nach wenigen Sekunden wurde Keller fündig. »Ich habe ihn. Kommen Sie, helfen Sie mir. Wir brauchen eine Bahre.«

Moreaux war gerade dabei, die Rollbahre auf die richtige Höhe für Kaltenbrunns Kühlfach zu arretieren, als sie wieder das knarzende Geräusch vernahmen. Dann ging alles ganz schnell.

Tassel stürzte herein. Noch ehe die Gerichtsmedizinerin reagieren konnte, drehte der Pfleger ihr mit der Routine des Irrenwärters den Arm auf den Rücken und drückte ein Skalpell an ihren Hals. »Ihre Waffe, Kommissar. Legen Sie sie auf den Boden und schieben Sie sie zu mir herüber. Machen Sie keinen Blödsinn.« Das Gesicht der Rechtsmedizinerin war schmerzverzerrt, als Tassel ihren Arm höherzog. »Und dann legen Sie sich flach auf den Boden.«

Sollte er sich ergeben und tun, was Tassel verlangte? Hätte der Kerl einen Polizisten in seiner Gewalt – niemals. Aber Moreaux war Zivilistin. Er konnte sie unmöglich in Gefahr bringen. »Schon gut, Tassel. Beruhigen Sie sich.« Er machte einen Schritt auf Tassel zu, der augenblicklich zurückwich. »Ich hole jetzt meine Dienstwaffe heraus.«

»Halt! Mit der linken Hand, Keller. Und schön langsam, ich warne Sie, versuchen Sie keine Tricks.«

»In Ordnung, Tassel, alles in Ordnung. Kein Grund zur Aufregung.« Er öffnete das Schulterholster und hatte Schwierigkeiten, den Abzugsbügel mit Zeigefinger und Daumen zu umfassen. Die Makarow polterte zu Boden.

Tassels Hand zuckte, Moreaux stöhnte, ein kurzer roter Strich erschien an ihrer Kehle.

»Alles in Ordnung, Tassel, kein Problem.« Keller hob die Hände auf Kopfhöhe.

»Sie Idiot. Noch so ein Ding und Ihre brave Frau Doktor kann gleich hierbleiben.« Der Pfleger trat einen Schritt zur Seite, der Kopf der Ärztin sank langsam ein Stück nach vorne. »Und jetzt schieben Sie die Knarre zu mir rüber, Sie Vollidiot. Machen Sie keinen Blödsinn.«

Keller bemerkte, dass Moreauxs Kopf fast auf der Brust lag. Hatte Tassel sie ernsthaft verletzt? War sie womöglich kurz davor, das Bewusstsein zu verlieren? Verdammt, das Ganze hier würde in einem Desaster enden, und er trug die Verantwortung dafür.

»Jetzt machen Sie schon, wir haben nicht die ganze Nacht Zeit«, drängte der Pfleger.

Der Polizist gab der Pistole einen wohldosierten Schubs mit dem Fuß, sodass sie genau zwischen ihm und Tassel liegenblieb.

»Was soll das jetzt werden?« Tassel blitzte den Polizisten aus zusammengekniffenen Augen an. »Halt, Sie Schwachkopf!«, brüllte er Keller zu. »Keinen Schritt weiter, oder Ihre neue Freundin wird hier jämmerlich verbluten.«

»Schön ruhig, Tassel. Patt, würde ich sagen. Lassen Sie Doktor Moreaux los. Wir können über alles reden.«

»Sind Sie verrückt geworden, Mann? Behalten Sie Ihr dämliches Bullengequatsche für sich.« Doch Keller sah deutlich, dass die Situation den Pfleger überforderte.

In diesem Moment hob die Ärztin den Blick und sah Keller in die Augen, der verstand und kaum merklich nickte. Moreauxs Kopf schnellte mit Wucht zurück und Tassels Schädel schlug krachend gegen den Beton des Kühlraums. Dann sackte der Krankenpfleger lautlos an der Wand zusammen.

Keller machte drei schnelle Schritte und hob seine Waffe auf. »Alle Achtung, hätte ich einer Doktorin der Medizin nicht zugetraut.« Während er den Knopf des Holsters schloss, erkundigte er sich nach Tassel.

Moreaux hob ein Augenlid des Bewusstlosen. »Leichte Gehirnerschütterung, würde ich auf die Schnelle sagen. Wir sollten oben Bescheid geben.«

»Sie bluten auch, Frau Doktor.«

»Halb so schlimm, Kommissar.« Sie massierte ihren rechten Arm. »Ich hoffe, der verweigert gleich nicht den Dienst.«

»Und ich hoffe, wir kriegen Kaltenbrunn erstmal auf die Bahre und dann die Treppe hoch. Das wird ein gutes Stück Arbeit.«

»Na ja, wir müssen nicht unbedingt durch das hintere Treppenhaus.«

Zufrieden stellte Keller fest, dass Tassel noch nicht zu sich kam. »Sondern?«

»Durch den Haupteingang. Dort gibt es auch eine Außenrampe, über die wir Kaltenbrunn praktisch bis zum Auto schieben könnten.« Moreaux massierte sich den Nacken. »Mann, habe ich Kopfschmerzen.«

»Wir sind trotzdem im Kellergeschoss, Doktor.«

»Ah so, hab' ich ganz vergessen. Am Haupteingang gibt es natürlich einen durchgehenden Aufzug.«

Der Polizist durchsuchte Tassel, der leise zu stöhnen begann. Nach wenigen Sekunden hielt er einen schweren Schlüsselbund in der Hand. »Gut, wir sollten uns beeilen. Das hier mache ich alleine. Ich nehme an, zum Fahrstuhl geht's nach links?« Moreaux bejahte. »Und Sie verschwinden auf dem Weg, auf dem wir reingekommen sind...« Er kramte in seiner Jacketttasche. »...und holen den Wagen an die Vordertür. Hier sind die Autoschlüssel. Tempo, Doktor.«

Während die Ärztin sich auf den Weg machte, bugsierte Keller Kaltenbrunns Leichnam auf die Rollbahre. Mit Unbehagen stellte er fest, dass Tassel leicht den Kopf bewegte. Sollte er ihm mit dem Griffstück der Makarow noch eins über den Schädel ziehen? In den Fernsehkrimis sah das immer so einfach aus. Nein, besser nicht. Am Ende würde er den Pfleger zu einem neuen Patienten für die Klinik machen, oder ihn gar ins Jenseits befördern. Das musste er sich nicht aufbürden. Lebendig konnte man wenigstens noch versuchen, ihn zum Reden zu bringen.

Eilig schob er Kaltenbrunn zum Ende des Flures. Natürlich wartete der Aufzug nicht im Untergeschoss. Fluchend drückte er den Knopf und blickte den Gang hinunter. Wieso fiel das Licht des Kühlraumes auf den Flur? Er war sicher, die Flügel der Schiebetür hinter sich geschlossen zu haben. Hastig drückte er wieder den Fahrstuhlknopf, als beschleunige dies die Ankunft. *Komm endlich, du Scheißding!* Wurde er jetzt verrückt, oder waren das Schritte gewesen? So schnell konnte der Tassel nicht wieder auf den Beinen sein. Wahrscheinlich nur Schleifgeräusche der Aufzugtür, die endlich auseinanderglitt, beruhigte er sich.

Es gab einen ohrenbetäubenden Knall, als eine Kugel an der Seitenwand der Fahrstuhlkabine abprallte. Dieser Mistkerl Tassel war zäher als gedacht, und er hatte eine Schusswaffe! Keller zog seine Makarow, konnte aber in dem stockdunklen Gang nichts erkennen. Ohne hinzusehen, schob er die Bahre in den Aufzug, folgte im Rückwärtsgang und drückte die 'EG'-Taste. Endlose Sekunden verstrichen, bevor die Fahrstuhltür sich in Bewegung setzte. Jetzt konnte er Tassels Umriss ausmachen, der erneut zielte. Als Keller sich auf den Kabinenboden warf, sah er das Mündungsfeuer und vernahm den Knall. Doch die Kugel verfehlte den Aufzug offensichtlich, kein Einschlag in die Metallwand war zu erkennen. Ha! Du Amateur, ging es Keller durch den Kopf, als die Türflügel aufeinandertrafen und sich der Fahrstuhl in Bewegung setzte. Dann hörte er noch einen Schuss und einen wütenden Schrei.

Keller ärgerte sich mächtig über seine eigene Nachlässigkeit. Er hätte diesen Tassel gründlicher durchsuchen müssen. Aber wer nahm schon an, dass der Krankenpfleger einer Nervenheilanstalt bewaffnet war und die Waffe auch noch gegen einen Polizisten richten würde?

Im Erdgeschoss erwartete ihn eine völlig aufgelöste Schwester Melanie, die offenbar nicht den Weg zurück in ihr Bett gefunden hatte. »Was ist los, ich habe gedacht… Waren das Schüsse?«

»Alles in Ordnung, Schwester.« Keller ließ die Bahre mit Kaltenbrunns Leichnam in der offenen Aufzugtür stehen und zog den Stuhl hinter der Rezeptionstheke hervor.

»Jörg meinte, wir hätten Einbrecher im Haus. Haben Sie ihn gesehen? Wir müssen ihm helfen, Kommissar, er ist bestimmt in Gefahr.«

»Sicher nicht. Es ist alles in Ordnung.« Keller ersetzte die Rollbahre mit der Sitzgelegenheit, um den Fahrstuhl zu blockieren.

Die Schwester ließ sich nicht beruhigen. »Was machen Sie denn da?« Sie zog das weiße Leinen zurück. »Das ist ja Doktor Kaltenbrunn!«

Keller wischte ihre Hand beiseite und gab der Bahre einen Stoß in Richtung Ausgang.

Die Schwester eilte zur Rezeption »Bleiben Sie hier! Sie können doch nicht einfach Doktor Kaltenbrunns Leiche mitnehmen. Ich rufe jetzt die Klinikleitung an.«

Kurzentschlossen rannte Keller zurück, riss ihr das Telefon aus der Hand und die Leitung aus der Wand. »Hören Sie, Schwester. Ich habe keine Zeit für Erklärungen. Sie bleiben jetzt schön hier sitzen und rühren sich nicht, sonst sitzen Sie morgen in Untersuchungshaft. Dafür sorge ich persönlich.«

Ohne ein Wort ließ sich die junge Frau in der Wartenische nieder und begann zu weinen. Während Keller die Schlüssel an der Tür zur Laderampe ausprobierte, vernahm er aus Richtung des Seiteneingangs bereits Tassels Geschrei.

»Halt ihn fest. Ruf die Piechkow an!«

Der Polizist schob die quietschende Liege beinahe im Laufschritt die Rampe hinunter. Der Polizeiwagen stand parat. »Den Kofferraum auf, Doktor, und dann hinters Steuer, Tempo, Tempo.« Die Bahre knallte gegen die Ladekante des Wartburg. Kaltenbrunns Arm fiel herunter. Keller blickte zurück und sah, wie Tassel die Schwester beiseitestieß und leicht wankend auf den Ausgang zusteuerte. Mit einem beherzten Ruck beförderte der Polizist Kaltenbrunns Leiche in den Kofferraum, rannte zur Beifahrertür und ließ sich auf den Sitz fallen. »Los, treten Sie aufs Gas, Doktor, los, los!« Die durchdrehenden Vorderräder beförderten kleine Steinchen in die Luft, als ein Geschoss die offene Kofferraumklappe durchschlug, aber so viel an kinetischer Energie verloren hatte, dass es nur noch ein Klacken auf der Heckscheibe verursachte. Dann setzte der Wagen sich in Bewegung.

Moreaux hatte Tassels Angriff erstaunlich gut weggesteckt. Sie war sich der Gefahr, in der sie steckten, anscheinend überhaupt nicht bewusst. »Also mit Ihnen erlebt man was, Genosse Keller. Das ist ja fast wie bei diesem James Bond.«

»Ich sage es Ihnen, Doktor. Schöne Sitten haben die hier. Ein Krankenpfleger durchwühlt die versiegelten Räume eines Ermordeten und stürzt auf der Flucht in den Tod, der andere schlitzt einem Gerichtsmediziner beinahe den Hals auf und feuert auf Beamte der Volkspolizei.«

»Und die Klinikleiterin operiert Patienten zu Tode. Das glauben Sie doch, Kommissar?«

»Was es zu beweisen gilt. Auf zur Poliklinik in die Pathologie.« Keller langte nach dem Hörer des Bordfunkgerätes. »Ich fürchte, ich muss die Nachtwache des Döbelner Reviers aufwecken, damit die sich um Tassel kümmern.«

»Was wollen Sie denen denn sagen, Kommissar? Dass wir nachts eingebrochen sind, um Kaltenbrunns Leichnam für eine illegale Obduktion zu stehlen? Ich sehe da eine Menge Ärger auf mich zukommen.«

»Gefahr im Verzug natürlich. Machen Sie sich keine Gedanken, um den Papierkram kümmere ich mich später. Sie, Frau Doktor, haben sich als Gerichtsmediziner auf mein dringendes Bitten hin angeschlossen, um die Beweise für Kaltenbrunns Ermordung zu sichern. Ich halte Sie da so gut raus, wie ich kann. Das ist doch klar.«

Moreaux murmelte leise vor sich hin und lenkte das Einsatzfahrzeug auf die Landstraße.

05:00 UHR

Keller nutzte seinen ungewohnten Platz auf dem Beifahrersitz, um den Funkspruch nach Döbeln abzusetzen. Obwohl er noch immer keinen der Kollegen des Kreisamts persönlich kennengelernt hatte, war er im Hause ganz offenbar schon ein Begriff. Mit einem etwas mulmigen Gefühl im Magen ordnete Keller die sofortige Verhaftung des Pflegers Tassel an, der einen Vertreter der Deutschen Volkspolizei mit einer Schusswaffe angegriffen hatte. Die Beteiligung Doktor Moreauxs ließ er fürs Erste unerwähnt; die Sache war schon so nicht einfach zu erklären.

»Wird erledigt, Genosse Oberleutnant«, versprach die müde Stimme am Funkgerät.

»Sofort! Ich gehe davon aus, dass es kein Problem darstellt, den Mann erst einmal bei Ihnen festzusetzen. Und sorgen Sie dafür, dass er nicht herumtelefonieren kann.«

»Sie können das ja morgen früh mit Hauptmann Schmauder klären. Ich schick dann jetzt eine Streife los.«

»Danke, Kollege. Und sagen Sie Bescheid wegen der Schusswaffe. Der Mann ist gefährlich.«

»Jawohl, Genosse Oberleutnant.«

Moreaux lenkte den Wagen inzwischen über das dunkle Stück Landstraße zwischen Waldheim und Döbeln. Sie wirkte gefasst, aber Keller wusste, dass es heute Nacht knapp gewesen war. Dass es keine ernsthaft Verletzten oder gar Tote gegeben hatte, war reines Glück. Er konnte die Medizinerin unmöglich wieder zu einem solchen Coup verleiten.

Erst als sie auf dem knirschenden Kies vor der Poliklinik zum Stehen kamen, sprach Keller die Ärztin wieder an. »Solche Nahkampfqualitäten hatte ich nicht erwartet. Ganz schön mutig, meine Liebe. Und dass Sie den Wagen nicht vor Schreck abgewürgt haben, als man auf uns geschossen hat – alle Achtung. Wollen Sie nicht vielleicht bei uns in der K in Leipzig anfangen?«

Moreaux blickte ihn ernst an und hielt ihm den Autoschlüssel vor die Nase. »Ich habe bis zum Ende des Krieges als Krankenschwester in Berlin gearbeitet...« Die Ärztin schluckte schwer. »Ich sagte Ihnen schon, ich arbeite lieber mit Lebenden.«

Keller schwieg, peinlich berührt. Alles, was er jetzt sagen konnte, wäre falsch gewesen. Er hatte keine Vorstellung davon, was die Ärztin durchgemacht hatte, wie viele Patienten ihr unter den Händen weggestorben waren. Er jedenfalls hatte im Vergleich zu Moreaux bisher behütet Räuber und Gendarm gespielt.

»Nun, dann schauen wir mal...« Moreaux entfernte das Leichentuch und zog ihre Lesebrille aus einer Seitentasche ihres Arztkoffers.

»Soll ich das Tonbandgerät anwerfen, Doktor?«

»Lassen Sie mal, wir haben ja nicht viel Zeit für Formalitäten. Außerdem haben wir gar keine Anordnung zur Obduktion. Nach dem Bericht wird also so schnell keiner fragen, oder?«

»Und?«, drängelte Keller, nachdem die Gerichtsmedizinerin minutenlang den Leichnam Kaltenbrunns in Augenschein genommen hatte.

»Helfen Sie mir bitte, ihn umzudrehen, vielleicht ist etwas Erhellendes auf seiner Rückseite zu finden.«

»Was hoffen Sie denn zu finden«, erkundigte sich der Oberleutnant, während sie den Toten an die Seite des Seziertisches zogen und ihn dann auf den Bauch rollten.

»Jedenfalls nicht das hier.« Doktor Moreaux zeigte auf einen kleinen Fleck in der Nierenregion. »Ich würde sagen, das ist eine Schusswunde, Kommissar.«

»Sie meinen, er wurde erschossen?«

Die Ärztin schüttelte mit einem Schmunzeln den Kopf. »Nein, nein. Das ist post mortem, schließlich blutet da nichts. Nein, ich würde sagen, das galt Ihnen. Ein Toter hat Ihnen sozusagen das Leben gerettet.«

Keller massierte gedankenverloren seinen Nasenrücken. »Und ich dachte im Aufzug noch, warum hör' ich den Einschlag in die Kabine nicht.«

Wieder betrachtete Moreaux schweigend den Toten und fuhr mit den Fingerspitzen über die Haut zwischen den Schultern, dann die Wirbelsäule entlang. Anschließend untersuchte sie noch einmal die Kopfhaut. »Hm…« Mehr gab die Pathologin nicht von sich. Dann lehnte sie sich an den benachbarten Seziertisch und starrte auf Kaltenbrunns Leiche.

»Frau Doktor, was ist denn jetzt?« Keller konnte sich keinen Reim auf Moreauxs Miene machen.

»Fällt Ihnen denn nichts auf?«

»Bitte, Kollegin, ich bin Ihnen zu äußerstem Dank verpflichtet, aber für Spielchen haben wir keine Zeit.«

Moreaux winkte ab. »Sie haben den Mann ja jetzt gesehen. Was würden Sie denn sagen, wenn ich Ihnen erzählen würde, der Mann sei während einer Notoperation gestorben?«

»Ich würde sagen, nein, ich würde fragen, an welcher Operation? Ich kann jedenfalls nichts entdecken.«

»Genau, Genosse Oberleutnant.« Die Ärztin bewegte sich zum Labortisch, nahm einen Erlenmeyerkolben und füllte ihn mit Wasser. Dann drehte sie den Hahn des Bunsenbrenners auf, entzündete das Gas und stellte das Glasgefäß auf die Flamme. »Am besten denken wir bei einer Tasse frischgebrühten Bohnenkaffees über diese mysteriösen Unstimmigkeiten nach.«

»Wirklich eine sehr gute Idee.« Keller lief mit einem Mal das Wasser im Mund zusammen. »Also, Sie wollen mir sagen, Doktor Kaltenbrunn wurde überhaupt nicht operiert, sondern ermordet, gewissermaßen eingeschläfert, damit er nichts mehr sagen kann? Nun, das würde meine schlimmsten Befürchtungen bestätigen.«

Moreaux hab beide Hände. »Nun ja, die Schlussfolgerungen ziehe nicht ich hier. Allerdings kann ich am ganzen Körper keine Hinweise auf einen operativen Eingriff entdecken, abgesehen von Einstichen in die Venen des linken Unterarms.«

»Wissen Sie, was ich mich frage, Frau Doktor? Ich bin ja nur Laie, aber ist es überhaupt übliche Praxis, dass in einer solchen Einrichtung operative Eingriffe durchgeführt werden?«

»Nun, nicht gerade häufig. Doch es kommt durchaus vor. Meist geht es um Eingriffe irgendwo am Kopf oder in Kopfnähe, vielleicht noch an der Wirbelsäule.«

Keller betrachtete den besagten Körperteil und runzelte fragend die Stirn.

»Ganz genau, Keller. Bei einem Eingriff am Kopf müsste eine bestimmte Region rasiert sein, dem ist jedoch nicht so. Kaltenbrunn verfügt über recht volles Haar bis tief in den Nacken, sogar ein Stück den Rücken hinunter, könnte man fast sagen. Außerdem wird in den meisten Fällen die entsprechende Hautstelle markiert. Bei einer OP an der Wirbelsäule würde ich auf jeden Fall eine farbige Kennzeichnung erwarten – Notfall hin oder her.«

»Also keine Operation, sondern einfacher Mord? Sie wissen ja, ich brauche klare Sachverhalte, Doktor.«

»Nun, das ist nicht so einfach zu sagen. Die Einstichstellen am Unterarm halte ich durchaus für die Überbleibsel einer Narkose.« Moreaux wies auf die Stelle. »Zumal man hier deutliche Klebebandreste erkennt, mit denen sicherlich eine Infusionsnadel fixiert war.«

»Also gab es reguläre Operationsvorbereitungen, nur nicht für einen Eingriff, der zur Psychiatrieklinik passen würde?« Keller nahm die Schiebermütze ab und kratzte sich am Kopf. »Vielleicht hatte er einen Blinddarmdurchbruch.«

»Gar nicht schlecht.« Moreaux grinste. »Aber auch dann hätten wir einen Schnitt. Es sei denn, der Patient ist schon bei der Narkoseeinleitung verstorben.« Sie drapierte ein Geschirrtuch in ein Metallsieb und plazierte das ganze auf einem großen Becherglas. »Und für einen anderen, nicht ganz so akuten Eingriff hätte man ihn sicherlich in das Krankenhaus der SVA verlegt. Ist ja nur einen Katzensprung weg.« Sie kramte im Unterschrank des Labortisches. »So ein Mist, das Wichtigste fehlt mal wieder… ah, da.«

»Verstehe.« Der Oberleutnant knetete grübelnd seine altmodische Kopfbedeckung.

Die Ärztin goss den gesamten Inhalt des Glaskolbens in den improvisierten Kaffeefilter. »Ob ein medizinischer Grund für eine sofortige Operation bei Kaltenbrunn vorlag, werde ich durch eine innere Beschau wohl herausfinden können.«

Dankbar nahm Keller das Heißgetränk entgegen und stellte erleichtert fest, dass wenigstens Tassen in Moreauxs Totenreich vorhanden waren und er nicht aus einem Reagenzglas mit Chemikalienrückständen oder einer Nierenschale trinken musste, in der womöglich zuvor ein Gehirn abgewogen worden war. »Wissen Sie, Frau Doktor, würde mich überhaupt nicht wundern, wenn er einfach an einer Überdosis Narkosemittel gestorben ist.«

Die Ärztin nickte nachdenklich und versetzte ihren Kaffe mit drei Teelöffeln Zucker.

Als sie nichts zur Sache sagte, dachte Keller laut weiter. »Aber das werden Blutuntersuchungen und Gewebeproben uns sicherlich verraten können, nicht wahr?«

»Nun, das ist nicht immer so einfach, wie es sich anhört, nur wenn das Labor weiß, wonach es suchen muss…« Doktor Moreaux nickte nachdenklich. »Sind Sie wirklich sicher, dass es sich lohnt, noch weitere Stellen in diese Angelegenheit zu involvieren?«

Keller wusste, dass die Ärztin nicht ganz Unrecht hatte. Je weniger Personen er in diesen ganzen unkalkulierbaren Vorgang mit hineinzog, desto besser. Vielleicht gab es auch einen konkreten Anlass, warum Doktor Moreaux das örtliche Labor meiden wollte?

»Lassen Sie es uns einfach so machen: Ich habe ein paar Kontakte zu einem sehr guten Labor, mit allen erdenklichen Gerätschaften. Und vielleicht können Sie ein paar Analysen ja auch selbst hier erledigen. Wenn wir zweigleisig fahren, sollten wir doch verhältnismäßig schnell ein relativ umfassendes Bild von Kaltenbrunns Innenleben bekommen.«

Moreaux schwieg einen Augenblick, dann lächelte sie ihn über ihre Kaffeetasse hinweg an. »Ein kluger Gedanke, Herr Kommissar. Bis wann soll ich Ihre Proben versandfertig machen?«

Keller sah auf seine Uhr. Es war noch keine sechs, und wenn er genügend Druck bei den Kollegen der Dienststelle hier in Döbeln aufbaute, dann konnte diese Probe sicherlich vor offiziellem Dienstbeginn schon in Berlin sein. »Bitte tun Sie das sofort. Anschießend können Sie den Mann in aller Ruhe aufschneiden, während ich den Kollegen vom Kreisamt endlich einen Besuch abstatte.«

08:37 UHR

Gehlen strich zum wiederholten Mal sein altmodisches Jackett glatt und wiederholte seine Forderung. »Ich hoffe, wir haben uns verstanden, Genosse Major?«

»Aber sicher. Nur eines müssen Sie mir noch erklären, Genosse Hauptmann. Welches Interesse hat das Ministerium für Staatssicherheit daran, einen Mord an einem verdienten Bürger unseres Volkes unaufgeklärt zu lassen?«

Der Stasi-Offizier überhörte Schüttaus ironische Anspielung. »Nichts ist hier unklar, Genosse Major. Der Mörder von Professor Heise ist ermittelt und bereits in Gewahrsam.«

»So? Wer ist denn der Mörder von Professor Wolfgang Heise?«

»Was soll denn das jetzt, Genosse Major? Sie wissen doch ganz genau, wer der Täter ist. Es gibt genug Zeugen, und die Ermittlungen Ihrer Leute bestätigen deren Aussagen.« Gehlen schien Widerspruch nicht gewöhnt zu sein.

»Was wir wissen, ist, dass ein nicht zurechnungsfähiger Mann mit dem Namen Doktor Kaltenbrunn verdächtigt wird.«

Der Mann von der Staatssicherheit wirkte für einen Moment verunsichert. »Ich verstehe nicht ganz. Was wollen Sie? Über den Tathergang und über das Motiv des Täters besteht wohl auch kein Zweifel, falls man außer geistiger Verwirrtheit überhaupt eines benennen möchte. Er wollte die Nervenheilanstalt verlassen, die

Klinikleitung wollte das verständlicherweise nicht zulassen. Die Folgen der Kurzschlussreaktion kennen wir alle.«

»Ich frage Sie, Hauptmann Gehlen, was das alles soll. Sie wissen so gut wie ich, dass es in der Deutschen Demokratischen Republik überhaupt keinen Doktor Kaltenbrunn gibt – und auch nie gab. Genauer, keinen, der vom Alter her passen könnte.«

»Ich verstehe nicht, worauf Sie hinauswollen, Genosse Major.« Dass Gehlen nicht zum Schauspielen geboren war, war offensichtlich. »Es ist alles klar und eindeutig in den Akten. Der Fall ist abgeschlossen. Akzeptieren Sie das!«

»Schön, dann können Sie mir die wahre Identität von Kaltenbrunn ja mitteilen – nur der Form halber.«

Der Offizier des MfS blitzte Schüttau böse an, ließ sich aber nicht zu einem Kommentar verleiten.

»Oberleutnant Keller hat jeden Stein umgedreht. Und wenn er das sagt, dann glaube ich ihm.« Er erwiderte Gehlens Blick. »Einen Doktor Kaltenbrunn gibt es nicht. Und das bedeutet, dass der Sachverhalt weit von einer Klärung entfernt ist, Genosse Hauptmann.«

Gehlen wandte sich mit einem genervten Seufzen ab, zog seinen Binder vor dem Spiegel der kleinen Waschecke zurecht und brachte eine Packung Club Filter zum Vorschein.

»Wenn Sie das lassen könnten, Genosse…«

Der Stasi-Hauptmann winkte ab und klopfte demonstrativ langsam eine Zigarette aus der Packung. Dann entzündete er sie mit einem sehr amerikanisch aussehenden Benzinfeuerzeug und zog den Rauch tief in die Lungen. Eine beachtliche Qualmwolke ausstoßend baute er sich wieder vor dem Leiter der Leipziger Kriminalpolizei auf. »Sie ziehen Ihren Mann sofort ab, Major Schüttau. Das ist ein Befehl – nur der Form halber.« Er grinste.

Diesmal war es der Polizist, der sich nicht zu einer unüberlegten Entgegnung hinreißen ließ, obwohl das klischeehafte Imponiergehabe des MfS-Mannes seine Beherrschung auf die Probe stellte.

»Noch einmal, Genosse Major, damit kein Missverständnis zwischen uns besteht: das Ministerium des Inneren, zu dem auch Ihre

Dienststelle gehört, wie Sie sich vielleicht erinnern, betrachtet die Tötung von Professor Doktor Wolfgang Heise als hinreichend aufgeklärt, um den Vorgang abzuschließen. Der Mörder ist überführt und dingfest gemacht. Die Zeugenaussagen sind eindeutig, und das Tatmotiv ist ermittelt. Mehr wird in dieser Angelegenheit nicht passieren. Ihr Oberleutnant Keller hat eine gute Arbeit gemacht und hat sich vielleicht sogar eine Auszeichnung verdient.«

Schüttau behielt die Nerven.

Gehlen schritt zur Waschecke und klopfte die Asche in das Becken. Dann schob er dem Major den Fernsprecher zu. »Rufen Sie jetzt Ihren Mann an und pfeifen Sie ihn zurück. Sofort.«

»Geht nicht.«

»Ich warne Sie, Genosse Major. Ich kann mir nicht vorstellen, dass Sie Ihr vorzeitiges Dienstausscheiden durch Ihre fortgesetzte Insubordination herbeiführen wollen.«

»Es geht nicht, Genosse Hauptmann«, log Schüttau. »Es ist Freitag. Oberleutnant Keller hat heute einen freien Tag. Er wird sich ausschlafen wollen. Er war seit Dienstagnacht praktisch ununterbrochen auf den Beinen.«

»Ich bin gerührt, Major«, höhnte Gehlen, »aber wir sind hier nicht im Hort. Rufen Sie den Mann an. Auch das ist ein Befehl.« Er nahm den Hörer von der Gabel und reichte ihm Schüttau. »Wird's bald, Genosse? Ich habe nicht den ganzen Tag Zeit.«

Schüttau wurde heiß, doch er beschloss, seine Geschichte konsequent durchzuziehen. Der Stasi-Mann glaubte ihm sowieso kein Wort. »Es tut mir aufrichtig leid, aber Oberleutnant Keller ist per Fernsprecher nicht erreichbar. Das Einsatzfahrzeug ist nicht entsprechend ausgerüstet.« *Mann, was tue ich hier?* Er schwitzte wie verrückt. »Ich kann ihn frühestens Montagmorgen erreichen. Dann ist er wieder hier in der Dienststelle. Sie haben meine vollste Kooperation.« Schüttau gab sich zerknirscht. »So sehen Sie doch die Situation, Genosse Hauptmann, ich *kann* Ihnen in dieser Sache schlichtweg nicht helfen.«

Man konnte deutlich erkennen, wie es hinter Gehlens Stirn arbeitete. Ohne auf die Beteuerungen des Polizisten einzugehen, rauchte er scheinbar seelenruhig die Club bis kurz vor den Filter herunter und schnippte sie in das kleine Waschbecken, wo sie mit einem zischenden Geräusch erlosch. Gehlen atmete tief durch und hielt sein Schlussplädoyer. »Wie Sie wollen, Genosse Major. Ich nehme Ihre Angaben fürs Erste ungeprüft zur Kenntnis. Ich verlasse mich darauf, dass für die Leipziger Kriminalpolizei der Fall Heise abgeschlossen ist. Am Montag erhalte ich den vollständigen Abschlussbericht bis zwölf Uhr mittags. Ich hoffe für Sie, dass Ihre Autorität ausreicht, dem Genossen Oberleutnant Keller den Ernst meiner Anordnung deutlich zu machen. Für jedes weitere Fehlverhalten werde ich Sie persönlich verantwortlich machen. Sollten Sie mein Vertrauen missbrauchen, glaube ich nicht, dass ich eine Entfernung aus dem Polizeidienst als ausreichende Sanktion empfehlen werde. Haben wir uns verstanden?«

»Selbstverständlich. Zu Befehl, Genosse Hauptmann. Sie können sich voll und ganz auf mich verlassen.«

Gehlen fixierte ihn noch einige Sekunden feindselig. Dann drehte er sich um und verließ ohne ein weiteres Wort das Dienstzimmer.

Schüttau zog die unterste Schublade seines Schreibtisches auf, goss zwei Finger breit Wodka in seinen Kaffeebecher und leerte ihn in einem Zug. *Du wirst meine Angaben ganz sicher 'fürs Erste ungeprüft zur Kenntnis' nehmen. So sicher, wie ich diesen Fall jetzt abschließe.*

Er beobachtete von seinem Fenster aus, wie der Wolga des Stasi-Offiziers von dem trotz Dämmerung immer noch hell beleuchteten Hof des Präsidiums rollte, dann ließ er sich mit Oberleutnant Kellers Dienstwagen verbinden.

09:07 UHR

Keller brachte endlich den Besuch in der Döbelner Dienststelle hinter sich. Ihm war im Grunde nur daran gelegen, die Kiste mit Kaltenbrunns Blut- und Gewebeproben abzuliefern und mit

Dringlichkeitsvermerk über den Dienstweg sofort auf die Reise nach Berlin zu schicken. Aber dabei war es natürlich nicht geblieben. Die Kollegen legten ihm einige Berichte und seine Aussage zu dem Eindringling, der Verfolgung und dem tödlichen Sturz zur Unterschrift vor. Keller las, ergänzte einige Kleinigkeiten handschriftlich und setzte seinen Namen unter das Ganze.

Der Leiter der K im Kreisamt war noch nicht im Haus, und eigentlich war Keller das ganz recht – er war zu müde, um sich Vorhaltungen machen zu lassen. Und dass dieser Hauptmann Schmauder sich über die Vorgänge und Vorfälle in der Klinik und den fremden Ermittler aus Leipzig aufregte, da hatte er keine Zweifel. *Wenn nicht jetzt, dann spätestens, wenn er von dem Leichenraub erfährt.*

Keller überzeugte sich noch von Tassels ordnungsgemäßer Verwahrung, entschied sich aber gegen ein Gespräch mit dem Mann. Der Pfleger hatte anscheinend keinen Widerstand gegen seine Verhaftung geleistet und seither keinen Ton von sich gegeben. Sollte ihm recht sein. Tassel konnte hier in aller Ruhe schmoren, und er wollte die Kooperationsbereitschaft der Döbelner Kollegen sowieso nicht überstrapazieren, indem er ohne Absprache ein Verhör durchführte.

Auf der Fahrt ins Hotel in Waldheim erwischte Schüttau ihn dann im Dienstwagen.

»Ich hatte gerade hohen Besuch. Dieser Genosse von der Staatssicherheit, Hauptmann Gehlen, hat beschlossen, dass Sie den Fall Heise aufgeklärt haben«, schnaufte Schüttau durch den Funkapparat. Keller fluchte kurz. Also würden seine ganzen Ermittlungen im Sande verlaufen, sinnlose Zeitvergeudung. Keller war sprachlos, als Schüttau vom weiteren Verlauf des Gesprächs mit Gehlen berichtete. Dass der Major ihm bis Montagvormittag Zeit verschafft hatte, rechnete Keller ihm hoch an.

»Und dass Kaltenbrunn inzwischen tot ist, macht die ganze Sache erst richtig rund.« Mit schlechtem Gewissen erzählte er dem Vorgesetzten dann auch gleich von seinem Sondereinsatz mit

Moreaux und der nächtlichen Schießerei. Erstaunlicherweise blieb Schüttau ruhig.

»Nun ja, Keller. Das war doch vor Gehlens Besuch hier.« Es klang schon wieder, als nähme Schüttau einen Schluck von irgendetwas. »Mich wundert bloß, dass der Hauptmann von dieser Eskapade noch keinen Wind bekommen hat.«

In der Tat, dachte Keller. So wie Schüttau es erzählte, musste man annehmen, dass der Mann vom Ministerium gut informiert war und ganz sicher auch schon von Kaltenbrunns plötzlichem Ableben gewusst hatte, wenn die vermeintliche Notoperation nicht gar Plan B gewesen war.

»Die Sache mit der Leiche lässt sich schon irgendwie regeln...« Schüttau brummelte etwas Unverständliches. »Verdammt nochmal, wir lassen uns doch nicht vom MfS wie Zirkusäffchen vorführen!«

»Nein, Genosse Major«, stimmte Keller leutselig zu. Wer wusste es schon, vielleicht erwies es sich ja letztlich als vorteilhaft, dass dieser Mann von der Staatssicherheit den Leiter der Kriminalpolizei auf die Palme gebracht hatte.

Eigentlich hatte er sich ein wenig Ruhe gönnen wollen, er war hundemüde. Doch der Schlaf kam nicht. Stattdessen lag er seit seiner Rückkehr auf dem Bett, starrte zur Decke und grübelte. Durch die Intervention des Ministeriums und die Ereignisse der letzten Stunden hatte der Fall eine ganz andere Dimension angenommen – und eine ganz andere Richtung. Natürlich war es ihm von Anbeginn an seltsam vorgekommen, dass die Klinikleitung mehr an Vertuschung als an Aufklärung interessiert war. Nur hatte er das zunächst auf die übliche Angst vor Gerede und Sorge um die Reputation geschoben, nicht auf eine Weisung von staatlicher Stelle. Was, wenn Kaltenbrunn tatsächlich gar nicht verrückt gewesen war, wenn man ihn in der Waldheimer Psychiatrie nur von der Bildfläche verschwinden lassen wollte? Dann waren der verstorbene Professor Heise und die Piechkow als seine Nachfolgerin Teil einer Verschwörung. Einer Verschwörung, die von den höchsten Kreisen der Partei, der Regierung ausgehen musste, oder zumindest geduldet wurde. Die

Beseitigung unliebsamer Bürger, gesetzeswidrige Befehle an den Leiter der Leipziger Kriminalpolizei, Schüsse auf Volkspolizisten. Unwahrscheinlich, dass all das ohne Wissen in höheren Etagen stattfinden konnte. Völlig unmöglich.

Und dieser Tassel, wenn das überhaupt sein richtiger Name war, war sicherlich kein Krankenpfleger. Ganz im Gegenteil, der hatte den Einbrecher in Heises Büro absichtlich entkommen lassen. Der Zusammenstoß, als er die Verfolgung aufnehmen wollte, war kein Zufall gewesen. Das stand für Keller fest. So wie der Kerl mit Schwester Melanie umgesprungen war, hatte er Weisungsbefugnis; am Ende wurde sogar die Piechkow von ihm unter Druck gesetzt. Und vorher Professor Heise.

Seine Gedanken rasten umher, ohne einen Ansatzpunkt, einen Halt zu finden. Das in über zwei Jahrzehnten geformte Bild der Deutschen Demokratischen Republik franste aus. War er als Polizist denn bisher blind durchs Leben gelaufen, oder hatte er nur noch nicht in das richtige Wespennest gegriffen? Mit einem Mal bekam das Gerede über Hinrichtungen in Bautzen und Selbstschussanlagen an der Grenze zur BRD, die im privaten Kreis nach einigen Flaschen Pils erzählt wurden und die der Volkspolizist in ihm immer als Frustgequatsche von Unzufriedenen abgetan hatte, einen ganz anderen Geschmack. Das darf einfach nicht wahr sein, sagte er sich immer wieder. Doch es konnte gar nicht anders sein.

Kaltenbrunn. Hier lag der Schlüssel. Er musste mehr über diesen Mann herausfinden, wenn er den Fall lösen wollte. Und er würde weitermachen – jetzt erst recht. Was hatte Kaltenbrunn so gefährlich gemacht, dass man ihn nicht einfach in den Knast stecken konnte... wo er sich mit anderen unterhalten würde? Warum war es – er wagte es kaum zu denken – für die DDR so wichtig, Kaltenbrunns Gedächtnis zu löschen, ihn am Ende lieber zu liquidieren, bevor er etwas preisgeben konnte? Der Mann war angeblich Wissenschaftler gewesen. Keller versuchte, sich zu erinnern, wer ihm das erzählt hatte. Vielleicht war auch das eine Lüge. Womöglich hatte Doktor Kaltenbrunn so wenig mit Wissenschaft zu tun wie sein Chef. Es war doch noch nicht einmal sicher, dass Kaltenbrunn tatsächlich der Name des Patienten war.

Das derbe Pochen an der Tür holte ihn aus seinen Gedanken. Es war die korpulente Wirtin der Zschopauperle, und das half ihm auch auf die Sprünge. Es war die Springfeld gewesen, die von Kaltenbrunns Beruf gesprochen hatte, schon in der Mordnacht. Ein Wissenschaftler, der aus Gründen der Staatsraison zum Schweigen gebracht werden musste. Die Springfeld... Wahrscheinlich die einzigen Aussagen mit einem gewissen Wahrheitsgehalt.

Er sprang auf, überholte die verdutzte Göbel auf der Holztreppe mit einem »Danke« und nahm den Telefonhörer, der oben auf dem Fernsprecher lag. »Habe mir fast gedacht, dass Sie's sind, Doktor. Nach so einer Obduktion legt man sich auch nicht gleich schlafen, wie?«

Moreaux ignorierte Kellers Flachserei. »Ich habe ein paar Informationen für Sie.«

»Das ging flott, meine Hochachtung. Schießen Sie los, Frau Doktor.«

»Ich schlage vor, Sie holen mich in der Klinik ab und wir apportieren meinen Wagen. Auf der Fahrt haben wir etwas Zeit.«

Mist, Moreauxs Auto hatte er vollkommen vergessen. »Äh, ja natürlich, Doktor. Tut mir schrecklich leid. Hatte Ihren Schiguli völlig vergessen. Ich fahr' sofort los.« Er sollte seine wenigen Verbündeten in diesem Fall besser behandeln.

Die Rechtsmedizinerin wartete bereits vor der Poliklinik auf Keller. »Noch einmal einen guten Morgen, Kommissar.« Sie stieg mit einem Ächzen in Kellers Dienstfahrzeug. Ihre Hose war völlig zerknittert und sie strich sie über ihren Knien glatt. »Also, ich habe da so eine Theorie entwickelt, was den Kaltenbrunn angeht.«

Der Oberleutnant holte tief Luft. »Hören Sie, Doktor Moreaux. Ich wollte wirklich nicht flapsig wirken, gerade eben am Telefon. Ich weiß Ihre Hilfe und Loyalität zu würdigen. Mir ist auch nicht entgangen, dass Sie schon wieder die Nacht durchgearbeitet haben.«

»Lassen Sie's gut sein, Kollege. Wie schon gesagt, mache ich das freiwillig. Mein einziges Problem besteht darin, meinem Mann zu erklären, dass ich seit Mittwochnacht dauernd unterwegs bin und das Wochenende dahin sein wird.«

»Ich werde mich bei Ihnen und Ihrem Mann revanchieren, wenn das hier alles vorbei ist. Versprochen. Ich kenn' da bei uns in Leipzig eine neue Gaststätte, mit richtig guten Wildgerichten, nicht so'n fader HO-«

»Geschenkt, Kommissar. Wir werden uns schon einig werden.« Moreaux winkte grinsend ab.

Keller schwieg und ließ die Ärztin fortfahren.

»Thema Kaltenbrunn. Wie Sie richtig bemerkt haben, konnte ich mich nicht zurückhalten und habe nach Hinweisen auf eine absichtliche Tötung gesucht.«

»Und?«

»Abschließend kann ich nichts sagen, da müssen wir die Blut- und Gewebeuntersuchung abwarten. Aber ein paar andere interessante Dinge sind mir während der Beschau aufgefallen. Zum einen hatte Kaltenbrunn grauen Star, Linsentrübung. Das kann eine normale Alterserscheinung sein. Er litt außerdem unter beginnendem Lungenkrebs. So, wie das aussieht, würde ich sagen, muss es nicht unbedingt vom Rauchen sein. Zum anderen weist er Schädigungen der Nieren und eine leichte Fibroisierung des Lebergewebes auf.«

Keller sah seine Beifahrerin fragend an.

»Eine krankhafte Vermehrung des Bindegewebes, verbunden mit Knötchenbildung. Übermäßiger Alkoholgenuss ist die häufigste Ursache für diese Art von Befund.«

»Ja, hm.« Keller kratzte sich am Kopf. »Und was heißt das jetzt? Dass Kaltenbrunn schwerer Raucher und Alkoholiker war, der sich den Verstand weggesoffen hat? Aber das-«

»Das passt nicht zu Ihrer Theorie?« Moreaux lachte. »Nein, im Ernst. Sie haben Recht, dass da mehr sein muss. Wozu sonst die Verschleierung und Täuschung, richtig?« Sie räusperte sich, als würde dies ihren folgenden Worten mehr Gewicht verleihen. »Nach meiner Meinung war Doktor Kaltenbrunn für längere Zeit irgendetwas Gewebeschädigendem ausgesetzt. Ich weiß, das hört sich vielleicht verrückt an, aber das alles könnten auch Spätfolgen sein, unter denen beispielsweise ein nachlässiger Laborarbeiter leiden würde.«

»So verrückt ist das tatsächlich nicht, Doktor…«

Moreaux überlegte kurz. »Oder vielleicht ein Arbeiter in der chemischen Industrie? Da kommen immer wieder fürchterliche Dinge vor, sage ich Ihnen. Vielleicht auch ein Röntgenarzt oder so etwas. Dass der Mann Wissenschaftler gewesen sein soll, würde dann gewissermaßen ins Bild passen.«

»Da gibt es sicherlich eine ganze Reihe von Berufen, die infrage kommen, nehme ich an. Könnten Sie die Richtung denn noch irgendwie eingrenzen?«

»Ich wüsste nicht recht, wie, Kommissar.«

»Nun gut. Wenn wir fürs Erste dabei bleiben, dass der Doktortitel nicht völlig aus der Luft gegriffen war, dann sind die akademischen und–«

»Aber Oberleutnant Keller, selbst wenn ich mit meiner Idee vom Chemiker oder vom Radiologen halbwegs richtig liege… Wer sollte denn so viel Interesse an seinem Schweigen haben, dass er diesen ganzen Aufwand betreibt?«

Als der Polizist keine Anstalten machte zu antworten, hakte Moreaux nach. »Nun kommen Sie schon aus der Reserve. Ich sehe es Ihnen doch an. Sie haben eine Theorie. Jetzt spannen Sie mich nicht auf die Folter, Kommissar.«

Keller überlegte kurz. Die neuen Informationen würde er später durchgehen und sehen, ob und wie er sie mit seinen bisherigen Überlegungen in Einklang bringen konnte. Soweit er das überblickte, widersprachen sie den Gedanken, die er in den letzten Stunden gewälzt hatte, aber in keiner Weise. Er gab sich einen Ruck und erzählte Moreaux von seinen Ideen, was die Beteiligung des MfS anging.

»Oje, Kommissar. In was sind wir da hineingerutscht?«

»Ich werde weitermachen.«

»Ich habe nichts anderes erwartet. Wenn Sie mich noch brauchen können…«

»Frau Doktor, Sie wissen genau, dass ich ohne Ihre fachlichen Kenntnisse aufgeschmissen wäre. Und deshalb habe ich auch gleich die Frechheit, Sie noch um eine Probenentnahme von Kaltenbrunns Knochen zu bitten.«

Die Medizinerin zögerte. »Nun, Herr Kommissar, ich weiß wirklich nicht, ob in diesem Fall eine Knochenanalyse lohnt.«

»Aber das wird sich ja herausstellen.«

»Na ja, nur verhältnismäßig wenige schädliche Einflüsse, die Kaltenbrunns Symptome erklären könnten, schlagen sich in den Knochen nieder, Oberleutnant. Und soweit ich weiß, ist diese Untersuchung technisch auch sehr aufwendig«, gab Moreaux zu bedenken. »Ehrlich gesagt halte ich das für Zeitverschwendung.«

»Ich will nicht unverschämt sein, Doktor, doch Sie sollten diese Knochenproben schnell nehmen, wenn Sie es nicht schon getan haben. Dieser Leichnam ist mein erstes handfestes Indiz in diesem verworrenen Fall, und da wird nicht mehr geschludert.« Keller lenkte den Wagen jetzt automatisch, ohne überhaupt noch auf den Verkehr zu achten. »So, wie sich mir die Lage präsentiert, glaube ich nicht, dass die Kollegen vom Döbelner Revier den Tassel lange festhalten werden – mich wundert schon fast, dass sie ihn tatsächlich verhaften konnten. Jedenfalls wird die Stasi schneller bei Ihnen auf der Matte stehen, als uns lieb sein kann. Vielleicht war es ja ganz hilfreich, dass Ihr roter sowjetischer Luxusschlitten nicht vor der Klinik stand. Wer weiß, sonst hätten Sie vielleicht heute Nacht schon netten Besuch von höchst interessierten Gesprächspartnern bekommen.«

Während der restlichen Fahrt zeigte sich Moreaux wortkarg; nur zweimal meldete sie sich zu Wort, um Keller den Weg zu ihrem Auto zu erklären. Als Keller schließlich neben dem weinroten Schiguli hielt, stieg die Ärztin wortlos aus, kam jedoch noch einmal zurück. »Nun gut. Ich werde eine Knochenanalyse versuchen und ja, ich werde mich beeilen, Kommissar.«

»Ich danke Ihnen. Und packen Sie mir noch etwas für meine Freunde im Labor ein?«

In Gedanken versunken sah er Moreauxs eckigem Lada nach, der sich zügig vom Marktplatz entfernte. War die Gerichtsmedizinerin am Schluss verärgert gewesen, oder täuschte der Eindruck? Vielleicht hatte die Ärztin erst jetzt ganz begriffen, was da letzte Nacht passiert war, oder er hatte der Moreaux einfach zu viel Arbeit aufgebürdet. Wahrscheinlich war eine Knochenanalyse so aufwendig, dass sie Moreaux das Wochenende komplett vermiesen würde. Vielleicht hatte sie hier auch gar keinen Zugriff auf die notwendigen Laborgerätschaften. Er würde versuchen, die hilfsbereite Gerichtsmedizinerin weniger in Anspruch zu nehmen, wusste aber im selben Moment, dass es bei dem Wunsch bleiben würde. Ohne seine kompetente Mitstreiterin würde er in diesem Fall nicht weiterkommen.

Die Analyse der Knochen musste sein, so viel stand für ihn fest. Keller lehnte sich im Sitz zurück und ließ sich Moreauxs Ergebnisse durch den Kopf gehen. Die Idee mit dem Arzt schien ihm am plausibelsten. Wenn er annahm, dass Kaltenbrunn Röntgenarzt war, dann könnte sich die Einmischung des MfS vielleicht so erklären, dass er Patienten aus den höchsten Kreisen behandelt hatte. Dass er dadurch Wissen besaß, das nicht nach außen dringen durfte. Wenn er ein Spezialist auf diesem medizinischen Gebiet war, dann hatte er gewiss einen Teil seiner Ausbildungszeit in der UdSSR oder anderen sozialistischen Ländern zugebracht. Vielleicht auch dort praktiziert. So wäre auch seine Abstinenz in jeglichen Registern und Akten, die ihm von Leipzig aus zugänglich waren, schnell erklärt. Vielleicht wusste dieser Kaltenbrunn einfach zu viel über staatsgefährdende Gebrechen wichtiger Persönlichkeiten – und das möglicherweise nicht nur in der Deutschen Demokratischen Republik, sondern auch noch in der Sowjetunion. Keller fragte sich, wie groß die Kreise wirklich waren, die dieser Fall zog. Wenn er mit dieser Theorie richtig lag, das wusste er, war die Chance, etwas über Kaltenbrunns Person herauszufinden, praktisch gleich Null. Gut, dass er wenigstens die Proben hatte sichern können.

Schon zwei Trabant und ein geschlossener Barkas waren mittlerweile an seinem Dienstwagen vorbeigerollt. Waldheim erwachte langsam zum Leben. Zunächst öffnete eine Sämerei an der Nordseite des Markplatzes die Türen, dann der Konsum, vor dem er parkte, und es tauchten erste Fußgänger auf, die allesamt einen mehr oder weniger auffälligen Blick in seinen Wartburg warfen. Er sollte hier besser nicht festwachsen. Doch ins Hotel zu den neugierigen Göbels wollte er jetzt auch nicht. Kurzentschlossen drehte er den Zündschlüssel, wartete einige Sekunden, bis der Zweitakter gleichmäßig knatterte, und fuhr gemächlich Richtung Döbelner Landstraße. Wohin, wusste er nicht, aber irgendwie kam es ihm selbstverständlich vor, weiter zwischen der Nervenheilanstalt in Waldheim und der Poliklinik zu pendeln. Er musste nachdenken und die Fakten ordnen.

Er hatte das Örtchen Meinsberg vielleicht einen Kilometer hinter sich gelassen, da meldete sich Schüttau zum zweiten Mal an diesem Morgen. Keller fluchte, zum einen, weil das Funkgerät seine Überlegungen unterbrach, zum anderen, weil er schlechte Nachrichten aus Leipzig befürchtete.

»Kleinen Moment noch, Chef.« Er lenkte den Wagen nach links in einen Feldweg und stoppte auf dem holperigen Grünstreifen, der den Acker begrenzte. »Hallo, Genosse Major. Hat das MfS noch mehr Druck gemacht? Na ja nu, ich stecke sowieso in einer Sackgasse.«

»Pah! Wo denken Sie hin, Keller? So kenne ich Sie ja gar nicht. Ich lasse mich doch nicht von der Staatssicherheit vorführen. Ich bin doch nicht deren Lakai.«

»Verstehen Sie mich nicht falsch, Chef, aber wie–«

»Ich habe mir das nochmal überlegt Keller. Wenn Hauptmann Gehlen so viel daran liegt, dass der Fall Professor Heise von uns nicht weitergeführt wird, dann bitte. Der Mordfall Heise ist abgeschlossen. Ich ziehe Sie hiermit offiziell von dem Fall ab und lasse das MfS, wie befohlen, weiter in der Sache ermitteln. Ich stelle mich doch nicht gegen die Gesetze unserer Republik.« Man hörte Schüttau schnaufen.

Jawoll, Genosse Major. Und was kommt jetzt?, dachte Keller und schwieg griemelnd.

»Aber, Genosse Oberleutnant, jetzt ist da der Todesfall Doktor Kaltenbrunn. Und das ist ja ein ganz anders gelagerter Spezialfall. Der hat mit Professor Heise nichts zu tun und muss natürlich weiterhin untersucht werden. Wo kämen wir denn da hin?«

Keller grinste in sich hinein. »Da gebe ich Ihnen vollkommen recht, Genosse Major.«

»Und deshalb habe ich, in Absprache mit den Kollegen vom VPKA in Döbeln, nachdrücklich angeregt, dass Sie an der Sache Kaltenbrunn dran bleiben, wo Sie gewissermaßen bereits vor Ort sind.«

»Zum toten Kaltenbrunn könnte ich Ihnen auch gleich erste Erkenntnisse der Obduktion–«

»Moment, Keller. Kurz und gut, ich habe Ihnen Unterstützung besorgt. Das wollten Sie doch?«

Es war klar, dass Schüttau jetzt einen dankbaren Kommentar erwartete, doch Keller tat ihm den Gefallen nicht und ärgerte sich im nächsten Augenblick selbst, dass er nicht ein Mal über seinen Schatten springen konnte.

»Also gut, Oberleutnant. Der Mann heißt Kosminsky, Peter Kosminsky. Ein vielversprechender junger Unterleutnant der K in Döbeln, den mir mein verehrter Kollege Schmauder ans Herz gelegt hat.«

Keller war platt. Mit einem Mal taten sich ganz neue Wege auf. Er wusste genau, wie es weitergehen konnte. Mit einem hellen Assistenten und dieser kooperativen Rechtsmedizinerin – mit der auch noch die Chemie stimmte – könnte er...

»Keller, sind Sie noch da?«

»Äh, natürlich, Chef.«

»Dass Sie mir diesen Kosminsky nicht gleich am Anfang vergraulen, hören Sie?«

»Keine Sorge, Chef. Solange er mir nicht den ganzen Wagen vollquarzt. Jetzt nochmal zu Doktor Kaltenbrunn...« Dieses Mal konnte er den Bericht der ersten Leichenbeschau absetzen.

Der Major hörte ohne Zwischenfragen zu und ließ von Zeit zu Zeit ein nachdenkliches Brummen hören. Als Keller zum Ende kam, musste sein Vorgesetzter noch eine eindringliche Mahnung loswerden.

»Denken Sie daran: Wenn irgendwie auffällig wird, dass Sie weiterhin am Mordfall Heise dran sind, kommen wir in Teufels Küche. Ich weiß von nichts, wie es so schön heißt. Aber das muss ich Ihnen ja eigentlich nicht sagen. Ich kann mich dann natürlich auch nicht darauf hinausreden, dass ich Sie erst am Montag erreichen konnte. Dass ich Ihnen am Freitagmorgen Unterstützung in Döbeln organisiert habe, wird schnell auffliegen, wenn da einer nachforscht.«

»Ich habe verstanden, Genosse Major. Ab jetzt bearbeite ich nur noch den Todesfall Kaltenbrunn.«

»Wenn Sie mich bloß immer gleich verstehen würden, Oberleutnant. Nun, lassen Sie uns sehen, wann vom Ministerium die Weisung kommt, Sie auch von den Kaltenbrunn-Ermittlungen abzuziehen.« Schüttau verabschiedete sich und beendete die Verbindung, bevor Keller etwas erwidern konnte.

Er musste an die vergangene Nacht denken. Beinahe wären er und Moreaux bei einer illegalen Unternehmung erschossen worden, die nach jetzigem Stand ganz unaufgeregt als offizielle Routine ablaufen könnte. Keller tröstete sich damit, dass Kaltenbrunns Leiche ohne ihre Eigenmächtigkeit in diesem Augenblick todsicher schon dem anstaltseigenen Krematorium zugeführt würde. War für eine Klinik wie diese ganz praktisch, eines zu haben, sagte er sich. Er warf den Motor wieder an und setzte seinen Weg nach Döbeln fort, zurück zum Kreisamt der Volkspolizei.

09:52 UHR

Wachtmeister Kraiser trat seinen Dienst an diesem Morgen mit einer kleinen Verspätung an. Nachdem die russischen Genossen den Jungen persönlich abgeholt hatten, hatte Kraiser seinen Dienst noch vorschriftsmäßig bis zum Schichtwechsel um acht abgeleistet. Oberwachtmeister Linnow war noch geblieben und hatte versprochen, den Leiter des K 3, Hauptmann Frisch, ins Bild zu setzen, sobald der auftauchte.

Ein wenig verstohlen blickte Kraiser sich nun nach seinem Chef um, doch der Sessel des Kommissariatsleiters war leer und nur Linnow war im Büro zu sehen. Der musterte Kraiser kurz, blickte zu der großen Wanduhr, sagte dann aber nichts. Kraiser ahnte, dass man ihm die unruhige Nacht ansah. Eigentlich neigte er nicht zu Schlafproblemen, aber der gestrige Vorfall mit dem verstörten Jungen hatte ihn aus irgendeinem Grund bis nach Hause verfolgt.

»Morgen, Linnow. Ist der Chef gar nicht aufgetaucht?«, erkundigte er sich und machte ein paar Schritte in Richtung der offenen Bürotür.

»Natürlich war er da.« Linnow platzierte gerade einen Pappordner auf dem Schreibtisch. »Ist erst um vier nach Hause. Ich soll dir ausrichten, dass er einen gut lesbaren Bericht von dir erwartet, wenn er nachher wiederkommt.«

Kraiser nickte und enthielt sich jeden Kommentars. Er konnte Linnows schlechte Laune nachfühlen, und möglicherweise hatte Frisch sich über ihr Vorgehen in seiner Abwesenheit beschwert? Obwohl er sich nicht recht vorstellen konnte, worin die Vorwürfe bestehen könnten. Es hatte keinen Zweck, darüber nachzudenken. Er sollte sich besser an seinen Bericht setzen. Der Wachtmeister ging an seinen Schreibtisch im großen Büro. Mit vierzig Quadratmetern füllte es einen guten Teil des Erdgeschosses, in dem ihr Kommissariat untergebracht war. Durch nachträglich und mit wenig Blick für die Ästhetik des Raums eingebaute Zwischenwände hatte man ein eigenes Büro für den Kommissariatsleiter sowie den notwendigen Verhörraum geschaffen. Alle anderen Mitarbeiter versammelten sich im Gemeinschaftsbüro mit fast einem Dutzend Schreibtischen und einer halbwegs gemütlichen Sitzecke. Er fürchtete, dass diese Art von Raumaufteilung langsam modern wurde und bald überall Polizisten in einem leicht zu überwachenden Raum säßen.

Kraiser grüßte den Neuling Mayer, der in wichtige Routineaufgaben vertieft schien, setzte sich an seinem Platz nieder und blickte auf seinen Schreibtisch. Die Unordnung der Papiere ließ ihn vermuten, dass Hauptmann Frisch nach irgendetwas gesucht hatte. Wahrscheinlich seinem Bericht. Auch wenn die Sache für ihr VPKA hier in Ludwigslust eigentlich erledigt war, würden sie für die sowjetischen Genossen natürlich mustergültige Aktenführung betreiben. Kraiser fragte sich, ob er die Hintergründe dieses sonderbaren Vorfalls je erfahren würde. Wie war es möglich, dass diese Jungen verschwunden waren? Nach allem, was er von dem Leben in den GSSD-Kasernen wusste, war es kaum denkbar, dass jemand die Gelegenheit bekam, Kinder von dort zu entführen. So wie dieser Alexander reagiert hatte, sah für Kraiser aber alles nach einem Gewaltverbrechen aus. Nachdenklich blickte er auf das Aktenblatt mit seinen Notizen und fragte sich, ob er diese Vermutungen in seiner Ausformulierung erwähnen sollte. Vielleicht war es besser, alles wasserdicht zu machen und seine Überlegungen in den Raum zu stellen, solange sie die Angelegenheit nicht offiziell abgeben mussten – oder vielmehr abgeben durften.

Das Telefon – nicht das im großen Büroraum, sondern das auf Frischs Tisch – begann, schrill vor sich hin zu klingeln. Linnow hob ab. »So eine verfluchte Scheiße.« Der Oberwachtmeister knallte den Telefonhörer nach weniger als einer Minute zurück auf die Gabel des Dienstapparats und fauchte: »Kraiser, Mayer!«

Mayer schreckte von dem Formular hoch, das er gerade mit höchster Aufmerksamkeit auszufüllen versuchte. Kraiser erlebte in diesem Augenblick eine seiner höchst seltenen Vorahnungen. Noch bevor er mit dem Unterwachtmeister das Dienstzimmer des Kommissariatsleiters betrat, wusste er, worum es ging.

»Draußen hinter Malliß hat vorhin jemand Meldung beim ABV gemacht. War mit seinem Hund unterwegs. Ihr fahrt da jetzt raus und ich klingel den Chef aus dem Bett.« Linnow fuhr sich mit der Hand über das Gesicht. Kraiser wurde flau im Magen, noch ehe Linnow hinzufügte: »Sichert den Fundort der Leiche und wartet auf die Spurensicherung.«

Das Flusschen Elde machte an dieser Stelle eine sanfte Biegung. Es zog sich wie ein abgerolltes Band ganz langsam durch die Landschaft, eingefasst von einem wechselnden Saum aus Röhricht und Gruppen von Bäumen. Der schmale Forstweg diente bei schönem Wetter vielen Anwohnern aus dem nahen Malliß und Neu-Kaliß, manchmal sogar aus Ludwigslust, für Spaziergänge mit ihren Sprösslingen. In der schneelosen Februarkälte waren allerdings kaum Menschen unterwegs, was bei der trostlosen Szenerie auch nicht verwunderte. Kraisers Atem bildete gut sichtbare Wölkchen in der klaren Waldluft, während er mit dem jüngeren Kollegen den unbefestigten Pfad hinunterstapfte. Sie hatten ihren Dienstwagen vielleicht zweihundert Meter weiter an der Landstraße abgestellt, um sich die Unannehmlichkeit zu ersparen, im Walddreck steckenzubleiben. Und von dem gab es hier reichlich, wobei der meiste betonhart gefroren war, was zwar die Gefahr sich festzufahren minimierte, aber für die Passierbarkeit genauso ungünstig war. Die beiden Polizisten rutschten mehr, als dass sie gingen. Zum Glück konnte es nicht mehr weit zum Fundort sein.

Ein eigenartig hallendes Geräusch zog Kraisers Aufmerksamkeit auf sich. Jemand hatte einen Hund in einiger Entfernung vom eigentlichen Geschehen angebunden. Ein rötlicher, mittelgroßer Mischling gab winselnde Laute von sich und scharrte starrsinnig am Fuß einer jungen Eiche herum.

»Großartig. Hoffen wir, dass der seinen Köter vorhin angeleint hatte«, seufzte Kraiser.

Mayer sah ihn fragend an. »Wegen der Spuren, meinst du?«

Kraiser rollte mit den Augen und schlug einen Bogen um das Tier, das die beiden Polizisten nun wimmernd mit erwartungsvollem Blick verfolgte. Er mochte Schaulustige nicht. Was wollte der Mann mit dem Hund denn hier? Als Zeuge waren seine Daten bei dem ABV hinterlegt, der den Fund der Polizei gemeldet hatte. Im besten Falle war der Spaziergänger zurückgekommen, um der Polizei behilflich zu sein. Das hätte er aber auch ohne seinen Hund tun können. Wahrscheinlicher war, dass sie es mit einem dieser Typen zu tun hatten, die aus dem Unglück, über das sie gestolpert waren, die größtmögliche Menge an eigener Bedeutsamkeit und Unterhaltung herausschlagen wollten. Kraiser zog die Schultern hoch und fragte sich, ob er Obermeister Mayer mit der Befragung betrauen konnte. Dann konnte er sich mit der Sicherung des Fundorts und den Kollegen von der Spurensicherung beschäftigen.

Bevor er sich entschieden hatte, wurde am Wegesrand eine Frau mittleren Alters sichtbar. Kraiser hob grüßend die Hand.

»Morgen.« Die Frau nahm die Zigarette aus dem Mund und trat einige Schritte auf die beiden Polizisten zu. »Wehrmann, Anke Wehrmann. Der Abschnittsbevollmächtigte oben in Malliß hat mich hergeschickt.«

Nachdem sich auch die beiden Polizisten vorgestellt hatten, folgten sie der freiwilligen Helferin durch das kahle Unterholz, das zum Ufer hin abfiel. Kraiser musste sich immer wieder an dünnen Schösslingen festhalten, um auf der gefrorenen Böschung nicht ins Rutschen zu kommen. Das wäre noch schöner, wenn er bei dieser Kälte im Wasser landete.

»Ist das eigentlich Ihr Hund da oben?«, fragte Kraiser, als sie den etwas flacheren Saum des Flusses erreicht hatte, wo das Gehen etwas weniger Aufmerksamkeit erforderte.

»Nee, der gehört dem alten Seiler, der den Jungen gefunden hat«, erklärte Frau Wehrmann. »Musste ich vorhin erstmal wieder einfangen, weil der den Köter immer frei laufen lässt.«

Kraiser verdaute die Informationen. »Das heißt, der Hund war die ganze Zeit unangeleint hier draußen, während Herr Seiler Meldung beim ABV gemacht hat?«

Frau Wehrmann zuckte mit den Schultern. »Der Hund hat nix gemacht, wenn Sie das meinen.« Sie blieb stehen und wandte sich um. »Da vorn liegt der Junge. Ich warte dann lieber oben, wenn Ihnen das recht ist.«

Kraiser und Mayer gingen noch ein Stück weiter am Ufer entlang und verharrten dann in etwa drei Metern Abstand zu dem grausigen Fund, um keine Spuren zu zerstören.

Der behäbige Fluss hatte den Körper sanft gegen den gefrorenen Ufersaum geschoben, wo er sich im verdorrten Röhricht und einigen Zweigen verfangen hatte. Über Nacht war die Eisdecke weiter zur Flussmitte hin gewachsen und hatte den Körper fast ganz umschlossen. Auch auf der Kleidung war das Wasser zu Kristallen gefroren. Die Füße des Jungen waren abgesunken und verschwanden unter dem Eis, aber etwa von der Hüfte aufwärts war der Körper unbedeckt und der Kopf mit den kurzen blonden Haaren lag leicht gedreht wie auf einem nassen Kissen. Es sah aus, als schliefe das Kind in einem eisigen Bett. Was Kraiser von diesem Anblick jedoch verfolgen sollte, waren die blauen Augen, die offen in den gleichfarbigen Himmel starrten.

»Das ist der andere Junge, oder?« Mayers pragmatische Frage holte Kraiser aus seiner Vertieftheit. Er wollte antworten, aber der Kloß in seinem Hals ließ sich nicht herunterschlucken. Er zuckte mit den Schultern und wandte sich ab.

»Also warten wir auf die Spurensicherung. Damit haben wir ja dann sowieso nichts mehr zu tun.« Mayer drehte um und suchte sich vorsichtig einen Rückweg, bei dem seine neuen Schuhe möglichst wenig Schaden nehmen würden.

Erst seit ein paar Minuten waren Kraiser und Mayer auf den Waldweg zurückgekehrt, als die Kollegen von der Kriminaltechnik ankamen. Die kümmerten sich wenig um die Gefahr steckenzubleiben oder ins Rutschen zu kommen und lenkten ihr Fahrzeug über den unbefestigten Weg bis vor ihre Füße.

Jetzt erkannte Kraiser, dass der Leiter des K 3 Ludwigslust, Hauptmann Frisch, ebenfalls im Wagen saß. Einen Moment lief der Motor des Barkas noch tuckernd vor sich hin und die vier Männer wechselten einige Worte im warmen Innenraum, dann stiegen die zwei Spezialisten für Spurensicherung und der Gerichtsmediziner aus. Mayer führte sie an den Fundort, und Kraiser blieb mit Hauptmann Frisch und Frau Wehrmann zurück.

»Dann setzen Sie mich mal ins Bild«, brummte Frisch. »Auf die schriftliche Fassung werde ich ja wohl wieder warten müssen.«

Noch bevor Kraiser Gelegenheit hatte, die gestrigen Vorgänge geordnet aus seiner Sicht zu berichten, hörten sie laute Motorengeräusche, die sich durch den Wald näherten. Wenigstens drei Fahrzeuge, schätzte Kraiser. Und größere Modelle.

Wortlos beobachteten die Volkspolizisten die kleine Kolonne sowjetischer Militärfahrzeuge, die auf sie zurollte. Jegliche Unterhaltung wäre ohnehin in dem Lärm untergegangen, den der olivgrüne UAZ 452 und die zwei weit weniger auffälligen 469 verursachten. Beide waren mit den Lettern VAI der Militärpolizei gekennzeichnet. Das war schneller gegangen, als Kraiser vermutet hatte. Offenbar hatte Linnow, wahrscheinlicher aber der Leiter ihrer Dienststelle persönlich, auf Verdacht hin die Fundmeldung nach Hagenow weitergereicht. Und die Leitung zwischen Polizei und Garnison schien äußerst kurz zu sein. Natürlich hatte niemand ein Interesse daran, sich in einem solchen Fall Trödelei oder Verschleppung vorwerfen zu lassen, aber konnten sie nicht wenigstens erst in Ruhe den Leichnam bergen? Kraiser bezweifelte, dass das Eingreifen der sowjetischen Genossen an dieser Stelle irgendeinen Nutzen hatte. Die Militärpolizei, die Komandantura, war für diese Art von Untersuchungen sicher weniger gut ausgerüstet oder ausgebildet. Das nahm er jedenfalls an. Die sollten lieber erst einmal ermitteln, wie es bei dem isolierten Leben in ihren Kasernen überhaupt möglich war, dass zwei Kinder verschwinden konnten. Und schließlich war es noch immer denkbar, dass der Junge da unten, der wie verlorenes Treibgut angeschwemmt worden war, gar nicht dieser Alexej Orlow war. Diese Möglichkeit bestand zumindest theoretisch, auch wenn sie lächerlich klein war, hatte er doch Alexejs Personenbeschreibung gelesen. Zurzeit wurden außerdem in ihrem Zuständigkeitsbereich keine anderen Kinder vermisst.

»Guten Morgen, Genossen.« Ein recht großer Mann um die fünfzig war aus dem Wagen gestiegen. Auch wenn er nicht den langen Mantel und die Fellmütze der sowjetischen Winteruniform getragen hätte, verriet ihn seine Haltung sofort als Offizier. Sein Deutsch war von der beeindruckenden, aber unnatürlichen Klarheit eines ausgezeichneten Sprachenlerners. »Ihr Major Leschner hat uns informiert. Wir danken für die sofortige Informationsweitergabe.« Er hielt Frisch nun die Rechte in einem glattledernen Handschuh entgegen. »Ich bin Oberst Sokolow.«

»Hauptmann Frisch, und das ist Wachtmeister Kraiser. Sie sind erstaunlich schnell hier.«

Das Gesicht des Obersts nahm einen angespannten Ausdruck an. »Dies ist eine höchst unangenehme Situation. Sie können sich vorstellen, dass wir eine Nachricht dieser Art befürchtet haben.« Seine grauen Augen richteten sich auf Kraiser. »Genosse Kraiser? Dann waren Sie gestern bei dem Verhör von Alexander Janowitsch Petrow dabei.«

Kraiser schluckte. »Jawohl, Genosse Oberst.«

»Mir ist klar, dass die Zuständigkeit in dieser Angelegenheit etwas kompliziert ist.«

»Inwiefern?«, erkundigte sich Frisch.

»Nun«, der Oberst seufzte. »Wenn die Leiche, die Sie hier gefunden haben, Alexej Orlow ist, dann ist ein Familienangehöriger der GSSD in Ihrer Zuständigkeit zu Tode gekommen.«

»Und Sie werden mit der Komandantura die Ermittlungen übernehmen?« warf Hauptmann Frisch ohne den Hauch von Bedauern ein. Kraiser schüttelte sacht den Kopf, denn er erkannte an Gesicht und Tonfall des sowjetischen Obersts, dass es so einfach nicht war.

»Aber nicht doch, Genosse. Bei Totschlag liegen die Ermittlungen grundsätzlich in den Händen der Deutschen Volkspolizei. Oder bei Mord«, setzte er hinzu.

»Haben Sie inzwischen Anhaltspunkte für eines von beidem? Hat der Junge eine Aussage machen können?«, hakte der Chef der Kriminalpolizei nach.

Der Oberst zögerte nun sichtlich. Kraiser ahnte, dass die Kompliziertheit der Situation zu einem guten Teil auch den Oberst selbst betreffen musste. Er hatte allem Anschein nach bei der Untersuchung in der Garnison das Heft in die Hand genommen. Jetzt, da eines der Kinder tot wieder aufgetaucht war, konnte der Vorfall nicht mehr gänzlich intern behandelt werden. Was den Genossen ganz sicher viel lieber gewesen wäre. »Nein. Aber wir sollten unsere Untersuchungen koordinieren. Da stimmen Sie mir doch sicher zu, Genosse Frisch?«

Der Hauptmann nickte langsam. »Sicher. Welche Art von Kooperation stellen Sie sich da vor?«

»Es ist so, dass wir zunächst natürlich die Identität des Toten zweifelsfrei feststellen müssen.«

Frisch wartete.

»Deswegen sind wir hier. Um möglichst schnell Gewissheit zu haben, dass es sich um Alexej Orlow handelt.«

»Und sollte sich diese Vermutung bestätigen, dann nehmen Sie den Leichnam mit?«

Der Oberst schwieg und sah sich kurz um. »Wir sollten einen Schritt nach dem anderen tun. Major Orlow ist hier, um den toten Jungen zu identifizieren.« Oberst Sokolow wies in Richtung eines Mannes, der ein wenig abseits der anderen drei Soldaten stand, die dem Wagen entstiegen waren.

Kraiser blickte erschrocken zu dem Vater des toten Jungen. Der Blick des großgewachsenen, kräftigen Mannes in Uniform war in die Ferne des Waldes gerichtet. Kraiser konnte sich nicht erklären, wie der Mann es ertrug, so vollkommen ruhig, so ohne jeden äußeren Anschein von Anspannung abzuwarten, während sein Vorgesetzter hier Formalitäten klärte und über diplomatische Unwägbarkeiten disputierte. Aber womöglich war es töricht zu glauben, dass jemand in einer solchen Situation automatisch zum Fundort stürmen und verlangen würde, die Leiche zu sehen. Gewissheit hatte in einem solchen Fall einen fürchterlichen Preis, und vielleicht war Orlow nicht bereit, ihn zu zahlen. Eine Wahl hatte er letztlich nicht.

»Wie lange, denken Sie, dauert es, bis Ihre Leute die Bergung durchgeführt haben?«

Der Hauptmann zuckte mit den Schultern. »Da müssen wir mit meinen Leuten von der KT sprechen. Die Situation ist aufgrund der Kälte nicht ganz einfach.«

»Gibt es...«, der Oberst zögerte erneut. Ob es die sprachliche Hürde war, oder der Mann seine Worte einfach genau abwog, war Kraiser nicht ganz klar. »Gibt es offensichtliche Anzeichen, was den Tod des Jungen verursacht hat?«

Kraiser fing Frischs Blick auf, ohne zu wissen, was er damit anfangen sollte. »Ich konnte nichts Offensichtliches erkennen, Genosse Oberst. Wir haben auf die Spusi gewartet, weil wir ja auch keine Spuren vernichten wollten.«

»Dann muss als Erstes eine Leichenbeschau durchgeführt werden. Sie haben jemanden für solche Aufgaben im Kreisamt, richtig?«

Frisch warf einen verstohlenen Blick auf seine Armbanduhr. »Doktor Holt, unser Pathologe, ist bereits unten am Fundort. Es ist allerdings gut möglich, dass ihn eigentlich seine Arbeit an der Klinik den Rest des Tages in Anspruch nimmt. Ich kläre das gleich mit ihm.«

Kraiser verfolgte den Wortwechsel still abwartend.

»Tun Sie das.« Der Oberst lächelte freudlos und nickte in Richtung eines schmalen, kleinen Mannes, der einige Schritte hinter ihm stehengeblieben war. »Doktor Saizew wird an der Leichenbeschau ebenfalls teilnehmen. Wogegen Sie ja sicherlich nichts einzuwenden haben.«

»Aber gewiss nicht, Genosse Oberst.« Frisch zuckte mit den Schultern. »Sie hätten nicht mit so vielen Männern hier anrücken müssen.«

»Oh, nicht doch. Wir waren eigentlich auf dem Weg, um zusammen mit Ihren Kollegen aus Hagenow eine Suche nach Alexej zu beginnen. Dort, wo Sascha Petrow gefunden wurde. Die Mannschaft und die Hundestaffel sind erst einmal umgekehrt.«

Kraiser schluckte. Er blickte sich erneut nach Major Orlow um, der sich in der ganzen Zeit nicht erkennbar bewegt hatte. »Vielleicht sollte ich nachsehen, wie die Arbeit der Kriminaltechnik und die Bergung vorangehen, Genosse Hauptmann?«, schlug er vor.

Bevor Frisch ihm eine Antwort geben konnte, sahen sie Doktor Holt zwischen den Bäumen auftauchen. Der Mediziner zog die Untersuchungshandschuhe von den Fingern, ehe er dem Oberst und dann seinem Kollegen Saizew die Hand reichte. »Eins ist sicher. Der Junge ist nicht hier gestorben. Wahrscheinlich nicht einmal in der Nähe. Die KT hat keinen Hinweis gefunden, dass der Fundort in irgendeinem Zusammenhang mit dem Tod steht. Ach so, und sichere

Anzeichen für einen gewaltsamen Tod konnte ich soweit keine erkennen. Ich habe nicht den Eindruck, dass der Junge in den Fluss gestürzt und erfroren ist. Da sprechen einige Kleinigkeiten dagegen. Sicher ausschließen kann ich es aber derzeit auch nicht.«

»Können Sie irgendetwas zum Todeszeitpunkt sagen?«, fragte Saizew. Sein Deutsch war merklich schlechter als das des Oberst, doch Kraiser war einfach froh, dass er überhaupt zu diesem Entgegenkommen bereit war. Sein eigenes Russisch war wesentlich schlechter als das Deutsch des Militärarztes.

»Fast unmöglich. Es hat die letzten Wochen kaum Temperaturen über dem Gefrierpunkt gegeben. Wenn die Leiche sich nicht bei Eintritt des Todes oder zwischendurch in beheizten Räumen befunden hat, kann der Todeszeitpunkt weit zurückliegen. Alles Weitere kann ich wirklich erst nach der Bergung sagen.«

»Und wie sieht es damit aus?«, erkundigte sich Sokolow.

Der Arzt rieb sich die Hände und steckte sie wieder unter seine Achseln. »Das kann einige Zeit dauern, so dick wie das Eis inzwischen ist. Wir müssen seine Füße freisägen, sonst warten wir hier noch, bis das Tauwetter beginnt.« Doktor Holt hob fragend die Augenbrauen und bemühte sich um einen ernsteren Ton, als er den Blick des Leiters der K bemerkte. »Ist es besonders eilig, Genosse?«

Frisch runzelte die Stirn und wies auf Major Orlow. »Der Vater des Jungen ist hier.«

»Warum in Herrgottsnamen das denn?«, entfuhr es dem Arzt. »Verzeihung.«

»Ich schlage vor, wir bringen die Identifizierung jetzt einfach hinter uns und überlassen Sie dann erst einmal Ihrer Arbeit hier«, erwiderte Oberst Sokolow. »Währenddessen können wir zurück in Ihre Dienststelle fahren, um die Modalitäten unserer Kooperation zu erörtern.«

10:16 UHR

»Wollen Sie auch eine?«

Keller verzog angewidert das Gesicht. »Lassen Sie mal stecken, Genosse Unterleutnant.«

Kosminsky zuckte mit den Schultern und steckte sich eine Juwel Filter zwischen die Lippen. Mit einem knappen »Guten Morgen, Genosse Oberleutnant« hatte sich sein neuer Assistent vorgestellt. Dann hatte er, ohne eine Zwischenfrage zu stellen, Kellers kurzer Zusammenfassung des Todesfalles Kaltenbrunn gelauscht. Die Vorgeschichte, fast alle Ermittlungen zum Mordfall Heise und die Einflussnahme des MfS verschwieg Keller zu diesem Zeitpunkt. Kosminskys einzige Reaktion auf den lückenhaften Vortrag des Oberleutnants war das Angebot einer Zigarette.

Keller beobachtete die Rauchwolken, die sich zur Zimmerdecke seines temporären Büros bewegten. Zwei Schreibtische samt Lampen, ordentliche Regale und ein unbeschädigter Telefonapparat, sogar ein moderneres Modell als der Klotz in Leipzig. Nett bei den Döbelner Kollegen. Etwas drückte Keller auf den Magen, und es war nicht der beißende Gestank von Kosminskys Glimmstengel, auch wenn ihm das lieber gewesen wäre. Er hatte einen Assistenten verlangt, und jetzt hatte er plötzlich einen. Aber was konnte er diesem 'vielversprechenden jungen Unterleutnant' wirklich anvertrauen? Immerhin war der Mann eine Empfehlung von Major Schüttau, beziehungsweise einem seiner Vertrauten – und im Übrigen die einzige Unterstützung, die er bekommen würde. Keller fragte sich, wie er selbst wohl reagieren würde, wenn man ihm eine solche Geschichte auftischte. Wahrscheinlich hätte er geschwiegen und misstrauisch abgewartet. Genau wie dieser Kosminsky. Trotzdem fehlte irgendwie etwas.

»Ich mache uns erstmal einen Kaffee, Chef.«

Das war immerhin die richtige Einstellung. »Hören Sie, Unterleutnant, die Sache ist etwas verzwickt–«

»Ist mir klar. Mein Vorgesetzter, Hauptmann Schmauder, hat mich bereits über die Lage, wie Major Schüttau sie ihm geschildert hat, informiert.«

»Und da lassen Sie mich…« Keller merkte, wie ihm das Blut in den Kopf schoss. Großartig, so ein Kollege. »Dann erzählen Sie mir jetzt doch mal ganz genau, was *Ihr* Sachstand ist, Unterleutnant Kosminsky.« Er zwang sich zur Gelassenheit und atmete tief durch.

»Sie müssen entschuldigen, Chef. Aber das war eine Anweisung von Genosse Schmauder, oder eigentlich von Major Schüttau.« Er rüttelte an der Steckdose, weil die Kaffeemaschine nicht ansprang. »Aha, geht doch… Nun, dass ich mir zuerst die Angelegenheit aus Ihrer Sicht schildern lasse, Oberleutnant.«

Was sollte das? Keller hasste diese Spielchen, die um sich zu greifen schienen, je länger er im Dienst war. »Sie können ja nichts dafür«, presste er hervor.

Offensichtlich hatte der Major seinen Döbelner Kollegen umfassend ins Bild gesetzt, nicht einmal Gehlens Besuch und ihre nächtliche Räuberpistole in der Leichenhalle der Psychiatrischen Klinik fehlten. Keller wunderte sich, was hinter dieser Offenheit steckte. Er war sich nicht sicher, ob er seinem besten Freund in einer solchen Situation vollständig vertraut hätte. Vielleicht hatte er deshalb auch keinen. Als Kosminsky zum Ende seines Berichts kam, servierte er den Kaffee in einem großen Porzellanbecher (die richtige Wahl), zündete sich aber zu Kellers Verdruss die nächste Zigarette an.

»Und Sie wären bereit, diese, sagen wir unorthodoxen, Ermittlungen unter meiner Leitung weiterzuführen? Nach allem, was Sie wissen, ist Ihnen doch klar, worauf Sie sich da einlassen?«

Der Unterleutnant lächelte schief, während er eine beeindruckende Rauchwolke aufsteigen ließ. Keller fragte sich, ob er dies als Einverständnis werten sollte.

Keller beobachtete, wie Kosminsky seinen Schreibtisch in Ordnung brachte, die Tassen sorgfältig mit klarem Wasser ausspülte und den Filter der Kaffeemaschine leerte, bevor sie sich auf den Weg zur Kantine machten. Nach dem verpassten Frühstück im Hotel hatte Kellers Magen hörbar geknurrt, woraufhin sein neuer Assistent wortlos seine Aufräumaktion gestartet hatte. Ein seltsamer Typ, dieser Kosminsky.

»Was möchten Sie denn, Chef?«, erkundigte sich der Unterleutnant, als sie den kleinen Speisesaal betraten.

Zwei Minuten später hatte Keller ein frisches Brötchen, halb Wurst, halb Käse und einen weiteren Kaffee vor sich. Kosminsky ließ sich gegenüber nieder und faltete seine vergleichsweise langen Beine unter den Kantinentisch.

»Essen Sie nichts?«

»Sowas mache ich meistens zu Hause.« Kosminsky zog eine neue Packung Zigaretten aus der Tasche, legte sie aber bloß auf den Tisch.

Bestimmt verheiratet, dachte Keller. Er kannte nur wenige Kollegen in Leipzig, die freiwillig allein aßen, wenn sie in Gesellschaft in der Präsidiumskantine frühstücken konnten. Und dafür noch nicht einmal das Brot selbst schmieren mussten.

»Also, wie geht es weiter, Chef?«, erkundigte sich der Unterleutnant, nachdem er dem schweigsamen Keller einige Minuten beim Kauen zuschauen musste.

»Heißt das, Sie sind dabei? Ich dresche hier keine leeren Phrasen, Kosminsky. Ich hoffe, Sie begreifen, in was für eine Schlangengrube ich da gegriffen habe.«

»Hauptmann Schmauder war der Meinung, dass ich genau der richtige Mann für Sie bin.«

»Ja, nur warum? Weil Sie ungewöhnlich gut ermitteln und Ihr Talent in Döbeln vergeuden oder weil Sie ungewöhnlich leichtsinnig sind?« Über die dritte Möglichkeit, die das Zwicken in seinem Magen verursachte, wollte er nicht nachdenken.

Kosminsky lachte nur. Was sollte er nun davon halten?

»Haben Sie eigentlich Kinder?«

»Ist das Voraussetzung, Chef?«

Keller rollte die Augen. »Nein, ich wollte bloß wissen, ob außer Ihrer Frau noch jemand von Ihnen abhängig ist.«

Kosminsky schüttelte nur andeutungsweise den Kopf und reagierte gar nicht auf die unterschwellige Warnung, dabei war es Keller durchaus ernst. Aber gut, dieser Kosminsky war mindestens dreißig und damit alt genug. Keller konnte sich vorstellen, dass der Unterleutnant sich ein paar Jahre zu lang im Kreis Döbeln gelangweilt hatte und einfach froh über die Abwechslung war. Ein bisschen wie Doktor Moreaux. Die hatte er ja auch schon bis zum Hals mit reingezogen.

»Nun gut, ein paar Sachen noch, Genosse Unterleutnant–«

»Nur Kosminsky, bitte.«

»Erstens, fallen Sie mir nicht ins Wort«, befahl Keller, musste sich allerdings ein Grinsen verkneifen. »Zweitens, Sie bewahren absolutes Stillschweigen, bis wir diesen Schlamassel vollständig aufgeklärt haben. Sie sprechen mit niemandem, auch nicht mit Freundin, Geliebter, Verlobter oder Ehefrau darüber – wenn Sie die alle in den nächsten Tagen überhaupt zu Gesicht bekommen. Denken Sie sich eine überzeugende Dienstangelegenheit aus. Und drittens…«

Kosminsky salutierte ironisch bei jeder seiner Anweisungen. »Und drittens?«

»Drittens glaube ich, ich weiß schon, wie wir weiterkommen. Wenn Sie kein Problem damit haben, sich die Hände so richtig schmutzig zu machen.«

Das erste Mal erschien ein leicht verunsicherter Ausdruck auf dem Gesicht des Unterleutnants. Hab ich dich, freute sich Keller heimlich. Eine Minute betrachtete er seinen neuen Assistenten und ging kauend seine Idee noch einmal in Gedanken durch. Wenigstens war dieser Kosminsky ganz anders als der Schmierlappen Kohn, den Schüttau ihm einmal – und bei diesem einen Mal war es geblieben – als Assistent hatte andrehen wollen.

»Was ist, Chef?«

»Ich frage mich gerade, Unterleutnant Kosminsky, ob Ihr Name schon in den Telefonprotokollen kursiert.«

»Wenn Sie den 'Unterleutnant' weglassen könnten.«

Keller winkte ab. »Hm, der Major hat mich ja nur angefunkt… Obwohl, da weiß man auch nicht. Auf jeden Fall hat er Ihren Chef in Döbeln angerufen, das reicht schon, wenn die Leitung abgehört wird.«

»Was genau ist Ihr Plan, Chef?«

11:05 UHR

<u>VPKA Döbeln</u>
Komm. I

Döbeln, den 15.02.1974

Betr.: Telefonischer Bericht des IME »Insel« Reg.-Nr. 209675 zur Person

K E L L E R, Josef
KM/U Reg.-Nr. 586347

A b s c h r i f t

Bericht!

OLt. Keller hat am 15.02.1974 gegen 2:00 Uhr das psy~~s~~chiatrische Krankenhaus in Waldheim betreten, um ein nicht angemeldetes Gespräch mit dem Insassen »Kaltenbrunn« zu führen. Keller berichtete von einem Anruf (am 14.02. ca. 23.15 uhr) durch eine unbekannte Person innerhalb der Klinik, die ihm Zugang zu »Kaltenbrunn« versprach. Die Identität des Informanten ist zu klären.
In der Klinik erfuhr Keller von der Operation, die zum Tod »Kaltenbrunns« geführt hat. Man teilte ~~ihm~~ Keller mit, dass die OP auf Veranlassung der Leiterin, Dr. Piechkow, durchgeführt wurde. Es erfolgte ein telefonisches Gespräch mit Piechkow.
Keller äußerte die Absicht, den Fall Heise mit dem Ableben »Kaltenbrunns« für abgeschlossen zu betrachten.
Tatsächlich täuschte Keller leidglich vor, die Klinik zu verlassen. Er kehrte gegen kurz vor 4 uhr morgens zurück, um den

Leichnam »Kaltenbrunns« zu entwenden.
Dabei kam es zu einer Auseinandersetzung mit einem Pfleger, Jörg Tassel. Dieser war mit einer Schusswaffe bewaffnet und feuerte diese auf den Olt. ab.
Der Leichnam von »Kaltenbrunn wurde in die Gerichtsmedizin an der Poliklinik Döbeln ~~vebracht~~ verbracht und dort untersucht.
Der Leichnam wies keine Spuren einer durchgeführten Operation auf. OLt. Keller hat blut- und gewebeproben an sich genommen, mit der Absicht, sie an anderer Stelle labortechnisch untersuchen zu lassen.
Der bericht der inneren Beschau des Leichnams nennt eine Reihe von Erkrankungen, die keine gezielten Rückschlüsse zulassen. Die entnommenen Proben werden diese wahrscheinlich bestätigen.
OLt. Keller veranlasste zusätzlich die Entnahme von Knochenproben. Diese sind ihm noch nicht übergeben worden.

Der IME hat den Eindruck gewonnen, dass OLt. Keller die Aufklärungsarbeit nicht als abgeschlossen betrachtet. Mit weiteren Ermittlungen auch im Umfeld der Klinik ist zu rechnen.

Der Unterzeichner rät zu einer verstärkten Überwachung von OLt.Keller bzw. zu dessen Abzug von dem gesamten Vorgang.

Leiter Komm.I
Lotz - Hauptmann

12:12 UHR

Nach dem dritten Klingeln öffnete ein etwa Vierzigjähriger mit ausgedehntem Stoppelbart und zerzausten, schwarzen Haaren.

»Bürger Galecki? Martin Galecki?«

Der kleine Mann brummte eine unverständliche Bestätigung und sah sie herausfordernd an.

»Ich bin Oberleutnant Keller von der K in Leipzig und das ist mein Kollege, Unterleutnant Kosminsky vom VPKA in Döbeln, guten Tag, Herr Galecki.«

»Und?«

»Können wir nicht erst einmal reingehen? Was wir zu besprechen haben, ist nicht unbedingt ein Thema für das Treppenhaus.«

»Warum?«

Bevor Keller unfreundlich wurde, griff Kosminsky ein. »Keine Angst, Herr Galecki. Es geht überhaupt nicht um Sie. Gegen Sie liegt nichts vor, das versichere ich Ihnen. Wir möchten Ihnen nur ein paar Fragen stellen. Wir sind uns sicher, dass Sie der Volkspolizei in einer sehr schwierigen Sache weiterhelfen können.«

»Wieso sollte ich?« Aber er gab die Tür frei, und die beiden Polizisten konnten passieren. »Weshalb soll ausgerechnet ich Ihnen helfen können?« Er führte sie in die kleine Küche und holte eine unbeschriftete Flasche aus einem uralten Unterschrank. »Nehmen Sie doch Platz. Wollen Sie auch einen?«

Keller verdrehte die Augen und blieb stehen. Mit solchen Vögeln konnte sein frischgebackener Partner offensichtlich besser umgehen.

»Vielen Dank, Herr Galecki. Nicht schon zum Mittag.« Kosminsky holte seine Juwel Filter-Packung hervor und hielt sie Galecki entgegen.

»Danke, Herr Kommissar. Was ist denn nu los?«

Kosminsky überging die falsche Amtsbezeichnung. »Sie putzen doch in der Psychiatrischen Klinik…?«

»Und was wollen Sie von mir?«

»Sie machen das nicht ganz alleine, Sie haben doch sicher einige Kollegen?«

»Sicher.«

»Mann, lassen Sie sich doch nicht alles aus der Nase ziehen«, fuhr Keller dazwischen.

Galecki blickte fragend zu Kosminsky.

»Was der Genosse Oberleutnant meint, ist: Wie ist das bei Ihnen organisiert? Sind Sie an der Erstellung des Dienstplans beteiligt. Sprechen Sie oft mit Ihren Kollegen?«

Der Putzmann nahm einen kräftigen Schluck. »Nee, ich seh' die Kollegen selten, höchstens zum Schichtwechsel.« Er brach den Filter der Zigarette ab und ließ sich von Kosminsky Feuer geben. »Die haben da in der ganzen Klapse so'n Schichtsystem, wissen Se? Angeblich, damit immer eine Reinigungskraft unterwegs ist.« Er nahm einen tiefen Zug und ließ den Qualm aus Nase und Mund quellen, als er fortfuhr. »Als ob da nachts einer was dreckig machen würde. Die sind doch alle eingeschlossen, die Bekloppten. Aber mir soll's ja egal sein, ist doch deren Sache, oder, Kommissar?«

»Hm, ja klar, ist nicht Ihre, sich darum Gedanken zu machen«, Kosminsky grübelte. »Sagen Sie, Sie sind doch direkt bei der Klinik beschäftigt, Sie machen nicht auch noch anderswo sauber?«

Der Mann nickte. Was sollte das denn jetzt bedeuten? Keller bewunderte die Geduld des Unterleutnants, der zudem die kargen Regungen Galeckis scheinbar mühelos verstand.

»Sie arbeiten also nur in der Psychiatrischen Klinik Waldheim als Reiniger. Haben Sie da sonst noch Aufgaben? Ich meine zum Beispiel Sachen, die ein Hausmeister so erledigt.«

»Klar, Herr Kommissar. Wenn's anfällt. Glühbirnen wechseln zum Beispiel, oder 'ne Fußleiste wieder festnageln, wenn die losegegangen ist. So Sachen halt. Das Scheißhaus wieder in Gang bringen, wenn's verstopft ist, mach ich nich'.«

»Verstehe. Habe ich mir schon gedacht, sonst wäre ja Putzen rund um die Uhr auch ein bisschen-«

»Ich hab' auch schon mal Geländer im Treppenhaus gestrichen, was so anfällt. Wenn was mit Strom ist oder so, dann hole ich den

Elektriker. Ich könnte das schon, Herr Kommissar. Mach' das auch bei Bekannten ab und zu. Aber im Irrenhaus ist mir das zu kriminell. Wenn einer von den Bekloppten irgendwo 'nen Herzkasper vom Steckdosenfummeln bekommt, bin ich nachher noch schuld. Nee, lassen Se mal.«

»Klar.«

»Und Gas, Wasser, Scheiße und so'n Kram machen wir auch nicht, das macht der Hartmut.«

»Klar, verstehe. Sie sind also allein auf Schicht und machen sauber und so alles, was anfällt. Außer Elektrik und Klempnerarbeiten.«

»Wie ich sage.« Galecki drückte den Zigarettenstummel auf einer geblümten Untertasse aus und nahm einen weiteren langen Zug aus der Schnapsflasche.

»Wenn Sie krank sind, dann putzt sicher jemand anderes in Ihrer Schicht, zum Beispiel Ihre Frau?«

Galeckis griesgrämiges Gesicht bekam jetzt einen bedrohlichen Zug. »Hören Sie, Herr Kommissar. Was wollen Sie eigentlich von mir? Ich hab mir nix zu Schulden kommen lassen.«

Kosminsky setzte sich an den mit unzähligen aufgequollenen Schnittspuren übersäten Küchentisch. »Ach, wissen Sie, Herr Galecki. Es geht nur um Routine. Um die Aufklärung eines Sachverhaltes, zu der Sie als Bürger viel beitragen können.« Er bot Galecki eine weitere Juwel Filter an, die sich dieser dankend hinters Ohr steckte. »Wissen Sie was, Galecki?«, fuhr Kosminsky fort. »Gießen Sie uns doch noch so einen vorzüglichen Unterhaltungsbeitrag ein, dann erkläre ich Ihnen alles.«

Nachdem Galecki begriffen hatte, dass alles darauf hinauslief, ein paar Tage bezahlten Sonderurlaub machen zu können, erwachte seine Kooperationsbereitschaft. Eine Vertretung sei kein Problem, er und die Kollegen hätten die Übereinkunft, dass jeder sich um seinen eigenen Ersatz kümmere. Das sei am einfachsten für alle, außerdem habe es noch nie Probleme mit den Stationen gegeben. Gehe auch keinen was an, und die Arbeit könne ja auch ein Unstudierter machen (wahrscheinlich sogar besser). Die Leitung der Nervenklinik kümmere sich ebenfalls nicht darum, solange alles reibungslos lief und keine

Beschwerden kamen. Er wurde nicht müde zu erwähnen, dass den 'oberen Etagen' gar nicht klar wäre, wie wichtig ihre Arbeit sei, und dass sie ohne ihn und seine Kollegen 'den Laden dichtmachen' könnten.

Mit Freude stellten die Polizisten fest, dass Galecki noch nie persönlich mit der Piechkow gesprochen hatte. Als der Putzmann darüber lamentierte, dass auch das sonstige Klinikpersonal sich für etwas Besseres halte und sie von oben herab behandle, schaltete sich Keller wieder in die Unterhaltung ein.

»Dann kennen Sie vermutlich auch den Pfleger Jörg Tassel?«

»Diesen arroganten Pinsel mit dem neuen MZ-Gespann? Wissen Sie, wie der sich aufgespielt hat, als ich ihn gefragt habe, ob ich auf dem Parkplatz mal eine kleine Runde mit dem Teil drehen dürfte?«

Erleichtert registrierte Keller, dass Galecki offensichtlich keine Ahnung von den Vorgängen heute Nacht in der Klinik hatte. Und auch von Tassels Verhaftung hatte er noch nichts mitbekommen. Wenn der Putzmann doch eingeweiht war und jetzt schauspielerte, dann war er ein Naturtalent. Schließlich hatte Galecki unmöglich mit ihrem Auftauchen rechnen können – es sei denn, es gab eine undichte Stelle im Präsidium. Keller schob den Gedanken mit einer unwirschen Handbewegung von sich.

Der Teilzeit-Hausmeister der Psychiatrischen Klinik sah ihn wegen der pantomimischen Einlage fragend an, sagte aber nichts und ließ stattdessen die Glut seiner Juwel hell leuchten, gefolgt von einer gewaltigen Rauchwolke.

»Dann sind Sie und der Tassel nicht gerade Freunde, nehme ich an?«, griff Keller den Faden wieder auf.

»Für den sind wir doch nur…« Galecki winkte ab und nahm erneut einen tiefen Zug an seiner fünften Zigarette. »Die können mir alle mal den Hobel blasen. Alle, wie sie da rumlaufen, von diesem Tassel-Schnösel bis zu den arroganten Schwestern. Die kommen sich doch sonst wie wichtig vor.«

»Na schön.« Kosminsky stand auf. »Dann verlasse ich mich darauf, dass Sie vor Dienstag nicht wieder in der Nervenheilanstalt auftauchen. Wir sind uns einig?«

»Darauf können Sie sich verlassen, Kommissar.« Galecki grinste breit und ließ dabei einen abgebrochenen Schneidezahn sehen.

»Und, dass Sie weder über dieses Gespräch noch über uns beide oder über die Gründe für Ihre Abwesenheit je ein Wort verlieren«, ergänzte Keller in barschem Ton. »Es handelt sich in diesem Fall um polizeiliche Ermittlungen, die der absoluten Geheimhaltung bedürfen. Wenn Sie sich nicht strafbar machen wollen, dann beherzigen Sie unsere Anweisungen, Bürger Galecki. Anderenfalls müssen Sie mit erheblichen Konsequenzen rechnen.«

»Außerdem sind Sie dann Ihren sicheren Arbeitsplatz in der Klinik los, das wollen Sie doch nicht«, legte Kosminsky versöhnlich nach.

Der Putzmann deutete ein Salutieren an. »Ehrensache, Herr Oberkommissar.«

Die Polizisten verabschiedeten sich und traten in das schäbige Treppenhaus hinaus. Keller ließ Kosminsky den Vortritt an der alten Holztreppe. Eine Etage tiefer wechselte das Tapetendekor von Blumen auf orangenem Hintergrund zu Blättern auf Grün.

»Haben Sie gut gemacht«, merkte Keller an, »das Gespräch mit dem Räuchermännchen in dieser Fuseldestillerie, alle Achtung Kommissar Kosminsky.« Plötzlich musste er heftig husten. Er schlug sich mit der Faust gegen die Brust, als könne er die Rauchgase so aus der Lunge befördern. »Sie fahren.«

»Selbstverständlich, Genosse Oberkommissar.«

12:29 UHR

Die Lebenden und die Toten hatten ihre jeweils eigenen Bereiche in der Klinik, aber es gab große Übereinstimmungen, wie Sokolow überrascht feststellte, als er den Raum betrat, in den man ihn für die Obduktion von Alexej Dmitriwitsch Orlow bestellt hatte. Er lag im Souterrain der Bezirkspoliklinik Schwerin, war hell und nicht viel größer als das Krankenzimmer, in dem Alexejs noch lebender Freund lag. Der Fliesenspiegel hier reichte deutlich höher, war jedoch sonst identisch. Auch das Waschbecken in der Ecke unterschied sich nicht von dem, welches er oben gesehen hatte. Die allgegenwärtigen Infusionshalterungen fehlten hier unten und die rollbaren Metalltische waren sicher weniger bequem als die Betten. Trotzdem gab es eine auffallende Symmetrie, was die Anordnung der Toten hier und der Kranken in den oberen Stockwerken anging. Auch hier standen sie mit den Kopfenden ordentlich gegen die Seitenwände geschoben, mit genügend Platz zwischen sich. Sokolow fragte sich, was hinter dieser Ordnungsliebe steckte, die er immer und überall in diesem Land beobachtete.

»Oberst Sokolow. Guten Tag.« Ein Mann im weißen Kittel betrat das Zimmer durch eine unauffällige Tür in der hinteren Ecke.

»Doktor Holt.« Der Agent der GRU nickte nur zum Gruß, mit Blick auf die bereits behandschuhten Hände des Arztes. »Doktor Saizew ist auf dem Weg. Ich denke, Sie können mit den Präliminarien aber durchaus schon beginnen.«

Holt brummte Zustimmung und zog eine der insgesamt acht abgedeckten Liegen aus ihrer Warteposition. Er schob sie in den Nebenraum, wo ein junger Sektionsassistent mit den Vorbereitungen für die Untersuchung befasst war. Sokolow blickte auf die blitzenden Instrumente, die auf dem eckig gemauerten und gefliesten Obduktionstisch mit einem Abfluss aus Edelstahl in Reih und Glied bereitlagen. Alles wirkte so sauber, als könne man auch eine richtige Operation hier durchführen. Nur lebensrettende Gerätschaften müsste man erst herbeischaffen. Alles, was da war, diente zum planmäßigen Zerlegen menschlicher Körper. Zum Entreißen auch der kleinsten versteckten Hinweise auf ein Verbrechen, die sich in einem vormals lebendigen Organismus verbergen konnten.

Waren die Organe und andere Teile des Körpers zur Gänze mit mechanischen Mitteln untersucht, konnten moderne bildgebende Verfahren und chemische Analysen angewandt werden, die auch das fanden, was dem menschlichen Auge verborgen blieb. Diese weiterführenden Analysemöglichkeiten waren der Hauptgrund, warum die Untersuchung hier im Schweriner Klinikum und nicht im Militärhospital stattfand.

»Diese Katastrophe dämmen Sie so gut ein, wie es geht. Wir müssen alles wissen. Der Tod des Jungen muss lückenlos aufgeklärt werden. Ich hoffe, Sie verstehen mich, Sokolow«, hatte Morosow zu ihm am Telefon gesagt. Sokolow konnte nichts gegen die ätzende Verärgerung tun, die in ihm aufstieg, wenn er an diese Worte dachte. Wenn das hier schon eine *Familienangelegenheit* war, dann wollte Sokolow sich nicht vorstellen, wie wenig Bedeutung sein Vorgesetzter üblicherweise dem Verlust von Menschenleben beimaß.

»Soll ich dann anfangen, Genosse Oberst?«

Der deutsche Arzt und sein Assistent sahen ihn beide ein wenig irritiert an. Offenbar hatte der Doktor ihn gerade nicht das erste Mal angesprochen.

»Bitte, tun Sie das. Wir werden es jedoch bei der äußeren Beschau belassen, solange Doktor Saizew noch nicht anwesend sein kann«, erwiderte Sokolow. Er ärgerte sich über Saizews Verspätung, aber das gehörte nicht hierher. Morosow würde bei der nächsten sich bietenden Gelegenheit allerdings erfahren, dass der Militärarzt die Untersuchung an dem Orlowjungen nicht ganz so wichtig nahm wie seinen gemütlichen Mittag.

Saizew trat in dem Moment durch die Tür, als Holts Assistent das Tuch entfernte. Die überschwengliche Art, mit der er Sokolow begrüßte, wirkte auf den Agenten falsch und aufgesetzt. Mit welcher Order der Doktor auch immer hier war, Sokolow vermutete, dass sich ihre Interessen nicht gänzlich deckten. Er entfernte sich einige Schritte von dem Sektionstisch und lehnte sich gegen die geflieste Fensterecke. Eine gute Position, um die Ärzte zu beobachten und dabei nicht die ganze Zeit das tote Kind betrachten zu müssen.

»Der Körper des Jungen ist gut bis sehr gut entwickelt für sein Alter«, war Holts erster Kommentar, nachdem er die Kleidung vorsichtig aufgeschnitten und auf Anweisung Saizews hin in Plastiktüten verpackt hatte. »Der Oberkörper weist eine Vielzahl von Hämatomen unterschiedlichen Datums auf.«

Die Spuren von Gewaltanwendung, nach denen Anton Sokolow am Abend zuvor bei Sascha vergeblich gesucht hatte, waren auf Alexejs bleicher, weicher Haut deutlich zu erkennen. Selbst aus der Entfernung konnte er die einzelnen Finger sehen, die sich als dunkle Schatten um die Oberarme des toten Jungen legten. Auch auf der Brust waren runde Spuren, offensichtlich von Fausthieben, klar auszumachen. Sokolow schluckte.

»Wir sind uns doch wohl einig«, bemerkte Saizew, »dass diese durchaus alterstypischen Blessuren nicht mit Alexej Orlows Tod in Verbindung stehen.«

Die gefühlte Temperatur in dem Raum fiel, während Holt mit sich haderte, ob er die Spuren häuslicher Gewalt in seinem Bericht verschweigen würde. Sokolow konnte es dem Arzt nachfühlen. Er hatte es kommen sehen nach den Eindrücken, die er von Orlow gesammelt hatte. Und es ging auch ihm gegen den Strich wegzuschauen, obwohl es offensichtlich keine Bedeutung für die Frage nach der Todesursache hatte. *Wenn wir uns da denn wirklich vollkommen sicher sein können.* Anton Sokolow schob den Gedanken beiseite.

»In keinem unmittelbar ursächlichen Zusammenhang, nein«, presste Holt schließlich hervor.

»Sehr gut. Fahren Sie fort, Genosse Holt.« Saizew lehnte mit verschränkten Armen am Kopfende des Tisches und begutachtete jeden Handgriff seines deutschen Kollegen.

»Die Vorderseite des Leichnams lässt keine Hinweise auf die Todesursache erkennen. Das Gewebe ist durch die Liegezeit in sehr kaltem Wasser nur geringfügig in Mitleidenschaft gezogen worden, was es nicht erlaubt, ein a posteriori für den Todeszeitpunkt genauer anzugeben. Es ist aber mit einiger Sicherheit davon auszugehen, dass der Körper wenigstens vierundzwanzig Stunden vor dem Auffindezeitpunkt in den Fluss gelangt sein muss.«

Saizew schwieg, während Holt mit einem Vergrößerungsglas und den Händen den Körper Zentimeter für Zentimeter unter Beschau nahm. Der Sektionsassistent notierte einige Stichpunkte, während der

Arzt in routiniertem Singsang seine Beobachtungen zu besonderen Merkmalen und allgemeiner Physiognomie in Worte kleidete.

»Es sind einige epidermale Verletzungen im Gesicht und unter dem sehr kurzen Kopfhaar zu erkennen, die allerdings post mortem entstanden sein dürften, als der Leichnam mit Hindernissen im Fluss oder am Ufer kollidierte.«

»Einen Tod durch Ertrinken schließen Sie nach wie vor aus?« fragte Sokolow. Er hatte nicht das Gefühl, bislang irgendetwas von großem Wert erfahren zu haben.

»Das tue ich. Gewissheit wird uns aber erst die Untersuchung der Lunge verschaffen«, antwortete Holt auf Sokolows Frage. »Lassen Sie uns den Jungen umdrehen«, sagte er dann zu seinem Assistenten.

»Erschossen?« Sokolow war bei dem verblüfften Ausruf des Arztes sofort an den Tisch getreten, noch ehe sie Alexejs Körper vollständig gewendet hatten. Nun war es im hellen Licht der Fenster und der leuchtstarken Operationslampe offenkundig: Zwei runde schwarze Löcher stachen von der hellen Haut des Leichnams ab. Zwei Projektile waren dort eingedrungen und hatten etwas so gründlich zerstört, dass es das Leben des Jungen schnell beendet hatte. Vielleicht nicht sofort, vielleicht nicht unabwendbar.

Am Ende waren die Dinge manchmal viel einfacher als gedacht. Keiner der Anwesenden, weder die beiden Ärzte noch der Oberst des Geheimdienstes, hatte mit einer so simplen Todesursache gerechnet. Geradezu enttäuschend banal, ging es Sokolow durch den Kopf.

»Sehr gut«, murmelte Saizew auf Russisch und beugte sich mit einem fast euphorischen Gesichtsausdruck über den nackten Rücken. »Das ist doch sehr aufschlussreich. Und wir werden die Projektile aus dem Brustkorb entnehmen können und dann mehr wissen.«

Sokolow runzelte die Stirn. »Das sieht nach Treffern eines Gewehrs aus«, stellte er fest.

»Das wird sich zeigen, Oberst Sokolow. Wie Doktor Saizew gerade sagte–«

»Ich kann Ihnen versichern, meine Herren, dass diese Wunden von den Projektilen einer größeren Waffe als einer Handfeuerwaffe üblichen Zuschnitts stammen«, schnitt Sokolow ihm den Satz ab.

»Dagegen spricht allerdings die Tatsache, dass es keine Austrittswunden gibt. Bei einer Langwaffe wäre das ungewöhnlich.« Holt hob in einer entschuldigenden Geste die Hände.

»Nun, Kollege Holt«, schaltete sich der Militärarzt ein. »Nicht notwendigerweise. Der Schütze könnte aus größerer Entfernung geschossen haben.«

»Und hat dann zweimal so dicht nebeneinander getroffen?« Sokolow schüttelte den Kopf. »Das glaube ich nicht. Wenn es nicht gerade ein ausgebildeter Scharfschütze war, dann vermute ich eher eine geringere Distanz zwischen Schütze und Ziel. Schließlich hat der Junge sich offenbar entfernt. Wahrscheinlich ist er sogar gerannt.« Irgendwie ergab das alles noch wenig Sinn. »Aber ich gebe Ihnen recht. Das Fehlen von Austrittswunden ist seltsam.«

»Ich fahre dann mit der Untersuchung fort?«

»Tun Sie das, Doktor, tun Sie das...« Doch Sokolow war mit seinen Gedanken jetzt bei den verschiedenen Szenarien, die sich dieser neuen Informationslage anpassen ließen. Hatte jemand die Jungen entführt? Warum aber war Alexej dann erschossen worden? Weil er einen Fluchtversuch unternommen hatte? Sokolow hatte nicht mehr an die Entführungstheorie geglaubt, seit er gestern Abend bei Sascha gewesen war. Und nach diesen Befunden an Alexejs Leichnam war er überzeugt, dass etwas anderes dahintersteckte.

Während Holt den ersten Schnitt zur Öffnung des Leichnams führte, klopfte es an der Tür. Sokolow hatte auf der Station, auf der Alexej behandelt wurde, Bescheid gesagt, dass er im Hause war. Saschas mysteriöse Krankheit... Irgendwie hing alles zusammen. Er bekam den Gedanken noch nicht zu fassen. Und auf eine gewisse Art machte die Todesursache, die sie gerade entdeckt hatten, das Bild noch erheblich unklarer.

»Oberst Sokolow. Ich sollte Sie informieren, wenn es Neuigkeiten zu Sascha Petrow gibt. Der Zustand des Jungen hat sich leider weiter verschlechtert.«

Sokolow studierte den Ausdruck auf dem stoppeligen Gesicht. »Hat er das Bewusstsein zwischendurch wiedererlangt?«

»Nein, es gab eigentlich keine Veränderung seit vergangener Nacht«, erklärte der Arzt mit ratlos erhobenen Händen. »Vorhin ist dann sein Kreislauf plötzlich zusammengebrochen, und wir mussten Wiederbelebungsmaßnahmen ergreifen.«

Er hatte nicht viele Optionen. Es war gut möglich, dass Sascha ihre einzige Spur und ihr einziger Zeuge im Mordfall Alexej Orlow war und bleiben würde. Sokolow folgte dem Arzt zu einem Büro, das mit einem eigenen Fernsprecher ausgestattet war und ließ sich mit der Zentrale der GRU in Wünsdorf verbinden. Ihm war wohler, wenn er sich seine Eingebung von oben absegnen lassen konnte.

Einige Minuten später kehrte Sokolow in den Sektionssaal zurück, in dem die Obduktion Alexejs ein Stadium erreicht hatte, dem er gerne fernblieb.

»Sascha Petrow wird nach Berlin verlegt, und ich werde den Transport begleiten. Sie, Genosse Saizew unterstützen hier weiter Doktor Holt und erstatten mir so schnell wie möglich Bericht, besonders wenn es Erkenntnisse zu den Projektilen gibt. Ich werde Sie über meinen Assistenten Iljin über meinen Aufenthaltsort und die Kontaktmöglichkeiten informieren lassen.«

Der deutsche Rechtsmediziner sah ihn kurz an und wandte sich dann wieder seiner Aufgabe zu. Saizew nickte.

»Sie bereiten den Jungen gerade oben auf den Transport vor. Und wenn ich jetzt sowieso nach Berlin fahre...« Sokolow folgte einer zweiten Eingebung. »Doktor Holt. Nehmen Sie zügig Proben von allen aussagekräftigen Gewebearten. Und von einigen Knochen«, setzte er hinzu. Schließlich hatte Morosow lückenlos gesagt. Er musste wissen, ob auch Alexej unter der mysteriösen Krankheit litt, oder gelitten hatte, die Sascha jetzt einzuholen schien, nachdem er dem Tod durch Gewehrschüsse entkommen war.

Iljin wartete wie vereinbart vor der Bezirkspoliklinik auf seinen Vorgesetzten. Er hielt den stets bereitstehenden kleinen Koffer in der einen Hand und einen Schirm in der anderen.

»Haben Sie von Genosse Morosow gehört?«, erkundigte sich Sokolow anstelle einer Begrüßung.

Iljin reichte ihm den dunkelbraunen Koffer. »Von seinem Sekretär. Ihre Abholung und Unterkunft in Mitte ist geregelt. Ebenso eine Vertretung für die Zeit, wenn Sie nicht persönlich im Krankenhaus anwesend sein können.«

»Gut.« Sokolow tastete seinen Mantel nach seiner Geldbörse ab und fand sie schließlich in der Innentasche. »Ich melde mich spätestens heute Abend aus dem Hauptquartier bei Ihnen. Morosow hat unser Treffen dort doch bestätigt?«

»Das hat er. Er erwartet Sie zwischen achtzehn und zwanzig Uhr in seinem Büro.« Iljin strich sich die glänzenden Haare nach hinten. »Er sagte, dass er es kaum erwarten könne, Ihren Bericht zu hören.«

Und da war es wieder. Anton Sokolow hatte das Gefühl, dass sein Assistent irgendetwas an der ganzen Situation amüsant fand. Die Zweifel an seiner Loyalität machten sich erneut bemerkbar. Er würde ein ernsthaftes Gespräch mit Iljin führen müssen, wenn dieser Vorgang abgeschlossen war. Vertrauen war ein rares Gut in ihrem Geschäft, das war Sokolow bewusst, aber er konnte unmöglich jedes Mal den Mann hinterfragen, der seine rechte Hand und sein Stellvertreter sein sollte.

»Iljin.« Sokolow zögerte kurz, als der Jüngere ihm das Gesicht zuwandte. »Ich möchte, dass Sie gegenüber der Garnison Hagenow dichthalten. Und alles, was bei Ihnen eingeht, ganz egal was, landet zuallererst bei mir. Haben Sie damit ein Problem?«

Iljin schüttelte den Kopf, Sokolow sah einen kurzen Moment der Verwirrung. Gut. Wenn Iljin sich ertappt fühlte, dann hatte Sokolow zumindest klargestellt, dass er nicht allzu vertrauensselig war. War Iljin tatsächlich von seinem Misstrauen gekränkt, umso besser. Dann konnte er sich seinem loyalen Mitarbeiter immer noch nachträglich erklären.

Mit einem letzten Nicken wandte sich der Nachrichtenoffizier ab und machte sich auf den Weg zur Ausfahrt, wo bereits ein rot-weißer Barkas wartete, mit dem die Klinik ihre Krankentransporte durchführte.

14:20 UHR

Nach einem ausgiebigen Mittagessen in den Waldheimer Ratsstuben fuhren Keller und Kosminsky zurück ins Döbelner Revier. Keller rief in der Poliklinik an, um sich zu erkundigen, wann Moreaux wieder Dienst hatte, und stellte mit Verwunderung fest, dass die Ärztin schon bei der Arbeit war. Wenn er ehrlich war, hatte er nach Moreauxs etwas unterkühltem Abschied am Morgen nicht damit gerechnet.

»Guten Tag, Kommissar. Gut, dass Sie anrufen.«

Keller zog überrascht die Augenbrauen hoch. »Tag, Frau Doktor. Ich wollte Sie nicht zu Hause stören, aber wo Sie eh schon wieder auf der Arbeit sind...«

»Sie sind ein Schlitzohr. Wenn Sie nicht geglaubt hätten, dass ich in der Klinik bin, hätten Sie doch nicht angerufen. Doch Spaß beiseite. Ich habe tatsächlich mickrige vier Stunden Schlaf bekommen. Währenddessen habe ich Proben von Doktor Kaltenbrunn analysieren lassen. Einige Ergebnisse liegen schon vor.«

»Ist er ermordet worden?«

Die Rechtsmedizinerin zögerte. »Sollten wir das wirklich am Telefon besprechen?«

»Ach, da fällt mir ein... das wissen Sie ja noch gar nicht, Frau Doktor. Der Fall Heise geht uns nichts mehr an, der ist offiziell abgeschlossen. Aber die Umstände von Kaltenbrunns Tod stehen ja in gar keinem Zusammenhang mit Professor Heise; und da muss jetzt natürlich von der K ermittelt werden.«

Keller bemerkte einen seltsamen Blick, den Kosminsky ihm zuwarf. Er drehte sich in seinem Sessel weg.

»Soso. Na, das sehe ich natürlich auch so. Welcher Zusammenhang sollte da schon bestehen?«

Keller meinte, Moreauxs Grinsen am anderen Ende der Leitung spüren zu können. »Genau, Genossin. Also, *ist* Doktor Kaltenbrunn ermordet worden?«

»Nun ja, sagen wir so: die Menge an Mitteln in seinem Blut, die mit Sicherheit zur Narkose eingesetzt wurden, reicht, um gleich zwei oder drei Patienten für immer ruhigzustellen.«

Keller schlug sich mit der flachen Hand aufs Knie. »Endlich! Dann haben wir jetzt wenigstens Sicherheit, was Doktor Piechkow angeht. Sie wird sich wegen Mordes verantworten müssen.«

»Glauben Sie?«, fragte Moreaux zögerlich. »Ich fürchte, Sie schafft es, sich mit Fahrlässigkeit oder dergleichen herauszureden. Dann wird es maximal auf einen ärztlichen Kunstfehler hinauslaufen, und damit bekommen Sie sie doch wohl nicht ins Zuchthaus, oder?«

Doch das war Keller für den Moment egal. Mit den Indizien konnte er der Piechkow endlich auf die Pelle rücken, so wie er es seit dem nächtlichen Telefonat gern tun wollte.

»Nun gut, Doktor. Ich würde sagen, das war's, was ich wissen wollte. Da weiß ich ja jetzt Bescheid, in welche Richtung ich weiter ermitteln muss. Ich bedanke mich herzlich bei Ihnen.«

»Aber wollen Sie denn gar nicht–«

»Nein«, fiel er ihr sofort ins Wort, »das hat doch jetzt alles keine Eile. Ich hole mir die genauen Analyseergebnisse der Narkosemittel im Laufe des Tages persönlich ab. Für den Abschlussbericht. Sonst gibt es ja nichts Interessantes. Bis bald, auf Wiederhören, Frau Doktor.«

»Auf Wiederhören, Herr Kommissar.«

Keller drehte sich zu dem Unterleutnant um und legte den Hörer mit einem Lächeln auf die Gabel.

»Was war denn das jetzt, Chef?« Kosminsky unterbrach sein Aktenstudium.

»Wieso?«

»Wie Sie die Frau plötzlich abgewürgt haben«, Kosminskys Augen wurden rund. »Sie trauen noch nicht einmal mehr der Telefonleitung aus dem Revier?«

»Ehrlich gesagt, Kosminsky, nein. Ich traue denen sogar Wanzen zu. Der einzige Grund, warum ich das für unwahrscheinlich halte, ist, dass bisher die Zeit für solche Maßnahmen knapp war und meines Wissens in diesen Räumen keinerlei Arbeiten stattgefunden haben.«

»Und dass das Ministerium davon ausgeht, dass Sie die Ermittlungen einstellen. Warum sollten die da noch Abhörtechnik installieren? Das wär' ein total überflüssiger Aufwand. Meinen Sie nicht, Chef?«

Keller wippte zustimmend mit dem Oberkörper. Vielleicht braucht das Ministerium aber auch gar keine Abhörtechnik, wenn menschliche Quellen platziert sind, dachte er missmutig und biss in ein Sandwich aus zwei Hansa-Butterkeksen und Butter. »Das ist immer wieder köstlich, Kollege. Fehlt nur noch ein ordentlicher Bohnenkaffee.«

»Schon verstanden, Chef.«

»Hab' ich mir doch gedacht, dass die Volkspolizei nicht lange auf sich warten lässt.«

Moreauxs Arbeitszimmer in der Poliklinik unterschied sich beträchtlich von Heises Räumen in der Psychiatrie. Es war mit hochflorigem braunen Teppichboden ausgelegt, auf dem ein Dutzend Brücken und Läufer mit orientalischen Motiven Laufwege und Sitzplätze markierte. Keller hatte keinen Zweifel, dass alle echt waren. Die verglasten Bücherschränke aus dunklem Holz, der imposante Schreibtisch, beides garantiert massiv, und zwei Stehleuchten aus Messing bekräftigten diesen Eindruck. Hier gab es sogar eine Couch, wie er sie im Sprechzimmer des Psychiaters vermisst hatte. Allerdings war das Sofa Teil einer Sitzgruppe, in deren Mitte ein flacher Tisch mit einer grün gemaserten Onyxplatte thronte.

»Gediegen, Frau Doktor, sogar eine bequeme Psychocouch, obwohl das gar nicht Ihr Fach ist.«

»Nun, Kommissar, vergessen Sie nicht: Professor Heise war in erster Linie Psychiater, oft mit strafrechtlichen Dingen und physiologischen Sachverhalten befasst, kein Psychologe, der sich viel Zeit für die Gemütslage seiner Patienten nimmt.«

Tolles Fettnäpfchen, und dann auch noch direkt vor diesem Kosminsky, gratuliere. Keller lockerte seinen Binder, weil er plötzlich heftig schwitzte. »Ich darf Ihnen Unterleutnant Kosminsky vom

Revier in Döbeln vorstellen. Er wird mich… uns bei den Ermittlungen zu Kaltenbrunns Tod unterstützen.«

Die Ärztin sah verblüfft aus, als sie den jüngeren Mann in Augenschein nahm. Nach einem Augenblick des Zögerns reichte sie Kosminsky die Hand.

»Kollege Kosminsky ist in alles eingeweiht. Ich habe lediglich Angst vor Telefonleitungen.«

»Ah, so ist das. Nehmen Sie doch erst einmal Platz.« Moreaux dirigierte die beiden Volkspolizisten zur Sitzecke und holte umständlich eine Karaffe Portwein samt drei Cognacschwenkern aus dem Jugendstilsekretär, der im Rücken des großen Arbeitstisches stand. Keller bemerkte sehr wohl, dass der Unterleutnant versuchte, Blickkontakt zu ihm aufzunehmen, aber er ging nicht darauf ein.

Kosminsky zog eine Filterzigarette aus der Innentasche des Jacketts hervor. »Danke, für mich nicht, Frau Doktor, ich hatte heute schon. Wenn Sie vielleicht einen Aschenbecher für mich hätten?«

Keller ließ sich einschenken und hob das Glas, als die Ärztin sich gesetzt hatte. »Auf Ihr Wohl. Ich bin gespannt, was es Neues gibt.«

»Gut, ich fange noch einmal mit der Todesursache an. Wie ich Ihnen am Telefon schon mitgeteilt habe, ist Kaltenbrunn allem Anschein nach an einer Überdosis Schlafmittel gestorben.«

»Entschuldigen Sie, Doktor, ich dachte, man hätte ihn in eine todbringende Narkose geschickt, nicht mit Schlafmitteln vergiftet?«

»Tut sich letztlich nicht viel. Nur, dass man das mit einem solchen Narkoseszenario viel kontrollierter bewerkstelligen kann.«

Keller überlegte. »Und überzeugender als einen Unfall darstellen kann. Man weiß ja nie, wer alles eingeweiht ist. Vom OP-Personal meine ich. Da hätte man auch gleich noch stabile Zeugen.«

»Lassen Sie mich kurz meine Schlussfolgerung erklären, und Sie werden sehen, dass es sich bei Kaltenbrunns Ableben mit großer Wahrscheinlichkeit um absichtliche Tötung handelt.«

Keller nahm sein Sherryglas und lehnte sich zurück.

»Für eine Narkose, und das ist ja nichts anderes als ein absichtlich herbeigeführtes Koma, allerdings kontrolliert und reversibel… meistens, sollte ich sagen. Für eine Narkose müssen Sie drei Bereiche steuern und überwachen. Sie brauchen ein Analgetikum für die Schmerzunterdrückung, ein Mittel, das die Muskeln entspannt, und schließlich ein Schlafmittel, damit das Bewusstsein des Patienten ausgeschaltet wird. In der Praxis überschneiden sich die Wirkweisen der einzelnen Medikamente natürlich etwas. Aber im Prinzip kann man das so erklären.«

»Eigentlich logisch. Ich meine, wenn man das so hört«, warf Kosminsky ein. Keller warf seinem Assistenten einen tadelnden Blick zu.

»Ja, Herr Kosminsky. Ist von der Sache her nicht sonderlich kompliziert«, bestätigte Moreaux etwas spitz. »Es dürfte ebenso klar sein, dass die drei Komponenten in einem bestimmten, ausgewogenen Verhältnis stehen müssen. Dieses Verhältnis kann von Fall zu Fall variieren, sinnvollerweise jedoch nur innerhalb bestimmter, enger Grenzen. Es gibt nicht umsonst Narkoseärzte. Im Falle von Kaltenbrunn bewegen sich Relaxantium, also das Mittel zur Muskelentspannung, und Analgetikum im erwarteten Rahmen. Das Schlafmittel aber ist auffällig. Man hat ein nicht besonders modernes Barbiturat benutzt, und es liegt in stark erhöhter Dosierung vor, was recht schnell zu einem Atemstillstand bei Kaltenbrunn geführt haben dürfte.«

»Ich verstehe. Eine sichere Sache für den Täter. Man muss ja nur etwas zu viel beimischen, oder nachspritzen, und kann das anschließend als Missgeschick deklarieren.«

»Sogar eine sehr sichere Angelegenheit, Herr Kommissar. Erstens muss jemand Verdacht schöpfen, denn schließlich kann es auch sein, dass der Organismus des Patienten unvorhergesehen reagiert, zweitens gibt es bei einer Barbiturat-Überdosis kein spezielles Gegenmittel. Und drittens geht alles recht schnell.«

»Und wenn die Leiche dann sofort in die hauseigene Leichenverbrennung wandert, ist auch nichts nachweisbar.« Keller goss Moreaux und sich nach. »Es sei denn, eine fleißige Gerichtsmedizinerin und ein neugieriger Bulle mischen sich ein.«

Im Grunde mussten sie jetzt nur noch die Teilnehmer dieser 'missglückten' Operation befragen, um die Angelegenheit

Kaltenbrunn mit einem knappen Bericht zu den Akten legen und die Piechkow vor den Richter bringen zu können, auch wenn eine Verurteilung illusorisch war. Aber Keller hatte noch etwas anderes im Sinn.

»Kommen wir zu dem Teil unserer Ermittlungen, von dem die Freunde vom MfS hoffentlich noch nichts wissen. Haben Sie die Knochenproben genommen?«

Die Gerichtsmedizinerin stand auf und holte einen Kunststoffbehälter aus einem Fach ihres Schreibtisches. »Herr Kosminsky ist auch darüber im Bilde?«

Kosminsky und Keller nickten gemeinsam.

»Ich habe ein paar einfache Untersuchungen selbst vornehmen können«, erklärte die Ärztin, »und es sieht so aus, dass die Knochen unsere Vermutungen vielleicht bestätigen können. Neben den anderen Erkrankungen lassen sich auch Veränderungen erkennen, die unsere Spekulation vom Röntgenarzt stützen könnten, denke ich.«

Keller nickte, dann seufzte er gleich hinterher.

»Was ist denn, Chef?«

»Na ja, ich verstehe schon. Die Wissenschaftler-Spur zu legen, ist aus Sicht der Klinik nicht dumm. Ich schätze, die wollten sich damit für den Fall absichern, dass Kaltenbrunn Dinge äußerte, die erkennen ließen, dass er irgendwie in medizinischer Richtung ausgebildet war.«

»Ja, das ergibt Sinn«, stimmte Moreaux zu.

»Und es konnte auch niemand voraussehen, dass sich einmal jemand für Kaltenbrunn und seine Knochen interessieren könnte. Dass er in den Akten nirgendwo auftaucht, muss etwas mit seinem beruflichen Werdegang zu tun haben, das ist uns allen klar. Nur ehrlich gesagt, habe ich nicht die leiseste Ahnung, wo man da ansetzen soll. Wir wissen immer noch nicht, ob Kaltenbrunn sein richtiger Name ist.«

»Und ein Verzeichnis der Privatärzte hochgestellter Persönlichkeiten existiert wohl nicht in unserer Universitätsbibliothek, Chef.« Kosminsky ließ langsam Zigarettenqualm aus Mund und Nase quellen.

»Wer weiß, Kosminsky? Vielleicht sollte ich mir überlegen, Sie dorthin auf Recherchetour zu schicken. Aber ich fürchte fast, in der Unibibliothek herrscht Rauchverbot.«

Säuerlich drückte der Unterleutnant seine gerade entzündete Juwel Filter aus und goss Portwein in sein Glas.

14:55 UHR

Das Leben in der Anlage glich in Fassbenders Augen ein wenig dem in einem Jugendknast. Jeder wusste, dass er eingesperrt war, aber als Strafe machte es nicht viel her, weil warmes Essen zur Verfügung gestellt und die meisten grundlegenden Bedürfnisse befriedigt wurden. Außerdem fragten sich die 'Insassen' dieser Einrichtung nach dem monatlichen 'Freigang' oft, ob das Leben außerhalb wirklich so viel besser war. Und mit Urlaubsreisen etwa war das ja sowieso so eine Sache, nicht nur für Geheimnisträger.

Auch Baustil und Ausstattung entsprachen dem, was in solchen Anstalten üblich war, zumindest stellte Fassbender sich das so vor. Und wie im Knast bestimmte jemand auf 'höherer Ebene' über die eigene Zeit – obwohl man sich da gleichfalls streiten konnte, ob das für Genosse Normalbürger anders war.

Anlass für seinen Unmut war die Nachricht, die Doktor Schabrow ihm hatte zukommen lassen. Während der Arbeit. Es machte Fassbender sauer, dass er sich gleich fürchterliche Details über Arnos Prognose anhören musste, obwohl er kein Familienangehöriger war. Es erschien ihm absolut überflüssig, er konnte sich genau vorstellen, wie es um Arno Steiner stand. Diese angebliche Kapazität Alexeij Schabrow war fein raus, der musste nicht von früh bis spät mit höchster Konzentration arbeiten, um Leib und Leben nicht zu riskieren. Doch in Wirklichkeit war es die Hilflosigkeit, die Fassbender so aufwühlte. Was wollte Schabrow damit erreichen, ihm das genaue Wissen über Arnos Leiden aufzulasten – sollte ihn das zu noch größerer Vorsicht mahnen? Konnten diese verfluchten Ärzte nicht einfach zugeben, dass sie machtlos gegen das waren, was schon Dutzende ihrer Kollegen dahingerafft hatte? Mit Wut im Bauch erreichte Fassbender das Büro des leitenden Arztes. Er atmete einige Male tief durch, bevor er an die Tür klopfte. Es wäre leichtsinnig, sich gegenüber Doktor Schabrow allzu aufgewühlt zu zeigen. Der Arzt hatte die Befugnis und die Mittelchen, problematische Mitarbeiter gefügig und ruhig zu machen; oder einfach nur dienstunfähig zu schreiben, was ihn seine Existenz kosten könnte. Ein Berufsleben außerhalb hatte er nie gehabt.

»Fassbender, kommen Sie doch herein.« Schabrow führte ihn zu einem Besucherstuhl vor seinem Schreibtisch. Dann folgte genau das, was Fassbender vermutet hatte.

»...wir haben wirklich alles getan, was in unserer Macht stand, aber Sie kennen die Probleme ja. Ihr Kollege Arno Steiner spricht einfach nicht auf die Therapie an. Und auch Sie sollten sich unbedingt untersuchen lassen«, endete der Arzt seinen Vortrag nach ein paar Minuten, in denen Fassbender nur still dagesessen hatte.

»Ich komme immer zu den Kontrolluntersuchungen. Was meinen Sie genau?«

»Genosse Fassbender. Sie wissen so gut wie ich, dass die meisten Männer Fehler machen und deshalb hier landen. So wie Arno Steiner in den letzten zwei Tagen abgebaut hat, muss etwas passiert sein. Ein Vorfall am Mittwoch? Vielleicht am Dienstag? Und Sie haben doch eigentlich immer zusammengearbeitet.«

Bei Schabrows Worten kroch die nackte Angst in Fassbenders Nacken. »Was soll das heißen? Ich habe immer den Schutzanzug getragen, ich habe mich an alle Sicherheitsvorschriften gehalten. Und Arno auch! Wenn diese verdammten Einweganzüge undicht sind, dann weil sie uralt sind. Wahrscheinlich haben die Sowjets diese Dinger schon ausrangiert, bevor wir sie bekommen haben – aber für uns sind sie sicher noch gut genug.« Er wusste, dass er zu laut wurde.

»Sie sollten sich einfach nur untersuchen lassen, damit wir ausschließen können, dass Sie ebenfalls betroffen sind, Genosse Fassbender. Wirklich kein Grund, unverschämt zu werden.«

Der Arzt wies ihm die Tür mit einer Aura der Überheblichkeit, die Fassbender unerträglich fand. Was die Ergebnisse seiner ausstehenden Untersuchung anging, wusste er jetzt schon, dass alles im grünen Bereich sein würde. Doch das trug nicht zu seiner Beruhigung bei. Eine Erkrankung würde in seiner Akte erst dokumentiert werden, wenn die Symptome nicht mehr zu übersehen waren. In die Hände dieses Kerls würde er sich erst begeben, wenn er keine Wahl mehr hatte.

Es war stockdunkel in Steiners Sterbezimmer. Niemand hielt es für notwendig, dem todkranken Mann wenigstens das Licht anzuschalten, solange er davon noch etwas hatte. Als Fassbender den Drehschalter betätigte, sah er, dass vielleicht nicht reine Hartherzigkeit zu diesem Versäumnis geführt hatte, sondern kalter Pragmatismus. Denn Steiner bemerkte das Licht nicht.

Nein, tot war er noch nicht, wie die Töne des kleinen grauen Plastikkastens, der Steiners Herzschlag überwachte, bestätigten. Aber beim Anblick seines Freundes brauchte Fassbender kein Mediziner zu sein, um zu wissen, dass der Exitus nur eine Frage von Stunden sein konnte. Überall trat der Verfall zutage, den Steiner vielleicht seit Jahren in sich trug. Genauso wie er. Fassbender starrte auf das vollkommen leblose, wächserne Gesicht, das einer Totenmaske glich. Der Drang, sich selbst im Spiegel nach Zeichen für ein ähnliches Schicksal abzusuchen, wurde schier übermächtig.

Es war Wahnsinn, was sie alle taten. Vollkommen verrückt, angesichts der Bedingungen, unter denen sie hier arbeiten mussten. Und es gab keine Hoffnung. Ein Ausstieg war nicht vorgesehen, das war ihm schnell klar geworden. Wenige hatten es versucht, und keiner hatte es geschafft – jedenfalls war ihm kein Fall bekannt. Fassbender sank auf dem einzigen Stuhl im Raum nieder, der in der Ecke neben den nachtschwarzen Fenstern stand. Mit Besuchern rechnete hier niemand. Er lauschte dem gedämpften Piepton des Herzfrequenzmessgeräts und dachte über die Entscheidung nach, die er und sein Freund Steiner vor vielen Jahren getroffen hatten. Zu Beginn aus einer Art trotziger Überzeugung. Irgendjemand musste diese Arbeit für ihre Gesellschaft übernehmen, hatten sie geglaubt. Und diese Arbeit war ihnen immer als wichtigste Pflicht und ohne Alternative erschienen. Als sie sich zu diesem Projekt meldeten, hatten sie sich bereits darauf eingerichtet, fortan ein völlig anderes Leben führen zu müssen. Isoliert und anonym. Sie würden keine Familie gründen, nicht heiraten und niemals Kinder großziehen. Sie würden alles vermeiden, was sie erpressbar machen könnte. All das hatten sie auf sich genommen, um den besten Dienst für ihr Land leisten zu können. Aber es hatte nicht lange gedauert, bis Steiner und ihm klar geworden war, dass ihre Überzeugungen auf Lügen beruhten, auf den gleichen Lügen, mit denen im Westen die gleichen wichtigen Arbeiten für Frieden und Gesellschaft verlangt wurden. Und doch hatten sie weiter gemacht, verdrängt und geleugnet, ihren Dienst ohne Murren geleistet. Den Absprungpunkt hatten sie schon vor langer Zeit verpasst; das bestätigten sie einander, immer dann, wenn Zweifel an ihrem Lebensweg aufkamen. Sie waren längst zu den Feiglingen geworden, die sie früher stets verachtet hatten. Wären sie sonst geblieben?

16:03 UHR

»Ich verstehe Sie nicht, Genosse Keller.« Moreaux lehnte sich mit verschränkten Armen an ein abschließbares Medikamentenkabinett.

»Verzeihung?« Keller tat einige Schritte in das Behandlungszimmer. Als die Ärztin ihn nur stumm fixierte, dämmerte ihm, dass das vergessene Formular für die Knochenproben nur ein Vorwand gewesen war, um mit ihm zu sprechen. Allein. »Was verstehen Sie nicht, Doktor?«

Moreaux warf die Hände in die Luft. »Sie verpflichten mich zum Schweigen, und ich habe mich auf Grundlage«, sie stockte einen Augenblick, »spontaner Sympathie auf dieses, wenn ich das mal so sagen darf, nicht gerade harmlose Abenteuer eingelassen. Ich habe meinem Mann Märchen erzählt, meine Mitarbeiter hier in der Klinik im Dunkeln gelassen und keine Nacht–«

»Doktor Moreaux«, unterbrach Keller sie betont ruhig. »Wo genau liegt denn nun das Problem? Ich bin mir mehr als bewusst, was ich Ihnen alles schulde. Glauben Sie mir.«

»Wirklich, Oberleutnant?«, fragte Moreaux scharf. »Wenn jetzt die Kollegen hier aus Döbeln eingeweiht werden! Das sind Leute, mit denen ich wahrscheinlich noch lange Zeit zusammenarbeiten werde. *Sie* gehen bald nach Leipzig zurück. Aber wenn an mir etwas von dieser Sache hängenbleibt, nicht auszudenken. Ich habe das Gefühl, dass mittlerweile die gesamte Volkspolizei in unser 'Geheimnis' eingeweiht ist.«

»Frau Doktor. Bitte. Was meinen Vorgesetzten in Leipzig anging, hatte ich wirklich keine andere Wahl, als ihn über alles ins Bild setzen. Und hier im VPKA wissen nur zwei Personen Bescheid, Unterleutnant Kosminsky und Hauptmann Schmauder.«

Moreauxs Augen wurden noch ein Stück größer, dann ganz schmal. »Ich kann nicht sagen, dass mich das gerade sehr beruhigt. Sie haben mir doch selbst erzählt, dass sich die Staatssicherheit inzwischen für den Vorgang interessiert – und Sie bekommen ganz plötzlich einen Assistenten?« Moreaux lachte schrill auf.

»Na ja, ich hatte meinen Chef schon um Unterstützung gebeten, ehe der Fall diese eigenartigen Züge angenommen hat.«

»Ach so.« Moreaux steckte ihre Hände in die Rocktaschen. »Aber Sie kennen den Mann nicht, oder doch? Offen gesagt, ich weiß auch nicht, was es ist, aber dieser Unterleutnant…«

Das Stechen in Kellers Magen meldete sich zurück. »*Wissen* Sie irgendetwas, Doktor Moreaux, dann heraus damit. Oder sind das jetzt einfach nur paranoide Bauchgefühle?«

Die Ärztin sah ihn noch einen Moment herausfordernd an, dann schien ein Teil der Anspannung von ihr abzufallen. »Nein, tue ich nicht. Es tut mir leid, Keller. Vielleicht haben Sie recht.«

Keller hatte halb befürchtet, mit unangenehmen Wahrheiten über diesen Kosminsky konfrontiert zu werden. Dass er jetzt erleichtert war, passte ihm auch nicht wirklich. Wie objektiv war er selbst noch in dieser ganzen Sache? »Ich verstehe Ihre Bedenken, Frau Doktor, glauben Sie mir. Mir ist auch nicht wohl bei dem Gedanken, dass noch mehr Menschen in diese Angelegenheit hineingezogen werden.«

»Sie denken wohl nur an die Risiken für andere, aber was ist mit Ihnen, Keller?« Moreaux trat auf ihn zu, ihre Stimme wurde leiser. »Sie sollten auch an Ihre eigene Sicherheit denken. Sie wissen doch sehr genau, was alles passieren kann, wenn Sie den falschen Leuten vertrauen.«

Keller schluckte einige Male. »Ähem. Na ja, nu. Frau Doktor, was meinen–«

»Sie können mich gern Karla nennen.«

»Ah. Gut… also Karla. Was war jetzt mit diesen Formularen für das Labor?«

Moreaux zog die Papiere aus der Tasche ihres Kittels. »Versprechen Sie mir, vorsichtig zu sein?«

Keller nickte andeutungsweise. »Ach so. Josef«, sagte er und zog das Formular aus ihren Fingern.

16:44 UHR

Die Überstellung des Sascha Petrow in die Charité dauerte etwa dreieinhalb Stunden, und Anton Sokolow nutzte die Zeit, um seine Gedanken in Ordnung zu bringen. Der Fahrer vom Deutschen Roten Kreuz, Benni Holtzer, war zu Beginn ihrer Fahrt von seinem Schweigen etwas irritiert gewesen, aber nach einer halben Stunde hatte er begonnen, sich mit dem mitfahrenden Sanitäter zu unterhalten und den stillen russischen Begleiter zu ignorieren.

Sokolow versuchte nach Kräften, die denkbar langweilige Konversation über Fußballspiele auszublenden und sich auf die Untersuchung zu konzentrieren, bei der er einfach keine rechte Handhabe fand. Die mysteriöse Krankheit, die den einzigen Zeugen befallen hatte, musste schnellstmöglich identifiziert und unter allen Umständen gestoppt werden – immerhin konnte niemand sagen, ob es sich um etwas Ansteckendes handelte. Er empfand ein gewisses Maß an Mitleid für den Jungen und seine Eltern, aber es war zugegebenermaßen sein Wille zur Aufklärung, der ihn mehr bewegte. Ohne Sascha, so fürchtete er, würde er in diesem Fall keinen Schritt mehr weiterkommen.

Erneut ärgerte Sokolow sich über die Resultate aus Hagenow. Wieso war die Kooperationsbereitschaft dort so wenig ausgeprägt, oder schien ihm das nur so? Wusste wirklich niemand aus dem engsten Umfeld der beiden Jungen etwas? Besonders wunderlich fand er, dass außer Saschas Mutter niemand gewusst haben wollte, dass die beiden Jungen überhaupt eine Freundschaft verband. In seinen Augen spielte diese Frage eine wichtige Rolle. Schließlich war nicht auszuschließen, dass ein Streit zwischen den beiden zu einem Unglück geführt hatte, oder dass vielleicht dem Verschwinden ein Konflikt vorausgegangen war. Anton Sokolow holte tief Luft, als sich seine Überlegungen erneut an diesem Punkt drehten. Es blieb dabei. Er konnte wenig herausfinden, wenn nicht entweder Sascha Petrow bald aufwachte und eine Aussage machen konnte, oder Iljin und die Hundestaffel eine Spur fanden.

Die Fußballrunde im B1000 erweiterte sich. Rostock und Magdeburg hatten sich vorgestern unentschieden getrennt, und das sorgte für reichlich Häme bei dem Sanitäter, der hinten Sascha im Auge behielt. »Dresden hat gestern gewonnen, und am Samstag kriegt ihr auch eins drauf.«

»Das glaubst du doch selber nicht«, schnauzte der Fahrer erbost. »Wir haben Cottbus zerlegt.«

Sokolow verstand diese Besessenheit für den Fußballsport einfach nicht. Nicht dass die Lage zu Hause viel besser war; die Wysschaja Liga war auch dort immer wieder beliebtes Gesprächsthema, aber jeder, der ihn kannte, verschonte ihn mit detailreichen Schilderungen oder allzu großen Begeisterungsausbrüchen. Es ärgerte ihn schon, dass er überhaupt wusste, dass Erewan derzeit den Meistertitel hielt. Sokolow wandte sich kopfschüttelnd dem Ausblick aus dem Fenster zu.

Der Blick hinaus bot allerdings wenig Reizvolles. Graubraunes, kaltes Regenwetter ließ alles noch farbloser erscheinen, als es ohnehin oft wirkte, und die Fassaden der ersten Stadtrandgebäude Berlins wischten in einem endlosen Einerlei an der nassen Scheibe vorbei. Es waren immer mehr Menschen auf den Bürgersteigen zu sehen, weil nach Arbeitsende nun viele ihre Erledigungen für das anstehende Wochenende machten. Sokolows Gedanken kehrten zu Anjana Petrowa zurück. Er fragte sich, was sie jetzt wohl tat, da ihr einziger Sohn nicht im Haus war.

»So, es ist nicht mehr weit, Genosse Oberst«, wandte sich Benni Holtzer an ihn. »Wir fahren über die Umgehung.«

Der Barkas rollte langsam vor einer Doppelflügeltür auf der Rückseite des großen Klinikgebäudes aus. Routiniert wickelten Holtzer und der Sanitäter aus Schwerin, dessen Namen Sokolow schon wieder vergessen hatte, den Transfer der Krankenliege in die Aufnahme der Charité ab. Eine Schwester mit adrettem Häubchen lächelte sie erst freundlich an, wurde jedoch deutlich formeller, als Sokolow seinen Dienstausweis zückte und sich vorstellte.

Sowohl die Aufnahme als auch die Station hatte man bereits über den Patienten und die besonderen Umstände der Einlieferung informiert. Sascha wurde unverzüglich auf der Intensivstation der internistischen Abteilung untergebracht.

»Sind die Eltern des Jungen nicht hier?«, fragte die diensthabende Oberschwester.

»Der Vater des Jungen ist Offizier der Gruppe der Sowjetischen Streitkräfte. Als beauftragter Vertreter der militärischen Führung der UdSSR bin ich befugt, alle Entscheidungen bezüglich des Jungen zu treffen«, teilte Sokolow ihr mit. Es kam nicht infrage, dass Zivilisten von der potenziell militärischen Relevanz der Untersuchungsergebnisse und der Behandlungen des Jungen unterrichtet wurden; daher hatte er sich mit Morosow auf diese allgemein gehaltene Erklärung geeinigt.

»Haben Sie eine schriftliche Vollmacht?« Die Oberschwester sah schon bei der Frage aus, als wäre sie auf die folgende Enttäuschung gefasst.

Sokolow machte eine Geste mit leeren Händen. »Ich habe den Ausweis des Jungen, aus dem sein Sonderstatus als ziviles Mitglied der GSSD hervorgeht. Da sich das Büro meines Vorgesetzten, Generalleutnant Morosow, bereits mit der Klinikleitung in Verbindung gesetzt hat, hoffe ich, dass dies genügt.«

Die Oberschwester schnaufte kurz. »Ich hoffe, Sie haben die bisherige medizinische Dokumentation mitgebracht?«

Er hob eine Aktenmappe empor, legte sie kurz ab und entnahm die entsprechenden Dokumente. »Das und noch etwas.« Er stellte den isolierten Transportbehälter auf die brusthohe Theke. »Diese Proben müssen umgehend in Ihr pathologisches Labor gebracht und entsprechend den beiliegenden Papieren untersucht werden.«

Die Oberschwester überlas rasch die Formulare, die Doktor Holt gemeinsam mit Doktor Saizew ausgefüllt hatte. »Ein halbes Dutzend Knochenproben?« Sie zog die Augenbrauen in die Höhe.

Sokolow wurde ungeduldig. Es war ein schmaler Grat, unnötige Aufmerksamkeit zu vermeiden, und dennoch die erforderlichen Arbeiten mit der nötigen Dringlichkeit und Geschwindigkeit erledigen zu lassen.

»Schwester, diese Proben stammen nicht von Sascha Petrow. Es ist aber sehr gut möglich, dass von den histologischen Ergebnissen sein Überleben abhängt. Mehr brauchen Sie nicht zu wissen. Ich verlasse mich darauf, dass Sie sich darum kümmern.«

Wünsdorf hatte den Stadtkommandanten von Berlin, NVA-Generalleutnant Artur Kunath, über Sokolows Aufenthalt in der Stadt informiert und Unterstützung eingefordert. Diese stellte sich in Form eines jungen Offiziers der Kasernierten Volkspolizei ein, kurz nachdem Sokolow der Oberschwester den dringlichen Auftrag gegeben hatte.

»Genosse Oberst. Leutnant Schneider. Leutnant Merz wartet unten mit dem Wagen auf Sie, um Sie zu Ihrer Unterkunft zu fahren, sobald Sie dies wünschen.«

Sokolow nahm den jungen Mann beiseite. Nach einem kurzen Gespräch war Schneider über seine Aufgaben – und sonst nichts – im Bilde. Natürlich sei nicht davon auszugehen, dass der Junge Petrow tatsächlich den Schutz eines Polizisten benötigte, erklärte der russische Agent, es ginge vielmehr um die Sicherstellung einer lückenlosen Versorgung und, noch wichtiger, um sofortige Informationsweitergabe. Angesichts moderner Technik war es der beste Weg, einen absolut zuverlässigen Beamten vor Ort zu postieren, der bei Entstehen einer Situation Sokolow in seinem Hotel antelefonierte oder sich an die Wünsdorfer Zentrale wenden konnte. Da zunehmend mehr Fahrzeuge der Volkspolizei und der NVA und auch die russischen Militärfahrzeuge eine Funkausrüstung besaßen, würde es so immer möglich sein, Sokolow binnen kürzester Zeit persönlich ins Bild zu setzen.

»Und sobald die Ärzte hier irgendwelche Ergebnisse aus dem Labor, den allgemeinen Untersuchungen oder belastbare Theorien zur Ursache der Krankheit haben, machen Sie augenblicklich Meldung. Wenn ich Ihnen einen Rat geben darf: Stellen Sie sicher, dass die Belegschaft hier weiß, dass Sie für jede Information dankbar sind.« Der Leutnant nickte. »Haben Sie noch Fragen, Genosse Schneider?«

Als dies nicht der Fall war, überzeugte Sokolow sich davon, dass alles in Saschas Krankenzimmer in Ordnung war und kam sich dabei ein wenig lächerlich vor. Andererseits hatte er persönlich diesen beträchtlichen Aufwand veranlasst und wollte sich keine Versäumnisse zu Schulden kommen lassen. Die Station hatte ein Isolierzimmer umfunktioniert, um den Forderungen der GRU nach Einzelunterbringung nachzukommen. Die Ausstattung wirkte etwas moderner als die im Schweriner Klinikum, aber sonst bot sich fast derselbe Anblick wie am Morgen. Sascha war an einen Herzmonitor angeschlossen worden und zeigte keine Regung. Sokolow ließ die Tür geöffnet, als er wieder auf den langen Stationsflur hinaustrat.

»Behalten Sie ihn im Blick, falls sich irgendetwas Ungewöhnliches tut. Ist Ihre Ablösung geregelt?«

Der Leutnant nickte, offenbar erstaunt, dass der unbekannte russische Geheimdienstoffizier sich um diese Fragen Gedanken machte. Sokolow fand es immer wieder erstaunlich, wie leicht Menschen falsche, positive, Schlüsse zogen. Er war sich sicher, dass dem jungen Offizier nicht klar war, dass er einzig an der effektiven Durchführung seiner Anweisungen interessiert war. Ein müder, hungriger oder über die Maßen gelangweilter Mitarbeiter würde seinen Dienst niemals mit der gleichen Effektivität und Zuverlässigkeit versehen. Die Einhaltung eines Vier-Schichten-Systems hatte sich in Sokolows Erfahrung vieler Jahre bewährt.

Sicherlich hätte er auch eine Dienstunterkunft beziehen können, doch da er nicht plante, länger als unbedingt nötig in Berlin zu bleiben, war ein Hotelzimmer die einfachere Alternative. Er setzte von dem Telefonapparat bei der Rezeption ein Gespräch in die Zentrale ab, um seine Kontaktdaten durchzugeben, und zog sich auf das adrette Zimmerchen zurück. Es war beinahe achtzehn Uhr. Es blieb noch Zeit zum Frischmachen, bevor er sich auf den Weg zu Generalleutnant Morosow machte.

Mit einigen geübten Handgriffen entrollte Anton Sokolow sein Rasieretui und wetzte nachdenklich die Klinge seines Rasiermessers. Mit dem etwas zerfransten Pinsel schäumte er Seife in der uralten Schale auf, die er von seinem Onkel geerbt hatte. Dieses Ritual half ihm regelmäßig zu entspannen. Als er das letzte Mal die Klinge über seine Haut führte, blickte er kurz auf seine Armbanduhr. In einer Viertelstunde würde der Wünsdorfer Wagen ihn abholen. Gerade schloss er den letzten Knopf am frischen Hemd, als es an seiner Tür klopfte.

»Telefon für Sie, Herr Sokolow.«

»Und da gibt es keine Zweifel?« Anton Sokolow starrte auf die Holzmaserung der Telefonnische. Keine guten Bretter, jedenfalls nicht das, was er bei einem soliden Innenstadthotel erwartet hätte. Es sah mehr nach Bauholz aus.

»Keine, Genosse Oberst«, bestätigte Iljin. »Ich schicke die Photographien und die vollständigen Befunde von Doktor Saizew bei nächster Gelegenheit in die Zentrale.«

»Tun Sie das.« Er bemerkte, dass er zu leise sprach, weil seine Gedanken schon jetzt nicht mehr bei dem Gespräch mit seinem Assistenten waren. »Tun Sie das, bitte«, wiederholte er lauter. Dann hängte er ohne ein weiteres Wort auf.

Ein anderer Gast wartete bereits darauf, dass er die Sprechkabine räumte. Er rempelte ihn unsanft auf seinem Weg in die Lobby an, war aber zu sehr in seine Gedanken vertieft, um es zu bemerken. Sokolow sank in einen Sessel, von dem er den Eingang des Hotels im Blick behalten konnte.

Diese neue Information änderte die Situation noch einmal erheblich. Vielleicht sogar dramatisch. Bruchstücke setzten sich allmählich in seinem Kopf zusammen, aber er bekam das Gesamtbild nicht recht zu fassen. Irgendetwas stimmte nicht. Sein erster Impuls musste einfach falsch sein. Er war sich sicher, dass so etwas nicht sein konnte. Er fluchte leise, denn jetzt hatte er tatsächlich die ersten unleugbaren Beweise, und er konnte sie unmöglich Morosow präsentieren, bevor er nicht herausgefunden hatte, was sie bedeuteten. Außer der offensichtlichen Erklärung.

Alexej Dmitriwitsch Orlow war durch zwei Gewehrprojektile getötet worden. Sie hatten sich in seine Lunge und in seine Herzrückwand gebohrt und dadurch einen raschen Tod durch inneres Verbluten herbeigeführt. Saizew hatte die Dauer auf höchstens zehn Minuten geschätzt, und Sokolow fragte sich, ob der Arzt das immer noch für einen schnellen Tod hielte, wenn es der seine wäre. Alexej war durch zwei Gewehrprojektile getötet worden, die in jedem sowjetischen AK-47 Gebrauch fanden.

Fast eine Familienangelegenheit. Sokolow fluchte leise. Sein Beruf war es, Informationen zu sammeln, zu verwalten und operative Vorgänge zu leiten, die zur Überwachung sicherheitsrelevanter Objekte oder Personen dienten. Er war der Falsche für diese Art von

Aufgabe. Er kannte genug Kollegen bei der Komandantura, die sich mit Armeeinterna befassten und äußerst unschöne Vorgänge aufzuklären hatten. Er war aus gutem Grund nicht bei der Militärpolizei. Sollten die doch ermitteln, wieso ein minderjähriger sowjetischer Staatsbürger auf deutschem Territorium mit sowjetischer Standardmunition erschossen worden war.

Anton Sokolow zwang seine Atmung in einen ruhigen Rhythmus. Er schloss die Augen und gestattete sich, das Undenkbare auszuformulieren: Alexej Orlow war hinterrücks mit einem russischen Sturmgewehr erschossen worden. Ob es sich dabei um eine alte AK oder eine modernere AKM handelte, war nebensächlich. Zu den Begleitumständen konnte er bislang fast nichts Sicheres aussagen. Dem Erschießen schien keine weitere Gewalt vorausgegangen zu sein.

Konnte das nicht bedeuten, dass die tödlichen Schüsse im gewohnten Umfeld des Jungen, auf dem Garnisonsgelände, gefallen waren? Ein Unfall? Auch die Auffindesituation in diesem Fluss, fast an der Grenze zur Bundesrepublik... Wer hatte die Möglichkeiten, sich so nah an die militärische Sperrzone heranzubewegen, ohne aufzufallen? Falls ein Soldat aus Hagenow – aus einem Missverständnis heraus – den jungen Orlow erschossen hatte, dann ließen sich diese Umstände recht plausibel erklären, dachte Sokolow. Wenn da nicht Sascha wäre. Wie passte der Freund des toten Jungen in das Bild? Und noch etwas nagte an Sokolow. Etwas war da, das ihm schon während der Obduktion eingefallen war, und das er jetzt einfach nicht zu fassen bekam.

Draußen hielt ein ziviles Fahrzeug unmittelbar vor der Hoteltür. Sokolow erkannte einen uniformierten Fahrer. Er musste sich schnell entscheiden, was er dem Generalleutnant erzählen würde – und schon mit dieser Überlegung knüpfte er an seinem eigenen Strick.

Morosow sah aus, als erwarte er von Sokolow nichts anderes als eine Enttäuschung. Nicht aber so, als würde ihm dies besonders viel ausmachen. Vielleicht war Morosow auch einfach nur Realist. Der Generalleutnant erlaubte in seinen Diensträumen keine der sonst üblichen Annehmlichkeiten, aber als er Sokolow hereinbat, bot er ihm etwas zu trinken an – eine Geste, die neu war.

»Bitte, setzen Sie sich.« Sokolow folgte der Aufforderung und nahm dankend das Glas entgegen. »Ich bin gespannt, Ihren Bericht zu hören. Tatsächlich habe ich mich den ganzen Tag darauf gefreut zu erfahren, was Sie mit diesen ungewöhnlichen Maßnahmen bezwecken.«

Sokolow hatte sich auf der Fahrt zurechtgelegt, wie er den derzeitigen Ermittlungsstand darstellen wollte, ohne den ungeheuerlichen Verdacht offen aussprechen zu müssen. Er würde auf Morosows Provokationen nicht unbedacht reagieren; trotzdem würde er sehr vorsichtig formulieren müssen, um aus dieser Angelegenheit unbeschadet herauszukommen.

Anton Sokolow begann mit einer Zusammenfassung der Lage in der Garnison Hagenow, wo er und Iljin mit allen maßgeblichen Personen des Führungsstabes und ihren eigenen Männern von der GRU gesprochen hatten. Niemand hatte Unregelmäßigkeiten oder besondere Vorfälle gemeldet, die dem Verschwinden der Jungen vorausgegangen waren. Die Abreise von Alexejs Mutter etwa zwei Wochen vor dem Ereignis war auch nach intensiverem Nachfragen die einzige Irregularität, die sie hatten finden können. Er verschluckte die Bemerkung zu Major Orlows erstaunlicher Unwissenheit bezüglich seines jüngsten Sohnes. Stattdessen schilderte er das besondere Pflichtgefühl, das der Mann dadurch bewiesen hatte, dass er sie ohne Zögern zum Fundort der Leiche begleitet hatte, um schnell alle Zweifel auszuräumen und so die Untersuchung zu erleichtern. Er fuhr mit der vorbildlichen Leichenbeschau fort, die sie in Schwerin unter Mitwirkung des deutschen Pathologen durchgeführt hatten. Dann legte er den Kurzbericht vor, den Saizew vorbereitet hatte, während Doktor Holt die Probenentnahme durchgeführt und das Klinikpersonal Saschas Verlegung in die Wege geleitet hatte.

Morosow öffnete die Schleife und warf einen kurzen Blick auf Saizews fast unleserliche Schrift.

»Es gibt noch weitere Ergebnisse, Genosse Generalleutnant. Heute Nachmittag hat Doktor Saizew die Obduktion fortgesetzt und dabei die Projektile sicherstellen können, die ganz zweifelsfrei zum Tod des Jungen geführt haben.« Sokolow beobachtete das Gesicht seines Gegenübers, als er sagte: »Es waren zwei Kurzpatronen M43.«

Morosow war nicht zu erschüttern. Er zeigte nicht die geringste äußere Regung. Anton Sokolow zwang sich, die Stille auszuhalten. Sie dauerte beinahe zwei Minuten an.

»Und Sascha Petrow?«

»Es ist nach wie vor unklar, was die schweren Symptome hervorruft, unter denen er leidet. Die Ärzte mussten ihn in Schwerin zweimal wiederbeleben, konnten aber noch keine Diagnose stellen. Da er vermutlich der einzige Zeuge für den Tod Alexej Orlows ist, war es unbedingt erforderlich, ihm die beste medizinische Betreuung zu gewähren. Daher die Verlegung in das Universitätsklinikum Berlin.« Sokolow machte eine Pause, um auch der zweiten Überlegung das angemessene Gewicht zu verleihen. »Außerdem konnte ich so persönlich Proben von Alexej Orlows Leichnam zur Untersuchung in das Pathologische Institut überstellen und eine Untersuchung veranlassen.«

»Sie haben Proben entnehmen lassen?« Morosow blickte ihm starr ins Gesicht. Sokolow nickte und wartete erneut. »Sehr gut. Ich sehe, dass Sie die Sache mit dem nötigen Ernst behandeln, Oberst Sokolow.«

»Selbstverständlich, Genosse Generalleutnant.«

»Ich erwarte regelmäßig Ihre Berichte. Sollten Sie noch in Berlin bleiben, erstatten Sie täglich Meldung bei mir, sonst auf den üblichen Kanälen, aber direkt an meinen Technischen Offizier, verstanden?«

»Jawohl, Genosse Generalleutnant. Ich gehe davon aus, dass mit den Kollegen von der NVA alles Notwendige geklärt wurde? Es muss unbedingt allzeit jemand bei dem Jungen im Krankenhaus sein, und zwar jemand mit sehr guten Kenntnissen unserer Sprache.«

Morosow winkte ab. »Das ist alles geregelt. Den Deutschen ging schon der Arsch auf Grundeis, als von einem toten Familienangehörigen unserer Streitkräfte die Rede war.«

Plötzlich war es wieder da, dieses Gefühl, dass er etwas Offensichtliches übersehen oder vergessen hatte. Sokolow nickte zu

Morosows Erklärungen, aber er hörte nur halb zu, als der Generalleutnant darauf hinwies, dass auch die Berliner Abteilung der GRU informiert worden war und bei Bedarf einen sowjetischen Nachrichtenoffizier schicken konnte, wenn der Junge aufwachen und Sokolow nicht in greifbarer Nähe sein sollte.

Mitten in der Nacht traf es ihn plötzlich. Sokolow war hellwach. Er hörte Holts Worte in seinen Ohren: *Dagegen spricht die Tatsache, dass es keine Austrittswunden gibt.* Nun wussten sie aber ohne jeden Zweifel, dass Alexej mit einem Gewehr erschossen worden war. Und da die Überlegungen, die er dem Doktor gegenüber angeführt hatte, nach wie vor vollkommen logisch und überzeugend waren, gab es eigentlich nur eine einfache Erklärung für die Verlangsamung der Projektile.

Alexej war in den Rücken geschossen worden, aber die Projektile waren zuerst durch etwas anderes hindurchgedrungen, bevor sie sich ihren Weg in seinen Brustkorb gebahnt hatten. Alexej Orlow hatte einen Rucksack getragen, wahrscheinlich einen Veshmeshock mit dicht gepacktem Inhalt.

Sokolow saß aufrecht in seinem Bett.

Wenn der Junge einen Rucksack getragen hatte, dann war er doch davongelaufen. Oder hatte das zumindest vorgehabt. Wohin sollte ein Junge seines Alters mit einem vollgepackten Rucksack gehen? Er hatte keine Veranlassung, den Stützpunkt zu verlassen, geschweige denn, dass er dazu die Erlaubnis erhalten hätte. Es gab keine Entführung, keine sinistren Kräfte, die sich zweier Soldatenkinder bemächtigen wollten, sondern einfach nur zwei Jungen, die das Sperrgebiet verlassen wollten. Sokolow rieb sich die Schläfen. Nicht zu schnell. Woher wusste er denn, dass Sascha Petrow zusammen mit Alexej Orlow unterwegs war? Nur Saschas Mutter wusste überhaupt etwas von der Freundschaft der zwei Jungen, weder der Lehrer noch Mitschüler hatten dies klar bestätigen können. Um von Major Orlow gar nicht zu sprechen. Der hatte noch nicht einmal mitbekommen, dass Rucksack und Habseligkeiten seines Sohnes fehlten. *Das muss ich als Erstes morgen früh von Iljin noch einmal überprüfen lassen.* Egal.

Die zeitliche Koinzidenz war es, die beide Vorgänge in enge Verbindung setzte, nicht die Auffindesituation. Alexej war erschossen und in einen Fluss am Grenzstreifen geworfen worden. Sascha dagegen war Dutzende von Kilometern weit entfernt an irgendeiner Landstraße aufgegriffen worden, scheinbar körperlich unversehrt – auch wenn sich dies als Trugschluss erwiesen hatte.

Ihm schwirrte der Kopf. Konnte es sein, dass Sascha Petrow Alexej erschossen hatte? Erklärte das seinen Schockzustand? Oder hatte er mit angesehen, wie jemand anderes seinen Freund getötet hatte? Und wenn das der Fall war, warum hatte Sascha überlebt? Wieso sollte jemand einen Zeugen für eine solche Tat am Leben lassen? Gleich, wie er sich gegen den Gedanken sträubte, Sokolow konnte ein Szenario immer weniger verdrängen. Die Jungen hatten das Sperrgebiet verlassen wollen und waren dabei einem übereifrigen Wachposten über den Weg gelaufen. Vielleicht war es noch nicht einmal bei Tag geschehen, sondern im Dämmerlicht oder bei Nacht. Sascha war nur zufällig nicht getroffen worden und davongelaufen, ohne sich Gedanken zu machen, wohin. Anstatt sich zurück zur Garnison zu flüchten, war er in Panik losgerannt und hatte sich bald verirrt. Der Soldat oder die Soldaten hatten den fatalen Irrtum bemerkt und ihr Möglichstes getan, um den Vorfall zu vertuschen.

Anton Sokolow betrachtete das Bild, das er soeben zusammengesetzt hatte, und schaute auf die blinden Stellen, die es aufwies. Es ergab Sinn, aber trotzdem blieben lose Enden, die er zusammenführen musste, bevor er diese ungeheuerliche Geschichte in einen Bericht schrieb. War der vermeintliche Rucksack am Tatort geblieben? Wo war der Tatort überhaupt? Wie erklärte sich Saschas schlechter gesundheitlicher Zustand? Erst, wenn er auf diese Fragen eine Antwort fand und das Labor auch Alexejs Blut-, Gewebe- und Knochenproben untersucht hatte, würde er sich daran machen, das Bild fertigzustellen.

Gegebenenfalls musste er das endgültige Szenario mit einem schönenden Rahmen versehen, um es Morosow in sein langweiliges Büro zu hängen. Er hoffte nur, dass er sich nicht gleich dazuhängen konnte.

20:14 UHR

Am liebsten hätte Keller das Gespräch sofort geführt, nachdem Doktor Moreaux ihnen die forensischen Beweise für Mord oder wenigstens fahrlässige Tötung Kaltenbrunns präsentiert hatte. Er war richtig in Stimmung, dieser sogenannten Ärztin die Leviten zu lesen. Aber die Piechkow hatte den Freitag ganz offiziell außer Hause verbracht – Keller erinnerte sich, dass sie das am Telefon erwähnt hatte. Den Nachmittag hatte er damit verbracht, sich Gedanken um das weitere Vorgehen, Moreauxs Warnungen und seinen neuen Untergebenen Kosminsky zu machen. In keiner Richtung war er weitergekommen, fand er. Das Magenstechen hatte sich erneut in seinen Eingeweiden festgesetzt.

Draußen, vor dem Fenster seines Döbelner Dienstzimmers war es längst dunkel geworden, als das graue Telefon mit den zahllosen Knöpfen schellte. Kosminsky lauschte kurz dem Anrufer und legte dann ohne eine Entgegnung auf.

»Chef, die Piechkow ist gerade in Waldheim angekommen.«

Keller setzte sich auf. »Endlich. Haben wir es sicher, dass sie den ganzen Tag in Leipzig war?«

Kosminsky nickte. »Es gab da irgendeine Sitzung an einem Forschungsinstitut der Universität, und Major Schüttau hat da wohl auch persönlich einen Mann vorbeigeschickt. Sollen wir dann los?«

»*Wir?* Ganz sicher nicht, Kosminsky. Ihr Gesicht will ich nicht einmal in der Nähe der Anstalt sehen, bevor Sie da morgen den Galecki-Ersatz geben.«

»Natürlich«, bestätigte Kosminsky zerknirscht.

»Sie werden nicht viel versäumen. Selbst mit den Indizien, die Moreaux uns beschafft hat… Ich glaube nicht, dass dieser kalte Fisch von Ärztin irgendetwas Sachdienliches beitragen wird.« Er griff nach seinem Mantel. »Und ich denke nicht, dass ich heute noch einmal zurückkomme. Sie sollten auch nach Hause gehen, Unterleutnant.«

Keller ließ Kosminsky in dem kleinen Büroraum zurück und machte sich allein auf den Weg zur Anstalt.

»Ich weiß nicht, wofür Sie sich halten, Genosse Keller, aber ich versichere Ihnen, dass es Ihnen an einer realistischen Einschätzung–«

Keller drehte der Ärztin abrupt den Rücken zu und besah sich eingehend die Diplome und Zertifikate, die eine Wand ihres Behandlungszimmers zierten. Er kannte diesen Typ. Sobald er ihr die Aufmerksamkeit scheinbar entzog, machte sie den Mund zu. Alles, was diese Frau tat, galt letztlich einem Publikum, dachte er. Und das konnte auch nur aus einem einzelnen Polizisten, oder einem unglücklichen Patienten, bestehen.

»Sind Sie dann jetzt fertig, Frau Doktor?«, fragte er gelangweilt.

»Ihnen ist klar, dass Sie nie wieder einen Fall wie diesen bearbeiten werden?«

Er drehte sich mit einem grimmigen Lächeln zu der Ärztin um, die in ihrem adretten Kostüm so gar nicht in diese Anstalt passen wollte. »Ach ja. Drohen Sie mir nur weiter. Sie können sich gar nicht vorstellen, welchen Gefallen Sie mir damit tun. Eine bessere Bestätigung für meine Vermutungen kann ich mir gar nicht wünschen.«

Die Piechkow schwieg tatsächlich einen Augenblick. »Vermutungen haben Sie einige. In Ihrem Geschäft sollten Sie aber eigentlich wissen, dass die nicht genügen. Gehen Sie doch unter die Glücksspieler, wenn Sie gern riskant spielen und auf Bluff leben, Genosse Hauptmann.«

»Nun, für so riskant halte ich meinen Beruf«, er macht eine winzige Pause, »in aller Regel gar nicht. Ich komme immer erst zum Ort des Geschehens, wenn alles vorbei ist, wissen Sie?«

»Das muss ja frustrierend sein.« Die Piechkow verschränkte ihre Arme vor dem Bauch.

Keller schluckte. Frustrierend war, dass er dieses Mal das Gefühl nicht loswurde, selbst an dem Mord mitschuldig zu sein, den er gerade untersuchte. Hätte er schneller geschaltet und die Gefahr richtig eingeschätzt, in der Kaltenbrunn hier geschwebt hatte... *Hätte ich nicht damit gedroht, Kaltenbrunn mitzunehmen...* »Nun, das wissen Sie sicherlich besser als ich. Ich stelle mir vor, Ihre Aufgabe ist auch nicht gerade förderlich für einen ruhigen Schlaf. Außer natürlich, Sie haben keine moralischen Bedenken, auf Geheiß kaltblütig zu morden.«

»Was erlauben Sie sich!« Doktor Piechkow baute sich zu erstaunlicher Größe auf. Ihre nur noch leicht geschminkten Lippen waren zu einer wütenden Linie zusammengepresst.

»Ich erlaube mir, Ihnen kein Wort dieser lächerlichen Farce zu glauben. Ich sehe ein, dass hier niemand damit rechnen konnte, dass Außenstehende einen Blick hinter diese Mauern werfen würden. Sonst hätte schon Professor Heise sich mehr Mühe mit einer plausiblen Ausgestaltung der Kaltenbrunn-Akten gegeben. Aber wieso sollte auch jemand nach einem Mann forschen, der nicht einmal existiert, richtig?«

»Ich habe keine Ahnung, wovon Sie eigentlich sprechen.«

»Sicherlich. Sie haben rein zufällig die Tötung Kaltenbrunns in just der Nacht angeordnet, als ich damit drohte, ihn in Polizeiarrest zu überstellen.« Keller rang um einen sachlichen Ton. Diese Frau brachte ihn in Rage, und er wusste, dass er dann unvorsichtig wurde.

»Ich bin mir sicher, dass für Sie auch diese hanebüchene Anschuldigung irgendeinen Sinn ergibt, aber Sie sind vollkommen auf dem Holzweg, Genosse Oberleutnant.«

»Sie haben den Mann hier verschwinden lassen. So effektiv, als wäre er gestorben. Das ist Fakt.«

»Fakt«, unterbrach die Piechkow, »ist, dass ich persönlich weder mit Kaltenbrunns Einweisung noch seiner Behandlung auch nur im Ansatz etwas zu tun hatte. Fakt ist, dass Sie hier unbewiesene Behauptungen zu der Arbeitsweise meines Amtsvorgängers erheben, die ich weder überprüfen noch spontan widerlegen kann, da ich bis vor zwei Tagen selbst keinen Einblick in große Teile der Patientenakten und Behandlungspläne hatte. Fakt ist auch, dass Sie sich hier in einer Anstalt, die regelmäßig auch mit der DVP bei der Begutachtung und Unterbringung psychisch auffälliger Straftäter gut zusammenarbeitet, unmöglich benommen haben. Sie beleidigen und bedrohen meine Angestellten–«

»Fakt ist: Ich habe eine Leiche sichergestellt, die mir den Nachweis eines völlig unplausiblen Kunstfehlers erlaubt. Und das wird das Ende Ihrer schönen Karriere an dieser Stelle sein.«

Die Piechkow lachte auf. »*Sie* waren das also, der Jörg Tassel verhaften ließ, weil er sich den vermeintlichen Einbrechern in den Weg gestellt hat!«

»Sein Heldenmut war sonderbarerweise von einer Schusswaffe getragen. Finden Sie das auch normal, Genossin Doktor?« Es war ihm keineswegs entgangen, dass sie auf den Vorwurf des Kunstfehlers gar nicht reagiert hatte. Diese Ärztin war sich zu sicher, warnte ihn seine innere Stimme. *Die Piechkow hat sich den Rücken schon im Voraus freigehalten.*

»Nein, in der Tat war ich ausgesprochen schockiert, als ich davon hörte, dass Schüsse gefallen sind. Wir dulden hier keine Waffen jedweder Art auf dem Gelände. Herr Tassel wird abgemahnt und muss sich auch der hiesigen Polizei erklären. Aber ich hatte keine Ahnung, dass der junge Mann in einer Wehrgruppe aktiv ist, geschweige denn, dass er eine Schusswaffe zu seiner Arbeitsstelle mitbringen würde.«

»Da weiß man ja nicht, mit wem Sie hier mehr Mühe haben, den Insassen oder Ihren Mitarbeiten«, höhnte Keller.

»Patienten, nicht Insassen. Wissen Sie, anders als Sie betrachte ich die Menschen in meiner Obhut nicht grundsätzlich mit solch wertender Verachtung. Vielleicht täten auch Sie gut daran, gelegentlich etwas weniger voreingenommen an Ihre Arbeit zu gehen.« Die Piechkow ließ sich auf ihrem Ledersessel nieder. »Die auffällige Art und Weise, wie Sie sich in Ihrer Arbeit fortwährend von persönlichen Gefühlen leiten lassen, sollte Ihnen zu denken geben. Diese Ausbrüche gegenüber meinem Personal grenzten ja schon an Kontrollverlust, Genosse Oberleutnant.«

»Wie schade, dass ich nicht hier bin, um mich von Ihnen therapieren zu lassen, Frau Doktor. Ich bin mir sicher, dass Sie eine Kapazität auf Ihrem Gebiet sind. Aber Manipulationen dieser Art funktionieren bei mir nicht. Und Ihr Psychomumpitz wird mich nicht dazu bringen, kriminalistische Erfahrung und den gesunden Menschenverstand zu vergessen.«

»Wenn ich mir anhöre, wohin die Sie führen und welche absurden Anschuldigungen Sie daraus ableiten…« Die Piechkow zeigte wieder ihr kaum merkliches Lächeln.

»Sie haben die Frechheit, mir einen Vortrag über Menschlichkeit zu halten, und doch bedeutet Ihnen der Tod eines Mannes, der aus vollkommen ungeklärten, wenn nicht zweifelhaften Gründen hier einsaß, nicht das Geringste.« Keller zwang sich zu einer Pause. Ihm war längst klar, dass er die Ärztin nicht aus der Reserve locken konnte. Seine Schuldgefühle wegen Kaltenbrunns Tod verstärkten sich weiter.

»Ich weiß nicht, was Sie von mir in dieser Sache erwarten. Wenn es wirklich ein Kunstfehler war, der zum Tod des Patienten Kaltenbrunn geführt hat, dann bin ich die Erste, die ein Interesse daran hat, solche Inkompetenz zu ahnden. Oder glauben Sie–«

Keller stutzte. »Soll das heißen, Sie haben den Eingriff nicht selbst vorgenommen?«

»Wie kommen Sie denn auf diesen Gedanken? Ich kann mich, gerade in der jetzigen Situation, doch nicht um die Ausführung jeder medizinischen Maßnahme persönlich kümmern.«

Keller schluckte die reflexhafte Antwort herunter, dass er mit Schwester Melanie sogar eine Zeugin hatte. Natürlich erzählte die Piechkow Unsinn. Nachträglich konstruiert, um sich aus der Affäre zu ziehen. »Nun, wenn ich Sie um fast drei in der Nacht aus dem Bett telefoniere, Sie über den Ausgang dieser Notoperation aber bereits informiert sind, da muss ich ja wohl annehmen, dass Sie an der Operation teilgenommen haben.«

»Da irren Sie, Genosse Hauptmann.«

»So? Seltsam, Frau Doktor. Sehr seltsam, worüber Sie in dieser Klinik Bescheid wissen, und an welchen Stellen Sie arglose Unwissenheit vorschützen. Mal ist Kaltenbrunn ein Patient wie jeder andere und Sie wissen nichts Ungewöhnliches über ihn, doch wenn er nachts auf dem OP-Tisch landet, dann wissen Sie sofort davon, sind aber angeblich nicht persönlich anwesend gewesen. Ich bezweifle allerdings ganz entschieden, dass in diesem Irrenhaus jemand außer Ihnen die Kompetenz hat, eine Operation durchzuführen. Korrigieren Sie mich bitte.«

Es war nur eine Nuance. Eine leichte Angespanntheit, die sich in die Haltung der Ärztin einschlich, doch Keller fühlte den Triumph, endlich einen Stich gelandet zu haben.

»Ich habe die Operation selbstverständlich genehmigt, allerdings nicht selbst durchgeführt.«

»Oh, eine Ferndiagnose? Aus Ihren Privatgemächern, die keine fünf Minuten entfernt liegen? Das wird sich aber auch nicht sehr fein machen, wenn ich meinen Bericht schreibe.«

»Wissen Sie, Genosse Hauptmann, schreiben Sie doch einfach endlich Ihren Bericht. Wenn Sie Ihre Gedanken in nachvollziehbare Bahnen gebracht haben, dann können wir uns gern noch einmal unterhalten, aber ich habe jetzt wirklich genug von Ihren Unverschämtheiten. Wenn Sie mich nicht verhaften wollen, dann beende ich das Gespräch an dieser Stelle.«

»Sie beenden hier gar nichts, Frau Doktor Piechkow.« Keller wunderte sich über den Schnitzer. Als Kennerin der menschlichen Psyche hätte sie eigentlich wissen müssen, dass Keller sie nun in keinem Fall vom Haken lassen konnte.

»Sie werden mir sofort eine vollständige Liste mit den Namen aller an der Operation Beteiligten erstellen. Und des durchführenden Arztes. Und dazu, das wissen Sie sehr gut, habe ich jedes Recht und alle Befugnis.«

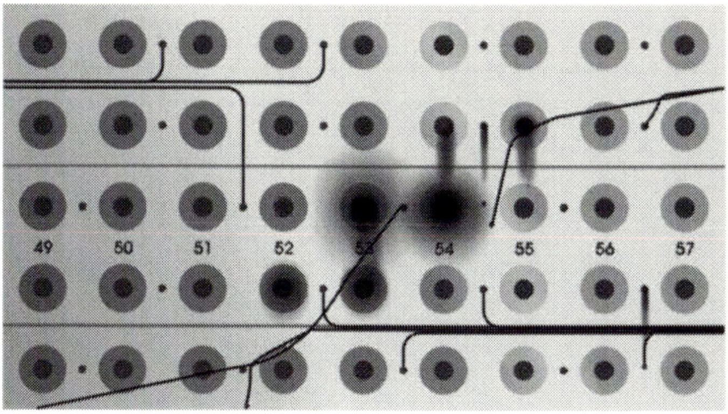

Samstag, 16. Februar 1974

11:48 UHR

Sokolow nahm die Treppen hinauf zur Internistischen Abteilung. Er konnte sich nicht erinnern, wann er zuletzt so müde gewesen war. Erschöpfung war ein schlechter Ratgeber in heiklen Situationen. Die erforderten einen klaren Kopf, aber er hatte gestern wieder nicht einschlafen können. Nach einer Stunde hatte er den Kampf aufgegeben, sich angekleidet und war in die Hotellobby hinuntergegangen. Die Ödnis seines Zimmers hatte er damit nur gegen die dämmrig beleuchtete Einsamkeit der Empfangshalle eingetauscht. Sogar der Nachtportier hatte ihn wieder allein in der Lobby zurückgelassen, nachdem er sich versichert hatte, dass der Gast keine Getränke, Handtücher oder Toilettenpapier wünschte. Er fragte sich, warum er mit einem Mal dieses Schlafproblem hatte. Vielleicht waren es Erinnerungen, die diese Krankenhäuser in ihm wachriefen. Auch wenn er es leugnete, diese ganz besondere Atmosphäre von Sauberkeit, dieser antiseptische Geruch, der sich hier in nichts von dem in der Heimat unterschied, und dieser geschäftsmäßige Umgang mit Leiden und langsamem Tod gehörten zu den ausgesprochen wenigen Dingen, die ihm zu schaffen machten und denen er aus dem Weg ging, wann immer es machbar war.

In diesem Fall war es nicht möglich. Mit Kraft öffnete er die schwere großflügelige Metalltür des Treppenhauses und folgte dem hell gestrichenen Flur bis zu der weiteren Tür, die die Station abtrennen sollte, aber wie schon bei seinem gestrigen Besuch offenstand. Er nickte der Schwester zu, die ihn bereits kannte.

»Guten Morgen, Oberst Sokolow. Der Doktor ist gerade bei dem Petrowjungen«, informierte sie ihn. »Sascha scheint sich etwas zu erholen.«

»Hat er das Bewusstsein wiedererlangt?«

»Bitte, fragen Sie den Doktor«, gab sie zurück, als er schon auf dem Weg den Flur hinunter war.

Saschas Zimmer war das letzte unmittelbar vor dem Rechtsknick des Flures. Ein leerer Stuhl stand in der Ecke. Jemand sollte dort sitzen und den Patienten bewachen. Wut stieg in Sokolow auf. Deshalb arbeitete er mit Profis, die ihre Aufgaben mit der notwendigen Ernsthaftigkeit erfüllten. Hier musste er sich mit deutschen Polizisten und Soldaten arrangieren. In Gedanken formulierte er bereits eine saftige Beschwerde, als ein junger Uniformierter aus dem Krankenzimmer trat. Der nahm Haltung an, sobald er den Offizier der GRU auf sich zukommen sah.

»Guten Morgen, Genosse Oberst.«

Sokolow blieb vor dem jungen Mann stehen, der ihn in gutem Russisch angesprochen hatte, und spürte seinen Zorn schwinden. Auch wenn er wusste, dass inzwischen ein Großteil der ostdeutschen Bevölkerung die Sprache der Besatzungsmacht in der Schule lernen musste, so hatte er bislang erstaunlich Wenige getroffen, die des Russischen tatsächlich mächtig waren. Er erkannte die Gelegenheit, sich einiger möglicher Zuhörer zu entledigen, und fragte ebenfalls auf Russisch zurück: »Seit wann sind Sie hier auf dem Posten?«

»Wir haben die Schicht um sechs Uhr heute Morgen gewechselt, Genosse Oberst.«

»Irgendwelche Vorkommnisse?«

Der junge Mann zögerte. »Um kurz nach sieben habe ich nach der Schwester gerufen, weil der Junge aufzuwachen schien. Jedenfalls hat er sich bewegt und versucht, etwas zu sagen.«

Sokolow war mit einem Mal hellwach. »Aber er ist nicht zu sich gekommen?«

Der NVA-Soldat schüttelte den Kopf. »Sie haben aber nach dem Arzt geschickt, und der hat ihm etwas gegeben. Es war der gleiche Arzt, der jetzt auch drin ist«, erklärte er mit einem Blick auf die offenstehende Tür.

Sokolow nickte und wandte sich dem Isolierzimmer zu. Er betrat es leise und schloss die Tür hinter sich. Der Arzt fuhr herum. Sein Blick richtete sich automatisch auf Sokolows Uniform.

»Die Schwestern haben erzählt, dass der KGB den Jungen hergebracht hätte«, bemerkte der Arzt und kehrte Sokolow wieder den Rücken zu.

Sokolow lächelte. »Sobald Sie dort fertig sind, würde ich gern mit Ihnen sprechen, Herr Doktor.«

»Ich bin mir nicht sicher, ob ich Ihnen gegenüber auskunftsberechtigt bin, Genosse–«

»Sokolow. Oberst Anton Sokolow. Sie können die Formalitäten gern überprüfen, ich versichere Ihnen, dass alles seine Ordnung und seine Richtigkeit hat. Die Stationsleitung weiß Bescheid.«

Der Arzt schwieg einen langen Augenblick, während er Notizen in Saschas Krankenakte machte. »Das mag sein. Die Stationsleitung hat von Ihnen keinerlei hilfreiche Informationen zur Krankengeschichte erhalten.«

»Nun, die Poliklinik Schwerin war leider nicht in der Lage, eine eindeutige Diagnose zu stellen – das eben ist der Grund, warum wir den Jungen hierher verlegen ließen. Die Charité genießt einen ausgezeichneten Ruf.«

Der Arzt nahm dies ohne Regung zur Kenntnis. Er fuhr ungehalten fort: »Wenn Sie einen Patienten in die Obhut dieses Krankenhauses geben, dann haben wir ein Recht darauf zu erfahren, was Sie wissen. Aber hier steht rein gar nichts.«

Sokolow dämmerte, dass der Arzt aus einem anderen Grund so aufgebracht sein musste als der irregulären Einweisung und der Einmischung der sowjetischen Truppen. »Wie lautet Ihre Diagnose?«

»Ich kann Ihnen von den Symptomen berichten, die der Junge in den vergangenen sechzehn Stunden gezeigt hat. Ich kann Ihnen seine genauen Werte vorlesen, die überhaupt nichts mit denen eines gesunden Zwölfjährigen zu tun haben. Und ich–«

Sokolow brachte den Arzt mit einer Handbewegung zum Schweigen. »Ich verstehe. Seine Patientenakte werde ich später studieren. Haben Sie mittlerweile irgendwelche Anhaltspunkte, wodurch der Zustand des Jungen ausgelöst worden sein könnte?«

Der Arzt betrachtete den Nachrichtenoffizier eingehend, und es wirkte, als wurde er sich erst jetzt der Situation vollkommen bewusst. Leise und beherrschter fuhr er fort: »Dazu liegt noch nichts vor. Blut-, Urin und Haarproben sind aber an die Pathologie zur toxikologischen und allgemeinen Untersuchung überstellt worden.«

Sokolow blickte den Angestellten der Klinik finster an. »Davon bin ich ausgegangen. Ich habe wenig Geduld, Doktor. Wie lange werden die notwendigen Tests dort noch dauern?«

»Ich… Es…« Der Mann stammelte einen Moment, bevor er sich fing. »Ich werde gleich nachfragen.«

»Wissen Sie, Doktor… Brauer«, las Sokolow pointiert das Namensschild vor, das an den Kittel geheftet war. »Ich denke, es ist besser, wenn ich selbst ein wenig die Dringlichkeit meiner Anfragen dort verdeutliche. Wo befindet sich denn dieses Labor?«

Der Arzt schien sich Widerworte zurechtlegen, kam mit einem Blick auf Sokolows Mine aber zu dem Schluss, dass es keinen Sinn hatte, ihn von seiner Idee abbringen zu wollen.

Das Pathologische Labor der Charité war ein beeindruckender, funktional gehaltener Backsteinbau im Herzen des Klinikgeländes und lag fast am Spreeufer. Die zahlreichen großen Bogenfenster vom Keller hinauf bis in das dritte Stockwerk erinnerten an ein Fabrikgebäude, doch das Schild neben der relativ bescheidenen

Eingangstür zeigte, dass er sich nicht verlaufen hatte. Er betrat das Foyer und wurde auf seine Nachfrage hin zum histologischen Labor geführt.

»Petrow? Ja, die sind gestern Abend hier eingegangen, glaube ich.« Der Laborant war ein hagerer, dürrer Endzwanziger, der auf Sokolow wie ein Storch aus großer Höhe herabblinzelte. Die riesige Brille war mit fettigen Fingerabdrücken beschmiert, und Sokolow fühlte den fast unwiderstehlichen Drang, dem ungepflegten Labortechniker das Gestell von der Nase zu nehmen, während er mit ihm sprach. Das renommierte Pathologische Institut selbst machte einen erstklassigen Eindruck. Sokolow bewunderte die moderne Ausstattung, die zum Teil aus dem westlichen Ausland zu sein schien.

»Und Orlow? Alexej Orlow?«

»Wer soll das sein?« Der Lulatsch holte eine handschriftliche Liste hervor, auf der offenbar die aktuellen Arbeitsaufträge chronologisch gesammelt wurden. Sokolow musste feststellen, dass er mit der Handschrift der Laborangestellten überfordert war. Er konnte fast nichts lesen.

»Die Proben stammen aus einer Obduktion in Schwerin«, erklärte der sowjetische Offizier. »Ich habe sie gestern selbst oben auf der Internistischen Station abgegeben, als Sascha Petrow eingeliefert wurde.«

Mit drei kurzen Schnalzlauten schüttelte der Lange den Kopf. »Sie haben sie oben auf der Station abgegeben? Na, dann hoffen wir mal, dass die Proben es überhaupt schon bis hier geschafft haben. Orlow?« Der knochige Finger fuhr rückwärts die Eintragungen entlang. »Hm, mal schauen.«

Sokolow fühlte seinen Blutdruck steigen. »Die Proben waren in einem speziellen Transportbehälter. Doktor Holt hat–«

»Ah! Die Proben vom Holt.« Der Laborant zog eine erleichterte Grimasse. »Hätten Sie doch gleich sagen können. Doch, die habe ich schon gesehen.« Wie zum Beweis seiner Behauptung schob der Mann Sokolow die Liste hin und pochte nachdrücklich mit einem zu langen Nagel auf eine Eintragung. »Sehen Sie, hat alles seine Ordnung. Nur manchmal tragen welche von den Nachtdienstlern halt den beauftragenden Arzt oder die Institution ein und eben nicht den Patienten.«

Anton Sokolow hörte nichts mehr von den Erklärungen.

Eine einzige Eintragung, drei Zeilen über *Holt*, war alles, was er sah. Er schob die Hand des Laboranten beiseite und fühlte, wie sein Puls zu rasen begann.

Es war viel zu kalt, um draußen zu sitzen. Er hätte sich einen warmen Platz zum Nachdenken suchen sollen, doch war er einfach nicht weiter gekommen als bis zu der eisigen Parkbank in dem kleinen Grünstreifen vor dem Pathologischen Institut. Er schob die Hände in die Ärmel seines Mantels und war froh, die Pelzmütze der Winteruniform nicht im Wagen gelassen zu haben. Der Name hatte ihn getroffen wie der sprichwörtliche Schlag. Es war nur ein Name. Saß er einer zufälligen Namensgleichheit auf? Das war möglich, aber äußerst unwahrscheinlich. Und die Probe war von einer Polizeidienststelle eingegangen.

Alle Gedanken an den Vorgang, der ihn hergeführt hatte, waren für den Augenblick wie weggewischt. *Kaltenbrunn*. Er versuchte, sich an die Umstände und die wenigen Fakten zu erinnern, über die man ihn beim Antritt seiner Stelle in Kenntnis gesetzt hatte. Ein Mann mit dem Tarnnamen Doktor Kaltenbrunn war Sokolows Amtsvorgänger auf bis heute ungeklärte Art und Weise abhandengekommen und auch der zuständige Führungsoffizier, ein Leutnant des Taktischen Nachrichtendienstes, war damals spurlos verschwunden. Mehr hatte man Sokolow nicht gesagt. Und auch dies nur, weil es eben dieser Vorgang gewesen war, der zu dem Austausch seines Amtsvorgängers geführt hatte. Verschwanden gleich zwei Männer, war Inkompetenz unbestreitbar. Kein Agent der GRU durfte verloren gehen – das war ein eisernes Gesetz.

12:26 UHR

»Nun gut, ich putze jetzt für Galecki in der Nervenklinik.« Der Unterleutnant legte ein Stück Filtrierpapier in die Kaffeemaschine. »Nur was wollen wir eigentlich damit herausbekommen? Was ich damit sagen will: Heise und Kaltenbrunn sind beide tot. Die Todesursachen sind klar.«

»Und Heises Motiv, Kollege?«

Kurz nachdem Kosminsky den riesigen Netzschalter gedrückt hatte, begann die K 104 zu gurgeln. »Heises Motiv? Sie meinen Kaltenbrunns. Aber das ist ja klar, Heise verwehrte ihm Kontakte nach draußen. Das hat seinen verwirrten Geist so aufgebracht, dass er sich in seinem Wahn gezwungen sah, den Professor zu töten.«

»Aber nein, Genosse!« Keller schlug mit der flachen Hand auf den Schreibtisch und stand auf. »Nein, verdammt noch mal, ich meine Heises Motiv. Oder das des MfS, wie Sie wollen. Warum wurde Kaltenbrunn interniert, in den Wahnsinn getrieben – das ist es, was ich glaube – und letztlich umgebracht?«

Kellers Assistent war so klug, sich jedweden Kommentar zu sparen und spülte ihre Kaffeebecher.

»Wir... Sie müssen die Bude auf den Kopf stellen. Ich gehe jede Wette ein, dass Kaltenbrunns zeichnerische Ergüsse noch in der Klinik liegen. Das ist unsere einzige Spur. Sie ist dünn, doch ich bin überzeugt, dass die uns des Rätsels Lösung näher bringt. Es müssen sich Hinweise in seinen Zeichnungen finden. Die waren Kaltenbrunn so wichtig, dass es praktisch seine einzigen Äußerungen sind. Für Professor Heise wiederum waren die Bilder so interessant, dass er sie aufbewahrt hat. Und nicht zuletzt, Kosminsky, denken Sie an die Botschaft im Kugelschreiber!«

»Wie kommen Sie eigentlich darauf, dass Kaltenbrunns Zeichnungen noch existieren?«

Ja, wieso eigentlich? Was reimte er sich da zusammen? Aber es war ihre einzige Hoffnung.

»Wegen diesem einen zerknüllten Blättchen, das diese Schwester Springfeld aus dem Müll gefischt hat?«

Es traf Keller wie ein Blitz. »Na, klar, Kollege! Der Typ, der vom Dach gestürzt ist, der hatte einen ganzen Packen Unterlagen dabei, als er abgehauen ist. Und auf der Flucht hat er auch ein Blatt verloren. Aber das habe ich kaum wahrgenommen, ich musste ja hinter dem Kerl her.«

Kosminsky wedelte mit einer Akte. »Nicht zu vergessen, dass der Mann Farbspuren von Buntstiftminen auf dem Kittel und den Fingern hatte.«

»Ja, Mensch. Als die Moreaux das erwähnt hat, habe ich angenommen, dass er sich beim Durchsuchen von Heises Arbeitsraum beschmiert hat. Ich habe dem keine große Bedeutung beigemessen.« Keller tippte sich an die Stirn. »Doch dass der Kerl den Packen unter dem Arm trug und kein einziges Blatt Papier mehr dabei hatte, als er vom Dach gefallen ist, habe ich Esel in der Hektik überhaupt nicht registriert. Mann, bin ich ein Idiot!«

»Wer hätte da schon–«

»Alle machen ein Geheimnis um die künstlerischen Ergüsse des Patienten, wir rätseln herum, was an den Zeichnungen so interessant sein soll, aber ich merke nichts! Mann. Das Einzige, was unser Dachspringer gesucht hat, waren Kaltenbrunns Zeichnungen. Nichts anderes. Verdammt, und ich weiß auch, wer diese Zeichnung in den Papierkorb geworfen hat, als ich hinter diesem Stasi-Bruder aufs Dach gestiegen bin.«

»Der Stasi-Pfleger Tassel vermutlich.«

»Sie sagen es, Kollege. Der konnte ja nicht ahnen, dass die Springfeld so pedantisch ist, dass sie sogar ihren Mülleimer argwöhnisch bewacht. Ich glaube fast, die Springfeld ist die Einzige in diesem Irrenhaus, der man halbwegs über den Weg trauen kann.«

»Nicht, dass sich da noch was entwickelt zwischen Ihnen und der Springfeld, ich meine, wenn sonst keiner…« Als ihn der Blick des Oberleutnants traf, verstummte der Assistent augenblicklich.

Nach etwa einer halben Stunde, in er fast eine ganze Kanne Kaffee verkonsumiert hatte, brütete Keller noch immer über der Zeichnung des Mörders Kaltenbrunn. Den Kopf in die Hände gestützt murmelte er von Zeit zu Zeit etwas, dann drehte er das knittrige Blatt um, als könnte etwas Unsichtbares auf der unbeschriebenen Rückseite Geheimnisse verraten. »Kosminsky, haben wir Kekse oder so etwas im Haus?«

»Nein, Chef. Ich habe noch Reststollen von Weihnachten, der wird ja jede Woche, die er durchzieht…«

»Her damit, Kollege.«

Während der Unterleutnant sich daran machte, sein letztes Weihnachtsgebäck zu opfern, wurde Keller wieder gesprächiger. »Ein Mann im weißen Kittel – was bedeutet das für Sie, Kollege?«

»Krankenhaus.«

»Er hat eine braune Hose an.«

»Gut, dann ist er Arzt oder Apotheker. Oder, wie die Klinik behauptet, Wissenschaftler«, präzisierte Kosminsky.

Keller versuchte, das steife Papier zu glätten, was nur von mäßigem Erfolg gekrönt war. »Ja, Arzt oder Wissenschaftler. Und er isst eine Schlange oder einen riesigen, grünen Wurm. Was soll das bedeuten?«

Kosminsky zuckte mit den Schultern. »Er war verrückt, Chef. Wer kann schon sagen, was er sich bei dieser Szene gedacht hat? Ich meine, sogar Künstler, die wir nicht für verrückt halten, malen verrücktes Zeug, das sich jeder vernünftigen Deutung verweigert. Was denkt sich da wohl ein Verrückter?«

Der Kommissar schüttelte den Kopf. »Das ist mir zu einfach. Dieser Kaltenbrunn war ja nun mal kein berufener Künstler, sondern Arzt oder meinetwegen Wissenschaftler. Die einzige eindeutige Botschaft hat er so versteckt, dass sie nur von der Polizei oder dem Obduzierenden entdeckt werden konnte. Jedenfalls wollte er nicht, dass man in der Klinik davon Kenntnis erlangte, dass er sich klar äußern konnte.«

Der Assistent plazierte den Kuchenteller zwischen Keller und der Zeichnung. Doch wider Erwarten, beachtete der die zuvor heißbegehrte Spezialität überhaupt nicht. »Das ist auch eine Botschaft, Kosminsky. Das sind alles Botschaften, alle seine Zeichnungen.«

»Möglich, Chef. Dann lassen Sie uns mit dieser anfangen. Wir wissen, dass Kaltenbrunn uns mitteilen wollte, dass er nicht verrückt ist. Aber mir erschließt sich nicht, was ein schlangenfressender Arzt für eine Nachricht sein soll.«

Keller strich mit den Fingern leicht über das Blatt »Wer sagt uns denn, dass dieser Mann – bleiben wir mal dabei – diese Schlange frisst. Er hat beide Hände an dem Tier, und die ganze Szene sieht irgendwie nicht nach Genuss aus. Verstehen Sie, was ich meine?«

»Also, ich...«

Keller winkte ab. »Wer sagt uns denn, dass der Mann das Tier nicht davon abhalten will, in ihn hineinzukriechen?« Er nahm bedächtig ein großes Stück Dresdener Stollen und schob es sich in den Mund. Noch kauend wandte er sich wieder an den Unterleutnant. »Kosminsky, haben Sie ein Bügeleisen?«

»Wie gut, dass es tatsächlich Genossen im Haus gibt, die ihre Uniformjacke täglich vor dem Dienst bügeln«, kommentierte Kosminsky die Bemühungen seines Chefs, mit Blumenspritze und Bügeleisen Kaltenbrunns Zeichnung zu glätten. Keller schien zu konzentriert, um auf irgendeine Unterhaltung einzugehen. Als ginge es darum, ein Renaissance-Gemälde zu restaurieren, arbeitete er sich von außen an das Motiv heran.

»Warum bügeln sie das Blatt nicht einfach komplett?«

Keller schnaufte angestrengt. »Weil mich dieser Prägerand interessiert, Sie erinnern sich? Wenn das sichtbare Bild sich nicht entschlüsseln lässt, dann vielleicht mit den Rillen ringsherum.«

»Gar kein dummer Gedanke.«

Keller bedachte seinen Assistenten mit einem abschätzigen Blick.

»Ziemlich schlau, meinte ich. Wenn der Kaltenbrunn die Nachricht nicht offen erkennbar übermitteln kann, dann könnte die eigentliche Botschaft durchaus in diesen Unebenheiten stecken. Das leuchtet mir ein.«

Der Kommissar stellte das Bügeleisen ab und hielt das Blatt ins Gegenlicht. »Uns ist dieser geprägte oder gerillte Rand ja auch nicht sofort aufgefallen. Pfiffig, unser Verrückter.« Er grinste. »Und jetzt geben Sie mir mal ein dünnes Papier und einen von Ihren Bleistiften, aber einen weichen, bitte.«

Nach einigen Minuten vorsichtiger Arbeit hielt er Kosminsky seine Frottage entgegen. »Nun, was können Sie erkennen?«

Der Unterleutnant betrachtete eine Weile das durchgeriebene Muster der Motivumrahmung und begann, eine Zeichenfolge niederzuschreiben.

»Tja, Chef. Erinnert mich entfernt an den Diskus von Phaistos. Leider hat den noch keiner entziffert.«

»Das ist ganz toll, Kollege. Soweit war ich auch schon. Wenn ich das entziffern könnte, hätte ich–«

Kosminsky machte eine beschwichtigende Geste. »Moment, Chef. Ganz ruhig. Hier sind wenigstens ein paar von den Zeichen ganz eindeutig Buchstaben.«

»Soso, Genosse Unterleutnant«, Keller schien wenig überzeugt.

»Also, wenn ich die Kästchen, diese Doppelkreuzdinger und die Sternchen mal als eine Art Verzierung außen vor lasse und nur die Buchstaben…« Kosminsky war nach Sekunden in die Dechiffrierung vertieft, Keller zuckte mit den Schultern und machte sich auf den Weg zur Kaffeemaschine.

»Ha!« Kosminsky nickte zufrieden und schob Keller seinen Entzifferungsversuch über den Schreibtisch.

»Was soll das sein?«

»Ich würde sagen, das ist Schrift. Kyrillisch mit diesen Ornamenten zwischen den Buchstaben«, erklärte Kosminsky.

»Ich kann kein Russisch, Kollege. Jedenfalls kaum.«

»Das ist kein Russisch, Chef, nur kyrillische Buchstaben. Es ist Deutsch, auch wenn die Worte keinen rechten Sinn ergeben.« Er pausierte, aber sein Vorgesetzter sah ihn nur fragend an. Kosminsky schrieb die vermutete Transkription unter die Zeichenfolge. »Das steht sowas wie *– U – N S – – – – D – I E – – M A M – – B – – A – – – T – O – T – E – T – –*, wenn man die kyrillischen Großbuchstaben halbwegs phonetisch behandelt.«

Keller rieb sein Kinn. »Dann wäre ja zumindest geklärt, dass wir auf Kaltenbrunns Zeichnung eine Schlange und keinen Riesenwurm sehen.«

Kosminsky war ratlos. »Ich kann Ihnen gerade nicht folgen, Chef.«

»Das letzte Wort heißt TÖTET, ganz eindeutig, auch wenn die Russen kein Ö haben.«

»Ich dachte, Sie können kein–«

Keller brachte seinen Untergebenen mit einem unwirschen Wink zum Schweigen. »DIE kann ich auch lesen. Und dazwischen würde ich MAMBA lesen, was durchaus einen Sinn ergibt, wenn man die Zeichnung betrachtet. Und grün ist eine Mamba ja wohl auch.«

»Es gibt auch eine schwarze–« Diesmal ließ der Blick seines Vorgesetzten Kosminsky verstummen.

»*Die Mamba tötet uns* wird das ja wohl heißen. Und damit ist ebenso klar, dass der Mann diese grüne Schlange nicht verspeist, sondern versucht, sie daran zu hindern, in seinen Hals zu kriechen.«

»Ausgerechnet eine grüne Mamba! Die soll ja wohl extrem giftig sein. Na, die würde ich auch nicht ranlassen«, witzelte Kellers Partner.

Keller ging auf Kosminskys Versuch, die Situation aufzulockern, nicht ein. »Das sagt uns aber noch nicht, warum Kaltenbrunn eine solch unsinnig erscheinende Aussage unbedingt vor den Augen des Klinikpersonals verborgen halten musste. Da steckt noch etwas anderes dahinter.«

»Ich stehe schon wieder auf dem Schlauch. Was meinen Sie?«

»Ach, Kollege Kosminsky, was weiß ich denn?« Der Oberleutnant seufzte laut. »Eigentlich würde man etwas wie *Die* oder *Eine Schlange tötet mich* erwarten. Kaltenbrunn spricht aber von uns – und wieso ausgerechnet eine Mamba? Nein, Kollege, das ist mir zu simpel. Bei dem Kaltenbrunn hat bisher jede Kleinigkeit eine Bedeutung.«

13:08 UHR

Es gab für Anton Sokolow Gründe genug, sich für den Fall Kaltenbrunn zu interessieren. Er hielt es für höchst unwahrscheinlich, dass jemand an seinem Gesuch zur Akteneinsicht Anstoß nehmen würde. Trotzdem hatte er nicht die geringste Lust, dass der Chef der GRU, Generalleutnant Morosow, Wind davon bekam, was er hier im Archiv der Zentrale Wünsdorf tat.

Er sollte sich auf den Fall Orlow/Petrow konzentrieren. Und doch. In dem Moment, als er diesen Namen auf der Liste gesehen hatte, wusste er, dass er dem nachgehen musste – nur der Zeitpunkt hätte nicht schlechter sein können. Anton Sokolow spähte seufzend durch die Glasscheibe in das Aktendepot, wo der Archivar in einem Labyrinth von Regalen verschwunden war. Vielleicht der Mann mit der höchsten Sicherheitsfreigabe in der gesamten Einrichtung, dachte Sokolow. Trotzdem waren die Informationen, die hier einsehbar waren nur ein kleiner Ausschnitt dessen, worüber die GRU in Moskau verfügte.

Es war möglich, dass die Unterlagen, die ihn interessierten, überhaupt nicht hier waren. Vielleicht hatte man sie nach dem Vorfall in der Abteilung Schwerin belassen, oder sie waren nach Moskau überstellt worden. Das war alles denkbar, bisher hatte er sich nie die Mühe gemacht, näher in dem Fall zu recherchieren. Jetzt kam ihm das wie eine grobe Pflichtvernachlässigung vor. Was seinem Vorgänger passiert war, konnte genauso gut ihm selbst das Genick brechen – auch das *Führen* von Agenten oder Informanten war alles andere als ein risikoloses Geschäft.

»Die Operation Kaltenbrunn, Genosse.« Der Archivar war unversehens wieder hinter der Scheibe erschienen und hielt eine dünne Mappe mit beiden Händen. Der Umschlag war gestempelt und mit einer Schnur verschlossen. »Kommen Sie in den Leseraum, Oberst Sokolow.«

An das Dokumentenarchiv angeschlossen gab es sichere Räume zur Akteneinsicht. Sicher, was Verbleib und Vollständigkeit der hier gesammelten Unterlagen anging. Sokolow war gehalten, Tasche und Mantel abzulegen, ehe er das bewachte Zimmer betrat. Es hätte ihn nicht gewundert, wenn man ihn beim Betreten durchsucht hätte; das geschah aber nicht, vielleicht mit Blick auf seinen Rang, oder weil er für diese Akten eine offizielle Freigabe besaß.

Der kleine Raum war funktional mit großem Lesetisch und einer Ablage ausgestattet. Es gab keine Fenster, weswegen die Luft nach kurzer Zeit verbraucht roch, doch Sokolow war zu sehr in das Aktenstudium vertieft, um es zu bemerken.

Der Mann, der unter dem Namen Kaltenbrunn, Heinrich seit 1972 in der DDR gelebt hatte, war deutscher Staatsbürger und nach den vorliegenden Informationen im Jahr 1914 in Dresden geboren worden. Sokolow war geneigt, weder das Jahr noch den Ort für wahre Angaben zu halten, da sich über diese Art von persönlichen Daten zu leicht die Identität ermitteln ließ. Das ungefähre Alter aber würde mit Rücksicht auf die Glaubwürdigkeit der Tarnidentität in etwa stimmen. Aus den Akten ging hervor, dass Kaltenbrunn wenige Jahre nach dem Ende des Krieges in die Sowjetunion 'übergesiedelt' war. Es war von 'strategischen Interessen' und der 'wissenschaftlichen

Kooperation' die Rede. Ein Hinweis auf Kaltenbrunns tatsächliche Tätigkeit fehlte ebenso wie Informationen über seinen persönlichen Hintergrund oder seine Ausbildung.

Sokolow stützte das Kinn in die linke Hand und blätterte weiter. Er kannte diese Art von Lebensläufen nur zu gut und hatte früher selbst entsprechende Aufzeichnungen angelegt. Es waren Akten, die mit größter Sorgfalt *nicht* geführt wurden, und so verrieten sie ihm im Grunde nur das Eine: Kaltenbrunn war in irgendeiner Weise in den Dienst der UdSSR getreten. Er hatte mit hoher Wahrscheinlichkeit viele Jahre ununterbrochen in der Sowjetunion gelebt und gearbeitet, bis man sich zu dem Schritt entschloss, ihn in die DDR zurückkehren zu lassen. Oder zurückzuschicken? Es war nicht die Regel, dass solche Leute wieder in ihrer Heimat auftauchten. Aus dem, was nur knapp ein Jahr später geschehen war, ergab sich für Sokolow klar, dass man den damals etwa Sechzigjährigen als Informanten für die UdSSR in der DDR eingesetzt hatte – oder dass es zumindest so geplant war.

Kaltenbrunn war bei seiner Rückkehr auf deutsches Staatsgebiet ein Offizier des militärischen Nachrichtendienstes, der GRU, an die Seite gestellt worden, der für die konspirative und regelmäßige Kontaktaufnahme mit der sowjetischen Zentrale verantwortlich war. Der Bruderdienst des Ministeriums für Staatssicherheit nannte diese Leute Führungsoffiziere, und das traf den Kern der Sache in Sokolows Augen ganz ausgezeichnet. Denn meist reichte es nicht, Quellen an den richtigen Stellen zu platzieren. Autonom agierende Agenten waren das Eine. Bei dieser Gruppe handelte es sich ausnahmslos um Profis, die wussten, wie man unerkannt blieb und mit technischen Hilfsmitteln interessantes Material so ausspionierte, dass der Diebstahl noch nicht einmal entdeckt werden konnte. Genauso entscheidend: Profis wussten, was wirklich relevant war und wann deshalb ein größeres Risiko akzeptabel war. Sokolow war sich bewusst, dass viele seiner Kollegen eher nach dem Motto »Je mehr Informationen, desto besser« agierten und ihren Zuarbeitern lieber keine eigene Abschätzung zugestehen wollte, weil sie einen Filter befürchteten. Natürlich war es nicht akzeptabel, wenn ein Agent eine eigene Agenda verfolgte und deswegen nur bestimmte Informationen weiterleitete oder überhaupt erst beschaffte – aber von der tumben, völlig wertneutralen Anhäufung einfach nur beliebiger Daten hielt Sokolow rein gar nichts. Seine Leute sollten abschätzen können, für welche Informationen sie ihre Entdeckung riskieren mussten, und wann dies nur einen Verlust gut ausgebildeter Fachkräfte bedeutete.

Das andere waren die Amateure, wie Sokolow es sah. Quellen, die meist auf Honorarbasis neben ihrer eigentlichen Tätigkeit Informationen beschafften. Von diesen Informanten, die oft wie Helden in der Heimat begrüßt wurden und dabei doch nichts von Wert für das Vaterland erreicht hatten, gab es zu viele. Solche Leute brauchten immer einen Führungsoffizier. Im Grunde verachtete Sokolow jeden Agenten oder Residenten, der sich erwischen ließ – deshalb bevorzugte er Profis.

Aber der Fall Kaltenbrunn lag anders. Der Mann war spurlos verschwunden, und mit ihm sein Führungsoffizier. Sokolow versuchte, sich zu erinnern, wer ihm davon berichtet hatte. Es musste Iljin gewesen sein. Er war damals vor Ort und konnte ihm Informationen aus erster Hand liefern. Sollte er sich an seinen Assistenten wenden? *Noch nicht.* Da Kaltenbrunn seinem eigenen Nachrichtenbataillon angegliedert gewesen war, würde Sokolow die Nachforschungen bis zu einem gewissen Grad gegenüber Morosow rechtfertigen können, solange er den Fall Orlow nicht vernachlässigte. Doch dazu musste er erst wissen, ob am Auftauchen des Namens Kaltenbrunn überhaupt etwas dran war.

Wenn er mehr Informationen über Kaltenbrunn in Erfahrung bringen wollte, dann blieb ihm nur die achte Abteilung in der Moskauer Zentrale. Der Verweis in der Akte implizierte, dass es sich bei den hier in Wünsdorf gesammelten Papieren lediglich um Daten zur Tarnidentität Kaltenbrunn handelte, und dass alle relevanten Akten sicher im 'Aquarium' verwahrt wurden, wie das hermetisch abgeriegelte, nach außen fensterlose Hauptquartier der GRU gleich neben dem Moskauer Chodinka-Flughafen intern gern genannt wurde.

Sokolow bemerkte, wie schlecht die Luft inzwischen geworden war; kein Wunder, dass sein Kopf schmerzte. So wenig Konkretes er wusste, stand doch eines fest. Kaltenbrunn war kein Allerweltsagent. Die heftige Reaktion auf das Verschwinden des Mannes und die gesamten Umstände warnten ihn eindringlich, dass Kaltenbrunn wahrscheinlich eine Quelle außerordentlicher Güte war.

Wünsdorf war kein Ort, an dem das Wochenende eine besondere Bedeutung hatte. Weder der Stab der Gruppe der Sowjetischen Streitkräfte in Deutschland noch der militärische Nachrichtendienst legten eine Pause ein, weil ein Samstag oder ein Sonntag auf dem Kalenderblatt stand. So hatte Anton Sokolow keine Schwierigkeiten, sich bei der Verwaltung kurzfristig ein Büro mit sicherem Fernsprecher zuweisen zu lassen. In Morosows Abteilung kannte man den Oberst aus Schwerin, und auch wenn er jeden Kontakt heute gern gemieden hätte, so wäre es unklug gewesen, seine Anwesenheit zu verschleiern – beispielsweise indem er nach dem Archivbesuch sofort verschwunden wäre, ohne sich bei seinem Vorgesetzten zu melden. Er wusste, dass Morosow selbst heute nicht im Hause war. Das passte Sokolow ganz exzellent.

Er grüßte den Sekretär des Chefs und suchte dann seinen temporären Arbeitsplatz auf. Nein, es ergab schon Sinn, die technischen Möglichkeiten hier zu nutzen. Dass die Leitung aus der Zentrale abgehört würde, schien ihm unvorstellbar. Nicht, weil das technisch eine unüberwindliche Schwierigkeit darstellte, sondern weil der einzige Geheimdienst, der Zugriff haben könnte, niemals so weit gehen würde. Die Staatssicherheit der DDR ging brav am Gängelband des großen Bruderdienstes – worunter die meisten Menschen den KGB verstanden; das konnte dem militärischen Geheimdienst GRU nur recht sein. Je weniger Personen von seiner Existenz wussten, desto erfolgreicher konnte er arbeiten.

Nachdem er sich minutenlang seine Worte zurechtgelegt hatte, griff Sokolow nach dem schweren Telefonhörer und wählte eine Nummer in Leipzig. Eine Direktdurchwahl.

»Major Schüttau.«

»Doktor Tomorow hier.« Bevor sein Gesprächspartner sich von der Überraschung erholen konnte, fuhr er fort. »Ich muss dringend mit Leutnant Keller sprechen. Es geht um die Proben, die er in das Pathologische Institut nach Berlin geschickt hat.«

»So, Proben... Oberleutnant Keller ist Mitarbeiter der MUK unseres Kommissariats«, bestätigte dieser Schüttau, »aber er ist nicht hier.«

Sokolow biss sich auf die Zunge. Der Mann von der Volkspolizei war kein Idiot, und auch nicht eben redselig. Ob mehr dahinter steckte? Als sich das Schweigen auszudehnen begann, versuchte er es mit seinem einzigen Trumpf. »Es geht um die Ergebnisse zu Kaltenbrunn. Die ersten Analysen zu den Knochenproben...« *Jetzt beiß endlich an, verdammt.*

»Ah.« Schüttau brummte nachdenklich. »Ich gehe davon aus, dass Oberleutnant Keller auf den Einsendeformularen noch andere Kontaktinformationen in Döbeln hinterlassen hat?«

Der Name sagte Sokolow gar nichts. »In... Döbeln?« Er blätterte ein wenig in einem Stapel Papiere herum. »Hmm, kann ich hier nicht finden.«

»Tut mir leid, entweder geben Sie das Ganze an die Poliklinik zurück, oder an die Dienststelle dort.« Der Major diktierte ihm eine öffentliche Durchwahl des Volkspolizeikreisamtes. »Eine andere Kontaktadresse kann ich Ihnen nicht geben.«

»Nein, selbstverständlich nicht. Das wird sicherlich genügen.« Sokolow lächelte.

»Wenn Sie mir Ihre Nummer–«

Sokolow legte auf.

16:13 UHR

Zwei Stunden später war er, nach einem Umweg über das Klinikum, wo er sich davon überzeugt hatte, dass Sascha Petrow noch immer nicht in der Verfassung war, eine Aussage zu machen, zurück in seinem Berliner Innenstadthotel. Nachdenklich stand er in der Mitte des kleinen Zimmers, zog seine Uniformjacke aus und platzierte sie auf einem schlichten Holzhänger im Schrank, es folgte das weiße Hemd. Er löste den Ledergürtel und zog auch die dunkelblaue Hose aus, die er ebenfalls akkurat über einen Hosenbügel legte. Während er die graue Stoffhose und das schmal gestreifte Hemd anzog, wurde ihm bewusst, dass er sich nicht erinnern konnte, wann er zuletzt in Zivil auf die Straße gegangen war.

Sokolow hatte versucht, sich das Ganze auszureden, aber er war nicht so weit mit seinen Recherchen gegangen, um die Angelegenheit jetzt auf sich beruhen zu lassen. Das konnte er einfach nicht. Erst recht nicht, wenn die Deutsche Volkspolizei involviert war. Was konnte das bedeuten? Weshalb sollte ein Volkspolizist in dieser Sache ermitteln? Alle Gedankenspiele waren vollkommene Zeitverschwendung.

Anton Sokolow lenkte das zivile Fahrzeug aus der Dienstwagenflotte in Wünsdorf durch die immer tiefere Dunkelheit. Er genoss die Anspannung, die das Fahren auf der winterlichen, unbeleuchteten Straße bedeutete. Das Studium der Karte hatte ihm gezeigt, dass der Weg über Dresden ihn deutlich rascher an sein Ziel bringen würde als der über Leipzig. Doch trotz der gut ausgebauten Straße dauerte es drei Stunden, ehe er in Döbeln ankam. Er sah auf seine Armbanduhr. Es war schon ziemlich spät. Gut möglich, dass der Polizist das VPKA schon verlassen hatte. Sokolow lenkte den Wagen durch das unübersichtliche, aber immerhin beleuchtete Zentrum Döbelns.

Als er das erste Mal langsam an der Dienststelle der deutschen Volkspolizei vorüberrollte, sah er in einer Reihe von Fenstern Licht brennen. *Immerhin nicht vollkommene Provinz.* Nach einer weiteren Runde parkte Sokolow den Wagen auf der gegenüberliegenden Straßenseite und stellte den Motor ab. Lange würde er hier nicht unbemerkt bleiben, das war ihm klar. Den offiziellen Weg würde er nicht nehmen, aber er konnte den Ermittler im Fall Kaltenbrunn natürlich unter einem Vorwand in der Polizeidienststelle aufsuchen. Wäre ihm nicht daran gelegen gewesen, allein und unbemerkt zu agieren, hätte er über die Verbindungskanäle zum Ministerium für Staatssicherheit – zu dem die Volkspolizei letztlich ebenfalls gehörte –

in Erfahrung bringen können, was in der Ermittlungsakte stand. Trotzdem wollte er genau diese Art, in Erscheinung zu treten, unbedingt vermeiden.

Sokolow hatte etwa eine Viertelstunde mit sich gerungen, als die Szenerie lebhafter wurde. Zuerst verließen einige Männer und eine uniformierte Frau das Gebäude. Es wurden heitere Verabschiedungen und Ratschläge für die sonntägliche Unterhaltung ausgetauscht. Offenbar wechselte ein Teil der Schicht. Kurz darauf sah Sokolow zwei Männer aus der Tür treten. Einer war etwa in seinem Alter, Mitte vierzig, trug einen dünnen Mantel und eine Mütze. Der andere war ein wenig größer und ein ganzes Stück jünger. Der nestelte an seiner Jackentasche und entzündete kurz darauf eine Zigarette. Die beiden unterhielten sich. Sokolow vertrieb sich die Zeit damit, sie zu beobachten.

Es wirkte nicht so, als wären sie Freunde oder besser miteinander bekannt. Obwohl er ihre Gesichtszüge nur vage erkennen konnte, war das offensichtlich. So wie sich der jüngere Mann an die Wand lehnte und der ältere auf ihn einredete. Wahrscheinlich direkter Vorgesetzter und Untergebener. Ohne großes Vertrauensverhältnis. Allerdings auch ohne erkennbares Aggressionspotenzial. Mit einem Blick auf sein Handgelenk schnippte der jüngere Mann die Zigarette auf den Boden und trat sie aus. Der verbliebene Stummel wurde mit einem Tritt in den Rinnstein befördert. Die Männer verschwanden hinter der Gebäudeecke. Eine Minute später tauchten die Scheinwerfer eines kleinen, unmarkierten Fahrzeugs in der Einfahrt auf. Nur Sekunden später erschien ein weiteres Auto. Diesmal ein Streifenwagen der Deutschen Volkspolizei, und zwar mit Leipziger Kennzeichen. *Was für Amateure.* Beinahe zu einfach. Aber er hatte es eben mit Polizisten zu tun und nicht mit Männern, die im Geheimen operierten.

Sokolow drehte den Schlüssel in der Zündung und ließ seinen eigenen Wagen an. Ehe er sich noch in einigen hundert Metern Abstand an den Leipziger Oberleutnant hängen konnte, bemerkte er ein anderes Fahrzeug, welches dasselbe zu tun schien.

20:01 UHR

Mit einem Seufzen ließ Kosminsky den zivilen Dienstwagen des VPKA einige Straßen von der Klinik entfernt am Straßenrand zurück. Es war ein klirrendkalter Tag gewesen, der nun in eine sibirische Nacht mündete, die ihn schon nach wenigen Metern unkontrolliert zittern ließ. Aber je weniger Aufmerksamkeit er als unqualifizierte Putzkraft auf sich zog, desto besser. Und natürlich war es undenkbar gewesen, sich von seinem neuen Chef herfahren zu lassen – wenn sie zusammen gesehen wurden, konnten sie Kellers Plan zur verdeckten Ermittlung gleich vergessen.

Obwohl er sich im Kreis Döbeln inzwischen passabel auskannte, hatte er nur selten in der zehntausend Seelen-Gemeinde Waldheim zu tun gehabt und weder mit der SVA noch der psychiatrischen Einrichtung Bekanntschaft gemacht. Bessere Ortskenntnisse als der Oberleutnant aus Leipzig konnte er in diesem Fall also auch nicht bieten. Er wunderte sich ein wenig, dass Hauptmann Schmauder nicht Grützke als Assistenten vorgeschlagen hatte, der stammte aus Waldheim. Dass Grützke deswegen in der Klinik bekannt war, bezweifelte er. Egal, er würde sich sicher nicht beklagen. Immerhin war das sein erster echter Mordfall, dachte Kosminsky aufgeregt. Und jetzt galt es, keine Fehler zu machen, und so zwang er sich trotz seiner Nervosität und der unangenehmen Aufgabe zu höchster Konzentration.

Er hatte selten einen trostloseren Ort gesehen als die Psychiatrische Klinik in Waldheim, dachte er bei seiner Ankunft vor dem Backsteinkomplex. Die Lampen im Kopfsteinpflasterhof waren angeschaltet, doch waren es zu wenige, um die düstere Atmosphäre aufzulösen. Ein hohes Gittertor riegelte den Hof ab, aber anders als bei einem Gefängnis, dem die Klinik durchaus ähnelte, gab es eine unverschlossene Stahltür in der Mauer unmittelbar daneben. Kellers Rat folgend versuchte er es nicht am nahegelegenen

Lieferanteneingang, sondern ging gleich zum Haupteingang und betätigte die Gegensprechanlage.

»Wer ist da?«, kam es krachend aus dem Lautsprecher.

»Ich bin die Putzkraft... Also eigentlich die Vertretung für den Kollegen Galecki.«

Nach einigen Sekunden Stille hörte Kosminsky das Klicken des Türschließers.

»Sie kommen reichlich spät«, nölte die Stimme, während er die Empfangshalle betrat.

Noch bevor er den Tresen erreicht hatte, legte der fette Mann los. »Ich hätte schon längst draußen sein können. Das fängt ja gut an.«

Kosminsky registrierte reichlich Zigarettenqualm und billigen Schnaps.

»Tut mir leid, Kollege. Der Galecki hat mir alles ausführlich erklärt, deshalb habe ich nicht damit gerechnet, dass ich Sie aufhalte.« Er klopfte eine Zigarette aus der Packung und bot sie dem dicken Putzmann an.

Der winkte mit der einen Hand ab und griff mit der anderen nach der Juwel Filter. »Schwamm drüber, Kollege. Dann brauche ich dir ja nichts zu erklären. Auch gut.« Er riss ein Streichholz an, betrachtete die Glut einige Sekunden und nahm einen tiefen Zug. »Wie heißt du?«

»Kos... Koslowski. Mirko Koslowski.«

Der fette Mann streckte ihm seine Pranke entgegen. »Eberhard Schäfer, aber du kannst mich Ebi nennen.«

Angewidert ergriff Kosminsky die Hand mit den tabakgelb gefärbten Wurstfingern. »Freut mich«, sagte er und dachte dabei, dass die auf ihn zukommende Arbeit kaum unangenehmer werden konnte.

Schäfer kratzte sich am fast kahlen Schädel, zog eine dünne Polyester-Windjacke über, nahm seine kunstlederne Aktentasche, in der sich den Geräuschen nach mindestens zwei Flaschen befanden – Kosminsky wettete Wodka und Korn – und klopfte ihm ein wenig zu kräftig auf die Schulter. »Ich bin dann mal weg, Kollege.«

Nachdem die Nachtschwester ihre Runde gemacht hatte, kehrte Ruhe auf der Station im Erdgeschoss ein. Kosminsky war auf dieser Etage fast fertig. Er hatte die Böden aller Patientenzimmer feucht gewischt und war erstaunt, wie normal die meisten Patienten wirkten. Er hatte aggressives Verhalten oder plötzliche laute Gefühlsausbrüche erwartet, stattdessen waren die meisten Kranken eher introvertiert. Einige waren zurückhaltend und freundlich und behandelten ihn so, wie er selbst einer Putzkraft im Krankenhaus gegenübertreten würde. Andere schienen ihn überhaupt nicht wahrzunehmen und blieben apathisch auf ihren Betten sitzen. Aber wie er wusste, wurden die Patienten schwieriger und gewalttätiger, je weiter man sich in der Psychiatrischen Klinik Waldheim nach oben bewegte. In der ersten Etage sollte er, jedenfalls am Anfang, nicht alleine putzen, hatte Galecki ihm erzählt. Zwar seien die Kranken nicht direkt gefährlich, es könne allerdings schon mal zu Handgreiflichkeiten kommen, wenn eine unbekannte Person das Zimmer betrete und der Patient sich unsicher, vielleicht sogar bedroht fühle. Aus diesem Grund hatte die Klinikleitung beschlossen, dass die Patientenzimmer im ersten Stock nur während der Tagschicht gereinigt werden durften, und auch nur zu zweit. An Letzteres hielt sich aber niemand, wie er von Galecki wusste. So konnten – anscheinend mit Duldung des Stationspersonals – zwei Putzkräfte mit der Klinikleitung abgerechnet werden. Wahrscheinlich nutzte das Pflegepersonal dieses Wissen, um für sich selbst etwas mehr bezahlte Freizeit herauszuholen. Auf jeden Fall würde er heute nur noch den langen Flur im ersten Stock reinigen und sich dann seinem Auftrag widmen. Dazu musste er ungesehen in das Dachbodenlager kommen, das Keller ihm ausführlich beschrieben hatte.

Wie er wusste, war das nicht ganz einfach, denn die dort liegende Station für gefährliche Insassen war rund um die Uhr mit einem Wachmann besetzt, der den gesamten Trakt bis zum Treppenhaus im Blick hatte. Schon den ganzen Abend hatte er darüber gegrübelt, wie er an der Wache hinter den Gitterstäben vorbeikommen sollte, ohne dass sie ihn bemerkte und Alarm schlug, wenn er die Tür zum Dachboden öffnete. Er seufzte, zuckte mit den Schultern und beschloss, erst einmal den langen Korridor im ersten Stock zu feudeln. Dann würde er ein Päuschen einlegen und in Ruhe über eine Lösung für sein Problem bei einer Zigarette und einem Kurzen nachdenken. Den mit Obstler gefüllten Flachmann hatte er in die linke Innentasche seiner Jacke gesteckt, weil er der Meinung war, dass dies zum überzeugenden Auftritt eines Putzmannes dazugehöre – jedenfalls redete er sich das ein.

Kosminsky musste grinsen, als er den Zigarettenstummel seiner Juwel Filter auf den Boden des Stationsflurs warf, und aufwendig austrat. Wenn er hier schon im Auftrag der Deutschen Demokratischen Republik putzen musste, dann durfte er vorher so viel Dreck machen, wie er wollte. Mangels Sitzgelegenheit kippte er die Putzutensilien auf die Steinfliesen, drehte den Zinkeimer, in dem er sie herumgetragen hatte, um und setzte sich darauf. Er holte den Flachmann hervor, entfernte den Schraubverschluss und nahm einen kleinen Schluck, den er eine ganze Weile auf der Zunge behielt. Dann zündete er sich eine weitere Zigarette an und dachte über Kaltenbrunns Zeichnungen nach. Er musste so schnell wie möglich in ihren Besitz kommen, denn nicht nur sein Chef hatte großes Interesse daran, sie in die Finger zu bekommen. Er hatte noch immer keine Idee, wie er die Sache mit dem Wachmann im zweiten Stock regeln konnte... das heißt, eine Idee hatte er schon, doch gefiel sie ihm nicht sonderlich. Keller hatte ihm die Nachtschwester, die auch heute Dienst tat, ans Herz gelegt. Alice Patrizia Springfeld sei die einzige Person in dieser Einrichtung, der er vertraue. Sie habe jedoch die Eigenart, jedes männliche Wesen, das nicht als Patient in der psychiatrischen Klinik registriert sei, als potenzielle Beute zu betrachten. Ob Keller dies nur erzählt hatte, um ihn zu verunsichern, konnte er im Nachhinein nicht sagen. Er hatte nur gelacht und dem Kommissar selbstsicher erwidert, er sei schon mit härteren Dingen fertig geworden. Darauf ankommen lassen wollte er es allerdings nicht mehr, nachdem ihm die Schwester begegnet war. Noch einmal nahm er einen, diesmal kräftigeren Schluck aus seinem Flachmann. Wie er es auch drehte und wendete, er hatte keine Wahl. Seine einzige Möglichkeit bestand darin, die Springfeld zur Komplizin seines Vorhabens zu machen.

Kosminsky nickte, hatte seinen Entschluss gefasst. Er stand auf, drehte den Zinkeimer wieder um, sammelte seine Putzutensilien ein und warf die fast bis zum Filter aufgerauchte Zigarettenkippe in das schon recht schmutzige Putzwasser. Dann begann er damit, die letzten Quadratmeter des Flures zu wischen.

Als Schwester Springfeld Zimmer 17 verließ, ging Kosminsky ihr entgegen und gab sich zu erkennen. Sie lächelte und Kosminsky schien es, als begännen ihre Augen zu glitzern. »Dann sind Sie also ein Kollege von dem netten Kriminalkommissar, dem ich die Zeichnung von Doktor Kaltenbrunn gegeben habe.«

»Ja, und Oberleutnant Keller hat mir auch erzählt, dass ich niemandem in dieser Klinik vertrauen soll, außer Ihnen natürlich.« Er räusperte sich. »Also, das verhält sich folgendermaßen.«

Nachdem er ihr seinen Plan ausführlich dargelegt hatte, sah sie ihn nickend an. »Ich verstehe, Herr Kommissar, das sollte sich irgendwie machen lassen. Mir fällt da auch schon jemand ein. Der Patient aus zweihundertvier. Eigentlich ein ganz harmloser Mann, ein Lokführer, der wegen schwerer Traumatisierung letztlich bei uns gelandet ist. Dem ist wohl eine Frau vor den Zug gefallen, oder sie hat sich umgebracht. Das weiß ich nicht. Seit dem Zeitpunkt ist er nicht mehr arbeitsfähig und als depressiv diagnostiziert. Wenn Sie mich fragen – früher hätte man das melancholisch genannt. Wie gesagt, er ist für gewöhnlich ein ruhiger Patient, aber wenn er eine seiner Angstattacken bekommt, ist er schwer unter Kontrolle zu bekommen, und es kann passieren, dass er um sich schlägt. In der Nacht ist praktisch immer nur eine Person vom medizinischen Personal auf der Station – da könnte es doch sein, dass ich mit dem armen Herrn Fitzek nicht alleine zurande komme.« Als sie endlich fertig war, grinste sie Kosminsky breit an, was der mit einem anerkennenden »Genau so ist es, Schwester« quittierte.

Vor dem Zimmer des Lokführers angekommen bedeutete die Springfeld Kosminsky zu warten und flüsterte: »Sie sind mucksmäuschenstill und warten hier. Ich regle das. Der Fitzek hat, glaube ich, einen Narren an mir gefressen und wird mich nachher nicht in die Pfanne hauen. In ein paar Minuten kann es losgehen.«

Fast eine Viertelstunde verging, in der Kosminsky außer gelegentlichem Gekicher nichts aus dem Zimmer vernahm. Er erschauderte, als er sich vorstellte, was da wohl vor sich ging, und griff nach der Zigarettenpackung. Als im klar wurde, dass es im gesamten Klinikgebäude keinen Aschenbecher gab und er seinen frisch gefeudelten Boden nicht gleich wieder schmutzig machen wollte, steckte er die Juwel-Packung zurück und griff stattdessen in die Innentasche seiner Jacke. Er hatte gerade die Metallkappe abgeschraubt, als sich die Tür von Zimmer 204 öffnete.

»Oh, das ist nett.« Schwester Springfeld setzte an, nahm einen beeindruckenden Schluck, verzog keine Miene und gab Kosminsky den Flachmann zurück.

»Wie haben Sie – ich meine, was war denn da drin los? Ich habe schon gedacht... Ich meine, das hörte sich so an, als wenn...«, stammelte Kosminsky.

Die Springfeld winkte lachend ab. »Was denken Sie bloß, Herr Kommissar. Sie sind mir vielleicht einer!« Sie wurde wieder ernst. »Ich würde sagen, wir können anfangen.«

»Was haben Sie denn nun –«

Mit einer unwirschen Handbewegung brachte die Schwester Kosminsky zum Schweigen. »Sie gehen auf Ihre Position und dann geht der Vorhang hoch«, verkündete sie in theatralischem Ton.

Kaum hatte Kosminsky sich hinter den Tresen des Stationszimmers gekauert, brach die Hölle los. Schwester Springfeld hämmerte mit beiden fleischigen Fäusten gegen die Tür und begann, hysterisch zu schreien. Es dauerte keine Sekunde, und aus Zimmer 204 erhob sich ebenfalls lautes Gebrüll. Behänder, als er geglaubt hätte, rannte die Springfeld auf den Rezeptionstresen zu, riss, immer noch laut krakeelend, ihren Kittel auf, sodass die Knöpfe klackernd über den Flur hüpften, und gab ihm ein Zeichen, hinter der Theke zu bleiben. Dann verschwand sie im Treppenhaus, ohne mit Ihrem Hilfegeschrei aufzuhören. Aus Zimmer 204 war Gepolter zu vernehmen. Der ganze

Aufruhr hatte zur Folge, dass nun auch aus den anderen Patientenzimmern Stimmen erklangen. Von der Schwester war jetzt nichts mehr zu hören. Nach einigen Minuten hielt Kosminsky es nicht mehr aus, erhob sich langsam und lugte über den Tresen, um zu sehen, was auf dem Flur vor sich ging. Doch es war trotz des Lärmes niemand auf dem Korridor. Offensichtlich waren alle Türen der Patientenzimmer abgeschlossen. Dann hörte er von oben einen dumpfen Schlag, kurz danach die immer noch aufgeregte Stimme der Krankenschwester.

»Nun kommen Sie schon, los, beeilen Sie sich.« Hinter der Springfeld folgte ein korpulenter Glatzkopf, dessen amateurhaft tätowierte Oberarme den Stoff des weißen Pflegerkittels spannten.

»Verflucht, Fräulein Patrizia, wenn einer erfährt, dass ich meinen Posten verlassen habe, um Ihnen bei der Fixierung eines Patienten zu helfen, dann gibt das einen Heidenärger«, keuchte der dicke Aufseher.

»Wer soll das schon bemerken, mein Lieber, wir sind doch heute Nacht ganz alleine hier im Trakt.«

Kosminsky verdrehte die Augen. Wieder hinter den Tresen geduckt versuchte er, die Bilder trauter Zweisamkeit der beiden Klinikangestellten aus seinem Kopf zu verbannen. In diesem Moment trabten die Springfeld und der Aufseher schwer atmend an seiner Deckung vorbei. Einige Sekunden später hatten sie Fitzeks Patientenzimmer erreicht.

»Mach du auf. Vielleicht wartet er direkt hinter der Tür. Los jetzt!«

Kosminsky wartete, bis das Geschrei des ehemaligen Lokführers auf dem Flur deutlich zu hören und er sich sicher war, dass der schwergewichtige Aufseher das Zimmer betreten hatte. Wie verabredet blickte er um den Tresen herum und sah, dass die Springfeld ihm das vereinbarte Zeichen gab zu verschwinden. Er atmete tief durch, versuchte möglichst leise das Treppenhaus zu erreichen und rannte dann in den zweiten Stock. Vor der Tür zum Korridor hielt er kurz inne und öffnete sie einen Spalt. Alles war ruhig. Am Ende des Ganges konnte er das Gittertor zum forensischen Trakt erkennen. Der Platz des Wächters war, wie erwartet, unbesetzt.

22:06 UHR

VPKA Döbeln
Komm. I

Döbeln, den 16.02.1974

Betr.: Bericht des IME »Insel« Reg.-Nr. 209675 zur Person

K E L L E R, Josef
KM/U Reg.-Nr. 586347

A b s c h r i f t

Bericht!

OLt. Keller hat mit Billigung seines Vorgesetzten eine offizielle Untersuchung des Todesfalles »Kaltenbrunn« eröffnet. Die Blut- und Gewebeproben des Leichnams wurden vor Ort labortechnisch untersucht und OLt. Keller ist nun bekannt, dass »Kaltenbrunn« in Folge überdosierte~~r~~ verabreichter Narkosemittel verstorben ist.

Anm. des Unterzeichners:
Eine Verschleierung dieses technischen Aspekts schien unnötig und unklug. OLt. Keller hatte schon zuvor wiederholt die Überzeugung geäußert, dass das Personal der psychiatrischen Klinik den Tod »Kaltenbrunns absichtlich herbeigeführt ~~und~~ oder in Kauf genommen hat.

OLt. Keller beabsichtigt eine strafrechtliche Verfolgung der leitenden Ärztin Dr. Piechkow, von der er zur Zeit

annimmt, dass sie die OP persönlich durchgeführt hat.
Heute hat der Olt. die Knochenproben an sich genommen, die er ebenfalls in einem Fremdlabor untersuchen lassen will. Es liegen keine informationen vor, wo diese Untersuchungen durchgeführt werden. ~~Daher werden~~ die Proben werden keine verwertbaren Ergebnisse liefern. die im vorherigen Bericht bereits erwähnten Grunderkrankungen »Kaltenbrunn« passen zu dem von Keller vermuteten biographischen Hintergrund (Röntgenarzt oder Chemiker etc.).

OLt. Keller ist auf der Suche nach den Bildern, die »Kaltenbrunm« in der Klinik gemalt haben soll. Die mögliche Bedeutung der Bilder ist unklar, es kann abernicht ausgeschlossen werden,dass sie streng geheime Informationen enthalten

Anm.:
In der Klinik sind die Versuche, die besagten Bilder sicherzustellen, gescheitert. Durch den Tod des IM »Stein« kann nicht ermittelt werden, ob dieser in den Besitz der Unterlagen gekommen war.

Der Einschätzung des IME nach wird OLt Keller versuchen, die Ermittlungen fortzusetzen. Allerdings hat der OLt. selbst geäußert, dass er keine Anhaltspunkte zur Weiterarbeit sieht, weil er die Identität »Kaltenbrunns » nicht aufklären kann.

Der Unterzeichner hat gemäß Anweisung vom 14.02. die vollständige personelle und technische Überwachung von OLt. Keller eingeleitet!
Der OLt. hat die psychiatrische Klinik seit Freitagabend (ca. 20:45 Uhr) nicht betreten.

Es hat keine Kommunikation mit dem Vorgesetzten, Major Schüttau, stattgefunden. Soweit bekannt hat OLt Keller bislang nur einen minimalen Personenkreis in Details des Falles involviert .(Personenliste hängt an)

Mit Blick auf die bisherige Entwicklung des Vorganges und OLt. Kellers Persönlichkeitsstruktur ist davor zu warnen, dass der OLt. die Einstellung des Falles »Kaltenbrunn« mit allen ihm zur Verfügung stehenden Mitteln verhindern wird.

Ich bitte um die Erteilung erweiterter Befugnisse und detaillierte Anweisungen insbesondere für den Fall, dass die Herstellung einer größeren Öffentlichkeit des OV »Kaltenbrunn« droht.

Leiter Komm.I

Lotz,Hauptmann

22:33 UHR

Erleichtert lehnte Kosminsky sich von innen gegen die dünne Dachbodentür, sank in die Hocke, versuchte ruhig zu atmen und seine Aufregung in den Griff zu bekommen. Instinktiv überlegte er, den anscheinend nie abgeschlossenen Zugang zum Dachboden irgendwie zu verriegeln oder zu verbarrikadieren, um nicht überrascht zu werden. Schnell wurde ihm aber klar, dass das nicht viel nützen würde, selbst wenn er es lautlos bewerkstelligt bekäme. Jeder könnte diese Leichtkonstruktion in Sekunden eintreten; zudem würde ein verrammelter Dachbodenzugang bei einer zufälligen Kontrolle sofort verdächtig wirken. Ja, er wusste nicht einmal, ob es solche nächtlichen Patrouillengänge in der Klinik überhaupt gab. Nein, er musste einfach wachsam sein – und leise.

Nachdem sich seine Augen halbwegs an die Dunkelheit gewöhnt hatten, wurde ihm bewusst, wie riesig der Dachboden war. Er wirkte wie ein unorganisiertes Magazin eines Museums. Der Oberleutnant hatte ihm nicht besonders viele Hinweise auf den Verbleib der gesuchten Papiere geben können. Keller war sich sicher gewesen, dass der vermeintliche Pfleger mit einem Packen Unterlagen aus Heises Räumen geflüchtet war und diesen nicht mehr bei sich hatte, als er tot auf dem Klinikhof gefunden wurde. Dass die verschollenen Dokumente Zeichnungen von Kaltenbrunn enthielten, war nur eine Vermutung seines neuen Vorgesetzten – allerdings nicht unbegründet, wenn man die Aussagen des Personals ernst nahm. Und das einzelne Blatt, das der Eindringling verloren hatte, *war* schließlich eine Zeichnung von Heises Mörder.

Nach Kellers Schlussfolgerungen mussten die Blätter irgendwo hier in der großen Dachkammer versteckt liegen. Der Flüchtige hatte nicht viel Zeit gehabt, sie zu verbergen, und sein Chef sagte, dass etwa in der Mitte des Raumes ein umgeworfener Kistenstapel und eine beschädigte Stehlampe zu finden sein müssten; aber das war auch schon alles, was ihm bei der Suche helfen konnte. Alles Lamentieren hatte keinen Sinn, zu viele Parteien waren hinter den verschollenen Unterlagen her, egal, was sie enthielten. Und er musste sie als Erster in die Hände bekommen. Kosminsky seufzte in Erwartung einer langen, staubigen Nacht und holte eine klobige Stabtaschenlampe aus der rechten Innentasche seiner Arbeitsjacke.

Das vermaledeite Ding flackerte. Ein Schnipsen gegen das Plastegehäuse des Reflektors sollte helfen – keine Auswirkung. Kosminsky klopfte kräftiger auf das Blechgehäuse, was die Beleuchtungssituation weiter verschlechterte. Er fühlte, wie sein Puls in Sekundenschnelle anstieg und seine Geduld zunehmend von Wut verdrängt wurde. Er schüttelte das Teil heftig. Der ohnehin schwache Lichtkegel verschwand gänzlich. Schnaufend unterdrückte er den Impuls, die alte Taschenlampe gegen die nächste Wand zu schleudern.

Ruhig, Brauner, sagte er sich und musste grinsen, als er daran dachte, dass diese Lieblings-Ermahnung seiner Angela ihn stets zuverlässig zur Raison brachte. Er hatte an alles gedacht, eine Anzahl frischer Batterien und sogar ein Ersatzbirnchen eingepackt, aber dass die bisher zuverlässige Artas Focus selbst streiken könnte, hatte er nicht bedacht. Vielleicht war es nur ein Kontaktproblem. Mit immer noch leicht zitternden Fingern schraubte er die Endkappe ab und fingerte im Dunklen an der Drahtspirale im Deckel herum. *Aha, plattgedrückt.* Vorsichtig, aber kraftvoll zog er den Kontaktdraht auseinander, damit die Stromversorgung etwas strammer im Blechgehäuse saß. Dann schraubte er die Lampe wieder zu und hoffte, dass seine Modifikation die Funktionsstörung behoben hatte und es nicht auch noch ein Problem mit dem Schiebeschalter gab. Dann wäre er aufgeschmissen und die gesamte Mission an einem Produkt aus volkseigener Produktion gescheitert. Aber er hatte Glück. Der Lichtstrahl war hell und stabil; sogar das Klappern der Innereien war verschwunden.

Durch diese Ingenieursleistung ermutigt stand er auf. Er erschrak kurz, weil ihm das Knacken seiner Kniegelenke in der Stille des Dachbodens unerwartet laut vorkam. Dann setzte er vorsichtig den ersten Schritt von der betonierten Türschwelle auf die Bodendielen. Keller hatte ihm geraten, Sportschuhe mit weichen Sohlen zu tragen, weil er sich an das quietschende Holz erinnerte. Doch Kosminsky hatte keine Chance. Die Bretter knarzten und knirschten bei jeder Gewichtsverlagerung. Er hatte keine Ahnung, wie die Zwischendecke beschaffen war und ob seine Bewegungsgeräusche im Stockwerk darunter zu hören waren; er wusste nicht einmal, was unter dieser Dachkammer lag. Besorg dir so bald wie möglich einen Plan vom Klinikgebäude und den Anbauten, ermahnte er sich.

Nach einigen Minuten, die Kosminsky aufgrund seiner faultierähnlichen Fortbewegungsweise wie eine Stunde vorkamen, meinte er, die damalige Deckung seines Chefs erkennen zu können. Eindeutig, dort lag eine Stehlampe mit Messingfuß neben dem schmalen Mittelgang und der Stoffschirm war zerrissen. Er arbeitete sich vor, stets darauf bedacht, das Quietschen der alten Bodendielen in Grenzen zu halten. Als er Kellers Beobachtungsstellung erreicht hatte – er konnte sie an den vielen Fußspuren im dicken Staub erkennen – ließ er den Lichtkegel der Taschenlampe langsam über die Szenerie vor ihm wandern. Doch er entdeckte nichts, was auf ein Versteck des Dokumentendiebes hindeutete. Kosminsky fluchte leise. Schon jetzt tränten ihm die Augen vom Staub. Nur mit Mühe konnte er die aufkommende Niesattacke in ein unbefriedigendes Schneuzen umleiten. Genervt beschloss er, sich Kellers Unterstand näher anzusehen, und zwängte sich vorsichtig zwischen den alten Einrichtungsgegenständen hindurch. An der richtigen Position angekommen leuchtete er die Umgebung erneut aus, konnte aber immer noch keine Region entdecken, die sich als Unterschlupf für den Eindringling anbot. Stöhnend ging er in die Hocke, um Kellers Position hinter dem alten Polstersessel möglichst exakt einzunehmen. Vielleicht bot dieser Blickwinkel endlich die notwendigen Erkenntnisse. Aber auch das erwies sich als zwecklos. Der Strahl der Stabtaschenlampe erhellte ihn kaum, dafür ließ der Staubgehalt der Luft den Dachboden in dichtem Nebel erscheinen.

Das konnte doch nicht sein. Er befand sich an der gleichen Stelle, an der Keller am Mittwochabend nach dem Flüchtigen Ausschau gehalten hatte. Wo waren die Kisten und Möbelteile, die laut Keller mit Getöse umgestürzt waren, als er den Mann angerufen hatte und der in Richtung Dachfläche geflüchtet war? Kosminsky bahnte sich seinen Weg durch das Gerümpel, zurück auf den Mittelgang. Noch einmal ließ er den Lichtkegel kreisen. Und dann entdeckte er etwas. Nicht vor ihm, genau hinter ihm eine Handbreit über seinem Kopf war ein beinahe kreisrundes Loch in einer furnierten Schranktür zu sehen. Die Kugel hatte die Spanplatte des Möbels komplett durchschlagen, war jedoch nicht wieder ausgetreten und lag wahrscheinlich irgendwo im Inneren des Schrankes. Hatte es also doch einen Schusswechsel gegeben. Der Oberleutnant hatte ihm erzählt, dass er ursprünglich geglaubt hatte, der Eindringling hätte auf ihn geschossen, dann aber den Lärm auf das Umfallen des Kistenstapels geschoben. Doch bei dem Toten war damals keine Waffe gefunden worden, andernfalls hätte Keller ihm das sicherlich mitgeteilt. Kosminsky schöpfte Hoffnung. Nicht etwa, die Waffe zu finden, aber das Versteck des Eindringlings. Er leuchtete in das Schussloch, konnte zu seinem Erstaunen jedoch nur eine gestreifte Stoffoberfläche erkennen. *Die haben die Kleiderschränke der Patienten vor der Einlagerung noch nicht einmal ausgeräumt.* Bei genauerer Überlegung erschien ihm das gar nicht so unwahrscheinlich. Warum sollten sie sich die Mühe machen? Die meisten Insassen der Psychiatrie würden sich nicht beschweren können. Für ihn bedeutete das zusätzliche Arbeit in dieser Staubhölle, musste er doch die massiv aussehende Anrichte aus dunklem Holz von der Schranktür wegrücken.

Das Vorhaben erwies sich als aufwendig und kraftraubend. So kam er trotz der Eiseskälte in der Dachkammer leicht ins Schwitzen und atmete beeindruckende Dampfwolken in die Dunkelheit. Nach beinahe einer Viertelstunde hatte er Platz geschaffen und das schwere Sideboard soweit abgerückt, dass sich die Tür des Kleiderschrankes ganz öffnen ließ. Wie vermutet erwartete ihn ein bunt gestreiftes Kleid, das bei näherer Betrachtung das notwendige Einschussloch aufwies. Nur half ihm das nicht. Gut, dann musste er eben diesen verfluchten Schrank leerräumen, um Hinweise auf die Position des Schützen zu finden. Und er wurde für seine Mühe belohnt. Er fand zwar nicht das Projektil – darum sollte sich die Spurensicherung irgendwann kümmern – dafür aber das Gesuchte: eine kräftige Impression in der Schrankrückwand, die aus einer nur rund drei Millimeter dicken Presspappe bestand. Natürlich hatte das Geschoss ihm nicht den Gefallen getan, wieder auszutreten, dann hätte er die Schussbahn schon längst herausgefunden. So blieb nur eines, er musste die Aufprallstelle in der Rückwand in ein kleines Loch verwandeln. Die Spusi würde ihn lynchen, doch die Mission war wichtiger. Er musste Kaltenbrunns Zeichnungen beschaffen. Also machte er sich mit seinem Taschenmesser vorsichtig daran, die Delle bis zum Durchblick zu erweitern.

Er überprüfte die Tragfähigkeit des ehemals weißen Küchenschemels, nickte zufrieden und stieg darauf. Dann peilte er durch die beiden Löcher im Schrank... Und da hatte er sie im Blickfeld, die Stellung des Dokumentendiebes. Von dort aus hatte er auf Keller geschossen und im selben Augenblick einen Kistenstapel umgeworfen. Kosminsky fand, dass es Zeit für einen wärmenden Schluck aus dem Flachmann wurde. Aber der Fusel schmeckte nicht und er schwor, sich diese brandneue Angewohnheit schon morgen wieder abzugewöhnen. Eine Zigarette war jetzt sowieso besser. Die vernebelte nur die Luft und nicht den Verstand; außerdem würde der Rauch die eingeatmeten Bazillen und Staubpartikel neutralisieren, hatte also fast einen medizinisch begründbaren Nutzen.

Der Ort des Geschehens war wesentlich weiter weg, als er vermutet hatte, und entpuppte sich als herbe Enttäuschung. Zwar waren auch hier eine Menge verwischte Fußspuren zu entdecken, wenn man genau hinsah, von einem umgefallenen Kistenstapel oder einer Barrikade, wie der Oberleutnant es beschrieben hatte, war nicht das Geringste zu entdecken. Als er den Staubrand neben einer der hölzernen Schubladen auf dem alten Nussbaumregal wahrnahm, durchzuckte es ihn wie ein Stromschlag. Hier hatte jemand aufgeräumt! Seine Hoffnung, die ersehnten Papiere finden zu können, sank auf Null. Wenn der flüchtende Eindringling Kaltenbrunns Zeichnungen wirklich eilig deponiert hatte, um sie später in Sicherheit zu bringen, dann waren sie vom Aufräumer garantiert gefunden worden. Trotzdem wollte Kosminsky sich nichts vorwerfen lassen und untersuchte die Umgebung sorgfältig. Doch wie erwartet waren seine Anstrengungen umsonst; nicht ein Blatt war seinen Vorgängern entgangen. Er konnte noch nicht einmal eine Staubspur finden, die auf den vorübergehenden Ablageplatz der Akten hindeutete. Enttäuscht ließ er sich auf einem dreibeinigen Hocker nieder und versuchte nachzudenken.

»Ist hier einer, hallo?«

Zum zweiten Mal fühlte er sich wie vom Blitz getroffen und ließ sich von seiner Sitzgelegenheit auf den Boden gleiten, wobei ihm die Taschenlampe aus der Hand rutschte und unter das Nussbaumregal rollte. Verdammter Mist.

»Hallo, da ist doch einer. Hey, zeig dich!«

Kosminsky hatte das Öffnen der Bodentür nicht mitbekommen. Dafür hatte man seine Aktivitäten im Dachgeschoss aber offensichtlich bemerkt. Die Stimme glaubte er dem Wachmann der forensischen Station zuordnen zu können, sicher war er sich nicht. Jetzt durfte er nicht das leiseste Geräusch verursachen. Vielleicht gab der tätowierte Gorilla dann auf.

»Ach was, wer soll denn da sein? Niemand interessiert sich für das alte Gerümpel. Jetzt komm von der Tür weg.« Das war die Stimme der Springfeld.

»Quatsch nich' rum, ich weiß doch, was ich gehört habe. Warte hier. Bin gleich wieder da.« Er hörte sich nun erheblich unfreundlicher an. Vorbei der schmeichelnde Ton, mit dem er der Krankenschwester im Erdgeschoss zur Hilfe geeilt war. Hatte der Kerl Verdacht geschöpft, oder war die Springfeld gar aufgeflogen?

Ihm blieb für Grübeleien keine Zeit, denn die Tür knallte zu und es herrschte wieder Ruhe. Mit rasendem Puls rannte er los, den Mittelgang hinunter auf die große Flügeltür zum Flachdach des Anbaus zu. Er vertraute auf Kellers Angaben, dass es diesen Ausgang ins Freie gab, sehen konnte er davon noch nichts. Der Wachgorilla war offenbar bisher nicht zurück im Dachboden. Ob er seinen Gitterkäfig erst abschließen musste oder seine Keule holte, war gleichgültig. Kosminsky rannte weiter, ohne auf den verursachten Lärm zu achten. Endlich kam das matt lackierte Metall seiner Fluchtmöglichkeit in Sicht. Er drückte die Klinke, und das schwere Tor ließ sich tatsächlich aufdrücken. Als das spärliche Licht eindrang, bemerkte er einen hohen schmalen Mülleimer neben dem rechten Türflügel – einen mit Packen von Akten gefüllten Mülleimer.

Bevor er die Metalltonne erreichte, hörte er wieder die aufgeregte Stimme des dicken Wachmannes: »Mensch, wusste ich es doch! Da hinten, die Bodentür is' offen. Den schnapp' ich mir.«

22:56 UHR

Keller lauschte dem Zischen des Gasofens. Gleich beim Betreten des Zimmers hatte er seinen Mantel auf das Bett geworfen und saß seither in dem kleinen Sessel. Die Beige in Braun abstrakt gemusterte Tapete bot einen aufregenderen Anblick als der finstere Garten hinter dem Haus. Aus dem Schankraum drang hin und wieder etwas von den lebhaften Diskussionen durch Holzdecke und Treppenaufgang nach oben. Er überlegte, ob er hinuntergehen und ein Bier trinken sollte, an diesem langen Abend, an dem seine Aufgabe nur im Warten bestand.

Kosminsky war seit gut zwei Stunden in der Klinik und Keller hoffte, dass er tat, was sie vereinbart hatten – und dass Kosminsky wirklich auf seiner Seite stand. Moreauxs Warnungen hatten ihn seit gestern Nachmittag beschäftigt. Aber solange er nichts hatte, was einen konkreten Anlass zu Zweifeln gab, konnte er wenig damit anfangen. Natürlich waren ihm die Bedenken der Ärztin auch gekommen. Er wusste verdammt wenig über diesen Unterleutnant, den er gerade gestern kennengelernt hatte. Doch dass er ein talentierter Polizist war, da war er sich seit dem Gespräch mit Martin Galecki sicher. Kosminsky 'konnte mit Menschen', wie man so schön sagte, das war nicht zu übersehen. Keller war durchaus bewusst, dass hier seine größte eigene Schwäche lag. Er war viel zu oft ungeduldig, wenn er sich mit widerspenstigen oder schlechten Zeugen auseinandersetzen musste. Er verabscheute diplomatisches Gesäusel, obwohl er wusste, dass es schneller zum Ziel führen konnte als eine direkte Ansprache. Es fiel ihm oft schwer, die Spielregeln der Höflichkeit einzuhalten, weil er sie in manchen Situationen völlig überflüssig fand.

Er schnaufte, als er an Doktor Moreaux dachte, wie er sie in Beschlag genommen hatte, weil sie wichtig für seine Ermittlungen war. Schüttau hatte schon nicht ganz Unrecht, wenn er Keller einen Tunnelblick und Rücksichtslosigkeit vorwarf. Beides war nicht kalkuliert, es folgte aus Kellers absoluter Konzentration auf den Fall.

Wenn er nun darüber nachdachte, verstand er Moreauxs Aufregung ganz gut. Er hatte absichtlich darauf verzichtet, die Ärztin heute zu kontaktieren. Und sie hatte sich ebenfalls den ganzen Tag nicht gemeldet. Hatte sie nichts zu berichten, oder war sie einfach verärgert? Keller gab ein Seufzen von sich. Sich jetzt auch noch den Kopf über die Befindlichkeit der Döbelner Rechtsmedizinerin zu zerbrechen, würde ihn nur in die Sackgasse führen.

Schritte und Frau Göbels quietschendes Organ wurden auf der Treppe laut. Ein später Gast musste gekommen sein, denn Keller vernahm denselben Text, den er zwei Tage zuvor zu hören bekommen hatte. Essenszeiten, der korrekte Umgang mit Zimmerschlüsseln und die Erläuterungen zu den Gasöfen. Wenn der Neue Glück hatte, ließ sich sein Ofen sogar regulieren, dachte Keller und öffnete einen weiteren Hemdknopf.

Das Pils hatte ihm gutgetan. Auch wenn die Samstagabendrunde seine Anwesenheit wenig bereichernd fand. Erst war die Hälfte der Gespräche verstummt, dann war den Gästen aufgegangen, dass die neue Datsche, der Geburtstag der Großtante oder das geplante Waldheimer Skatturnier kaum das Missfallen der DVP erregen würden und Schweigen viel auffälliger war. Keller trank sein Frischgezapftes allein und in Ruhe. Eine halbe Stunde später erklomm er wieder die Stufen hinauf zu den Fremdenzimmern.

Das war merkwürdig. Im schwachen Licht der einzelnen Butzenlampe erkannte Keller, dass die Tür auf der rechten Seite offenstand. »Hallo?«, fragte er und klopfte gleichzeitig sacht an das massive Holz. »Ihre Tür–«

»Kommen Sie herein.«

Kellers Stirn legte sich in Falten. Er schob die Tür vollständig auf und blieb dabei im Flur stehen. »Verzeihung?«

Das Zimmer war ähnlich eingerichtet wie seines, aber noch stand eine Menge kalter Luft darin. Auf einem Stuhl an dem kleinen Tischchen saß ein Mann, der sich große Mühe gab, entspannt zu wirken. Er blieb sitzen und musterte Keller neugierig mit hellgrauen Augen. »Oberleutnant Keller, nehme ich an?«

Keller verharrte ratlos. Das war wie in einem Lehrfilm für konspirative Operationen, dachte er.

»Ich schlage vor, dass Sie nicht länger auf dem Flur verweilen. Bitte, kommen Sie herein.«

Keller nahm erst jetzt den leichten Akzent wahr, mehr eine kleine Unstimmigkeit in der Sprachmelodie als im Wortklang selbst. »Und ich schlage vor, dass Sie sich vorstellen, bevor ich mir Ihre Einladung durch den Kopf gehen lasse.«

Der Fremde lächelte kurz. »Ich versichere Ihnen, dass Sie nichts von mir zu befürchten haben. Im Gegenteil. Aber worüber ich mit Ihnen reden möchte, sollte unter uns bleiben.«

»Dann sollten wir dieses Gespräch auf *meinem* Zimmer führen.«

Der Mann lachte. »Nein, wirklich nicht.« Er erhob sich, strich sich in einer automatisierten Geste das Jackett glatt und kam mit ausgestreckter Hand auf Keller zu. Seine Finger waren eiskalt. »Anton Sokolow.«

»Sokolow? Welche Organisation schickt Sie?«, spekulierte Keller.

»Tut das etwas zur Sache, Oberleutnant Keller?« Sokolow trat einige Schritte zurück und machte eine einladende Geste ins Zimmer.

»Da ich wirklich nicht die geringste Ahnung habe, worum es Ihnen hier geht, tut es vielleicht etwas zur Sache.«

»Bitte. Setzen Sie sich. Ich erkläre es Ihnen.« Sokolow selbst nahm auf dem Bett Platz und drehte den Stuhl für Keller zurecht.

Also gut. Seine Neugier war jedenfalls geweckt, denn auch wenn der Mann gerade zivile Kleidung trug, zweifelte Keller nicht einen Moment, dass er es mit einem Militärangehörigen zu tun hatte. Einem sowjetischen Offizier. Keller trat in das kalte Zimmer, zog die Tür zu und setzte sich. »Ich höre. Was wollen Sie von mir?«

»Sie arbeiten derzeit an einem Fall, der mich möglicherweise ebenfalls interessiert.« Sokolow hatte ein schmales, intelligentes Gesicht. Er wich Kellers unfreundlichem Blick keine Sekunde aus.

»So.« Das Spiel, sich zu unterhalten, ohne dabei etwas preiszugeben, konnten auch zwei spielen. »Ist das so?«

Kurz sah er wieder den leicht amüsierten Zug um Sokolows Mund. »Denken Sie, dass ich bluffe?«

Eigentlich nicht. Keller glaubte, dass der Mann tatsächlich im Bilde war. Das minderte seine beginnende Verärgerung allerdings nicht. »Nein, eigentlich nicht.«

»Es missfällt Ihnen, dass ich Sie hier aufsuche. Oder vielleicht eher die Art und Weise unserer Begegnung. Aber glauben Sie mir, dieses Treffen kann zu unser beider Vorteil sein.«

»Ach.« Keller lehnte sich fröstelnd nach vorn und stützte seine Ellenbogen auf die Knie.

»Ich nenne Ihnen jetzt einen Namen, und wenn Sie mir weiterhelfen, dann sehen wir, ob ich Ihnen mit bestimmten Informationen entgegenkommen kann.« Sokolow machte eine Geste und wartete auf eine Reaktion. Als Keller ihn nur ansah, sagte er: »Doktor Heinrich Kaltenbrunn.«

Natürlich hatte er diesen Namen erwartet. Wenn er daran dachte, wie er am Mittwoch gleich sämtliche Universitätssekretariate der Republik durchtelefoniert hatte, durfte er sich kaum wundern, dass man auf seine Nachforschungen aufmerksam geworden war. *Mist.* Hätte er da schon gewusst, wohin dieser Fall lief, dann wäre er anders vorgegangen, doch es war müßig, sich jetzt zu ärgern. Die Geheimdienste – Kellers Gedankengang stockte abrupt. *Wie kommt denn der KGB ins Spiel?*

»Oberleutnant Keller?«

»Was wollen Sie wissen?«, fragte er barsch.

Der Russe schien kurz zu zögern. »Ich muss wissen, ob es sich hier um den richtigen Mann handelt. Und ich...« Sokolow ließ den Satz unvollendet.

Das Ganze wurde interessant. Und immer merkwürdiger. Keller bildete sich nicht ein, viel über die Arbeit von Geheimdiensten zu wissen, aber dass ein Nachrichtenoffizier – und das war dieser Sokolow, das stand für ihn nun fest – inkognito auftrat, um an simple Daten zum Fall Kaltenbrunn zu gelangen, schien ihm absurd. Eine solche Identitätsprüfung erforderte doch nicht mehr als einen Anruf im MfS und vielleicht noch den freundschaftlich-diplomatischen Austausch der ein oder anderen Photographie. »Und wie kann *ich* Ihnen da helfen?«

»Nun, ich bin mir sicher, dass Sie mir sagen können, wo ich den Mann finde.«

Keller war kein guter Pokerspieler. Bei dieser Antwort entglitt seine Mimik für einen Augenblick. Er sah es daran, dass Sokolow offenbar merkte, dass er irgendeinen Fehler gemacht hatte. Der große Bruder konnte sich Einblick in alle Akten verschaffen, daran zweifelte Keller keine Sekunde. Und doch wusste der Sowjetoffizier nicht einmal, dass Kaltenbrunn tot war. Das konnte nur heißen, dass dieser Sokolow weder mit dem MfS arbeitete noch in direkter Kommunikation mit ihm stand. Also doch kein KGB? Wer *war* dieser Kerl?

»Nein«, antwortete Keller knapp, was genau genommen keine Lüge war, denn er wusste nicht, ob der Leichnam nach wie vor im Döbelner Leichenschauhaus war. Er rechnete damit, dass die Staatssicherheit ihn inzwischen beschlagnahmt hatte. Großer Gott, hoffentlich hatte Moreauxs Funkstille nichts damit zu tun! Kellers Handflächen schwitzten trotz der Kälte. »Sie können ihn nicht sehen.«

Sokolow beobachtete eine Weile Kellers Hände, dann atmete er hörbar aus. »Sind Sie bereit, mir Ihren Kaltenbrunn zu beschreiben?«

»Etwa sechzig Jahre alt, schlank. Aber...«, Keller korrigierte sich im letzten Augenblick, »mit seiner Gesundheit steht es nicht zum Besten. Ach so. Und er hat seinen Arzt umgebracht.«

»Deswegen also die Mordkommission.« Sokolow sah nicht übermäßig überrascht aus. »Nun, ich denke, damit ist meine Frage nach der Identität beantwortet.«

»Durch den Mord ist Ihre Frage nach der Identität beantwortet?« Hatte Kaltenbrunn schon früher getötet? Seltsam, dass das so gar nicht seinen Erwartungen entsprach. »Wer war das vorherige Opfer?«

»Kein Fall für Sie und Ihre Leute. Ich fürchte, Sie werden damit rechnen müssen, dass die Militärgerichtsbarkeit der Sowjetischen Streitkräfte sich des Falles annehmen wird.«

»Muss ich das?«

Sokolow schürzte die Lippen. »Alles nach den Spielregeln, Oberleutnant. Kaltenbrunn wird an uns überstellt werden, davon können Sie ausgehen.«

»Das glaube ich kaum. Ich wäre überrascht, wenn Sie noch mehr von ihm finden als Asche im örtlichen Krematorium.« Keller biss sich auf die Zunge.

»Er ist…« Sokolow verstummte. Es verging eine ganze Zeit, in der er sich die Schläfen massierte. »Wer?«, fragte er schließlich.

»Das wollen Sie nicht wissen, Genosse. Alles sehr kompliziert.«

»Ach wissen Sie, Keller…«, Sokolow sah plötzlich müde aus. »Lassen Sie sich mein Angebot heute Nacht noch einmal gründlich durch den Kopf gehen. Sie wissen ja nun, wo Sie mich finden.«

»Wozu eigentlich das Ganze?« Keller wies auf das Zimmer. »Hätten Sie mich nicht einfach in der Dienststelle aufsuchen können?«

Sokolow zuckte mit den Schultern. »Im Gegensatz zu Ihnen ziehe ich es vor, dass die DDR-Staatssicherheit nicht über alle meine Aktivitäten im Bilde ist. Ich würde Ihnen raten, von Selbstgesprächen und der Nutzung des Fernsprechers abzusehen – Sie verstehen?«

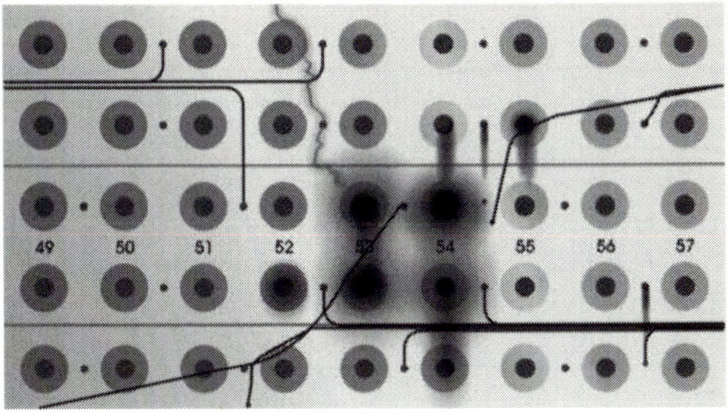

Sonntag, 17. Februar 1974

00:52 UHR

Panisch wandte Kosminsky sich um, schlüpfte durch den Türspalt und drückte das schwere Tor wieder zu. Wohin jetzt, womit rechnet der Affe? Spontan lief er nach rechts am Giebel entlang, ohne eine Ahnung, wie ihm das helfen sollte. Die Dachfläche überqueren wollte er jedenfalls nicht. Er würde es niemals bis zum anderen Treppenhaus schaffen, bevor sein Verfolger am Flügeltor ankam. Schließlich erreichte er die Dachkante, die Giebelwand war hier nicht einmal mehr hüfthoch. Ohne weitere Überlegung beschloss er, auf das Satteldach zu steigen. Dort würden sie nicht suchen, weil nur ein Lebensmüder ohne jegliche Erfahrung in einer kalten Nacht auf vom Frost glitschige Dachziegel steigen würde. Er handelte keine Sekunde zu früh. Gerade, als er flach auf den feuchten Dachsteinen zu liegen kam, hörte er, wie die Metalltür geöffnet wurde.

Er zitterte vor Kälte und Aufregung. Entweder würde er auf diesem eisigen Dach festfrieren und irgendwann im Anstaltshof gefunden werden, weil seine Leiche abgetaut war, oder er würde gleich entkräftet abrutschen und den Tod beim Aufprall auf das Pflaster finden. Wenn er sich lange genug festhalten konnte, dann würde er die erste Variante erbitten. Man sagte, dass Erfrierende sich recht wohl und behaglich fühlten, bevor sie durch die Kälte das Bewusstsein verloren und die Atmung aussetzte. Kosminsky überlegte, ob diese Halluzination auch funktionieren würde, wenn man vorher von ihr wusste. *Jetzt werde ich auch schon bekloppt, denk nach, Mensch.* Auch wenn er den Gedanken, auf dem Dach eines Irrenhauses verrückt zu werden, völlig unpassenderweise amüsant fand, wollte er leben. Er würde sich nicht von der Kälte in einen endgültigen Schlaf lullen lassen. Aber was konnte er tun? Daran, Hilfe zu holen, war nicht zu denken. Und Keller würde ihn frühestens am Morgen im Büro vermissen – wenn überhaupt. Es war mittlerweile Sonntag. Streng genommen würde vor Montag gar nichts passieren.

»Der muss hier irgendwo sein«, die Stimme des tätowierten Glatzkopfes riss ihn aus seinen Gedanken.

Er hörte, wie die Dachbodentür geschlossen wurde, und sah nach einer Weile den Lichtkegel einer Taschenlampe auf dem oberen Teil des anderen Treppenhauses. Die Dachfläche konnte er nicht einsehen, dazu hätte er über die Giebelkante schauen müssen, wobei er vielleicht entdeckt worden wäre. So musste er sich auf sein Gehör verlassen. Die schweren Schritte des Wachmannes knirschten auf der sandigen Dachpappe und entfernten sich. Kurze Zeit später hörte er, wie jemand an einer Metalltür rüttelte. »Da kann er nicht runter sein. Die ist abgeschlossen.« Der Kerl war zum Aufgang des Treppenhauses auf der anderen Seite des Flachdaches gegangen. Davon hatte Keller gesprochen und auch erwähnt, dass sie am Mittwochabend verriegelt worden war. Jetzt konnte er sich wenigstens diese Variante sparen, wenn er je lebend die Dachschräge verließ.

»Jetzt komm endlich wieder rein. Wo soll der schon hin sein? Und wenn, dann ist der schon längst über alle Berge«, vernahm er die Stimme der korpulenten Nachtschwester. Offenbar hatte der Wachmann keine Verstärkung, sondern nur seine Taschenlampe geholt. In Kosminsky keimte leise Hoffnung auf. Mit einem mürrischen Laut entfernten sich die Schritte weiter. Vermutlich inspizierte der Kerl die Leiter, von der der Eindringling, der Kaltenbrunns Zeichnungen gestohlen hatte, in den Tod gestürzt war.

Die würde am Ende wahrscheinlich auch seine einzige Fluchtmöglichkeit sein.

Nach einigen Sekunden der Stille kamen die Schritte zurück und stoppten anscheinend am Dachbodenzugang. »Der Schweinehund ist bestimmt die Feuertreppe auf der anderen Seite runter. Hier oben kann man sich nicht verstecken, ich hab hinter jeden Schornstein geguckt.«

Die Springfeld blieb stumm.

Der Pfleger sprach jetzt leiser weiter, aber immer noch so, dass Kosminsky, keine zehn Meter entfernt, alles verstehen konnte. »Ich gehe jetzt wieder auf meinen Posten, bevor das Ärger gibt. Wenn die Hexe erfährt, dass ich meinen Wachposten in der Forensischen verlassen habe, dann gute Nacht.«

»Wie soll die Piechkow das denn erfahren?«, beschwichtigte die Schwester.

»Wenn rauskommt, dass hier einer nachts rumgeschnüffelt hat, ist das auch nicht viel besser.« Es entstand eine kurze Pause. Als die Springfeld zu einer Antwort anhob, schnitt der Wachmann ihr das Wort ab. »Also, ich gehe auf meinen Platz und du hältst im Dachboden Wache.«

»Aber ich–«

»Kein aber. Du hast uns den Mist eingebrockt. Den bekloppten Lokomotivführer hättest du auch alleine wieder ruhig bekommen.« Er machte eine kurze Pause, als kämen ihm Zweifel an der Notsituation, die sie ihm hatte glaubhaft machen wollen.

»Ich konnte doch nicht wissen, dass–«

»Papperlapapp. Du setzt dich hinter der Tür auf deinen Hintern und schreist genauso schön wie vorhin, wenn sich der Kerl noch einmal blicken lässt. Ich lass' die Bodentür offen, dann höre ich dich schon.«

Dann wurde die Metalltür zugezogen und es war wieder still.

War das Ganze eine Falle oder hatte der Wachmann keinen Schlüssel zu dem Flügeltor in der Giebelwand? Konnte er der Springfeld noch vertrauen? Der Gorilla von der forensischen Station jedenfalls glaubte nicht, dass ihm die Flucht geglückt war und hoffte weiterhin darauf, ihn zu erwischen – und die Chancen dafür standen nicht schlecht. Wenn er es überhaupt von der Dachschräge herunterschaffte, ohne abzustürzen, dann wäre er zumindest für einige Zeit bewegungsunfähig.

Noch merkte er nichts von den kolportierten Sinnestäuschungen erfrierender Menschen, vielmehr kroch die feuchte Kälte schmerzhaft in seine Knochen. Es musste etwas passieren, und zwar ziemlich bald. Er würde nicht untätig warten, bis er das Bewusstsein verlor.

Er begann zu rutschen, und erneut wurde sein Körper von Adrenalin überflutet. Das Herz schlug ihm bis zum Hals. Verzweifelt versuchte er, mit der rechten Hand die Kantensteine des Ortganges zu erreichen, aber der war zu weit weg. Ganz langsam glitt er abwärts. In Panik krallte er sich in die Dachziegel. Doch obwohl sie schon die raue Oberfläche mehrerer Jahrzehnte hatten, gelang es ihm nicht, seine Rutschbewegung zu stoppen. Seine Fingernägel waren längst abgeschmirgelt; dass seine Fingerkuppen bereits blutig gescheuert waren, bemerkte er nicht einmal. Langsam, aber unaufhörlich ging es nach unten. Wie sehr wünschte er sich jetzt, dass ein Schneegitter seinen Sturz vom Dach verhindern würde, aber wusste, dass da keines war. Dann rutschen seine Schuhspitzen ins Leere, der letzte Dachstein war zu Ende. Die Zeit schien stillzustehen. So erbärmlich sollte er sterben? Er dachte an die Mahnungen seiner Frau, nicht den Helden zu spielen, sich nicht erschießen zu lassen, an seine Mutter, die sich immer gewünscht hatte, er hätte einen ungefährlicheren Beruf gelernt – und jetzt? Jetzt fiel er wie ein alkoholisierter Bauarbeiter vom Dach.

Plötzlich spürten seine Zehen Widerstand. Sofort mobilisierte Kosminsky die letzten Kraftreserven und spannte seine Füße. Er stand in der Regenrinne. Er betete, dass sie sein Gewicht lange genug halten würde, bis er eine Lösung gefunden hatte. Mit einem Mal war er wieder ganz klar und erinnerte sich an seinen Freund Andreas. Oft hatte er die Leichtfüßigkeit und Sicherheit des Dachdeckermeisters bewundert. Was er sich gemerkt hatte war, wie der Handwerker sich einen sicheren Stand verschaffte, wenn er auf dem Dach freihändig hantieren musste. Extrem vorsichtig erhöhte der Polizist den Druck auf die Dachrinne, während er ganz langsam unter leisem Knirschen die Dachpfanne oberhalb seines Kopfes nach oben schob. Stück für Stück wurde die Überlappung der Dachsteine kleiner, bis sich eine Lücke auftat. Endlich hatte er einen sicheren Griff. Mit beiden Händen hielt er sich an der freigelegten Oberkante des Ziegels fest. Er atmete tief durch, Volkspolizist Peter Kosminsky war noch lange nicht tot.

Bedächtig bewegte er sich ein wenig nach rechts, hielt sich mit der linken Hand fest und schob mit der Rechten die übernächste Dachpfanne hoch, bis er wieder einen schmalen Griffspalt produziert hatte. Dann zog er sich hinüber und ruhte sich eine Minute aus. So langsam kehrte wieder Blut in seine Finger zurück und mit ihm der Schmerz in seinen abgeraspelten Fingerkuppen. Doch er nahm die Wunden kaum wahr, er hätte schreien können vor Glück. Jetzt tastete er mit der rechten Hand nach dem Ortgang. Die Dachfläche musste gleich zu Ende sein. Sobald er den Randziegel fest im Griff hatte, wagte er den Versuch, mit dem rechten Fuß die Giebelkante zu überwinden. Er zog sich noch ein Stück, dann fiel das rechte Bein herunter und baumelte haltlos über der Teerpappe des Flachdaches. Mit Geduld sollte er sich jetzt weiter Richtung Giebel ziehen und versuchen, mit dem rechten Fuß festen Boden zu erreichen, dann konnte er sich abdrücken und langsam das zweite Bein aufsetzen. Aber er wollte nur noch runter von der schmierigen Dachschräge. Er belastete die Dachrinne noch etwas mehr, zog sich mit der linken Hand kräftig hoch und mit der Rechten über die Kante. Es fühlte sich an, als falle er aus dem Doppelstockbett seiner Kindertage, trotzdem hatte er ein breites Grinsen auf dem Gesicht. Als er rücklings auf die Bitumenbahn prallte, blieb ihm für einen Moment die Luft weg. Er keuchte, Tränen liefen ihm über die Wangen – jetzt konnte ihm eine Zigarette helfen.

Kosminsky saß an der Giebelwand und genoss die Juwel Filter mit einem Schnaps aus dem Hausmeister-Flachmann. Alles war auf Null gesetzt; Zeit, das weitere Vorgehen zu planen. Der dicke Wächteraffe hatte von seiner Dachdeckertätigkeit nichts mitbekommen, ebenso wenig wie die Springfeld, die nach seiner Schätzung wie befohlen immer noch die große Giebeltür bewachen musste. Vielleicht wollte die Schwester auch gar nichts mitbekommen. Sollte sie ihn jetzt verraten, schadete sie sich am Ende doch nur selbst. Auch sein kleiner Sturz auf das Flachdach schien unbemerkt geblieben zu sein, was ihn nicht sehr verwunderte, schließlich gehörte es zu einem anderen Gebäudeteil. Unwahrscheinlich, dass der Aufprall auf die dämpfende Teerpappe bis zum forensischen Trakt zu hören gewesen war. Er stand auf. Er musste nachdenken, und er musste seine Muskulatur wieder auf normale Temperatur bringen. Der erste Schritt tat weh. Ein fieses Stechen fuhr ihm durch alle Glieder, doch er betrachtete es als Lebenszeichen.

So nutzte er die Bewegung, um das Dachareal zu erkunden. Es kristallisierte sich schnell heraus, dass auch *seine* Flucht über die Leiter an der gegenüberliegenden Gebäudeseite führen würde. Nur konnte er unmöglich mit den Unterlagen unterm Arm hinunterklettern. Denn dazu hatte er sich entschlossen – er durfte hier nicht ohne Kaltenbrunns Zeichnungen verschwinden. Er hatte zu viel investiert, um jetzt aufzugeben. Und es war fraglich, ob er nach den Ereignissen dieser Nacht eine zweite Gelegenheit bekommen würde, die Papiere aus dem Dachboden zu retten. Eine Durchsuchungsanordnung war nach wie vor keine Option. Sobald ein Beamter diese zücken würde, gäbe es genügend Personen – und sie wussten nicht einmal, wer alles dazu gehörte – in der Klinik, die in Windeseile alles Verräterische vor dem Suchkommando der Polizei in Sicherheit brächten. Aber wie sollte er seine Beute transportieren, wenn er sie erst einmal hatte? Bis zur Dachkante konnte er sie wahrscheinlich tatsächlich unter dem Arm tragen. Nur wie weiter? Wenn er den Packen aus losen Blättern und Schnellheftern einfach vom Dach warf, würde er viel Zeit beim Aufsammeln verlieren und dieser King Kong von der Forensischen würde ihn doch noch erwischen. Die Lösung war so einfach wie praktisch, er würde den Mülleimer samt Inhalt mitnehmen und über die Dachkante nach unten fallen lassen. Die Wahrscheinlichkeit, dass die meisten Unterlagen im Eimer blieben, war groß. Er konnte dann beidhändig die Leiter heruntersteigen und den Papierbehälter mit sich nehmen.

Kosminsky schätzte, dass er die Leiter an der Hofseite erreichen konnte, bevor der Wächter durch den Dachboden bis zur Giebeltür gelangt war, doch es würde knapp werden. Außerdem hatte er keine Ahnung, ob wirklich die Springfeld hinter dem Metalltor saß. Wenn stattdessen der Tätowierte den Durchgang belauerte, hatte er keine Chance. Alles Abwägen half nichts. Entweder er verschwand jetzt heimlich, still und leise über die Feuerleiter und kam mit der Kavallerie zurück, was er für sinnlos hielt, oder er blieb bei seinem Entschluss.

Behutsam drückte er die eiskalte Metallklinke herunter; alles blieb ruhig. Dann öffnete er den Torflügel ein Stück weit und lugte hindurch. Niemand da und immer noch kein Laut. Als der Spalt breit genug war, um hindurchzuschlüpfen, jagte das Flüstern der Schwester seinen Puls schon wieder in die Höhe. »Leise, der Kerl sitzt an seinem Pult, aber er hat die Dachbodentür aufgelassen, damit er mich hört, wenn ich Sie entdecke.«

Kosminsky nickte. »Verstanden. Sie können mir helfen. Geben Sie mir den hohen Metalleimer raus, der da neben dem Schrank steht.«

»Sie meinen den Schirmständer?«

Kosminsky verdrehte die Augen. »Ja, meinetwegen den Schirmständer, nur beeilen Sie sich bitte, Schwester.«

»In Ordnung«, flüsterte sie. Kurz nachdem sie das Gefäß angehoben hatte, rutschte es aus ihrer Hand und fiel polternd um. »Mann, ist der schwer«, fluchte sie.

Wortlos sprang Kosminsky in den Raum und nahm den Schirmständer an sich. Schon waren die stampfenden Schritte des Wachmannes zu hören. Gleich würde er den Dachboden betreten. Nachdem er die ersten Meter zurückgelegt hatte, erklang schon das Gebrüll. Kosminsky rannte, so schnell er konnte, doch die rettende Leiter schien, entgegen besseres Wissen, unendlich weit weg. Nach endlosen Sekunden war er da und ließ das Metallgefäß nach unten sausen. Sofort griff er mit beiden Händen nach den nasskalten Handläufen der Leiter und begann sie eilig, aber aufmerksam, Stufe für Stufe hinabzusteigen. Er hatte keine Lust, so zu enden wie der Eindringling in Heises Zimmer. Als er die letzte Sprosse genommen und wieder festen Boden unter den Füßen hatte, blickte er nach oben. Vom Wachmann war nichts zu hören oder zu sehen. Dann schaute er nach dem Schirmständer. Erstaunlicherweise war er senkrecht gelandet und trotz erheblich verbeulten Bodens in der Erde der Pflanzung stehen geblieben, die die Gebäudewand umgab. Den Behälter unter dem Arm sprintete der Unterleutnant an der Gebäudemauer entlang und hechtete unter die am nächsten liegende Ligusterhecke – keine Sekunde zu früh. Kaum war er vollständig in Deckung, blickte er zwischen dem dichten Laubwerk nach oben. An der Dachkante stand ein pumpend atmender Glatzkopf in einer zu engen Pflegeruniform.

05:56 UHR

Die erste Empfindung nach dem Wachwerden waren Kopfschmerzen. Die zweite war Kälte, die dritte Nässe. Es war nicht ganz dunkel, aber sein verschwommenes Sehen erlaubte ihm keine Standortbestimmung. Jedenfalls saß er... neben einem riesigen Feuerlöscher. Langsam kam die Erinnerung an seine Dachexkursion zurück. Der signalrote Schirmständer (jedenfalls hatte die dicke Krankenschwester den Metalleimer so bezeichnet) mit den Unterlagen aus dem Dachboden. Er hatte es geschafft – und lebte offenbar sogar noch. Die rasenden Kopfschmerzen hatten ihren Ursprung eindeutig in der Nackengegend. Kein Wunder, er musste in diesem engen Wagen mehrere Stunden in der verdrehten Stellung zugebracht haben, in der er sich noch immer befand. Unter Schmerzen und Stöhnen drehte Kosminsky sich langsam in die normale Sitzposition. Irgendwie musste er es mit seiner Beute bis ins Auto geschafft haben, Erinnerung hatte er daran keine. Er sah auf die Uhr. Kurz vor sechs. Den Impuls, sich eine Filterzigarette anzustecken, unterdrückte er und tastete stattdessen nach dem Flachmann. Nach drei kleinen Schlucken kam ihm das Pochen in seinem Kopf etwas schwächer vor.

Er blickte auf den roten Eimer. Ein Schirmständer mit einem Metallbügel zum Tragen und einem angeschweißten Griff in Bodennähe. *So ein Unsinn, das ist ein Wassereimer für Löschwasser.* Direkt an dem großen Stahltor, das auf das Flachdach der Klinik hinausführte, war er ja auch gut platziert. Nur, dass den Füllstand schon ewig keiner mehr kontrolliert hatte. Wahrscheinlich befand sich ein ebenso ausgetrocknetes Exemplar an der Tür, durch die er den Dachboden betreten hatte. In diesem Fall hatte die Schlamperei etwas Gutes. Durchnässte, womöglich zerstörte Papiere wären die Krönung seines Abenteuers gewesen. Es kostete ihn einige Mühe, den Behälter vom Beifahrerplatz zwischen den Sitzen und dem Dachhimmel auf die Rücksitzbank zu bugsieren. Ob der Eimer tatsächlich Zeichnungen von Kaltenbrunn enthielt? Er kramte fluchend nach seiner Taschenlampe. Offensichtlich hatte er sie, im Gegensatz zu Schnaps und Zigaretten, verloren. Mit einem Mal bemerkte er, wie kalt ihm eigentlich war. Kaltenbrunns Gemälde mussten warten. Mit zitternden Händen dirigierte er den Autoschlüssel ins Zündschloss. Erst beim dritten Anlauf hatte er Erfolg. Er brauchte jetzt einen starken Kaffee, dann eine Juwel Filter, und er musste endlich raus aus den nassen Klamotten. Als der Zweitakter ansprang, freute sich Kosminsky zum ersten Mal darauf, an einem Sonntag die Tür zu einem Dienstzimmer zu öffnen.

Es dämmerte bereits, als er anfing, die Papiere zu sichten. Tatsächlich handelte es sich größtenteils um Krankenakten, die mit Kaltenbrunn anscheinend nichts zu tun hatten. Was ihn interessierte waren die mit Buntstift bemalten Blätter und Strichzeichnungen, beide zum Teil mit handschriftlichen Zusätzen des Patienten. Kaltenbrunn war fleißig gewesen. Kosminsky schätzte, dass gut zweihundert Papiere, manchmal nur kleine Fetzen mit wenigen Strichen oder Worten, auf das Konto des Psychiatriepatienten gingen. Ob es noch mehr gab, war schwer zu sagen, denn eine Datierung oder

Nummerierung gab es nicht. Es war laut Klinikpersonal nicht einmal bekannt, ob Professor Heise alle künstlerischen Äußerungen seines Patienten gesammelt hatte oder nur bestimmte Werke. Und überhaupt – würde der behandelnde Arzt nicht einen Vermerk auf den Blättern anbringen oder wenigstens ein Datum? Wenn ein Psychiater an der Kunst seiner Kranken Interesse entwickelte, dann würde er doch das Ganze nicht ungeordnet als lose Blattsammlung herumliegenlassen. Solche Mediziner waren stolz auf ihre Tätigkeit als Kurator. Kosminsky erinnerte sich an die Sammlung des Arztes Hans Prinzhorn, der nach dem ersten Weltkrieg angefangen hatte, die Kunst von Geisteskranken zu sammeln und zu studieren. Nein, das hier war anders. Er bezweifelte, dass der Professor am Künstler Heinrich Kaltenbrunn interessiert gewesen war. Vielmehr machte es den Eindruck, als handle es sich um schlampig aufbewahrte Asservate, um Beweismittel oder unentschlüsselte Hinweise, die man nur aufhebt, um nichts zu vernichten. Der ermordete Klinikchef hatte kurzerhand alle verfänglichen Unterlagen in einer versteckten Schublade seines Schreibtisches gelagert. Bemerkenswert war, dass der Eindringling, den Keller in Professor Heises Zimmer überrascht hatte, dem Anschein nach genau wusste, wo er zu suchen hatte. Das sprach ganz eindeutig für die Vermutung des Chefs, dass die Staatssicherheit im Spiel war und der geflüchtete Einbrecher für das Ministerium gearbeitet hatte. Und es sprach auch dafür, dass nicht noch mehr brisante Papiere in Waldheim existierten. Warum die Stasi sich so für diesen Kaltenbrunn und sein künstlerisches Schaffen interessierte, erklärte das überhaupt nicht. Und leider konnte man den IM nach seinem tödlichen Dachsturz nicht mehr befragen.

Nach dem zweiten Muckefuck und der ersten Zigarette fühlte Kosminsky sich bereit, auch wenn er sich über den ausgegangenen Kaffee ärgerte. Nachdem gut eine Stunde verstrichen war, lagen drei Stapel auf seinem Schreibtisch. Die meisten Unterlagen schienen uninteressant, jedenfalls was den Fall Kaltenbrunn anging. Weitere Dokumente beschäftigten sich mit der wenig detaillierten Anamnese und der dafür beeindruckend umfangreichen medikamentösen Behandlung des vermeintlichen Wissenschaftlers. Allerdings fanden sich in diesem Packen praktisch keine Informationen, die ihnen nicht schon durch die bisherigen Ermittlungen bekannt waren. Enttäuscht legte er beide Stapel in die Ablage. Alle neuen Erkenntnisse mussten die künstlerischen Äußerungen und die wenigen von Kaltenbrunn selbst geschriebenen Worte beisteuern.

Wenn es nicht um eine Mordermittlung gegangen wäre, hätte Kosminsky an der vor ihm liegenden Rätselaufgabe Gefallen finden können. Doktor Kaltenbrunns Zeichenstil konnte man nicht als handwerklich versiert bezeichnen, eher als ungelenk oder naiv. Aber seine künstlerische Handschrift hatte etwas Eigenständiges, Kraftvolles und Eindeutiges – erneut fühlte sich der Polizist an die geheimnisvollen Glyphen und Ornamente der Maya erinnert. Das Motiv des schlangenverzehrenden oder, wie Keller richtigstellen würde, des von einer grünen Mamba invadierten Menschen, war recht häufig vorhanden. Kosminsky zählte rund ein Dutzend Variationen. Beinahe ebenso zahlreich war eine ähnliche Komposition, bei der ein drachenähnliches Wesen über einer Gruppe Menschen schwebte oder flog. Die nahmen jedoch von dem Drachen augenscheinlich keine Notiz, so als sei er unsichtbar. Fast in allen Fällen war auch dieses Drachenwesen grün ausgemalt. Andere Bilder zeigten Häuser, die offenbar nicht bewohnt waren und zerfielen, unbelebte Straßen und Autos, in denen niemand saß.

Schriftliches hatte Heinrich Kaltenbrunn nur wenig hinterlassen. Ein Teil davon war in lateinischer Schrift, ein anderer in kyrillischen Großbuchstaben ausgeführt, aber immer war es deutsche Sprache. Manchmal war es eine konkrete Warnung vor dem 'Tier' oder der 'Mamba', dann wieder eher Religiöses wie 'Jesus wird euch nicht helfen' und 'Niemand wird euch helfen'. Besonders eigenartig erschien Kosminsky die Warnung vor einem Leuchtturm. Vor dem sollte man sich hüten.

Ein fröhliches »Guten Morgen, Kollege« riss ihn aus seinen Gedanken.

»Welch ein Glück, dass wir einen Konsum vor der Tür haben, der sonntags in der Frühe kurz aufmacht, um die Bevölkerung zu versorgen«, Keller wedelte mit seinem Einkaufsnetz. »Und welch ein Glück, dass ich vermutet habe, Sie hier anzutreffen.«

»Ebenfalls einen guten Morgen, Chef. Ich hingegen habe nicht angenommen, dass Sie ins Büro kommen. Aber es trifft sich gut. Ich habe die Papiere aus Heises Büro bereits sortiert. Das sollten Sie sich anschauen.« Kosminsky schob den übriggebliebenen Packen mit den Kaltenbrunn-Dokumenten über den Schreibtisch.

»Sortiert, das ist aber schön! Ich schlage vor, wir essen erst einmal etwas in der Kantine. Und wenn wir zurück sind, brühen wir Kaffee, um frisch ans Werk zu gehen. Ich habe gestern extra frische Bohne für uns gekauft. Geraucht haben Sie ja schon, wie ich bemerke.« Der Oberleutnant grinste, aber Kosminsky ging auf die Provokation nicht ein. »Ihre Nacht muss ja recht ereignisreich gewesen sein, wenn Sie gar nicht erst zu Hause waren. Da habe ich Sie nämlich nicht erreicht.«

»Ja, Chef. Das war sie. Mehr, als mir lieb ist und Sie sich vorstellen können. Das Wichtigste ist–«

»Das Wichtigste ist das Frühstück, Kollege.« Keller deutete mit beiden Händen große Ohren an. »Lassen Sie uns hinuntergehen, da können Sie mir von Ihrem Abenteuer berichten.« Während er weitersprach, klaubte er Kaltenbrunns Zeichnungen zusammen, verstaute sie im Einkaufsnetz und bedeutete Kosminsky, das Dienstzimmer zu verlassen.

Nachdem Keller seinem neuen Assistenten erklärt hatte, dass sie genau deshalb in der Kantine waren, weil sie dort völlig einsam sein würden, hörte er sich Kosminskys Bericht der Nacht an.

»Schön. Also, was haben wir, Kollege Kosminsky?«

Der begann die vorsortierten Blätter auszubreiten. Zuerst begutachtete Keller die Auswahl der in Personen eindringenden Schlangen, es folgten die Motive mit den drachenähnlichen Wesen und zuletzt die seltsam verlassenen Stadtansichten. Keller betrachtete Kaltenbrunns Zeichnungen fast eine Viertelstunde, stand auf und schlurfte einige Minuten zwischen den Kantinentischen umher.

»Wir sind uns einig, dass der Psychiatrieinsasse Doktor Heinrich Kaltenbrunn vor irgendetwas eine Heidenangst hatte.«

»Ja, Chef, das ist eindeutig. Und ich bin mittlerweile auch zu der Einschätzung gelangt, dass Sie recht haben. Diese Schlange, die Kaltenbrunn als grüne Mamba bezeichnet, versucht, durch den Mund in den Körper der Menschen einzudringen. Einige Personen greifen nach der Schlange und versuchen, sie am Hineinkriechen zu hindern.«

»Dass es nicht alle versuchen, finde ich sehr bemerkenswert, Kollege!« Keller klopfte energisch mit dem Zeigefinger auf die Buntstiftzeichnungen. »Wenn so ein Tier versuchen würde, in meinen Hals zu kriechen, dann würde ich das mit allem, was ich zur Verfügung habe, verhindern. Das können Sie mir glauben – vorausgesetzt, ich bekomme das überhaupt mit. Anders kann ich mir die Passivität der Opfer nicht erklären. Was wäre denn, wenn Kaltenbrunns grüne Mamba unsichtbar ist und von den meisten Menschen gar nicht entdeckt wird?«

»Richtig. Dazu passen dann auch diese mysteriösen Drachenbilder. Die Menschen auf Kaltenbrunns Bildern kümmern diese Viecher, die so offensichtlich über ihnen schweben, in keiner Weise. Ganz so, als wüssten die gar nicht, dass die Drachen existieren.« Kosminsky blätterte durch die Zeichnungen und zog einige aus dem Stapel. »Ich glaube, wir kommen einer Lösung der Bilderrätsel ein Stück näher. Denn wenn man genau hinsieht, dann haben fast alle, die sich gegen die Mamba wehren, diese weißen Kittel an. Vielleicht, nein, *wahrscheinlich* sind diese Leute Ärzte oder Wissenschaftler wie Kaltenbrunn selbst.« Den Unterleutnant hielt es jetzt auch nicht mehr auf dem Stuhl. »Was, wenn wir es mit einer neuen Krankheit zu tun haben oder einer unbekannten Seuche, Chef? Und dieser Kaltenbrunn wusste Bescheid und war vielleicht sogar irgendwie verwickelt in die Sache. Könnte doch sein, dass ihm die Sache über den Kopf gewachsen ist. Er bekommt Schuldgefühle und verliert schließlich den Verstand.«

»Gut beobachtet, Kosminsky, wirklich gut. So könnte das gewesen sein. Ich kann mir gut vorstellen, dass man an Schuld und schlechtem

Gewissen verrückt werden kann. Nur passt da für mich Einiges noch nicht ganz zusammen. Das muss ich noch einmal überdenken.«
Keller nahm wieder Platz, holte zwei Semmeln aus dem Nylonnetz und suchte die in Wachspapier eingewickelte Jagdwurst heraus.

»Ich wäre Ihnen sehr dankbar, wenn Sie jetzt nicht die Kantine vollquarzen würden, Kosminsky.«

Mit einem leidenden Gesichtsausdruck ließ der Angesprochene die Juwel Filter-Packung zurück in die Jackentasche gleiten.

»Mann, Kollege, wenn es gar nicht anders geht, dann zum Fenster raus und zügig, bitte. Ich habe keine Lust, statt am Qualm Ihrer Zigaretten an der eisigen Februarluft einzugehen.«

»Schon gut, ich sollte mir das sowieso abgewöhnen. Man hört da fiese Geschichten«, murmelte Kosminsky und griff stattdessen nach einem Brötchen. »Mir ist zwischen Kaltenbrunns Tierbildern noch etwas Sonderbares aufgefallen. Darauf kann ich mir so gar keinen Reim machen – zudem passt es nicht zu unseren Überlegungen von vorhin. Jedenfalls hat das nichts mit Krankheiten oder Seuchen zu tun. Schauen Sie mal, Chef.« Er schob Keller ein einzelnes Blatt über den Tisch.

»Ich würde sagen, das ist ein schlecht getroffener Leuchtturm. Im Grunde genommen nur an dem rot-weiß geringelten Anstrich zu erkennen. Man würde sich wenigstens ein Leuchtfeuer an der Spitze wünschen oder ein bisschen Wasser drumherum und das eine oder andere Schiff.« Der Oberleutnant zog gelangweilt die Schultern hoch. »Tatsächlich seltsam, aber nichts Besonderes. Dass unser Heinrich Kaltenbrunn nicht die zeichnerische Qualität eines Toulouse-Lautrec besaß, war uns doch bereits klar. Worauf wollen Sie hinaus, Kollege?«

»Dieser Leuchtturm ist nicht nur schlecht getroffen. Unser Künstler vergisst anscheinend das Leuchtfeuer, was einem Schulkind, das zum ersten Mal einen Leuchtturm malen soll, nicht passieren würde. Dafür hat Kaltenbrunn Verstrebungen oder Verspannungen eingezeichnet, die ich noch nie gesehen habe. Außerdem sieht es aus, als ob der Turm auf einer extrem hohen Kaimauer gebaut wurde. Irgendwie…«, er zog eine weitere Zeichnung hervor, »… falsch. Und hier hat er gleich zwei von diesen Leuchttürmen auf eine Kaimauer gesetzt, wieder beide ohne erkennbares Leuchtfeuer. Das ist doch Unsinn, sowas baut doch keiner.«

Keller lachte kurz auf. »Der Kerl war ja auch verrückt, was erwarten Sie? Im Ernst, ich sehe ein, dass man in diesen Türmen durchaus etwas anderes erkennen kann als einen Leuchtturm. Beispielsweise eine Esse von irgendeinem Industriebetrieb, obwohl das dann der sauberste Schornstein wäre, den die Republik je gesehen hat. Egal, gegen diese alternativen Interpretationen spricht aber vor allem das hier, Kollege Kosminsky.« Keller drehte das Blatt um, das ihm sein Assistent zuerst vorgelegt hatte, und deutete auf die drei krakeligen Worte auf der Rückseite.

»*Sucht den Leuchtturm*? Ich habe mich schon gewundert, warum Sie so zielsicher einen Leuchtturm identifiziert haben, Chef. Wie mir scheint, sollte ich von Zeit zu Zeit die Kehrseite von Dingen betrachten. Einfacher macht es das trotzdem nicht. Kaltenbrunn schien es schon wichtig zu sein, dass der Finder seine Bilder nicht falsch deutet. Nur kann ich nichts damit anfangen. Sagt Ihnen das etwas?«

»Nein, Kollege Kosminsky. Ich habe noch nicht einmal eine Vorstellung, wen unser Künstler sich als Entdecker dieser Aufforderung gewünscht hat. Die Stasi ja wohl nicht. Wenn man von privaten oder konspirativen Kontakten absieht, bleibt eigentlich nur die Polizei übrig. Wer sollte nach seinem Attentat auf Heise die Botschaft im Kopf und die Bilder sonst in die Finger bekommen? Tja, und ausgerechnet wir haben keinen Schimmer. Äußerst bemerkenswert an dieser Aufforderung von Kaltenbrunn finde ich, dass er davon ausgegangen sein muss, dass auch Professor Heise in puncto Leuchtturm nicht eingeweiht war.«

»Nun ja, die Spurensicherung hat die Papiere ja gar nicht gefunden. Aber das schiebe ich mal auf Überforderung des VPKA. Ich würde fast behaupten, wir haben hier noch nie so einen Mordfall bearbeitet, geschweige denn einen so brisanten. Chef, ich blicke gar nichts mehr in Kaltenbrunns Bilderrätseln.«

»Unser mordender Patient malte nicht aus Leidenschaft, so viel ist wohl klar. Er versuchte, etwas mitzuteilen, was die Klinikleitung –

und damit vermutlich auch die Staatssicherheit – nicht entschlüsseln darf. Dafür tötet er sogar. Und er lässt uns wissen, dass er nicht verrückt ist. In der ersten Befragung hat er sogar angedeutet, dass er keine andere Möglichkeit als diesen Mord gesehen hat, um mit jemandem von draußen in Kontakt zu kommen. Soweit d'accord?«

Kosminsky bedeutete seinem Chef fortzufahren.

»Was wir haben, sind metaphorische Hinweise auf irgendeine Seuche, Epidemie oder Plage, wenn wir religiös herangehen wollen. Dann ist übrigens der Leuchtturm allegorisch auch nicht schlecht.« Keller winkte ab. »Entschuldigen Sie den kleinen Scherz. Also, es geht um eine Gefahr, die die Menschen bedroht, die aber nur Eingeweihte erkennen können, nämlich Wissenschaftler in Kitteln wie Kaltenbrunn selbst. Andererseits haben wir überhaupt keine Hinweise auf so eine Situation. Weder ungewöhnliche Häufungen einzelner Krankheiten, noch eine räumliche Konzentration von anderen Vorkommnissen. Außerdem sind die Zeichnungen ja nicht in den letzten Tagen entstanden, sondern über einen längeren Zeitraum. So akut kann die Bedrohung demnach nicht sein. Na ja, und die Quelle dieser Bedrohung ist ein mysteriöser Leuchtturm, den wir ausfindig machen sollen. Was meinen Sie?« Keller lehnte sich zurück.

Kosminsky zuckte mit den Schultern. »Dass wir eigentlich dringend herausfinden müssen, wer Kaltenbrunn wirklich war«, schlug er vor.

»Jawoll, das wäre wirklich was, wenn da Informationen auftauchen würden, nicht wahr?« Keller lächelte undurchsichtig. »Wissen Sie was? Lassen Sie uns nach oben gehen und Kaffee trinken, dann machen wir einen kleinen Spaziergang.« Kosminsky nickte irritiert und sammelte die Dokumente ein.

Zurück in den Diensträumen begann Keller ein unverfängliches Gespräch über seinen Werdegang, fragte nach Kosminskys und durchsuchte die üblichen Stellen nach Wanzen. Der Unterleutnant machte sich währenddessen an der Kaffeemaschine nützlich.

Nach zwanzig Minuten setzte Keller sich. »Keine Ostereier zu finden.«

»Sag' ich doch.« Kosminsky nippte an seiner Tasse und verzog das Gesicht zu einem Ausdruck puren Ekels. »Was eine widerliche Plörre!«

Keller blickte ihn entgeistert an. »Sie Banause! Das ist Mona Gold, das Viertelpfund zu acht Mark fünfundziebzig und damit über jeden Zweifel erhaben, mein Lieber.« Mit überheblicher Geste probierte der Oberleutnant das exklusive Heißgetränk – was seine Züge versteinern ließ. »Ich vermute, wir benötigen dringend eine andere Bezugsquelle für Bohnenkaffee, Kollege.«

06:33 UHR

Fassbender sah durch das Visier seines Schutzanzugs auf die Uhr an der Stirnwand des Labors. Die roten Zeiger standen auf halb sieben. Obwohl er eigentlich die kommende Woche frei hatte, begann er den Dienst, oder vielmehr Arno Steiners Arbeit. Er war nicht gerne hier, aber die Proben, die sie bereits am Mittwoch im Moor gesammelt hatten, mussten untersucht werden – und er hatte seinem kranken Kollegen versprochen, es selbst zu tun. Steiner traute nur seinen eigenen Analysen und Fassbenders Auswertungen. Arno war schon ein misstrauischer Hund.

Fassbender ergriff die Pipette, die mit einem extragroßen Gummibalg ausgestattet war, und tauchte sie in die Kunststoffflasche mit der verseuchten Wasserprobe. Das gestaltete sich gar nicht so einfach, weil die Schutzhandschuhe nur in Einheitsgröße vorhanden waren – offensichtlich waren seine Hände zu klein – und weil das Gummimaterial nur noch wenig Weichmacher enthielt und zäh auf Verformung reagierte. Dass er, entgegen den Vorschriften, immer zwei Schutzhandschuhe übereinanderzog, weil er befürchtete, dass das Material rissig werden könnte, machte die Arbeit nicht leichter. Aber an neue Schutzkleidung für die Laborarbeit war gar nicht zu denken, noch nicht einmal für die regelmäßige Erneuerung der Filtereinsätze zur Dekontamination verbrauchter Luft waren die finanziellen Mittel garantiert. Bald würde die Atemluft draußen kaum mehr besser sein als die verseuchte Abluft in den Laborräumen, dachte er verärgert. Die Daten der in Kopfhöhe montierten Messstationen rund um die Betriebsgebäude der Einrichtung waren bereits so alarmierend, dass in bestimmten Zonen bei Außenarbeiten Atemschutzgerät angeordnet war und Patrouillengänger diese Gebiete trotz Anordnung mieden. Er hoffte, dass wenigstens Mannschaftsunterkünfte und Aufenthaltsräume ordentliche Luft erhielten. Sicher war er sich nicht. Die gesamte Anlage war von russischer Bauart; da ging die große Sache schon mal über das Wohl des Einzelnen... Aber wahrscheinlich dachten die imperialistischen Militärs in diesem Punkt nicht anders.

Plötzlich musste er husten, weil er wie so oft, wenn er kniffelige Handgriffe ausführte, die Luft angehalten und sich diesmal verschluckt hatte. Sofort beschlug die dünne Plastikscheibe vor seinem Gesicht. Geduldig wartete Fassbender, bis der zischende Luftstrom in seinem Anzug den Feuchtigkeitsfilm aufgelöst und abtransportiert hatte. Irgendwann erfindet einer was, das diese blöden Schutzanzüge ablöst, ging es ihm durch den Kopf. Aber diese unbequemen Plastehüllen waren immer noch besser, als irgendwann krank zu werden.

Sein Freund Arno Steiner hatte im Gelände vorschriftsgemäß niemals auf die Schutzhaube und das Atemgerät verzichtet, doch besonders an heißen Tagen hatte er die Schutzhandschuhe im Wagen gelegentlich ausgezogen, wenn er fahren musste. Auf Fassbenders Warnungen hatte er zumeist fatalistisch reagiert. Er könne sonst das Lenkrad nicht ordentlich halten, und an einem Verkehrsunfall seien schon wesentlich mehr Menschen gestorben. Zudem habe er alles, was er anfasse, vorher gründlich mit einem der feuchten Einwegtücher, die er zum Spott der Kameraden ständig bei sich trug, abgewischt. Aber der verdammte Staub war überall. Das wusste jeder, der hier arbeitete.

In letzter Zeit hatte Arno bedächtiger gewirkt, vorsichtiger. Vielleicht war Steiner sich über seinen kritischen Gesundheitszustand klarer, als er geglaubt hatte. Nein, ein Lutz Fassbender würde sich nicht von der nervtötenden Routine weichkochen lassen. Jede kleine

Nachlässigkeit konnte sich als ein weiterer Sargnagel entpuppen. Er war fest entschlossen, Steiners Schicksal nicht zu teilen. Grimmig ermahnte er sich, sich nicht noch einmal eine solch schlampige Reinigung der Schutzstiefel zu leisten, auch wenn keine Sicherheitsvorschrift die Reinigung des Schuhwerks im Gelände vorsah. Der Werkschutz hielt jegliche Reinigung von Gerät und Schutzkleidung während des operativen Einsatzes, offiziell wegen der Gefahr von Beschädigung – in Wahrheit wahrscheinlich wegen des Zeitaufwandes – für nicht angezeigt. Zudem sei die Gefahr von Verseuchung durch Außenanhaftungen wegen der Dekontaminierungsmaßnahmen von Fahrzeug und Kleidung nach jedem Einsatz auf das 'technisch machbare' Minimum reduziert.

Um diese Zeit war das Labor fast immer leer und bis auf das Summen der Luftfilteranlage unnatürlich still; nachts waren normalerweise auch keine Analysegeräte in Betrieb. Hinter der dicken Bleiglasscheibe vor Fassbenders hellerleuchteter Sicherheitswerkbank sorgte die schwache rote Nachtbeleuchtung in den Gängen für unheimliche Schatten. Ab neun Uhr würde der normale Tagesbetrieb beginnen, und erst dann würde der Laborkomplex mit unzähligen Leuchtstoffröhren erhellt werden. Doch noch war niemand hier, und ihm war das lieber so. Zwar stieß er mittlerweile nirgends mehr an und wich unterbewusst allen Gegenständen aus, an denen sein Schutzanzug hätte Schaden nehmen können, aber andere Menschen hatte man nie unter Kontrolle. Wie leicht konnte einem ein unachtsamer Mitarbeiter ein klaffendes Loch in die Hülle reißen. Oder, was noch schlimmer war, den Schlauch der Luftzuführung unbemerkt beschädigen. Dann atmete man im schlimmsten Falle stundenlang verseuchte Luft ein. Dass die Sensoren – er hoffte, dass es überhaupt welche für diesen Zweck gab – der betagten Belüftungsanlage ein kleines Leck in der Luftaufbereitung bemerken würden, konnte er sich kaum vorstellen.

Schließlich hatte er die Teströhrchen mit seinen ungelenken Händen befüllt. Er verschloss sie und stellte sie in den 18mm Reagenzglasständer. Dann ging er zu dem Schrank aus gebürstetem

Edelstahl hinter ihm und holte vier versiegelte Röhrchen mit der Aufschrift XMP-SEIJKX 11/65| FS – 15/10/73, FS – 15/11/73, FS – 13/12/73 und FS – 15/01/74 seines Geländesektors heraus. Zwar waren alle Proben bereits von Leutnant Kuhbauer vermessen und dokumentiert worden, aber Steiner hatte Misstrauen gegen den Mann geäußert. Arno glaubte Kuhbauers Analysen nicht. Er war überzeugt, dass die Kontamination vor allem in den Gewässern um die Anlage in den letzten Monaten dramatisch zugenommen hatte. Dass die Verwaltung keinerlei Interesse daran hatte, bedenkliche Probenwerte zu melden, leuchtete Fassbender ein, aber würden sie soweit gehen, eine großflächige Verseuchung zu vertuschen?

Erstaunlich, wie fahrlässig ein solcher Skeptiker mit seiner eigenen Gesundheit umgeht, fiel ihm bei dem Gedanken an Arno wieder einmal auf. Oder war Steiner erst durch seine eigene Kontamination zum Skeptiker geworden? Fassbender konnte sich nicht genau erinnern, doch es würde nichts schaden, auch die älteren Messergebnisse und die der Kollegen noch einmal zu überprüfen. War sowieso ein Aufwasch. Er selbst hegte seine Zweifel, dass die in letzter Zeit stark erhöhte Menge an ionisierten Teilchen, die Steiner und er in ihrem Arbeitssektor festgestellt hatten, nicht ebenso in den anderen Sektoren gemessen worden war.

Misstrauen würde er mit der zusätzlichen Untersuchung der Proben kaum erregen. Jeder hier wusste, dass er am liebsten nachts im Labor arbeitete, weil er dann alleine war. Er würde mit den Analysen weitgehend durch sein, bevor die ersten Laborarbeiter auftauchten. Die würden sich höchstens wieder über seine Angst vor der Beschädigung des Schutzanzuges und die doppelten Gummihandschuhe das Maul zerreißen, anstatt seine Messreihen zu hinterfragen.

Gegen neun Uhr hatte er endlich alle Proben ihres Abschnittes seit Oktober des vergangenen Jahres durchgemessen. Bisher konnte er seiner Arbeit unbehelligt nachgehen und hoffte, dass es so blieb. Um festzustellen, ob die Kontamination während Quartal IV des vergangenen Jahres höher geworden war, würde ihm eine einfache

Messung der Dosisleistung aller Proben mit dem Geiger-Müller-Zählrohr genügen. Aber es würde trotzdem einige Stunden brauchen, um die gut hundert Proben der letzten Monate aus den anderen Sektoren einer Überprüfung zu unterziehen.

Gab es auffällige Befunde, dann musste er zusehen, wie er ohne viel Aufsehen an den Analysegeräten arbeiten konnte, um die Elemente zu identifizieren, die für die Emission der ionisierten Strahlung in den Proben verantwortlich waren. Die Ausstattung der Einrichtung konnte man als unausgewogen bezeichnen, was größtenteils der diffizilen Versorgungslage mit Labortechnik geschuldet war. Gaschromatographen beispielsweise waren unproblematisch, da gab es selten Engpässe. Aber das so wichtige Atomabsorptionsspektrometer war seit seiner Inbetriebnahme im Herbst fast komplett ausgebucht.

Die Arbeit an der neuen Maschine aus der 1000er Serie ging vergleichsweise flott und lieferte ziemlich eindeutige Ergebnisse. Es versetzte Fassbender des Öfteren in Erstaunen, was der Bereich Kommerzielle Koordinierung beschaffen konnte, wenn ausnahmsweise die Kosten keine Rolle spielten und die Arbeitsgruppe BKK des MfS die Federführung übernahm. Soweit er wusste, kam dieses AAS aus Neuseeland oder Australien und hatte seinen Weg über Japan, Hong Kong und – mit Unterstützung eines undurchsichtigen französischen Transportunternehmens – zurück nach Europa gemacht. Sicherlich wäre die Beschaffung solcher Embargoware mit Hilfe der UdSSR einfacher gewesen, doch dann hätte man plausible Erklärungen konstruieren müssen – sie gar einweihen müssen – was diese Einrichtung und ihren Zweck ad absurdum geführt hätte. Ganz zu schweigen davon, dass die Sowjets die begehrten Geräte wohl selbst behalten hätten. Verwendung dafür hatten die zur Genüge.

Fassbender richtete sich darauf ein, mit dem Vorgängergerät zu arbeiten. Das 303 war recht sensibel und fummelig in der Bedienung. Außerdem dauerte die Analyse mancher Proben sehr lange, wenn sie überhaupt gelang. Mit Ankunft des neuen AAS-Gerätes war das 303 in einem wegetechnisch ungünstigeren Bereich des Labors aufgebaut worden und wurde nur noch im Ausnahmefall benutzt. Für seine Absichten waren das jedoch keine schlechten Rahmenbedingungen. Niemand würde großes Interesse zeigen, wenn der anerkannte Sonderling Fassbender sich an ausrangierten Laborgeräten zu schaffen machte.

Aufgrund des Rotationsverfahrens dienstfreier Tage und des Schichtbetriebes in der gesamten Einrichtung müsste es schon mit dem Teufel zugehen, wenn einem der Laboranten auffiele, dass er heute eigentlich nichts im Labortrakt zu suchen hatte (und dann musste er es auch noch dem Chef vom Dienst melden). Wenn nötig würde er diesen freien Tag komplett im Labor verbringen, um wenigstens einige Proben mit dem alten AAS-Gerät gezielt auf ihre spektrale Zusammensetzung zu untersuchen.

13:04 UHR

Endlich ging es voran. Auch wenn sie Kaltenbrunns Botschaften nicht zur Gänze verstanden, war Keller sicher, dass sie den Schlüssel in den Händen hielten. Die Erleichterung über Kosminskys Erfolg mischte sich mit schlechtem Gewissen, als er hörte, welches Risiko der Unterleutnant letzte Nacht auf dem Dach der Klinik eingegangen war. Er konnte sich nicht vorstellen, dass der Mann Engagement und Loyalität nur vortäuschte.

»Verstehen Sie mich nicht falsch, Chef.« Kosminsky marschierte neben ihm. »Aber dieser romantische Winterspaziergang ist doch mehr als eine vertrauensbildende Maßnahme, oder?«

Keller warf ihm einen Seitenblick zu. Entweder war dieser Kosminsky echt, oder der dreisteste Lügner, der ihm bislang untergekommen war. Niemand, der tatsächlich etwas zu verbergen hatte, würde solche Bemerkungen fallen lassen.

»Keine Angst, ist es.« Keller unterdrückte den Drang, sich fortlaufend umzusehen. Selbst wenn man sie observierte, würde niemand schlau daraus, ihn mit seinem Assistenten spazierengehen zu sehen. Keller entschied, seinem Bauchgefühl zu trauen – sowohl was Kosminsky anging als auch den sonderbaren Russen. »Also, letzte Nacht... Ich habe Ihnen da auch noch etwas zu erzählen.«

Keller hatte am frühen Morgen eine Nachricht unter Sokolows Zimmertür durchgeschoben. Als er die Zschopauperle nun betrat, saß der Mann an einem Tisch und las ein kleines Buch. Nichts verriet, dass er Kellers Ankunft bemerkte. Etwa eine Viertelstunde später zog Sokolow sich auf sein Zimmer zurück. Dass Kosminsky ihn bereits oben im Flur erwartete, wusste der Geheimdienstler nicht, aber wenn Keller ihn richtig einschätzte, würde er auch nicht überrascht sein. In seinem Geschäft waren Absicherungen dieser Art Routine.

Der Oberleutnant aß in Ruhe seine Bratkartoffeln auf und bestellte sich noch ein kleines Bier. Nach einiger Überlegung hatte er sich für diese Variante eines konspirativen Treffens entschieden. Zum einen war es unverdächtig, wenn er sich in seiner Pension aufhielt; nur Kosminsky hatte einen Weg finden müssen, ungesehen in die Gastwirtschaft zu gelangen. Zum anderen durfte man davon ausgehen, dass der Mann vom KGB sein Zimmer 'sauber' halten konnte. Und inzwischen war dort sicher auch die Frostgrenze überschritten.

Keller machte zunächst einen Abstecher in sein eigenes Zimmer, raschelte ein wenig mit Papieren, legte sich kurz auf das Bett, damit die alten Federn quiekten, stand auf und schloss die Vorhänge, als plane er ein kleines Nickerchen. Dann schlich er sich, wie er hoffte leise, in den Flur zurück.

»Sie haben sich wohl schon bekannt gemacht.« Keller trat in Sokolows Zimmer. Die Tür war angelehnt, um das Klopfen zu erübrigen. Diese Art von Geräuschen konnte zu einfach auch von recht weit entfernten Abhörgeräten aufgefangen werden.

Kosminsky hob die Hand zum Gruß. »Das wäre zu viel gesagt«, murmelte er.

»Oberleutnant.« Sokolow nickte ihm zu. »Ich fürchte, dass Sie sich hier zu mir auf das Bett setzen müssen.«

Keller zuckte mit den Schultern und ließ sich nieder. »Nun gut, Herr Sokolow. Sie haben mir… uns gestern ein Angebot gemacht.«

»Das kann man so sagen.« Sokolow faltete die Hände im Schoß.

»Und ich habe Ihnen gestern bereits die Personenbeschreibung geliefert, die Sie zur Identifizierung benötigten.«

Sokolow nickte. »Das haben Sie.«

Kosminsky schnaufte leise, als der Russe keine Anstalten machte weiterzusprechen. »Wenn das Ihr einziges Interesse war, warum sind Sie dann noch hier?«

Sokolow lächelte. »Ich will es so sagen. Oberleutnant Keller hat da eine Andeutung gemacht, die für meine Seite von großer Tragweite sein könnte.«

Der Mann hatte seine verdeckte Beschuldigung der Staatssicherheit also genau verstanden, dachte Keller. Und der Köder war der richtige gewesen.

Sokolow sprach weiter. »Ich habe Sie im Gegenzug über die Überwachungsmaßnahmen unserer gemeinsamen Freunde in Kenntnis gesetzt. Ich denke, dass nun wieder Sie am Zug sind.«

Kosminsky schüttelte sacht den Kopf und Keller war neugierig, was sein Unterleutnant zu sagen hatte. »Nein, Herr Sokolow. Zunächst brauchen wir von Ihnen ein paar Fakten zu dem Mann, den wir als Heinrich Kaltenbrunn kennen. Sie haben Oberleutnant Keller gegenüber gestern durchblicken lassen, dass 'Ihre Leute' selbst ein Interesse daran gehabt hätten, Kaltenbrunn zu befragen, daher gehe ich davon aus, dass Sie sehr genau wissen, wer Heinrich Kaltenbrunn in Wirklichkeit war. Für uns sind diese Informationen zur Aufklärung zweier Morde zwingend notwendig.«

Sokolow bedachte den jüngeren Polizisten mit einem scharfen Blick. »Sie überschätzen meine Möglichkeiten, wenn Sie denken, ich könne Ihnen die Lösung Ihres Falls auf dem Silbertablett servieren.«

»Das glaube ich Ihnen gern, Genosse Sokolow. Trotzdem«, fügte Keller fest hinzu, »wird das hier nur *quid pro quo* laufen. Aber ich will Ihnen erklären, warum ich mich für dieses Treffen entschieden habe. Ich glaube, dass Sie nicht in offizieller Funktion hier sind. Sie suchen Antworten zu Kaltenbrunns Schicksal, und ich bin der Einzige, der Ihnen diese Antworten geben wird. Das wissen Sie. Diejenigen, die mehr wissen und die Verantwortung für das tragen, was mit Kaltenbrunn passiert ist, werden Ihnen gar nichts sagen.«

Das Schweigen in dem kleinen Zimmer dauerte vielleicht drei Minuten. Kosminsky sah zufrieden zu Keller hinüber. Als hätte er eher einen cholerischen Ausbruch befürchtet. Sokolow schien einfach nur über die Situation nachzudenken.

»Für nichts, was ich Ihnen jetzt erzählen werde, werden Sie gerichtsrelevante Beweise bekommen«, beendete der Russe die Stille.

Keller nickte. »Das Problem kennen wir schon.«

»Nun gut. Probieren wir Ihr… *quid pro quo.* Ich kenne den Klarnamen Heinrich Kaltenbrunns nicht. Ich werde Ihnen jetzt sagen, was ich in den Akten unserer Zentrale gefunden habe. Glauben Sie mir, dass ich keine Kopien oder Abschriften anfertigen konnte. Ich kann also nicht alles im Detail und mit absoluter Gewissheit wiedergeben.« Womit Sokolow Kellers Vermutung stützte, dass es sich nicht um eine offizielle Ermittlung handelte. »Kaltenbrunns Geburtsdatum dürfte um 1914 liegen und angeblich stammt er aus der Gegend um Dresden. Es gab keinerlei Angaben zu Geburtsort oder Jugend, und auch nicht zu seiner Ausbildung. Ich habe einige Vermutungen diesbezüglich, aber lassen Sie uns fürs Erste bei den Daten bleiben. Kaltenbrunn wurde in den letzten Monaten des Krieges kaserniert und ist dann nach Kriegsende in die Sowjetunion übergesiedelt – wo er über zwanzig Jahre blieb.«

Kosminskys Miene zeigte Überraschung.

»Vor knapp zwei Jahren kehrte Kaltenbrunn nach Deutschland zurück. Er wohnte in der Nähe von Schwerin«, Sokolow verstummte.

»Was? Das war alles?« Kosminsky stand die Enttäuschung ins Gesicht geschrieben. »Ich möchte nicht unhöflich sein, Herr Sokolow. Aber was zum Teufel hat Kaltenbrunn zwei Jahrzehnte bei Ihnen gemacht? Und warum ist er nach Deutschland zurückgekommen? Was hat er hier vor Ort getan? Zu all dem stand nichts in den Akten?«

»Nein, Unterleutnant. Nichts darüber.«

Dieser Umstand an sich sagte natürlich schon etwas aus, oder? Keller rieb sich das Kinn. »Sicherlich existieren diese Informationen doch irgendwo, wenn Kaltenbrunn von Ihren Leuten zurückgeschickt wurde.«

»Natürlich. Nur außerhalb meines Zugriffs.«

Kosminsky schürzte die Lippen und stellte eine Frage, die Keller ebenfalls beschäftigte. »Warum interessieren eigentlich gerade Sie sich für diesen Fall?«

Aber Sokolow schüttelte den Kopf. »Später. Jetzt möchte ich die Umstände von Kaltenbrunns Tod erfahren. Was hat er ausgerechnet in dieser Kleinstadt gemacht? Und wer war dieser Arzt, den er umgebracht hat?«

Keller berichtete kurz und knapp, unter welchen Umständen er an den Fall geraten war. »Im Lauf meiner Ermittlungen wurde zunehmend offenkundig, dass mit diesem Kaltenbrunn etwas nicht stimmte. Und ich meine nicht die Schraube, die bei ihm angeblich locker war.«

»Sie glaubten ihm demnach. Also vielmehr der Nachricht in diesem Kugelschreiber?«

»Ja.« Keller nickte. »Und als ich begann, mich zu fragen, wie das alles zu erklären sein könnte, wurde mit klar, dass man Kaltenbrunn durch seine Einweisung effektiv isoliert hatte. Das Problem war die ganze Zeit die Frage nach dem Motiv für eine solche Maßnahme. Wissen Sie, wir Polizisten sind da ein wenig fixiert. Irgendwie brauchen wir immer ein Motiv für die Dinge, die man Menschen antut.«

»Oh, es gibt ein Motiv.«

Kosminsky sah den Russen fragend an. »Wissen Sie, warum Kaltenbrunn in dieses Irrenhaus gesteckt wurde?«

»Vorausgesetzt er war nicht psychisch krank, meinen Sie?« Sokolow machte eine beschwichtigende Handbewegung. »Die offensichtliche Erklärung ist, dass er versteckt wurde. Und zwar höchstwahrscheinlich vor uns.« Ob Sokolow vom Geheimdienst oder irgendeiner anderen Institution der UdSSR sprach, war nicht ganz klar.

»Wegen seines ersten Mordes, von dem Sie gestern sprachen?«

»Ich habe nicht von Mord gesprochen, Oberleutnant Keller«, merkte Sokolow entschieden an – und umging wieder einmal die eigentliche Frage. Er sah unruhig aus. Das erste Mal.

Und wenn Keller ehrlich war, gefiel ihm die Idee überhaupt nicht, dass ein Offizier des russischen Geheimdienstes bei der Fallgeschichte Kaltenbrunns nervös wurde.

»In Ordnung. Ich lege meine Karten auf den Tisch.« Sokolow murmelte unhörbar irgendeinen Fluch. »Kaltenbrunn ist vor etwa einem halben Jahr verschwunden, und die Umstände damals waren von einer Art, dass man ihn des Mordes an einem Offizier des militärischen Nachrichtendienstes verdächtigt hat. Wir sind davon ausgegangen, dass Kaltenbrunn übergelaufen ist, um Geheimnisse aus seiner Zeit in der Sowjetunion weiterzugeben oder zu verkaufen. Man hat sogar die Möglichkeit ins Auge gefasst, dass Kaltenbrunn in den kapitalistischen Westen ausgereist sein könnte.«

Es wurde still in dem Zimmer. Das Zischen des Gasofens war für einige Augenblicke das einzige Geräusch.

»Dieser verschwundene Offizier war sein Führungsoffizier?« fragte Kosminsky nach.

Sokolow nickte. »Das ist korrekt. Verstehen Sie… Wenn Kaltenbrunn all diese Monate in der Psychiatrie eingesessen hat und wenn wirklich diejenigen dafür verantwortlich sind, die Sie verdächtigen, dann stellt sich die gesamte Sachlage vollkommen anders dar.«

»Dann hat die Staatssicherheit nicht nur Kaltenbrunn einkassiert, sondern auch Ihren Agentenführer liquidiert.« Kosminsky pfiff leise durch die Zähne. »Den Grund dafür kann man sich denken. Die Stasi hat herausgefunden, dass Kaltenbrunn für Ihren Verein gearbeitet hat, und das hat ihr gar nicht geschmeckt.«

Sokolow nickte widerstrebend. Diese Schlussfolgerungen hatten nichts mit dem zu tun, was der russische Geheimdienst sich als Erklärung zurechtgelegt hatte. »Haben Sie irgendeinen Anhaltspunkt, worum es bei der ganzen Angelegenheit geht?«

Keller stutzte. »Ich verstehe nicht. Was meinen Sie, Sokolow?«

»Überlegen Sie, Keller! Das ist kein 'normaler' operativer Vorgang des MfS – unmöglich. Die Gefahr, dass einer *unserer* Geheimdienste darauf stoßen könnte, ist viel zu groß. Wenn Sie und ich recht haben – und ich sehe keine Möglichkeit mehr, wie Kaltenbrunn als Täter noch plausibel wäre – dann wurde ein sowjetischer Nachrichtenoffizier ermordet, um ein Geheimnis zu schützen, das Kaltenbrunn ihm verraten hatte oder hätte. Aber Kaltenbrunn selbst wurde damals nicht liquidiert.«

»Weil man ihn noch brauchte?«

»Oder weil man sich zumindest die Option offenhalten wollte. Die eigentliche Frage ist doch, in was für eine Sache Kaltenbrunn involviert war, die eine diplomatisch höchst gefährliche Operation rechtfertigen konnte. Es kann nur eine sehr kleine, aber mächtige Gruppe von Personen dahinterstehen, anderenfalls hätte sich eine Geheimhaltung unseren Diensten gegenüber kaum realisieren lassen.« Sokolow sah Kosminsky, dann Keller an. »Wir reden hier von einer Verschwörung in Ihrem Ministerium für Staatssicherheit.«

14:01 UHR

Es war früher Nachmittag, als er die letzten Messergebnisse in seiner provisorischen Wertetabelle nachtrug. Dann faltete er das unerlaubt mitgebrachte Papier sorgfältig zusammen und verstaute es an der Stelle, an der er es zuvor in das Labor hineingeschmuggelt hatte. Der erste Teil war geschafft. Er zupfte seinen linken Überhandschuh zurecht und achtete darauf, einen möglichst faltenfreien Anschluss an den Kunststoffanzug hinzubekommen. Anschließend zog er ein weiteres Blatt dünnen Papiers aus dem Zwischenraum des doppelten Schutzhandschuhs der rechten Seite. *Manchmal ganz praktisch, diese Paranoia des Herrn Fassbender.* Für einen Moment musste er hinter der Plexiglasscheibe der Schutzhaube grinsen. Mühsam strich er mit seinen bremsenden Gummihandschuhen den Zettel glatt und überschrieb ihn mit 'Partikel in der Außenluft'.

Dabei fiel ihm ein, dass es nach seiner Kenntnis keine Messreihe zur Belastung in den geschlossenen Räumen der Einrichtung gab – weder für die technischen Bereiche wie Labor, Lager und Werkstätten noch für die Unterkünfte oder Gemeinschaftsräume. Angeblich würden die zahlreichen Detektoren sofort Alarm schlagen, wenn eine Gefährdung für den menschlichen Organismus bestand. Fassbender war auch in dieser Hinsicht skeptisch. Einzige Informationsquelle über die persönliche Strahlungsbelastung waren die Mehrbereichs-Filmdosimeter, die sie mit sich herumtrugen. Diese wurden monatlich eingesammelt, gegen neue getauscht und ausgewertet. Die Entwicklung und Beurteilung der Filme besorgte nicht – wie es jeder Mitarbeiter für sinnvoll gehalten hätte – das Labor, sondern eine spezielle Abteilung des Werksschutzes. Zugriff auf die Ergebnisse gab es für die Arbeiter nicht. Die Verantwortlichen hielten das für unnötig und kontraproduktiv. Schließlich benötige die Beurteilung 'Spezialisten, die nur dem Werksschutz in Form von medizinischem Fachpersonal in ausreichendem Maße zur Verfügung standen'. Eine Mitteilung mit einer 'Einladung' zur ärztlichen Untersuchung erhalte man automatisch, wenn eine meldepflichtige Energiemenge registriert wurde. Welcher Wert vom Werksschutz als gefährlich angesetzt war, erfuhr man auch von den Ärzten nicht. Wie hervorragend das System funktioniert, sieht man ja an Arno, sagte sich Fassbender. Steiner hatte niemals eine Meldung darüber erhalten, dass seine Dosimeter irgendwann eine gesundheitsschädliche Strahlenbelastung festgestellt hätten... und das konnte nicht stimmen.

Der DIN A3-große Übersichtsplan, den alle Mitarbeiter der Einrichtung erhielten, nützte ihm nichts, weil nur die Umrisse der Gebäude und die innerste Sicherheitszone eingezeichnet waren. Fassbender suchte nach der großen Geländekarte, die nur für bestimmte Vorgänge wie ihre Probenbeschaffungseinsätze ausgegeben wurde. Normalerweise blieb das Exemplar in dem Geländewagen, mit dem der Einsatztrupp seine Kontrollfahrten durchführte. So konnten die Innenräume nicht kontaminiert werden – und es war auch kein als geheim eingestuftes Kartenmaterial im Umlauf. Es hatte Arno erhebliche Überzeugungsarbeit gekostet, der Materialausgabe ein zweites Exemplar abzuringen. Mit der Begründung, dass sie ihre Einsätze so schon am Vorabend detailliert planen und somit effektiver ihre Aufgabe erledigen konnten, und gegen die Zusicherung, dass der Plan niemals ihre Unterkunft verlassen würde, hatte er grünes Licht bekommen. Jetzt war das verfluchte Ding nicht zu finden. Kalter Schweiß nässte Fassbenders Rücken, als er daran dachte, dass sein Mitbewohner die Geländekarte aus Versehen (oder absichtlich?) mit in den UAZ genommen haben könnte. Nein, auf keinen Fall, niemals hätte Arno so einen Unsinn gemacht. *Mann, Kumpel. Ich will doch nur deine Arbeit zu Ende bringen. Komm schon. Wo hast du das Ding verstaut?* Sehr groß war ihr Wohnraum nicht, und das winzige Bad schloss er als Kartenlager aus. Es sollte also recht schnell gehen… Nur warum hatte Steiner den Geländeplan überhaupt versteckt? Natürlich durften sie die Existenz nicht an die große Glocke hängen, aber zumindest die Einsatztrupps und ihre direkten Vorgesetzten wussten Bescheid. Manchmal fragten sogar Kollegen, ob sie einen Blick auf die fast einen Quadratmeter große Karte werfen konnten.

Nach einer Viertelstunde wurde er endlich unter der Matratze fündig – unter seiner eigenen. Fassbender musste über das originelle Versteck des Kameraden schmunzeln. Er entfaltete die Karte und beschwerte die Ecken mit Büroutensilien und einem Kaffeebecher. Er ordnete seine Aufzeichnungen und schrieb kleine Zettelchen mit den Messwerten für jeden Sektor. Dann machte er sich daran, die jeweiligen Messreihen den Sektoren auf der Geländekarte zuzuordnen. Die meisten waren quadratisch. Nur im bebauten Bereich der Anlage wichen sie von diesem Muster ab und folgten teilweise den Gebäudeumrissen oder den Grenzen von Sicherheitszonen.

Er hatte bereits gut vierzig Messzettel ausgelegt, als er in einem Bereich, rund sieben Kilometer östlich des Analgenkomplexes, auf die einzige Markierung auf der Karte stieß. Steiner hatte mit Bleistift ein kleines Kreuz in Planquadrat 53 eingezeichnet, daneben ein Fragezeichen. *Hast du darum die Karte versteckt?* Fassbender fragte sich, was an diesem Sektor so besonders sein sollte. Es gab dort nichts außer Wald – jedenfalls war dort nichts verzeichnet. Keine Bebauung, keine Messpunkte, nicht einmal ein Testareal für die Simulation von Boden- und Wasserkontamination, wie ihr 'eigener' Sektor eines war. Er wusste auch nicht, welche Mannschaft in diesem Planquadrat arbeitete. Doch es wäre ohnehin zu auffällig, sie über ihr Arbeitsgebiet zu befragen. Niemand tat so etwas. Zum einen war es streng verboten, zum anderen völlig uninteressant. Es sei denn... Fassbender suchte die Messwertkarte für Sektor 53. Als er die Zahlen las, war er schockiert. Er konnte sich überhaupt nicht erinnern, dass ihm diese extrem hohen Werte während seiner Untersuchungreihe aufgefallen wären, aber sie lagen vor ihm. Kurz spielte er den Gedanken eines Messfehlers durch, verwarf ihn aber sogleich. Arnos Markierung in genau diesem Sektor war eindeutig. Solche Zufälle gab es nicht.

Was sollte er tun? Eine Meldung schien ihm unsinnig. Da Messwerte bereits vorhanden waren – und er war sich sicher, dass die vorherigen Tests dasselbe Ergebnis erbracht hatten – war es ausgeschlossen, dass die Leitung der Anlage davon nichts wusste. Abgesehen davon würde es ihn in größte Schwierigkeiten bringen, wenn er zugab, was er im Labor getan hatte; erreicht wäre damit nichts. Nein, er musste selbst tätig werden. Außerdem fühlte er sich seinem sterbenden Freund gegenüber verpflichtet, die Wahrheit herauszufinden.

Er beschloss, einige Stunden zu schlafen und sich nach Mitternacht auf den Weg zu machen. Dabei war ihm die Gefährlichkeit seiner Mission durchaus bewusst. Aber irgendjemand musste es tun. So oft, wie Arno und er sich dessen gegenseitig versichert hatten, so wichtig war es dieses eine Mal. Was er dann mit seinen Erkenntnissen anfangen würde, konnte er in den nächsten Tagen entscheiden.

Abgesehen von der leichteren Schutzausrüstung ohne Atemgerät würde er nicht viel benötigen. Die Wachstuchtasche mit Kapuzenoverall und Handschuhen, Stiefeln, Taschenlampe und einer Maske samt zwei Aktivkohlefiltern konnte er im Rucksack unterbringen. Sein wichtigster Begleiter heute Nacht würde der Geiger-Müller-Zähler sein, der immer im UAZ lag. Dieser Punkt bereitete ihm etwas Kopfzerbrechen. Er entschied, das Gerät sofort zu holen. Der kleine Transportkoffer wurde nach jedem Einsatz äußerlich dekontaminiert. Solange er ihn nicht öffnete und Dreck herausrieselte, sah er die vorübergehende Lagerung im Badezimmer unkritisch. Und wenn man ihn am Einsatzfahrzeug bemerkte, konnte er behaupten, für den morgigen Einsatz zu packen. Bei dieser Gelegenheit sollte er auch gleich ein paar Werkzeuge mitnehmen. Dann musste er in der Nacht nur noch ohne viel Aufsehen mit seinem Gepäck aus dem Innenbereich herauskommen.

Als er den mechanischen Reisewecker auf zwei Uhr stellte, ging er sein Vorhaben noch einmal durch. Etwas an der Sache war seltsam. Wieso war der Bereich mit den hohen Werten so begrenzt? Schon die benachbarten Sektoren zeigten eine wesentlich geringere Strahlungsbelastung. Grübelnd legte er sich aufs Bett und starrte fast eine halbe Stunde an die Decke, bevor er endlich einschlief.

14:09 UHR

Sokolow hatte sie vor etwa einer Viertelstunde mit der Bemerkung fortgeschickt, dass er ein dringendes dienstliches Telefonat absetzen müsse. Wegen Kellers Überwachung kam dafür der Fernsprecher der Zschopauperle nicht infrage. Sokolow verließ die Pension und fuhr Richtung Döbeln. So hatte Keller die Charade seines Mittagsschlafs beendet und sich dann mit Kosminsky auf dem Markt getroffen, wo sie umherschlenderten.

»Ihnen ist schon klar, dass der nicht vom KGB ist, Chef?«, war das Erste, was Kosminsky sagte. Oder zumindest das Erste, was Keller hörte. Er konnte nicht ausschließen, dass der Unterleutnant ihn schon davor angesprochen hatte. Zu sehr war er mit dem beschäftigt, was dieser seltsame Sokolow erzählt hatte. »Wie meinen Sie, Kosminsky?«

Als der Unterleutnant sich jetzt eine Zigarette ansteckte, war Keller eher geneigt, eine zu schnorren, als ihn zurechtzuweisen. Eine Situation wie diese macht den Griff zu Nikotin irgendwie verständlicher, dachte er.

»Na«, Kosminsky zog an dem stinkenden Glimmstengel. »Der Vogel ist keiner vom KGB, das würde ich wetten. Als er von dem vermissten Offizier erzählt hat, hat er ganz klar vom militärischen Nachrichtendienst gesprochen.«

»Ach. Ja, ich erinnere mich.« Keller wandte sich zu Kosminsky. »Wollen Sie mir damit etwas sagen, Unterleutnant? Oder geben Sie nur mit Ihrer Allgemeinbildung an?«

Kosminsky schnaubte und strich sich durch die Haare. »Ich weiß auch nicht, Chef. Einerseits denke ich, dass das zu der Geschichte passt, die er uns da erzählt hat…« Eine erneute Pause für einen teerhaltigen Atemzug. »Auf der anderen Seite weiß ich nicht, wie weit wir dem Mann vertrauen können. Militärgeheimdienst oder Staatssicherheit – ich habe das Gefühl, dass wir zwei am Ende als die Dummen dastehen werden. Gerade *wenn* der Genosse vorhin die Wahrheit gesagt hat. Im Ernst, dieser Sokolow macht keinen schlechten Eindruck, aber wenn es hart auf hart geht, dann zieht er seinen eigenen Kopf aus der Schlinge und lässt Kaltenbrunn Kaltenbrunn sein. Und wir dürfen Kreide fressen – wenn wir dazu überhaupt noch in der Lage sind.«

Keller sah Kosminsky erstaunt an. Der gutmütig-draufgängerische Unterleutnant konnte in schwierigen Situationen auch anders und war keineswegs naiv.

»Sie haben recht«, gab er unumwunden zu, denn Kosminskys Worte deckten sich mit seinen Gedanken. »Wir haben keinen Grund, hier irgendjemandem einen Vertrauensvorschuss zu geben. Ich glaube aber, dass Sokolow dasselbe Interesse hat wie wir herauszufinden, was die Stasi verschleiert. Im Grunde ist das für ihn sogar von größerer Dringlichkeit als für uns.«

»Wie kommen Sie darauf, Chef?«

»Uns beiden geht es in erster Linie darum, den Mord an Kaltenbrunn zu verstehen. Aber wenn es stimmt, was Sokolow angedeutet hat…«

»Dann hat die Stasi Kaltenbrunn liquidiert, damit die Russen nicht erfahren, dass er noch am Leben war? Meinen Sie das?«

»Um ganz ehrlich zu sein, Kollege, mir schwirrt der Kopf. Ich weiß es nicht. Wir haben zu wenig harte Fakten. Doch eines steht fest: Der Weg führt für alle, auch für den Russen, nur über Kaltenbrunn selbst. Verstehen Sie, wir müssen diese Gelegenheit nutzen. Wir werden gewiss nicht wieder jemanden auf sowjetischer Seite finden, der mit uns kooperiert – und der vielleicht mehr sieht als wir.«

Kosminsky grübelte bei einer weiteren Zigarette. »Sie wollen ihm die Bilder zeigen, richtig?«

»Meine Güte.« Sokolow starrte mit einer Mischung aus Faszination und Verblüffung auf die Zeichnung, die Keller ihm zur Begrüßung entgegenhielt. Sie hatten eine abgetrennte Sitzecke ganz hinten in den Ratsstuben gewählt, sodass eine Observierung schwierig war. Kosminsky saß auf einer hohen Holzbank und hielt einen aufmerksamen Blick auf das Lokal gerichtet. »Zumindest künstlerisch gibt Kaltenbrunn durchaus einen überzeugenden Geisteskranken.«

Keller fühlte Ärger in sich aufsteigen. »Wissen Sie, wenn Doktor Moreauxs Analysen und Einschätzungen stimmen, dann ist es bemerkenswert, dass der Mann überhaupt noch in der Lage war, sich zu äußern.«

Sokolow warf Keller einen scharfen Blick zu und vertiefte sich erneut in die Darstellung auf dem Blatt. »Sie sehen hier also eine Botschaft?«

»Oh ja. In der Tat.« Was immer der Unterleutnant hinzufügen wollte, er wurde durch die Kellnerin unterbrochen, die drei Pils vor ihnen abstellte und ihre Essensbestellung aufnahm. Kosminsky holte mit großer Geste den beachtlichen Stapel Zeichnungen aus einem uralten Köfferchen hervor, das er in der Dienststelle gefunden hatte. Er übergab sie Sokolow nach kurzem Zögern und ohne weiteren Kommentar.

Sokolow erkannte die Kriterien der Sortierung offenbar sofort. Er trennte die Stapel wieder und legte sie neben sich auf die Bank. Ohne erkennbare Eile verschaffte sich der Geheimdienstoffizier einen

Überblick. Als er sich schließlich zurücklehnte, war sein Blick abwesend.

»Nun. Was sehen Sie?«, fragte Kosminsky.

Sokolow schwieg. Er bedachte Keller mit einem misstrauischen Blick. »Also gut. Auch wenn mir das Spekulieren nicht liegt. Auf Grundlage unserer bisherigen Überlegungen lassen sich einige Vermutungen anstellen, nicht wahr? Dass Wissenschaftler eine große Rolle in Kaltenbrunns Gedankenwelt gespielt haben, ist ganz offensichtlich. Diese grüne Schlange–«

»Eine Mamba«, half Kosminsky aus.

»Aha. Nun, diese Schlange und dieser Drache hier sind Chiffren, würde ich denken. Ich verstehe, wo Ihr Problem bei der Deutung liegt.« Sokolow zog zielsicher das Blatt hervor, das Keller so gewissenhaft gebügelt hatte. »Aber das hat Kaltenbrunn scheinbar auch geahnt, nicht wahr? Dass er ein wenig deutlicher werden musste, wenn er verstanden werden wollte. Ich gebe zu, ich teile Ihre Auffassung, dass Kaltenbrunn ganz und gar nicht so verrückt gewesen sein kann, wie er scheinen wollte oder sollte. Unter den Umständen musste er sich auf einem sehr schmalen Grat zwischen Information und Verschleierung bewegen.«

Keller nickte. »Sie sehen ja, was Kaltenbrunn dort notiert hat. *Die Mamba tötet uns.*«

»Eine lebensbedrohliche Gefahr, die er durch Schlange und Drachen darstellt. Eine Schlange, die verschlingt, und ein Drache, der über weite Distanzen größere Mengen von Menschen bedroht«, resümierte Sokolow.

Natürlich, der Drache konnte viel mehr Verwüstung und Vernichtung anrichten als eine einzelne Schlange. So hatte Keller das noch gar nicht gesehen. »Auch wenn wir noch immer nicht wissen, was genau Kaltenbrunn getan hat«, bemerkte Keller, »ist er ganz offenbar in etwas verstrickt gewesen, das ihn in heftige Gewissenskonflikte gebracht hat. Er hatte das Gefühl, dass er es jemandem sagen musste. Vielleicht ist das erst in der Klinik passiert, als ihm klar wurde, dass er nie wieder aus diesen Mauern herauskommen würde – vielleicht hat er aber auch schon vorher Skrupel entwickelt.«

»Natürlich, Keller.« Sokolow nickte. »Das wäre ein sehr guter Grund, warum man ihn hat verschwinden lassen, und auch, weshalb man nicht gleich bis zum Äußersten gegangen ist.«

»Sie meinen, weil man noch eine Möglichkeit sah, ihn wieder ins Glied zu bringen«, hakte Kosminsky nach.

»Ich bin überzeugt, dass Kaltenbrunn ein Spezialist allerersten Ranges war. Viel zu selten und kostbar, um ihn leichtfertig zu verlieren. Bevor man diesen letzten Schritt tut, sind andere Maßnahmen angezeigt. Sie wären überrascht, wie oft sich das Gewissen... berichtigen lässt.«

Keller wusste, dass Sokolow richtiglag. »Denken Sie, Kaltenbrunn wollte an die Öffentlichkeit gehen? Oder dass der Kontakt zu Ihren Leuten der Grund war, warum er in Waldheim weggesperrt wurde?«

Sokolow winkte ab. »Diese Unterscheidung ist völlig unwichtig. So oder so wurde verhindert, dass unser Mann etwas von Kaltenbrunn erfahren konnte.«

»Wissen Sie das, oder legen Sie sich das gerade zurecht? Denn offen gesagt könnte es doch auch anders gewesen sein: Die Staatssicherheit hat geahnt, dass Kaltenbrunn unzuverlässig wurde, und beim Zugriff kam ihnen Ihr Mann in die Quere. Falsche Zeit, falscher Ort.«

Sokolow reagierte nicht auf Kellers Provokation.

Kosminsky zog einige Bilder näher zu sich heran. »Wir haben uns gefragt, um was für eine Art von Forschung es gegangen sein könnte, die Kaltenbrunn für die Stasi so interessant gemacht hat. Unsichtbar und hochgefährlich. Herr Sokolow, wissen Sie wirklich nicht, ob Kaltenbrunn an der Entwicklung chemisch-biologischer Waffen beteiligt war?«

»Chemisch-biologisch?«

»Wir haben da einige weitere Hinweise«, erklärte Keller. »Die örtliche Rechtsmedizinerin hat für uns ein paar Untersuchungen durchgeführt, und Kaltenbrunn war nicht bei bester Gesundheit. Es macht den Anschein, dass sein Aufenthalt in der UdSSR ihm körperlich nicht gerade zuträglich gewesen ist.«

»Außerdem«, Kosminsky hatte eine Auswahl besonders deutlicher Zeichnungen zusammengesammelt, »ist eine grüne Schlange doch kein schlechtes Symbol für eine solche Bedrohung.«

Der sowjetische Offizier nickte vage. »Was ich nicht ganz verstehe… Dieser Kaltenbrunn war offensichtlich ein intelligenter Mann. Er hat seinen Arzt umgebracht, um seine Isolation zu durchbrechen. Aber in diesen Bildern ist einfach nichts Konkretes. Vielleicht ist Kaltenbrunn davon ausgegangen, dass er persönlich Kontakt zur Polizei bekommen würde. Er hat sicher nicht mit seinem eigenen Tod gerechnet. Was, wenn die entscheidende Nachricht verloren gegangen ist oder nie auf diesen Blättern stand?«

Kosminsky sah geknickt aus. »Wir haben da noch das hier… Noch unsinniger als Schlange und Drachen, aber es scheint Kaltenbrunn wichtig gewesen zu sein.« Kosminsky holte das Blatt mit dem Schornstein-Leuchtturm-Ungetüm hervor und betrachtete kurz die Rückseite, ehe er es dem Geheimdienstoffizier reichte. »Findet den Leuchtturm«, murmelte er.

»Was haben Sie gesagt?« Sokolow starrte auf das misslungene Bild, und sein Gesicht wurde blass. »*Majak*?«

15:23 UHR

VPKA Döbeln
Komm. I

Döbeln, den 17.02.1974

Operativer Vorgang KELLER, Josef, geb. 30.01.1930 in Berlin, wohnhaft: Leipzig, Georg-Schumann-Str. 190 (KM/U Reg.-Nr. 586347)

B E R I C H T

Die Proben, die von »Kaltenbrunns« Leichnam entnommen wurden und die OLt. Keller gestern eingeschickt haben will, sind nicht am BdVP Leipzig eingetroffen. Dem Verbleib wird derzeit nachgegangen.
OLt. Keller steht seit gestern Abend unter vollstä ndiger personeller Überwachung. Ein detaillierter Bericht hängt diesem Schreiben an.
Samstag, 17.02. hat OLt. Keller sich nur in seinem Hotelzimmer aufgehalten. Die technische Überwachung dort ist lückenlos. Es kann ausgeschlossen werden, daß der OLt. Kontakt zu der Klinik, Dr. Moreaux oder Major Schüttau aufgenommen hat.
Heute Morgen hat der OLt. gg. 7:00 Uhr das VPKA in Döbeln aufgesucht. ULt. Kosminsky befand sich zu dem Zeitpunkt bereits dort.
Eine Überwachung des ULt. KOSMINSKY,Peter wird hiermit empfohlen und um eine entsprechende Anweisung gebeten . Der Unterzeichner hat die Einrichtung einer OPK bereits in die Wege geleitet.

Die fortgesetzte Überwachung hat ergeben, dass ULt. Kosmins~~y~~ky derzeit den einzigen Kontakt von OLt. Keller darstellt.

Der Unterzeichner bedankt sich für die Erteilung erweiterter Befugnisse für den Fall des Zustandekommens einer Zwangssituation (herstellung von Öffentlichkeit bzgl. OV«Kaltenbrunn«)
Sollte der Olt. in Besitz geheimer Informationen zu OV »Kaltenbrunn« gelangen, werden unverzüglich äußerste Maßnahmen ergriffen werden.

Vorhersagen des IME Insel bzgl. OLt. Keller scheinen sich zu bestätigen. Der fortgesetzte Aufenthalt des OLt. in Döbeln bzw. Waldheim belegt seinen Willen zur weiteren Ermittlung, Fortschritte sind auf der Grundlage der ihm zur Verfügung stehenden Daten jedoch nicht möglich.
OLt. Kellers Suche nach den Bildern (vgl. Bericht des IME Insel 16.02.74) stellt m.E. die einzige potenziell gefährliche weitere Ermittlungsrichtung dar. Es wurden jedoch keine konkreten Versuche beobachtet, in den Besitz derselben zu gelangen.

Der Unterzeichner empfiehlt intensive Befragung des Kosminsky durch externe Kräfte.

Leiter Komm.I

Lotz, Hauptmann

15:32 UHR

»Majak? Was soll–«

»Leuchtturm auf Russisch, Chef«, erklärte Kosminsky.

»Ja, verdammt, ist ja gut. Aber ich glaube kaum, dass unser Genosse hier so ein Gesicht macht, weil er einen Leuchtturm gesehen hat.«

Sokolow hob beide Hände, als wolle er um Ruhe bitten. Erneut versank er in ein tiefes Schweigen und erschien vollkommen reglos. Keller war, als könne er die Gedanken hinter der hohen Stirn rasen sehen. Fragte sich nur, ob Sokolow darüber nachdachte, wie er seine Verbündeten ins Vertrauen ziehen sollte, oder ob er überlegte, wie er ihnen am besten Dinge verschweigen konnte... Kosminsky und Keller tauschten einen langen Blick. Kurz bevor der Oberleutnant die Contenance verlor, wandte Sokolow sich ihm zu.

»Ich hoffe, dass Sie verstehen werden, wie schwierig meine Lage ist.« Er unterbrach sich und fluchte laut. »во пизду!«

»Das klingt ja vielversprechend. Haben Sie sich entschieden, Genosse Sokolow? Ob Sie uns anlügen oder mit der Wahrheit herausrücken, meine ich«, führte Keller aus.

»Nein, um ehrlich zu sein.«

Kosminsky unterdrückte ein Auflachen. »Ein Leuchtturm. Wie kann ein Leuchtturm eine solche Bedeutung haben?«

»Weil es kein verfluchter Leuchtturm ist«, gab Keller zurück. »Worum geht es hier, Sokolow? Sie müssen keine Staatsgeheimnisse ausplaudern, wir brauchen keine–«

»Wenn ich Ihnen sage, was sich hinter Majak verbirgt, dann habe ich schon Geheimnisverrat begangen, Genosse Keller.«

»Und was für ein Risiko, denken Sie, gehen Unterleutnant Kosminsky und ich hier fortgesetzt ein, wenn wir dem Angehörigen eines fremden Nachrichtendienstes Einblick in Ermittlungen geben, die die Staatssicherheit als Beteiligte in mehreren Morden implizieren? Unter anderem an sowjetischen Agenten?« Keller hatte die Nase voll.

»Chef«, Kosminsky machte eine beschwichtigende Geste und sah sich vielsagend um.

Keller schnaufte, senkte seine Stimme jedoch, als er fortfuhr. »Wenn das Ganze eine solche Tragweite hat, wie Sie denken, dann stecken wir alle gemeinsam in der Sache drin. Oder glauben Sie, dass Kosminsky oder ich die Ermittlungsergebnisse weitergeben werden? Ich glaube nicht einmal mehr, dass es jemals zu einem offiziellen Verfahren wegen Kaltenbrunns Ermordung kommen wird. Wenn es einen Alibiprozess wegen eines ärztlichen Kunstfehlers gibt, wäre ich schon überrascht.«

Sokolow hakte ein. »In Ordnung, Keller. Ich sehe ein, dass Sie mehr zu verlieren haben als ich. Vielleicht liegt mir aber auch nicht viel daran, Sie beide auf dem Gewissen zu haben, haben Sie sich das überlegt? Sie haben in ein mächtiges Wespennest gestochen. Schon bemerkenswert, mit welcher Zielsicherheit…«

»Ja, ich habe da ein gewisses Talent«, brummte Keller ein wenig besänftigt. »Wofür steht jetzt der Leuchtturm?«

Oberst Sokolow nahm einen tiefen Atemzug. »Das sogenannte Chemiekombinat Majak ist das Zentrum der Atomenergie- und vor allem der Kernwaffenforschung der UdSSR.«

Minutenlang saßen sie still da. Keller kamen die Alltagsgeräusche des Restaurants mit einem Mal ungewöhnlich laut vor, während seine Gedanken kurzzeitig zu völligem Stillstand kamen. Eine Frau lachte hysterisch und verschluckte sich an ihrem Getränk. Teller klapperten auf den schweren Holztischen, und Besteck klirrte. Intensiver Geruch von Wildschwein und Fett hing in der Luft.

»So, hier die Herren«, flötete die dickliche Servierdame und stellte drei große Teller auf dem Tisch ab. »Dreimal die Empfehlung des Hauses, Wildschweinrückensteaks mit Bratkartoffeln. Ich wünsche einen guten Appetit!«

Die drei Männer sahen einen Moment auf ihre Teller. Niemand begann zu essen.

»Warum haben Ihre Leute Kaltenbrunn nach Deutschland zurückkommen lassen?«, fragte Keller mit belegter Stimme.

»Das kann unterschiedliche Gründe gehabt haben«, antwortete Sokolow langsam. »Die DDR hat immerhin ein großes Interesse daran bekundet, die Atomenergie zu nutzen.«

»Ja, war da nicht von zwanzig Kraftwerken die Rede? Soweit ich weiß, haben wir bis heute gerade zwei geschafft, seit letztes Jahr Greifswald ans Netz gegangen–«

Keller schnitt Kosminsky das Wort ab. »Und außerdem haben Ihre Leute ein nicht minder großes Interesse daran, dass alles unter Ihrer, sagen wir, Aegide bleibt.«

»Na ja, Chef. Wir importieren immerhin unsere Reaktoren aus der Sowjetunion, da ist es doch nicht so unvernünftig, dass auch Wissenschaftler mitgeschickt werden, um den Aufbau hier zu begleiten.« Keller sah Kosminsky überrascht an.

»In der Tat wäre das nicht das erste Mal, dass ein Abkommen dieser Art getroffen würde«, stimmte Sokolow zu. »Ich bin in diesem Feld aber nicht auf dem Laufenden.«

»Und wenn Sie es wären, könnten Sie uns über Einzelheiten ohnehin keine Auskunft geben. Ist im Grunde ja auch egal.« Keller nahm sein Besteck auf und begutachtete das Arrangement. Nach dem ersten Bissen fühlte er sich tatsächlich besser. So schockierend die Erkenntnis auch war, es war besser, als noch länger im Nebel herumzustochern.

»Tatsache ist also, dass Kaltenbrunn aller Wahrscheinlichkeit nach nach Deutschland zurückkam, um für unser Amt für Kernforschung zu arbeiten. Daneben scheint er aber auch für den sowjetischen Geheimdienst tätig gewesen zu sein – sehe ich das richtig?«

Sokolow nickte und kaute Bratkartoffeln.

»Und diese Nebentätigkeit gefiel jemandem ganz und gar nicht«, griff Kosminsky den Gedanken auf. »Was die Frage aufwirft, was er den Sowjets mitteilen konnte, das einen Mord rechtfertigte.«

Keller deutete zustimmend mit seiner Gabel auf Kosminsky. »Richtig. Da ist der Führungsoffizier…«

Kosminsky führte seinen Gedanken weiter. »Die Zeichnungen und Anmerkungen haben uns ja schon einiges verraten. Offenbar war es so, dass sich bei Kaltenbrunn schreckliche Angst vor der Atomenergie entwickelt hat. Vielleicht hat er in diesem Majak Dinge gesehen, die diese Furcht ausgelöst haben. Möglicherweise konnte er sie nicht mehr mittragen und wollte damit an die Öffentlichkeit.«

»Unter diesen Umständen wäre er kaum in einer deutschen Psychiatrieeinrichtung gelandet, da dürfen Sie sicher sein. Und welchen Grund hätte Ihre Staatssicherheit gehabt, unseren Mann... Es sei denn...« Sokolow stockte. »Die Leiche des Offiziers wurde nie gefunden.«

»Theoretisch könnte ihr vermisster Führungsoffizier also noch leben?«, folgerte Kosminsky.

»Nun... Verstehen Sie, als beide Männer gleichzeitig verschwunden sind, da war unsere erste Befürchtung, dass es sich um ein koordiniertes Überlaufen zum Klassenfeind gehandelt haben könnte.« Sokolow war die Aufregung anzusehen, sein sonst so ausdrucksloses Gesicht war richtiggehend rot. »Es war keine Spur zu finden, kein Indiz. Schließlich warf man dem leitenden Offizier, der die Operation verantwortete, Versagen vor, schrieb Kaltenbrunn als vermutlichen Überläufer ab und erklärte unseren eigenen Mann für vermisst. Einige hielten ihn ebenfalls für einen Verräter, andere glaubten, dass Kaltenbrunn ihn beseitigt hat, um seine Spur zu verwischen.«

»Über diesen Teil wissen Sie aber erstaunlich gut Bescheid«, bemerkte Keller.

»Tja.« Sokolow lächelte schwach. »Da ich die Nachfolge des gescheiterten leitenden Offiziers antreten durfte...«

»Ja, sehr unerfreulich, kann ich mir denken«, bemerkte Kosminsky wenig mitleidsvoll. »Um zur Sache zurückzukommen. Kaltenbrunn ist nicht ins NSA übergelaufen, und damit dürfte ziemlich sicher sein, dass Ihr Offizier aus dem Weg geräumt wurde. Und dass die Staatssicherheit Mittel und Wege gefunden hat, den Leichnam endgültig verschwinden zu lassen, erfordert keine Fantasie.«

»Es bleibt also die Frage des Warum«, fuhr Keller fort. »Was wusste Kaltenbrunn oder wollte er tun, das ihn so gefährlich machte?«

»Und wissen Sie, was ich mich noch frage, Chef?« Kosminsky holte das Majak-Blatt wieder hervor. »Wie und warum sollen wir diesen Leuchtturm *finden*?«

18:11 UHR

Keller lag seit Stunden auf seinem Hotelbett, mit Jackett, Schuhen und Krawatte. Nur die klatschnasse Schiebermütze hatte er auf dem Tisch abgelegt. Er starrte an die schräge Zimmerdecke, die vollständig mit Rauspund verkleidet war, und versuchte, die Erkenntnisse der vergangenen Stunden zu verarbeiten. Er wurde aus seinen Gedanken gerissen, als es energisch an der Tür klopfte.

»Was–« Er räusperte sich. »Was ist denn?«

»Telefon für Sie, Herr Keller.« Die Wirtin stapfte davon. Dass er sie nicht hatte kommen hören, zeigte ihm, wie vertieft er gewesen sein musste. Ob es Schüttau war? Eigentlich schien das unwahrscheinlich, denn der Major hatte das ganze Wochenende Funkstille gehalten und wusste am besten, dass die Telefonverbindung der Zschopauperle sich kaum zur vertraulichen Kommunikation eignete. Blieb eigentlich nur eine Person – die er auch hatte kontaktieren wollen.

Keller sprang vom Bett auf, entriegelte seine Zimmertür und stand kurz darauf am Fernsprecher im Erdgeschoss.

»Keller.«

»Hallo, Josef.«

Keller schluckte. »Doktor… ich meine, Karla. Ich freue mich, von Ihnen zu hören.«

»Ich fürchte, Ihre Wirtin habe ich gegen mich aufgebracht. Ich rufe nicht das erste Mal an«, erklärte die Ärztin.

»Oh, nun ja. Ich wollte Sie auch anrufen, aber–« Jetzt nur nichts Dummes sagen, ermahnte er sich. »Aber es kam immerzu etwas dazwischen. Und ich dachte mir, Sie haben nichts gegen ein nettes, ruhiges Wochenende.«

»Das hat nicht so ganz funktioniert, Josef. Ich hatte gestern Besuch. Kaltenbrunns Leichnam wurde beschlagnahmt, und auch den unidentifizierten Toten, der vom Dach gefallen ist, haben sie mitgenommen. Das wollte ich Ihnen sagen.« Karla Moreaux verstummte.

Natürlich war dem MfS nicht verborgen geblieben, wo Kaltenbrunns entwendete Leiche abgeblieben war. Das hatte Keller ja nicht anders erwartet. Dass dadurch die Ärztin ins Schussfeld geriet, hatte er im Eifer des Gefechts vollkommen aus dem Blick verloren. Dabei hatte er ihr in die Hand versprochen, alles auf seine Kappe zu nehmen. »Ist… Ich meine, man hat Ihnen hoffentlich keine Schwierigkeiten gemacht?«

»Lassen Sie uns besser nicht darüber sprechen.«

»Da haben Sie ganz recht, Frau… Karla. Ich werde morgen früh einfach bei Ihnen vorbeisehen – Ihr Einverständnis vorausgesetzt natürlich.«

»Ja, tun Sie das.« Moreaux zögerte, und noch bevor Sie es aussprach, ahnte Keller, was kommen würde. »Falls möglich, kommen Sie doch allein.«

»Gibt es–« Keller biss sich auf die Zunge. »Gibt es sonst noch etwas, was ich für Sie tun kann?« Er kam sich wie ein Idiot vor. Wer wusste schon, welchen Druck die Stasi auf sie ausgeübt hatte. Es war erstaunlich, dass sie sich überhaupt bei ihm gemeldet hatte.

»Nein. Lassen Sie gut sein.«

»Gut, dann bis morgen.« Tatsächlich löste diese Verabredung gleich mehrere Schwierigkeiten, dachte Keller. Er musste nur wieder eine Nachricht unter Sokolows Tür durchschieben. Kosminsky konnte er ganz offiziell beordern, ihn hier abzuholen. Was den Unterleutnant anging, gab es nichts mehr zu verschleiern. Wenn die Stasi anfing, seine Kontakte in die Mangel zu nehmen, dann würde Kosminsky so oder so ganz oben auf der Liste stehen – außer natürlich, Moreaux hatte mit ihrem Misstrauen gegen seinen Assistenten am Ende doch richtig gelegen.

»Josef?«

»Ja? Bitte?« Keller richtete die Aufmerksamkeit zurück auf seine Gesprächspartnerin.

»Gute Nacht.«

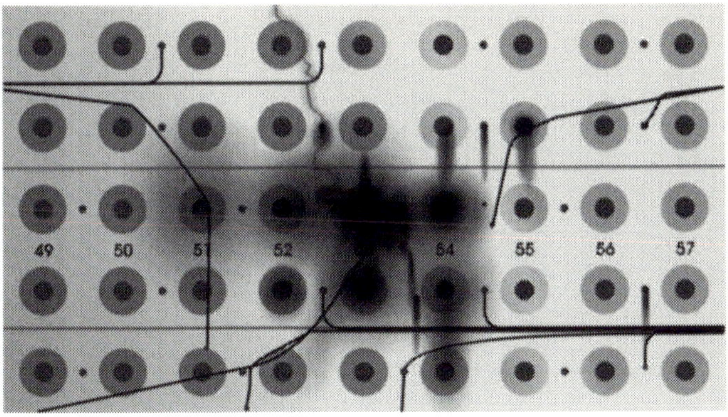

Montag, 18. Februar 1974

02:38 UHR

Seinen Wohnraum durch das Fenster zu verlassen, war einfacher gewesen, als er gedacht hatte. Dabei war es die naheliegendste Lösung; alle Unterkünfte der Anlage lagen ebenerdig und die Wache des Innenbereichs patrouillierte am Umgrenzungszaun, nicht an den Wohnbaracken. Schließlich ging es darum, dass niemand in diese Zone hineinkam – in erster Linie kontaminierte Tiere. Dass jemand zu nächtlicher Stunde den inneren Bereich verlassen könnte, ergab aus Sicht der Kommandantur keinen Sinn. Jeder, der seine freien Tage außerhalb der Einrichtung verbringen wollte, konnte sich bei der Verwaltung abmelden und den Pendelbus zum Haupttor der Sperrzone nutzen.

Fassbender wartete, bis die beiden Wachhabenden außer Sichtweite waren. Dann machte er sich daran, den Maschendrahtzaun in Bodennähe soweit aufzuschneiden, dass er hindurchkriechen konnte. Er warf die Ausrüstung über den Zaun und war erleichtert, dass nichts im Stacheldraht der Bekrönung hängenblieb. Anschließend schob er sich auf dem Rücken liegend unter dem Zaun hindurch und sammelte sein Gepäck auf. Zuletzt tarnte er das Loch mit Laub und Zweigen.

Nach einigen hundert Metern erreichte er ein kleines Wäldchen, das genügend Sichtschutz bot, um sich auf der Karte zu orientieren, ohne dass der Schein der Taschenlampe ihn verriet. Die von Arno markierte Stelle lag etwa sieben Kilometer in östlicher Richtung. Die ersten fünf würde er in einer Stunde marschieren, für die letzten beiden würde er sicherheitshalber die Schutzausrüstung anlegen. *Seltsam, alle Kontaminationsversuche werden ausschließlich in den westlichen Sektoren durchgeführt.* In der Osthälfte der Sperrzone sollte es überhaupt keine verseuchten Gebiete geben, jedenfalls nicht so, dass Schutzkleidung erforderlich wäre.

Fassbender richtete den Geländeplan mit dem Kompass aus, suchte seinen derzeitigen Standort und peilte auf die Markierung. Es ging ziemlich genau nach Osten, fünfundneunzig Grad. Er zog die Riemen des Rucksacks so stramm, wie er es auf zahllosen Märschen bei der NVA gelernt hatte, und hängte das Transportköfferchen mit dem Geigerzähler an die vorderen Ösen.

Er war zügig vorangekommen. Dass die moorigen Gebiete mit ihren teilweise hüfttiefen Wasserflächen und auch im Winter nur dünnen Eisdecken im Westen lagen, war von Vorteil für seine Expedition. Der Boden hier war gefroren und relativ eben. Der Landstrich ähnelte vielmehr einer Heidelandschaft mit kleinen Nadelwäldchen. Auch wenn er es für unwahrscheinlich hielt, entdeckt zu werden, hangelte er sich in einem Zick-Zack-Kurs von Bauminsel zu Bauminsel und pausierte niemals im offenen Gelände. Zum fünften Mal orientierte er sich auf der Geländekarte und korrigierte mithilfe des Kompasses seinen Kurs. Nach seinen Berechnungen war sein Ziel nur noch etwas mehr als einen Kilometer entfernt, doch die Strahlungswerte waren nicht so angestiegen, wie er vermutet hatte. Trotzdem, befand er, war jetzt der richtige Zeitpunkt, um Schutzanzug und Handschuhe anzulegen. In dem gummierten Overall musste er sich nicht mehr so viele Gedanken machen, was er berührte, sobald er in den stärker belasteten Bereich kam. Die Stiefel waren eine Schwachstelle, aber die

Überschuhe würde er jetzt noch nicht überstreifen; sie waren nicht für lange Strecken ausgelegt und wären nach dem Weg zu Arnos Markierung völlig durchgescheuert. Wenn die Dosisleistung auf dem letzten Stück nicht unerwartet schnell stieg, würde er auch die Atemmaske erst vor Ort anlegen. An das Arbeiten mit der bis zum Nacken reichenden Gummihaube und an das zähe Atmen durch den Kohlefilter hatte er sich mit den Jahren gewöhnt, trotzdem blieb es unangenehm. Und dass sich gefährliche Mengen radioaktiven Staubes in der Luft befanden, glaubte Fassbender nicht.

Kurz nach vier Uhr morgens machte er gegen den Nachthimmel die Silhouette eines flachen Gebäudes aus, dort, wo eigentlich nichts sein sollte. Als er näherkam, stellte sich der durch Sträucher und Gebüsch etwas getarnte Betonklotz mit kaum fünf Metern Kantenlänge als Zugang zu einer unterirdischen Einrichtung heraus. Das schien offensichtlich, denn selbst, wenn die Wandstärke nur einen halben Meter betrug (was Fassbender bezweifelte), könnte man im Inneren praktisch nichts unterbringen – außer einem Schacht nach unten.

Das Messgerät hielt die Belastung immer noch für nicht bedrohlich, was ihn wunderte, da dies hier eindeutig die Position war, die Arno auf der Detailkarte markiert hatte. Das Fragezeichen neben dem Kreuzchen in Sektor 53 wies aber auch darauf hin, dass sein Kamerad noch nicht hier gewesen war… oder doch? Arnos unerklärlich schnell schwindende Gesundheit wäre dadurch plausibel. Fassbender erschauderte. Es musste so sein. Bevor er sich an der schweren Stahltür zu schaffen machte, sollte er Maske und Gamaschen anlegen, wie die Messtrupps die Überschuhe des Schutzanzuges nannten. *Erstaunlich, wie dieser Mechanismus der Verharmlosung durch Verballhornung zuverlässig funktioniert.* Raketenwerfer waren als Orgeln bekannt, Stielhandgranaten nannte man Kartoffelstampfer, Plastiksprengstoff fungierte gelegentlich als Generalschlüssel und die Atemschutzmaske wurde zum weiblichen Primärgeschlechtsorgan aus Gummi. Wahrscheinlich konnte man mit der unterschwelligen, aber permanenten Präsenz von Verstümmelung und Tod, die das Soldatendasein mit sich brachte, überhaupt nicht anders umgehen.

Fassbender wischte die deprimierenden Gedanken beiseite, legte die ABC-Schutzmaske an und versuchte dann erfolglos, den langen Stahlhebel nach links zu ziehen. Er fluchte und japste, die kleinen Glasscheiben beschlugen, sodass er praktisch blind war. *Verdammte Gummifotze!* Er fasste die Maske am Filteranschluss, riss sie vom Kopf und legte sie auf sein Gepäck.

Die riesigen Scharniere ließen erahnen, dass die Bunkertür mehrere Tonnen wog; wahrscheinlich war sie doppelwandig und mit über einem Kubikmeter Beton gefüllt. Es gab nur diese eine Möglichkeit: Entweder er schaffte es, den Griff umzulegen, oder er musste unverrichteter Dinge den Rückweg antreten. Nach einigen tiefen Atemzügen stemmte er den linken Fuß in die Laibung, fasste den Hebel mit beiden Händen und zerrte mit seinem gesamten Körpergewicht daran. Nach einer Sekunde bewegte sich der Stahlhebel unter lautem Quietschen wenige Zentimeter. Der nächste Kraftakt war von Knirschen begleitet und von Erfolg gekrönt. Keuchend, aber erleichtert trat Fassbender zurück und wartete, bis er zu Atem gekommen war, dann streifte er die graue Gummimaske erneut über. Sein erster Check galt der Taschenlampe samt Batterievorrat. Als Nächstes überprüfte er das Geiger-Müller-Zählrohr am Untergrund und stellte fest, dass die Strahlungswerte zwar hoch waren, allerdings nicht den Proben im Labor entsprachen. Höchstwahrscheinlich wartete die Ionenquelle hinter der massiven Bunkertür. Er zog die Gamaschen über und schaute auf seine Automatik: Drei viertel fünf, er war gut im Plan. Wenn alles glatt lief, konnte er mit der Dämmerung zurück in der Einrichtung sein. Nun schob er das Bündchen des Schutzoveralls über die Uhr zurück und holte ein weiteres Paar Handschuhe aus der Tasche, in der die zweite Filterkartusche lag. Warum ein bewährtes Beruhigungsverfahren ändern, dachte er. Zum Schluss hielt er mit der Hand die Ansaugöffnung des Aktivkohlefilters zu und atmete ein; der Maskengummi legte sich an seine Wangen – dicht.

Die Leiter bestand nur aus in die Wand eingelassenen Stahlbögen und führte bestimmt zwanzig Meter in die Tiefe. Fassbender schluckte. Nicht, dass er besonders anfällig für Höhenangst war, doch in einer stockdunklen Betonröhre ohne Sicherung und in unflexibler Gummikleidung diese Sprossen hinunterzuklettern war eine Herausforderung, zumal der Schacht einen beträchtlichen Durchmesser hatte. Selbst mit ausgestreckten Armen hätte er die gegenüberliegenden Wände nicht erreicht. Es gab zur Sicherung zwar eine Gurtschiene, die rechts neben den Stiegen entlanglief, nur war sie für ihn nutzlos. Erstens hatte er kein Geschirr dabei, zweitens keinen Sicherungsgurt und drittens keinen Karabiner. Und selbst dann hätte er den in die Schiene passenden Gleitschuh mit Stopper finden müssen. Am oberen Ende befand er sich jedenfalls nicht... *Was mache ich hier nur?* Er schob die Wachstuchtasche auf den Rücken und hängte die Taschenlampe vorne an die Gurtöse. So sah er wenigstens, wohin er trat.

Nach einer gefühlten halben Stunde berührte Fassbenders linker Fuß festen Boden. Er war nassgeschwitzt und musste warten, bis sich die trotz der eingearbeiteten Spülkanäle beschlagenen Augenfenster geklärt hatten. Vor ihm lag ein knapp drei Meter breiter, teilweise unter Wasser stehender Gang. Am anderen Ende, in schätzungsweise fünfzig Metern Entfernung, war eine dunkle Tür zu sehen. Quergänge oder Abzweigungen waren im Schein der Taschenlampe nicht erkennbar. Fassbender erschien das seltsam. Wozu ein so breiter Gang, wenn man nur durch eine Leiter hinunterkam? Er leuchtete in den Schacht hinauf. *Natürlich!* An der Wand neben der Bunkertür war ein schwenkbarer Flaschenzug angebracht, den er beim Einsteigen nicht bemerkt hatte. Er suchte die Wände nach einem Lichtschalter für die unverkleideten Neonröhren ab, die auf beiden Seiten des Ganges über Kopfhöhe an den Wänden angebracht waren. Die beiden einzigen Schalter, die er fand, waren ohne Funktion. *Scheiße.*

Fassbender hatte den Geigerzähler während der Klettertour leise gestellt und schaute erst jetzt auf das VU-Meter. Das Geknatter, das die ionisierten Teilchen verursachten, war auf dem Weg nach unten beständig dichter geworden, nun gab das Gerät ein beunruhigendes Dauergeräusch von sich. Mit einem Mal war ihm klar, woher die stark belasteten Wasserproben stammten; es konnten nur die Wasserlachen sein, durch die er gerade watete. Und das hieß, dass man in der

Einrichtung von diesem Schacht wusste, der nicht einmal auf den Einsatzkarten für die Probentrupps verzeichnet war… Fassbender blickte sich um. Dieses Wasser konnte nicht von Regenfällen stammen. Es musste Grundwasser sein, was auf eine Beschädigung der Tunnelstruktur hinwies. Mit einem mulmigen Gefühl näherte er sich dem Ende des Ganges.

Die Tür war leuchtend rot und das narbige Metall scheinbar nach jeder Rostattacke mit der Warnfarbe überpinselt worden. Eine große runde Einbuchtung mit wulstigem Rand sollte wohl als Griff dienen. Darüber befand sich ein einfacher Riegel. Es fehlte jegliche Beschriftung, jeglicher Hinweis, was er vor sich hatte. Auf beiden Seiten der Stahltür befanden sich Fenster mit breiten Gummikedern und abgerundeten Ecken. Er versuchte, mithilfe der Taschenlampe zu erkennen, was dahinter lag. Zwecklos, die Scheiben waren extrem verdreckt – von innen.

Zu Fassbenders Überraschung lag die Stahltür nicht an einem toten Ende. Nach rechts und links verlief ein offenbar kreisförmiger Gang mit weiteren Fenstern und einem Handlauf, der in die Dunkelheit führte. Diesen Anblick hatte er nicht erwartet, es erinnerte ihn an… ein Schiff. Der Eindruck wurde noch dadurch verstärkt, dass sich auf der Innenseite des Rundweges eine weiß lackierte Metallwand befand, während die Außenseite aus dem gleichen Beton wie der Schacht bestand. Die Tunneldecke… war nicht vorhanden! Vielleicht zwanzig Meter über ihm glaubte er die Schalstruktur von Beton auszumachen. Was zum Teufel war das? Ein riesiger weißer Tank, oder vielmehr die Verkleidung eines riesigen Behälters?

Ein Blick auf das laut prasselnde Messgerät bestätigte ihm, dass die Nadel dauerhaft am rechten Anschlag der Skala pendelte. Er sollte sich hier nicht zu lange aufhalten. Bevor er die rote Tür öffnete, sollte er dem Rundgang folgen. Vielleicht gab es unter den weiteren Fenstern eines, das ihm Einblick gewährte, sagte er sich. In Wirklichkeit, gestand er sich ein, gab er irrationalerweise seiner Neugierde nach. Er musste einfach wissen, ob der Rundgang tatsächlich einer war.

Fassbender bekam seine Bestätigung und die Gewissheit, dass keines der sieben weiteren Fenster Rückschlüsse auf das Innere zuließ. Die

Zeit drängte, er sollte schleunigst herausfinden, ob die Strahlung hinter der roten Metalltür intensiver war und er damit den Ursprung der Verseuchung eingrenzen konnte. Noch einmal kontrollierte er seinen Anzug, machte einen überflüssigen Dichtigkeitstest und schob den kleinen Riegel der Stahltür zurück. Er hielt die Luft an, zog die dicke Tür auf und machte einen Schritt hinein. Der Geigerzähler erhöhte noch einmal die Schlagzahl. Keine drei Schritte vor ihm war eine weitere Metallwand zu sehen, diesmal ohne Fenster und voller Rost. Der Tank. Zu seinen Füßen bemerkte er eine Lache, diesmal kein Wasser, sondern eine zähflüssige Substanz, die im Lichtkegel der Taschenlampe hellgrün leuchtete, beinahe fluoreszierte. Das Messgerät plärrte überlastet, als er es in die Nähe der öligen Flüssigkeit brachte. Das war die Quelle der tödlichen Strahlung. Er konnte keinen klaren Gedanken formen. Was tun? Wie konnten sie das verheimlichen? Kameraden starben qualvolle Tode... und die wussten das... Langsam glitt das Messgerät aus seiner Hand. Das Geräusch des Aufpralls löste seine Starre. *Raus hier!*

Als er den Riegel hastig wieder vorschob, war das Knattergeräusch des sterbenden Geigerzählers kaum noch wahrzunehmen. So schnell, wie Schutzanzug und ABC-Maske es zuließen, lief Fassbender zurück zum Schacht. Am Fuß der Sprossenleiter wollte er die Taschenlampe so anbringen, dass sie nach oben leuchtete, doch seine Bewegungen waren zu fahrig. Er fluchte und kletterte einfach los.

Keuchend mühte er sich, die Bunkertür zu verriegeln, was ihm nicht gelang. Er rannte zurück, nach Westen in Richtung innere Zone, und versuchte, die immer noch wachsende Panik nicht gewinnen zu lassen. Er sah Arno, wie er nach seinem Zusammenbruch Blut erbrach, hörte das Piepen des Herzmonitors und das Zischeln eines undichten Atemschlauches. Er strauchelte. Plötzlich traten die Birken aus dem Moor wieder in sein Bewusstsein, mit ihrer rissigen Haut, die sich in großen Fetzen abschälte, und sie alle hatten seine Augen. Er spürte keinen Boden mehr unter seinen Füßen, er schwebte, dann fiel er für eine Ewigkeit, bis es schließlich dunkel und still wurde.

08:24 UHR

»Zur Poliklinik?« Kosminsky zog seinen Schal enger um den Hals und hielt die glimmende Zigarette aus dem Fensterspalt.

»Natürlich. Ich hoffe, dass die ersten Untersuchungsergebnisse heute Vormittag zurückkommen, und natürlich gehen die an die Frau Doktor. Außerdem kann man sich dort ausgezeichnet unbeobachtet treffen. So viele Menschen, wie dort ein- und ausgehen.«

»Ist ja gut, Chef. Ich bin nicht ganz wach, glaube ich.« Kosminskys nächster Zug wurde von einem herzhaften Gähnen unterbrochen. Der Polizist hustete und schnippte den Rest der Kippe aus dem Fenster. Dann hebelte er den Gang ein und fuhr los.

Zwanzig Minuten lang war es still im Dienstwagen. Keller war froh, dass er sich nicht weiter erklären musste. Sein Unterleutnant hätte ihn mit vollem Recht fragen können, wozu die ausstehenden Ergebnisse jetzt noch gut sein sollten. Sie würden ihnen vielleicht weitere Beweise liefern – nur dass niemand diese Beweise jemals zu Gesicht bekommen und es niemals eine strafrechtliche Verfolgung geben würde. Nicht, wenn die Theorie, die sie gestern mit dem Russen aufgestellt hatten, auch nur zur Hälfte stimmte.

Sie stellten den Wagen auf dem Besucherparkplatz ab. Keller blickte in das trübgraue Wetter, das ausgezeichnet zu seinen Gedanken passte. Er hatte die halbe Nacht mit sich gehadert. Er konnte sich nicht dazu durchringen, den Fall unaufgeklärt zu den Akten zu legen. Sie hatten etwas übersehen – oder zumindest nicht richtig gesehen.

»Gehen wir rein, oder warten wir auf... jemanden?«, erkundigte sich Kosminsky vorsichtig.

Keller setzte wortlos seine Mütze auf und stieg aus dem Wagen.

Die Dame am Empfang der Klinik wies den zwei Polizeibeamten den Weg zur Ambulanz der Klinik, wo Doktor Moreaux die Morgenschicht hatte. Der Wartebereich war gut gefüllt, und Keller meinte, sich schon im Vorübergehen Grippe, Lungenentzündung oder Schlimmeres einzufangen. Überall keuchte, hustete und schneuzte man in verklebte Stofftaschentücher. Eilig schritt der Oberleutnant hinter Kosminsky durch den Flur auf das Behandlungszimmer mit der Nummer 3 zu.

»Ah, Genosse Kosminsky.« Doktor Moreaux kam aus dem Raum, in dem gerade ein greinendes Kleinkind allen Beruhigungsversuchen der Mutter trotzte. »Josef, guten Morgen.«

Der Unterleutnant reichte artig die Hand, und grinste dann seinen Vorgesetzten an. Keller rollte mit den Augen.

»Sie sehen ja, dass ich hier noch einen Augenblick beschäftigt bin. Meine Schicht ist eigentlich um neun beendet, aber ich arbeite ja nicht nach Stechuhr, nicht wahr, Josef?« Die Ärztin lächelte verschmitzt. »Gehen Sie doch schon vor in mein Büro.«

Keller schüttelte den Kopf. »Nun, Doktor, vielleicht ist das keine so gute Idee. Es gibt doch sicher einen wenig genutzten Raum, den wir stattdessen verwenden könnten?«

Karla Moreaux machte große Augen. »Sicher. Dann müssen Sie aber gerade hier warten.«

»Selbstverständlich«, entgegnete Keller. Sie warteten noch beinahe eine Viertelstunde. Der Unterleutnant freundete sich mit einem schielenden kleinen Jungen an, der auf der anderen Seite des Flures saß, was Keller amüsiert beobachtete.

Als sie endlich mit dem Schreihals fertig war, führte Moreaux die Polizisten einige Treppen hinauf und Flure hinunter, bis sie vor ihrer Bürotür standen. Sie holte einen Schlüssel aus dem Zimmer und öffnete einen kleinen Aufenthaltsraum auf der gegenüberliegenden Seite des Flurs. Ein alter, sauberer Küchentisch mit sechs verschiedenen Stühlen und ein paar zusammengewürfelte Küchenmöbel ließen Keller vermuten, dass es sich um den Aufenthaltsraum der Putzkräfte handelte. Natürlich gab es keine Garantie, aber dass hier Abhörtechnik installiert war, schien ihm sehr unwahrscheinlich.

»Gut, das passt.«

»Also, ganz ehrlich, meine Herren, das Büro wäre mir wirklich lieber. Ich kann mir nicht vorstellen–«

»Seien Sie mir nicht böse, Karla, doch bei diesem Fall gibt es so einiges, das Sie sich wohl nicht vorstellen können.« Keller holte aus und berichtete von den Botschaften in den Bildern, die sie aus der Psychiatrischen Klinik hatten holen können, der Theorie zu Kaltenbrunns Vergangenheit und seinem Fachgebiet.

Doktor Moreaux sank auf einen der Stühle, den Kosminsky aufmerksam platzierte. »Großer Gott. Das ist ja...« Die Ärztin stand wieder auf und kramte aus einem Unterschrank ein Glas hervor, das sie mit Leitungswasser füllte. »Und das alles schließen Sie aus einem schlecht gemalten Leuchtturm?«

Kosminsky räusperte sich. Keller blickte auf seine Armbanduhr.

»Nein, Karla. Nicht nur wegen des Leuchtturms. Es gibt eine Quelle, die... Ah ja. Das wird er sein.«

Im Flur waren Schritte zu hören. Keller öffnete die Tür weit und spähte hinaus. Der Mann vom Geheimdienst spazierte in aller Seelenruhe den Flur entlang. Keller hob grüßend die Hand und Sokolow kam auf ihn zu.

»Oberleutnant.«

»Herr Sokolow. Bitte. Darf ich Ihnen Doktor Moreaux vorstellen?«

Keller schwitzte. Moreaux hatte den kleinen Heizkörper unter dem Milchglasfenster aufgedreht, weil sie fror. Nun war der kleine Raum vollkommen überheizt.

Moreaux und Sokolow hatten einander pflichtschuldig die Hände gereicht und waren danach in Schweigen verfallen. Es kam Keller so vor, als durchbohre die Ärztin ihn geradezu mit Blicken. Natürlich wurde nicht darüber gesprochen, wer Herr Sokolow war, oder für wen genau er arbeitete. Keller hatte Sokolow versichert, dass er den verschwundenen Führungsoffizier nicht ins Spiel bringen würde – an dieser Stelle konnte Moreaux ihnen sowieso nicht weiterhelfen. Aber was Kaltenbrunns nicht mehr vorhandenen Leichnam anging, war sie die einzige Expertin. Andererseits verstand Keller, dass ihre Begegnung mit den Genossen von der Staatssicherheit am Samstag Moreaux größere Vorsicht gelehrt hatte.

»Hat sich irgendetwas aus den Proben ergeben, die Sie entnommen hatten?«, versuchte Keller, die Ärztin zum Sprechen zu bewegen.

»Sie glauben doch nicht, dass die Herrschaften mir irgendetwas Verwertbares hier gelassen haben.« Moreaux schüttelte den Kopf. »Nein, da ist nichts mehr übrig. Es tut mir wirklich leid. Sie hatten mich ja eigentlich gewarnt, aber ich habe einfach nicht daran gedacht, die Proben mit einem Decknamen zu versehen.«

»Bedauerlich, nur vergessen Sie nicht, Frau Doktor, dass wir ja noch aushäusige Proben haben«, beruhigte Keller sie. »Das ist einer der Gründe, warum ich das Treffen hier vorgeschlagen habe«, fuhr er fort. »Man hat mir versprochen, dass erste Ergebnisse heute Vormittag eintreffen sollen.«

»Ihre Laboratorien können wirklich mit erstaunlicher Effizienz arbeiten«, kommentierte Sokolow und lächelte.

Keller stutzte. »Es ist mir wohl gelungen, die Dringlichkeit deutlich zu machen.«

»Na, dann hoffe ich mal, dass Ihr geheimes Labor so aufschlussreiche Ergebnisse liefert, wie Sie sich erhoffen«, bemerkte Moreaux.

»Geheim? Unsinn.« Keller lachte auf. »Eigentlich haben die Ereignisse hier die Laboruntersuchungen schon überholt. Schließlich wissen wir nun, worauf sich all Ihre sonderbaren Befunde an Kaltenbrunn zurückführen lassen, Frau Doktor.«

Moreaux schürzte die Lippen und sah die drei Männer an. »Was genau wissen wir denn?« Ihr Blick ruhte auf dem Geheimdienstoffizier.

Sokolow sah nicht aus, als würde ihm das Starren der Medizinerin viel ausmachen. »Sie alle wissen jedenfalls mehr, als gut ist.«

»Großartig. Soll das eine Drohung sein?«, fragte Moreaux. »Und was ist eigentlich Ihr Interesse in dieser ganzen Angelegenheit?«

»Nicht doch, keine Drohung.« Wieder lächelte Sokolow.

Kosminsky schien das Gespräch ähnlich unangenehm zu finden wie sein Chef und wechselte das Thema. »Also, ich habe weiter über die Zeichnungen nachgedacht. Und ich verstehe nicht, warum

Kaltenbrunn diese Anweisung auf die Rückseite des einen Leuchtturmbildes geschrieben hat.«

»Geschrieben?« Die Ärztin richtete ihre Aufmerksamkeit nun auf den Unterleutnant. »Haben Sie die Zeichnungen dabei, Josef?«

Die Bilder brachen das Eis ein wenig. Kosminsky holte die sortierten Blätter aus seinem Köfferchen, und Keller wurde bewusst, dass sie für diese Beweisstücke einen sicheren Aufbewahrungsort brauchten. Ebenso wie für die Laborresultate, die ihre Theorie hoffentlich auf ein Fundament harter Fakten stellen würden.

Moreaux besah sich die Malereien und Kritzeleien kopfschüttelnd. Schließlich reichte Kosminsky ihr die Leuchttürme. »Ah. *Findet den Leuchtturm.*«

»Ist das nicht eigenartig?«, ereiferte sich der Unterleutnant erneut.

»Ich verstehe nicht...?«

Keller erklärte: »Na, Kaltenbrunns Hauptanliegen kann doch nicht gewesen sein, dass wir herausfinden, wo er in der UdSSR gearbeitet hat.«

»Ich weiß, dass Sie nicht an Kaltenbrunns Geisteskrankheit glauben, Josef, aber«, Moreaux zögerte etwas, bevor sie weitersprach. »Selbst wenn seine psychische Zerrüttung nur auf missbräuchliche Medikation in der Psychiatrie zurückzuführen war, dann könnte sein Verhalten sehr wohl vollkommen irrational gewesen sein.«

»Das glaube ich einfach nicht! Sehen Sie sich nur an, wie geschickt Kaltenbrunn vorgegangen ist. Er versteckte streng geheime Informationen ganz offensichtlich. Er drückt das Maß seiner Angst aus, ohne etwas Verräterisches zu malen. Weder seinen Betreuern noch Doktor Heise ist etwas aufgefallen – das gelingt doch keinem ernsthaft Verwirrten.«

Moreaux winkte ab. »Mag sein. Ich bin keine Psychiaterin, Gott sei Dank. Sie sollten nur nicht in Kleinigkeiten zu viel hineininterpretieren, verstehen Sie?«

»Aber das ist keine Kleinigkeit«, warf Kosminsky ein. »Es ist die eine klare Äußerung, die Kaltenbrunn hinterlassen hat. Sein Auftrag an den, der seine Botschaften findet.«

Moreaux wollte gerade zu einer Erwiderung ansetzen, als es gut hörbar im Flur an einer Tür klopfte.

»Da steht jemand vor Ihrer Bürotür, Frau Doktor«, bemerkte Sokolow, der als Einziger von seinem Platz aus einen Teil des Flurs im Blick hatte. »Ein uniformierter Beamter, wie es aussieht.«

08:29 UHR

Er war in gleißendes Licht getaucht, die Stille vollkommen. Schwerelos trieb er dahin. Blinzelnd versuchte er, hinter den grellen Strahlen etwas zu erkennen, aber es gab nur die Helligkeit. Er schloss die Lider und genoss. Lange Zeit spürte er nichts als angenehme Kühle an seinen Schultern und die Wärme des Lichts auf seiner Brust.

Ein leises Rauschen war jetzt kurz zu hören, nach einer kleinen Weile kam es zurück, um dann in einen gleichmäßigen Rhythmus zu fallen. Seine Rückseite wurde kälter und schien gegen die wärmenden Strahlen ins Hintertreffen zu geraten. Das Rauschen mischte sich langsam mit einem pulsierenden Gefühl, das er beinahe unangenehm fand. Der Lichtschein verlor unaufhörlich seine energiespendende Kraft. Die Zeit schien sich zu beschleunigen. Er öffnete die Augen und wurde geblendet. Mittlerweile fühlte er eisige Nadeln, die in seinen Rücken stachen. Pochen und Rauschen schaukelten sich zu einem Schmerz auf, der seinen Schädel zu sprengen schien. Er musste etwas tun. Wahrscheinlich musste er nur näher ans Licht. Der Versuch, seine Beine zu bewegen, ließ den Schmerz in seinem ganzen Körper explodieren. Schlagartig war er hellwach.

Verfluchte Scheiße! Was ist los? Wieso... Wo bin ich? Fassbender testete seine Hände. Funktionstüchtig, nur ein wenig Stechen und Steifheit von der Eiseskälte. Er lag auf glattem, hartem Grund und starrte durch die Guckfenster der Schutzmaske in den wolkenlosen Himmel. Der angeschraubte Filter verursachte einen klackenden Laut, als er den Kopf drehte. Betonboden. Langsam kam die Erinnerung zurück. War er nicht aus dem Bunker geflüchtet? Sollte er nicht auf weichem Waldboden liegen? Panisch hob er seine Hand ins Blickfeld und stellte erleichtert fest, dass er noch im gelben Gummioverall steckte. Unter lautem Stöhnen zog er sich in eine sitzende Position an die Wand in seinem Rücken. Der Raum vor ihm war riesig und lag im Halbdunkel. Endlose Reihen seltsamer Zylinder waren auf Betonsockeln montiert, alle über ein kompliziert anmutendes System dünner Röhren verbunden. Verwahrlost, defekt, teilweise umgestürzt, aber nicht alt. Er konnte sich keinen Reim darauf machen, auch wenn sein Unterbewusstsein signalisierte, dass er wissen müsste, was das hier war. Ein neuerlicher Blick nach oben verriet ihm, dass er mindestens vier Meter in die Tiefe gestürzt sein musste. Über ihm klaffte ein zwanzig Quadratmeter großes Loch in der Betondecke. Glücklicherweise hatte sich die Stahlarmierung elastisch gezeigt und den zugehörigen Deckel der Halle am Hinabstürzen gehindert. Wäre er auf Trümmer gefallen, hätte er vermutlich wesentlich schwerere Verletzungen davongetragen. Er versuchte aufzustehen und bereute es, als ihn abermals ein Schmerz traf, den er nur mit einem elektrischen Schlag vergleichen konnte. Durchatmen und stöhnen. Sein linkes Bein war eindeutig gebrochen. Er tastete das Knie ab und wurde mit erneuten Stromschlägen bestraft. Fassbender schrie einen Fluch und versuchte, seine Gedanken zu ordnen. Als Erstes schob er den Überhandschuh ein Stück hoch und das Bündchen des Overalls ein wenig zurück. Drei viertel neun. Drei, vielleicht vier Stunden hatte er hier gelegen. Er musste sich westlich des Bunkereinstiegs und der roten Tür befinden. Sein Messgerät war nicht zu sehen... Richtig, er erinnerte sich an das hektische Geräusch des zurückgelassenen Zählers, als er aus der unterirdischen Anlage geflohen war. Hoffentlich war es hier nicht so heiß wie hinter der roten Tür. Er glaubte es zwar nicht, aber wenn es so war, dann würde er es schnell spüren. Maske und Schutzanzug würden das Auftreten von Symptomen akuter Strahlenkrankheit nur wenig hinauszögern. Tot wäre er so oder so. Trotzdem beschloss er, seine Ausrüstung anzubehalten – wenigstens zum Schutz gegen die Kälte würde sie einen kleinen Beitrag leisten.

Hunger machte sich bemerkbar, doch Vorräte hatte er nicht, nur die Feldflasche mit Leitungswasser. Er würde haushalten müssen, denn er würde unter keinen Umständen aufgeben. Es konnte lange dauern; er hatte freie Tage und niemand würde ihn so schnell vermissen. Fassbender war offiziell überhaupt nicht im Sperrgebiet. Er zwang sich dazu, sich ausschließlich mit seiner Überlebensstrategie zu beschäftigen.

Alle zwei Stunden überprüfte er die Dichtigkeit der Gasmaske, die Funktion der Taschenlampe und die Unversehrtheit des Schutzanzuges, soweit ihm das möglich war. Natürlich war er sich der Überflüssigkeit dieser Kontrollen bewusst, doch es gab dem Tag eine Struktur. Unter Schmerzen robbte er auf dem frostigen Boden umher und sammelte immer mehr herabgefallenes Laub in kleinen Häufchen, die er anschließend zu einem großen zusammenschob, den er beständig mit dem Sonnenlicht verlagerte. Gegen vier Uhr am Nachmittag hatte er eine beträchtliche Menge Blätter und kleine Zweige zusammengetragen. Die Aktivität hatte außerdem seine Körperwärme im erträglichen Bereich gehalten. Obwohl er dabei auch kostbare Energie verbrauchte, war es notwendig; noch hatte er die Voraussetzungen für ein Überstehen der Nacht nicht geschaffen. Fassbender machte weiter. Dass er einmal mehrere Kilometer kriechend zurücklegen würde, wie ihre Ausbilder es mit sichtlicher Freude immer wieder prophezeit hatten, hatte er nie glauben wollen – auch wenn dies hier eine andere Art Gefecht war.

09:37 UHR

Die Ergebnisse der Laboranalyse lagen vor ihnen. Keller wusste nicht, was er und Kosminsky ohne Doktor Moreaux damit hätten anfangen können. Ihm sagten die Zahlenwerte rein gar nichts. Lange Kolonnen von Messergebnissen reihten sich an standardisierte Messzahlen oder Normwerte. Natürlich sah er die Abweichungen, doch er hätte niemals beurteilen können, ob sie zu ihrer Theorie passten oder auf Kaltenbrunns Krebserkrankung zurückzuführen waren. Die wiederum, so viel war auch ihm als medizinischem Laien klar, durch radioaktive Strahlung ausgelöst worden sein konnte.

Da Kellers Bekannter Laborant, aber kein Arzt war, fehlte eine Auswertung der Resultate. Ein kurzer handgeschriebener Bogen Papier lag allerdings bei. Den hatte Keller an sich genommen und las ihn, während die Ärztin in Ruhe das Zahlengewühl studierte. Sokolow schien sich ebenfalls für die Werte zu interessieren, und Keller hatte den Eindruck, als verstünde der Mann, was er da sah.

»Was ist, Chef?«, erkundigte sich Kosminsky. Der Unterleutnant saß zurückgelehnt in seinem Stuhl und sah als Einziger unbeschäftigt aus.

»Ach, Mist ist das. Es gab irgendwelche Schwierigkeiten mit den Knochenproben.« Keller zuckte mit den Schultern. »Anscheinend gab es eine Verwechslung im Labor.«

Auch Sokolow sah zu Keller. »Eine Verwechslung? Im Labor der Charité?«

»Nun, die Knochenproben wurden untersucht, aber offenbar gibt es Unstimmigkeiten im Vergleich mit den Blutproben?« Keller schnaufte ungehalten. »Aber Sie haben schon recht, man würde so etwas nicht erwarten.«

Moreaux war immer noch in die Zahlen vertieft. »Wie bitte?«

»Nichts, Frau Doktor. Wie schätzen Sie die Werte ein? Decken Sie sich mit Ihren eigenen Untersuchungen und passen sie zu unserer Theorie?«

Die Ärztin schürzte nachdenklich die Lippen und fuhr mit dem Finger langsam die mehrseitige Liste ab. »Nun, ich hatte ja schon auf Grundlage unseres Hauslabors die Hypothese von schädigenden Umwelteinflüssen aufgestellt, nicht wahr?«

»Natürlich. Sie hatten sogar den Röntgenarzt in Betracht gezogen.« Keller neigte anerkennend den Kopf. »Aber aus all diesem Material hier zu Blut und…«, Keller zog Blätter der Gewebeuntersuchungen hervor, »Haut und… was auch immer Sie da an Proben entnommen haben, da können Sie doch sicher mehr herauslesen?«

Moreaux atmete hörbar aus. »Sie stellen sich das zu einfach vor. So wie ich das verstanden habe, glauben Sie drei tatsächlich, dass Doktor Kaltenbrunn in der Atomindustrie geforscht und gearbeitet hat, und zwar in der Sowjetunion. Mit anderen Worten, wir haben keine Ahnung und auch keine Möglichkeit herauszufinden, von was für einer Strahlendosis wir sprechen. Oder wie lange Kaltenbrunn ihr ausgesetzt war. Von diesen Faktoren, meine Herren, hängt die Beurteilung der Laborergebnisse jedoch maßgeblich ab.«

»Ich verstehe schon, Karla«, antwortete Keller. »Aber was ist Ihr persönlicher Eindruck? Stützen diese Werte Ihre Hypothese?«

»Ja, das tun sie. Doch ich sehe keine Möglichkeit zu beweisen, dass diese schlechten Blutwerte auf radioaktive Strahlung zurückzuführen sind. Was diese Werte unterstreichen, ist, dass Doktor Kaltenbrunn unter fortgeschrittenen Tumorbildungen in den Lungen, der Leber und mit Blick auf die Anteile der verschiedenen Blutzellen wohl auch im Knochenmark litt. Diese Kombination und Häufung von Erkrankungen wiederum weist durchaus in die Richtung einer Schädigung des gesamten Körpers, wie sie durch Radioaktivität verursacht werden *kann.*« Moreaux machte eine Pause und nahm einen Schluck aus ihrem Wasserglas. »Die Symptome sind aber insgesamt zu unspezifisch, um irgendetwas zu beweisen. Doktor Kaltenbrunn litt nicht an akuter Strahlenkrankheit. Die hätte sich möglicherweise mit relativ einfachen Mitteln nachweisen lassen.«

Keller stützte den Kopf in die Hände. »Könnte man nicht mit einem Geigerzähler oder so etwas Messungen vornehmen?«

Sokolow schüttelte den Kopf.

»Da es sich um Spätfolgen handelt, deren Auslöser schon Jahre, oder gar Jahrzehnte zurückliegt, ist das praktisch unmöglich«, erklärte Moreaux.

»Dieser Auslöser würde mich trotzdem interessieren, Doktor Moreaux. Was wäre denn da denkbar?«, warf Kosminsky ein.

Der hat einen Blick für das Wesentliche, dachte Keller anerkennend.

»Ich bin keine Strahlenärztin, meine Herren. Ich versuche, Ihnen hier wirklich nach bestem Wissen zu helfen, aber alles, was ich dazu sagen könnte, ist nichts weiter als pure Spekulation.«

»Tun Sie mir den Gefallen?«

Karla Moreaux sah Keller verärgert an. »Ich schließe aus, dass Doktor Kaltenbrunn am Ort einer schweren radioaktiven Verseuchung war. Außer dieser Aufenthalt war extrem kurz und die Entgiftung danach ausgesprochen gut. Ich vermute eher eine konstante, nicht besonders starke Strahlenbelastung, wie sie vielleicht in Forschungseinrichtungen vorkommen kann. Es ist auch nicht auszuschließen, dass es ein Ereignis gab, bei dem die Strahlung zeitweise erhöht war. Wie hoch, ist nicht abschätzbar. Wenn Kaltenbrunn beispielsweise eine angeborene Neigung zu Tumorerkrankungen hatte, dann reichte eine viel geringere Belastung als bei den meisten anderen Menschen. Außerdem ist entscheidend, ob und wie die Strahlung in den Organismus gelangt. Wird beispielsweise kontaminiertes Wasser getrunken, dann kommt es zu schweren Schädigungen des Magen-Darm-Gewebes, die in der Folge regelmäßig zum Tod führen, da die Schleimhautzellen in ihrem Wiederaufbau gestört werden...« Moreaux hielt inne. »Aber wie gesagt, eine akute Strahlenkrankheit lag bei Doktor Kaltenbrunn sicher nicht vor. Jetzt, wo wir wissen, auf welchem Gebiet Kaltenbrunn gearbeitet hat, hätte man an seinem Leichnam gezielte Untersuchungen auf Langzeitschäden machen lassen können.«

»Nur hat die Staatssicherheit gerade noch rechtzeitig eingegriffen, um uns genau diese Beweise endgültig zu entziehen«, vollendete Keller.

»So sieht es wohl aus«, murmelte Moreaux.

»Trotzdem. Jetzt haben wir doch immerhin eine mögliche Erklärung für Kaltenbrunns Sinneswandel«, schaltete sich Kosminsky wieder ein und wirkte weit weniger unzufrieden als die Ärztin. »So ein Vorfall, bei dem es zu einer atomaren Verseuchung gekommen ist – und wenn es dann noch die eigene Gesundheit kostet – das ist doch genau die Art von Ereignis, die in einem Wissenschaftler Zweifel aufkeimen lässt.«

Sokolow schüttelte den Kopf. »Das ist alles recht plausibel, das gebe ich ja gerne zu, Unterleutnant Kosminsky, jedoch…«

»Trotzdem gefällt Ihnen etwas daran nicht.« Keller tauschte einen Blick mit dem Nachrichtendienstler.

»Ich habe nur angesichts des großen Sicherheitsbewusstseins an den Forschungsstandorten meines Landes Zweifel, dass man Kaltenbrunn unter solchen Umständen die Arbeit in Ihrem Land gestattet hätte. Es sei denn–« Sokolow unterbrach sich, und Keller sah in seinem Gesicht, dass er bereits mehr gesagt hatte, als ihm recht war. *Es sei denn, man hatte verdammt gute, oder sogar zwingende Gründe, Kaltenbrunn nach Deutschland zu schicken*, hätte Keller Sokolows Satz beendet.

»Meine Güte, es ist ja schon bald elf! Ich fürchte, Sie müssen eine Weile auf mich verzichten, meine Herren. Wir haben jetzt unsere tägliche Besprechung mit dem Chefarzt. Vielleicht muss ich ihn auch noch auf Visite begleiten.« Doktor Moreauxs Hände flatterten aufgebracht. »Wenn Sie mich jetzt entschuldigen.«

10:52 UHR

»Woher wussten Sie eigentlich, dass meine Proben aus der Charité kommen? Oder ist das angesichts Ihres Berufes eine dumme Frage?«, erkundigte sich Keller.

Sokolow lächelte kurz. »Nein. Ganz und–« Er stockte und drehte den Kopf zur offenstehenden Tür. Einige Momente später hörte auch Keller klackende Schritte auf dem Linoleum des langen Flurs.

»Oberleutnant Keller?«, rief eine Frauenstimme. »Sind Sie hier?«

Keller runzelte die Stirn und trat in den Gang hinaus. Es war die Klinikangestellte von der Aufnahme.

»Ah, da sind Sie ja. Unten wartet ein Herr auf Sie«, erklärte sie und wollte sich schon wieder auf den Weg machen.

»Ein Herr? Augenblick, bitte.«

»Er wollte mir nicht sagen, worum es geht, oder seinen Namen. Allerdings ist sein Deutsch auch nicht sehr gut.«

»Aber er hat nach mir verlangt?«

Die Frau nickte und seufzte. »Deswegen bin ich ja bis hier gelaufen.«

Keller wollte gerade etwas erwidern, als Sokolow neben ihn trat und ihm zunickte. »Das wird für mich sein, Oberleutnant. Lassen Sie uns gehen.«

Ein uniformierter Soldat stand gelangweilt an einen Pilaster gelehnt, als Keller, Kosminsky und vorneweg Sokolow das Foyer des Klinik-Haupteingangs betraten. Die Empfangsdame verschwand mit einem vagen Fingerzeig hinter ihre Theke und wurde augenblicklich mit Beschlag belegt, weil eine ältere Dame mit extremer Dauerwelle ihren Mann nicht in seinem Zimmer vorgefunden hatte.

Der Mann im Kampfanzug der sowjetischen Landstreitkräfte bemerkte sie erst, als sie auf zwei Meter an ihn herangetreten waren. Als er Sokolow sah, nahm der Soldat hektisch Haltung an und salutierte zackig. Sokolows Gesicht versteinerte, und er ließ auf Russisch eine leise, unfreundliche Salve los. Kosminsky sah aus, als hätte er Mitleid mit dem ungeschickten Oberfeldwebel. Der wurde immer kleinlauter, überreichte schließlich eine Mappe, und verkniff sich im letzten Augenblick das Salutieren. Mit einem gemurmelten Gruß verschwand der Mann eilig aus der Tür.

»Interessant«, murmelte Kosminsky leise.

»Wie meinen Sie, Unterleutnant?«

»Ach, nichts weiter. Muss ja etwas sehr Wichtiges sein, wenn man es Ihnen bis hierher nachträgt.«

Keller hörte dem Geplänkel kaum zu. Sein Blick war von der Mappe gefesselt, die Sokolow in der Hand hielt. Es war einer dieser Momente, in denen er kurz die Fäden zu spüren glaubte, die alles miteinander verknüpften. Keine Schicksalsfäden, daran glaubte er nicht. Aber so etwas wie die fast immer unsichtbare, allumfassende Kausalität. Er hätte dergleichen nie in Worte gefasst oder zu irgendjemandem davon gesprochen – doch er wusste es in dem Augenblick, als er den Papphefter sah, der identisch zu dem schien, den er selbst vor zwei

Stunden aus der Charité bekommen hatte. Das fehlende Teil des Puzzles war zum Greifen nah.

»Chef?« Kosminsky berührte seine Schulter. »Alles in Ordnung?«

»Selbstverständlich.« Dann wandte er sich an Sokolow und deutete auf die Mappe. »Aber Sie schulden uns jetzt eine Erklärung, Herr Sokolow.«

»Sie sind gar nicht wegen meiner Nachforschungen zu Kaltenbrunn auf meine Ermittlungen gestoßen, nicht wahr? Ich Esel bin ganz selbstverständlich davon ausgegangen, dass es meine Anrufe bei den Universitäten waren oder der Wirbel bei den Kollegen vom MfS, die sich bis zu Ihnen herumgesprochen haben. Aber so war es gar nicht.« Keller wandelte zwischen den leeren Bänken im Innenhof der Poliklinik. Die Kälte tat ihm gut. »Warum sind Sie hier, Sokolow? Was sind das für Laboranalysen, die Sie da gerade bekommen haben? Und versuchen Sie ja nicht, uns–«

Sokolow begann, leise zu lachen. »Setzen Sie sich, Keller. Oder bleiben Sie wenigstens einmal stehen. Dann erkläre ich Ihnen, dass hier keine finsteren Mächte am Werk sind.«

Auch Kosminsky hatte begriffen, was seinen Vorgesetzten aus der Fassung gebracht hatte. »An einen Zufall zu glauben, ist dieser Tage alles andere als einfach, *Oberst* Sokolow.«

Kosminsky musste Sokolows beachtlichen Dienstgrad der Konversation zwischen ihm und dem Oberfeldwebel entnommen haben. In gewissem Sinne verstärkte es noch Kellers Misstrauen, denn kein Oberst des militärischen Geheimdienstes begab sich auf einen vagen Verdacht hin auf diese Weise ins Feld.

»Und doch war es ein Zufall, der mich zu Ihnen geführt hat, meine Herren. Bitte, Keller, tun Sie es Ihrem Unterleutnant gleich und setzen Sie sich.«

Keller nahm auf der viel zu kalten Parkbank zwischen Kosminsky und dem Russen Platz. »Legen Sie los, Genosse Oberst.«

Sokolow nickte. »Ich bearbeite derzeit einen völlig anderen Fall. Zwei Zivilisten sind von einer unserer Militärbasen verschwunden.

Ich wurde aufgrund gewisser… Umstände hinzugezogen und sollte klären, ob es sich um einen Fall von Entführung handelt.«

Kosminsky öffnete den Mund, schloss ihn wieder. Keller wusste genau, was seinem Assistenten auf der Zunge lag. Es war kein wirkliches Geheimnis, dass es immer wieder Desertionen bei den Streitkräften der UdSSR gab, selbst bei der GSSD.

Sokolow winkte ab. »Ich weiß, was Sie denken. Sie liegen falsch. Es war allerdings mit größter Sicherheit auch keine Entführung, wie wir anfangs in Betracht gezogen hatten. Ich stehe jetzt mit einem Toten und einem Schwerkranken da, und ich habe für keines von beidem bislang eine Erklärung. Vielleicht ändert sich das ja hierdurch.« Er reichte Keller den Papphefter. »Bitte. Versichern Sie sich, dass ich Ihnen keine Märchen erzähle. Es war wirklich reiner Zufall, dass ich bei meinem Besuch im Pathologischen Institut an der Charité auf Ihren Fall gestoßen bin.«

»Falsch, Sokolow«, presste Keller hervor. Er starrte auf das erste Blatt im Hefter. Jetzt waren die verbindenden Fäden keine vage Vermutung mehr, sondern Realität. »Es war kein Zufall.«

»Wovon reden Sie, bitte?«

Kosminsky und Sokolow lehnten sich über die Akte auf Kellers Schoß und begannen zu lesen.

»Wovon ich rede?« Keller holte tief Luft. »Sagen Sie mir, Sokolow. Gestern haben Sie nebenbei erwähnt, dass Kaltenbrunn praktisch der Grund für den Sturz Ihres Vorgängers war.«

»Hm.« Sokolow starrte angestrengt auf den Begleitbrief, der obenauf eingeheftet war. Anders als in Kellers Fall gab es bei diesem Sascha Petrow einen behandelnden Arzt, der die Ergebnisse des Labors so zusammengefasst hatte, dass auch ein medizinischer Laie sie verstehen konnte.

»Hören Sie mir jetzt zu!« Keller räusperte sich. »Kaltenbrunn war irgendwo in Ihrem Bezirk angesiedelt worden, ist das richtig? Und das heißt, dass er auch dort tätig gewesen ist, nehme ich an?«

Sokolow nickte langsam. Auf Kosminskys Gesicht zeichnete sich eine Ahnung ab.

»Was ist, wenn es sich bei dieser mysteriösen Krankheit, die ihre beiden Zivilisten umbringt oder schon getötet hat, um Kaltenbrunns grüne Mamba handelt?«

Sokolow schien sprachlos. Ob er den Oberleutnant für übergeschnappt hielt oder ernsthaft über die Idee nachdachte, war nicht auszumachen. Keller nutzte das Schweigen, um das, was beim Lesen des Arztbriefes für ihn zur Gewissheit geworden war, weiterzuspinnen. Sein kriminalistischer Apparat produzierte bessere Fallhypothesen, wenn er laut dachte.

»Sehen Sie sich das an. Der Arzt beschreibt eine ganze Reihe von Symptomen, die er in keinen vernünftigen Zusammenhang bringen kann. Der Zustand des Patienten scheint sich kaum durch die bisherigen Behandlungsmaßnahmen beeinflussen zu lassen. Er weist auf die Anomalitäten im Blutbild hin. Und hier unten schreibt er von inneren Blutungen.« Keller hieb mit dem Zeigefinger auf die entsprechende Stelle im Text. »Kommt uns das nicht verdammt bekannt vor? Und hier ist von multiplen Organschäden die Rede, die sich überhaupt nicht...« Keller verstummte, als er zum ersten Mal die Patientendaten genauer betrachtete. »...bei einem Kind erklären lassen.«

»Zwölf Jahre«, las Kosminsky trübsinnig vor.

»Augenblick. Moment.« Sokolows Stimme war leise. »Ihnen ist bewusst, was Sie hier behaupten?«

Keller schluckte, als er sich der Folgen seiner Überlegungen bewusst wurde.

»Ihnen ist klar, wovon wir hier sprechen, wenn Sie recht haben?«, wiederholte Sokolow.

Kosminsky sprach aus, was sie alle dachten. »Dann gibt es eine atomare Verseuchung. Hier, bei uns. In der DDR.«

Nun war es Sokolow, der es auf der Bank nicht mehr aushielt. »Sie bauen sich da etwas zusammen, Keller. Der Fall Kaltenbrunn lenkt unsere Gedanken in diese Richtung. Wir haben guten Grund, von einem Vorfall auszugehen, der Kaltenbrunn erhöhter Strahlung ausgesetzt hat. Das hat Ihre Doktor Moreaux aber doch alles bestätigt und plausibel dargelegt.« Zum ersten Mal konnte man einen dezenten russischen Akzent wahrnehmen. »Und außerdem... Was ist mit dem toten Alexej Orlow? Der Junge ist an keiner sonderbaren Krankheit gestorben. Er wurde in den Rücken geschossen. Seine Ergebnisse müssen auch irgendwo dort zu finden sein.«

Kellers Hände zitterten leicht, als er nach den entsprechenden Blättern suchte. Die Analyse war umfangreicher als bei Sascha, weil Alexejs Leichnam zusätzlich Knochenproben entnommen worden waren. Eine Notiz wies darauf hin, dass bei diesen Knochenproben keine Abweichung von der Norm festzustellen gewesen seien und dass nur die Blutwerte Irregularitäten zeigten, die auf eine leichtere Variante derselben Gesamtsymptomatik deuteten, unter der Sascha Petrow litt. Keines der untersuchten Organgewebe von Alexej Orlow wies Schäden auf.

Es passte. Es ergab Sinn. Keller nickte. »Mag sein, dass der andere Junge erschossen wurde. Aber so wie der Arzt die Werte deutet, bleibt nur ein Szenario. Beide Jungen waren derselben radioaktiven Strahlung ausgesetzt, nur wurde einer der beiden erschossen, bevor er eine Strahlenkrankheit entwickeln konnte. Der andere lebt weiter und wird schwer krank. Und damit ist noch etwas Fakt: Was auch immer mit den Jungen passiert ist, es ist ganz sicher nicht in der UdSSR passiert. Wie lange war der Junge verschwunden?«

»Drei oder vier Tage.«

»Zu lang, um ohne Wasser auszukommen«, stellte Kosminsky nachdenklich fest.

»Verfluchte–« Der Nachrichtenoffizier blieb vor der Bank stehen. »Da kommt Ihre Ärztin, Keller. Sehen Sie, ob sie uns die Diagnose für Sascha Petrow nach Datenlage bestätigen kann – aber kein Wort über unsere Theorie. Haben Sie mich verstanden?«

»Wie Sie befehlen, Genosse Oberst. Immer zu Diensten«, murmelte Keller ärgerlich.

11:31 UHR

Major Schüttau kam an diesem Morgen nicht im Büro an.

Als er seinen nagelneuen Trabant 601 in Taigagrün anließ und aus der Einfahrt steuerte, war noch alles wie immer. Er hatte den freien Sonntag genossen und war in Gedanken schon bei der bevorstehenden Woche. Keller würde sich sicher heute melden, und er rechnete ebenso mit dem Genossen Gehlen.

Schüttau ließ die Wohnsiedlung in Meusdorf hinter sich und fuhr auf der gewohnten Strecke zur BdVP, gemächlich die breite Leninstraße hinunter und am Völkerschlachtdenkmal vorbei. In der Morgendämmerung war es einfach nur ein unförmiger, riesiger Schatten neben der Straße. An der Kreuzung mit der Richard-Lehmann-Straße bog er links ab. Auch wenn dieser Weg etwas länger war, sparte es meistens Zeit, die Leninstraße zu verlassen, bevor sie die Innenstadt erreichte. Von hier waren es nur ein paar Minuten bis zur August-Bebel-Straße, die geradewegs auf das große Gebäude der Bezirksbehörde zuführte. Dasselbe Gebäude, in dem auch die Bezirksverwaltung für Staatssicherheit ihren Sitz hatte. Und wo in den vergangenen Tagen einige Männer das Kommen und Gehen des Majors sehr genau beobachtet hatten.

Schüttau fiel nicht auf, dass ihm ein ziviler Wagen folgte. Er bog wie an jedem anderen Dienstmorgen in den Hof hinter dem imposanten Gebäudekomplex ein, den alle nur die Runde Ecke nannten. Er genoss noch einige Momente das Tuckern des neuen Autos und freute sich schon jetzt auf die Heimfahrt.

Schüttau griff nach seinem Hut und der schmalen Tasche, in der sich vor allem sein Kaffeegebäck befand, und stieg aus dem Wagen. Im selben Moment traten fünf Männer, drei vom Heck und zwei vom anderen Ende des Fahrzeugs auf ihn zu.

»Genosse Schüttau. Sie werden uns begleiten. Es geht um die Klärung eines Sachverhalts.«

Vier Stunden später befand Schüttau sich noch immer in einem Verhörraum der Staatssicherheit. Ähnlich wie ihre eigenen, jedoch moderner ausgestattet. Sicherlich mit besserer Schalldämmung, denn aus dem Flur hatte er nicht einen einzigen Laut gehört, seit er hier saß. Es hatte sich noch niemand sehen lassen, auch nicht der verdammte Schweinehund Gehlen. Von wegen Klärung eines Sachverhaltes, dachte Schüttau wütend. Diese Angelegenheit würde er nicht auf sich beruhen lassen. Auch dieser Hauptmann der Staatssicherheit konnte nicht einfach einen Kommissariatsleiter auf diese Weise festsetzen, nur weil ihm eine Ermittlung nicht passte. Schüttau wurde heiß, als er an die Verwirrspielchen und Lügen dachte, mit denen er Keller Zeit für die Ermittlungen verschafft hatte. Natürlich hatte er sich auch darauf eingelassen, weil dieser Stasi-Gehlen ihn mit seiner arroganten Art gegen den Strich gebürstet hatte. Nun konnte er nur hoffen, dass Gehlen dieses Theater inszenierte, um es ihm heimzuzahlen. Was ihm bevorstand, sollte Oberleutnant Keller da in irgendeine große Sache geraten sein, wollte er sich nicht ausmalen. Er wusste recht genau, wozu die Genossen von der Staatssicherheit in der Lage waren.

12:06 UHR

Keller hielt noch immer Sokolows Labormappe umklammert, während sie mit der Ärztin in die Klinik zurückgingen. Er war davon überzeugt, dass sie mit ihrer Theorie richtiglagen. Aber es konnte nicht schaden, sie von Doktor Moreaux bestätigen zu lassen.

»Wenn Sie darauf bestehen, weiter in der Besenkammer zu konferieren, hole ich uns wenigstens etwas zu trinken, wenn es recht ist, meine Herren.«

Sokolow wirkte unruhig, als sei ihm diese Verzögerung in der Tat nicht recht, doch er widersprach nicht.

»Natürlich, Frau Doktor.« Während die Ärztin in ihrem Büro war, löste Keller die Blätter mit den Analyseresultaten aus der Mappe.

Auch auf diesen Blättern stand oben der Name des Patienten und eine interne Kennnummer des Behandlungsvorgangs, aber daran konnte er jetzt nichts ändern. Er zögerte – und fragte sich, warum er Sokolows barsche Anweisung auch noch übererfüllen sollte. Der Oberst hatte schließlich nur von ihm gefordert, ihre Theorie zu verschweigen.

Kosminsky war untypisch schweigsam und Keller sah ihn an einem Päckchen Zigaretten herumspielen. Doch der Unterleutnant war klug genug, in dem kleinen Zimmer auf seine drängende Frage zu verzichten. Den Cognac, den Doktor Moreaux ihm anbot, lehnte er ab.

»Schön, wie Sie meinen, Unterleutnant Kosminsky. Ich gönne mir jetzt einen zum Feierabend«, erklärte die Ärztin und lehnte sich in ihrem Stuhl zurück. »Meine Schicht hat schon um vier in der Nacht angefangen, wissen Sie.« Moreaux wirkte tatsächlich müde, und Keller zwickte erneut das schlechte Gewissen.

Er fühlte Sokolows ungeduldigen Blick auf sich. »Karla, wir hätten da eine letzte Bitte für heute. Hier sind weitere Laborergebnisse. Könnten Sie die noch für uns einordnen?«

»Wirklich?« Sie seufzte. Nach den schlaflosen Nächten der vergangenen Woche sah man ihr an, dass sie älter war als Keller. »Was haben Sie denn da?« Moreauxs Reaktion auf das, was sie las, sagte alles. Alle Entspannung wich. Sie setzte sich aufrecht und studierte den Laborbericht mit einer Intensität, die keine Zweifel ließ, dass sie etwas Außergewöhnliches las. »Soll das ein Scherz sein? Wo kommen diese Blutwerte her? Ist das der Grund, warum Sie bei Kaltenbrunn so von dieser Idee mit der Verstrahlung überzeugt sind?«

Sokolow beugte sich interessiert vor. »Wieso fragen Sie das, Doktor Moreaux?«

»Offen gesagt, Herr Sokolow, glaube ich, dass Ihnen das vollkommen klar ist. Sie haben vermutlich selbst genug medizinisches Grundwissen, um solch klare Indizien einer Strahlenkrankheit zu erkennen.« Moreaux sah den Nachrichtenoffizier böse an. »Ich habe keine Ahnung, wer dieser... Sascha Petrow ist, aber im Gegensatz zu Kaltenbrunn, braucht man hier kein ausgesprochener Spezialist zu sein, um die Ursache zu erahnen. Bei solchen Werten kann es Herrn Petrow nicht sehr gut gehen – ich gehe davon aus, dass er sich in Intensivbehandlung in einer Spezialeinrichtung befindet?«

Sokolow starrte die Ärztin ausdruckslos an. »Welche Maßnahmen wären zu ergreifen?«

»Mein Gott, glauben Sie, dass ich jemals einen solchen Fall zu behandeln hatte? Und was soll das heißen? Ist der Mann etwa nicht im Krankenhaus?«

»Könnten Sie einfach meine Frage beantworten, Frau Doktor?«

Für einen Augenblick dachte Keller, Moreaux würde wegen der wenig einfühlsamen Art des sowjetischen Geheimdienstlers die Mitarbeit verweigern. Aber dann zuckte sie kaum merklich mit den Schultern. »Außer der Dekontamination, die gleich bei der Aufnahme durchgeführt werden muss, ist die Gabe von Bluttransfusionen am wichtigsten, soweit ich informiert bin. Einfach weil die Hämatopoese, also die Blutbildung, bei einer radioaktiven Verstrahlung unmittelbar in Mitleidenschaft gezogen wird. Daher liegt fast immer eine Anämie vor, und außerdem kommt es bei vielen Patienten darüber hinaus zu schwer kontrollierbaren Blutungen wegen der Gewebeschäden besonders an den Schleimhäuten. Antibiotika sind, glaube ich, auch Teil des Behandlungsplans, weil das Immunsystem ebenfalls durch die strahlungsbedingten Zellschäden aufhört zu funktionieren... aber nageln Sie mich nicht fest.«

»Doktor Moreaux? Doktor Moreaux!«, rief jemand im Flur.

»Ja, Christine, was ist denn?«

»Ist ein Oberleutnant Keller–« Eine junge Schwester stand in der Tür der Kammer und besah sich die Szene irritiert.

»Das bin ich. Worum geht es denn?«

»Da ist jemand am Telefon für Sie.«

»Wahrscheinlich Major Schüttau«, mutmaßte Keller. Er wartete schon den ganzen Vormittag auf eine Meldung seines Chefs. Doch die zierliche Krankenschwester schüttelte den Kopf.

»Stellen Sie den Anruf in mein Büro durch, bitte?«, wies Doktor Moreaux sie an. »Wenn das in Ordnung ist, Josef?«

Keller wägte rasch seine Optionen ab. Ob der Apparat der Ärztin abgehört wurde oder nicht, konnte er nicht einschätzen. Sie hatten ihr Büro mehr mit Blick auf eine mögliche technische Überwachung im Raum selbst gemieden. So oder so musste er, mit gebührender Vorsicht, den Anruf entgegennehmen. Wer außer Schüttau sollte ihn hier anrufen?

Eine Minute später stand er allein in Moreauxs Büro und nahm neugierig den Hörer auf.

»Guten Tag, Herr Keller. Sie kennen mich nicht, aber vielleicht sagt Ihnen mein Name etwas. Ich bin Iljin.«

»Tut mir leid, das sagt mir überhaupt nichts«, antwortete Keller wahrheitsgemäß. Was ihm allerdings so einiges sagte, war der eindeutige Akzent des Mannes am anderen Ende der Leitung. »Ich denke, Sie wollen einen gemeinsamen Bekannten sprechen?«

»So ist es, Herr Keller.«

»Einen Augenblick bitte.« Er kam sich vor wie Sokolows Sekretär, als er den Hörer neben dem Apparat auf dem alten Schreibtisch ablegte und das elegante Büro verließ, um den Offizier zu informieren. Keller fragte sich, wer dieser Iljin war, und warum der offenbar genau wusste, wer er selbst war und wo man ihn erreichen konnte.

Sokolow wirkte ein wenig aufgelöst, als er kaum eine Minute später schon wieder zurückkehrte. Er griff nach der Cognacflasche und schenkte sich einen erstaunlich kleinen Schluck ein.

»Sascha Petrow scheint das Bewusstsein wiederzuerlangen. Ich sollte jetzt–« Sokolow sprach nicht weiter. Er sah zu Keller, als erwarte er etwas von ihm. Dann glitt sein Blick zu Moreaux, die nach ihrer Frühschicht nun beinahe einzudösen schien.

»Was ist, Genosse Sokolow? Das ist doch hervorragend. Sie haben hoffentlich Bescheid gesagt, dass die Ärzte...« Keller ließ den Satz unvollendet, als Sokolow energisch den Kopf schüttelte.

»Keller, ich kann von hier keine sichere Kommunikation aufbauen, und ich werde ganz gewiss nicht riskieren, dass diese Art von Information in falsche Hände gerät. Ich muss jemanden zu Sascha schicken. Endlich besteht die Chance, seine Aussage zu bekommen, aber Iljin – ach, verdammt nochmal.« Sokolow schüttelte erneut den Kopf.

»Und wenn Sie nach Berlin fahren und die Ärzte direkt mit den neuen Informationen versorgen?«

»Dann können die dort allerfrühestens in drei, dreieinhalb Stunden mit der richtigen Behandlung beginnen.«

»Ja, aber es muss doch eine Möglichkeit für Sie geben, von irgendwo hier in der Nähe eine verschlüsselte Botschaft abzusetzen?« Auch wenn er keine Ahnung hatte, wie die zahllosen sowjetischen Stützpunkte organisiert waren, Keller war sich sicher, dass die nachrichtentechnische Ausstattung auf der Höhe der Zeit war.

»Ja, schon. Aus Leipzig, denke ich, wäre das auf jeden Fall machbar... Trotzdem bleibt das Problem mit Saschas Aussage.« Sokolow fing an, auf Russisch zu fluchen, was Kosminsky amüsierte. Dann ergriff der Unterleutnant unvermittelt das Wort.

»Ich fahre nach Berlin. Das ist die einfachste Lösung.« Kosminsky sprach rasch weiter, obwohl keiner der älteren Männer Anstalten machte zu protestieren. »Herr Sokolow kann seinen speziellen Anruf tätigen, damit die Ärzte mit einer geeigneten Therapie beginnen können, aber er muss niemandem mühselig erklären, was wir von Sascha wissen wollen und worum es überhaupt geht. Ich kann in drei Stunden an der Charité sein, werde die Aussage aufnehmen. Dann sind wir hoffentlich alle klüger.«

»Und Oberleutnant Keller und ich werden nachkommen, sobald wir hier letzte Kleinigkeiten geregelt haben«, ergänzte Sokolow nachdenklich. »Ihnen ist bewusst, dass Sascha Petrow nur Russisch spricht.«

Kosminsky nickte bloß kurz, und Keller wunderte sich einmal mehr über diesen fehlenden Hang zur Selbstdarstellung. Wieso gab es in der Leipziger Bezirksbehörde solche Leute nicht?

»Sehr gut, Kosminsky. Wirklich. Dann sollten Sie beide keine Zeit verschwenden und sofort aufbrechen.« Die drei Männer erhoben sich, und Sokolow reichte Keller schon die Hand zum Abschied.

»Ich treffe Sie dann nachher im Hotel, Oberleutnant?«

»Ja, ich kann die Kollegen vom Revier anrufen und mich chauffieren lassen.«

Moreaux lächelte ihn an. »Ach, ich kann Sie auch mitnehmen, Josef. Ich habe zwar noch zwei Stündchen Bereitschaft, aber danach kann ich Sie gern in Waldheim absetzen.«

Das war eigentlich sowieso besser, dachte Keller. Er konnte Schüttau gleich kurz anrufen, ohne Verfängliches zu berichten. Und dann endlich ein Gespräch unter vier Augen mit Moreaux führen und sich für ihre enorme Hilfe bedanken. Außerdem war er sehr interessiert zu erfahren, wie sich die 'Kollegen' von der Staatssicherheit ihr gegenüber verhalten hatten. »Sehr schön, das ist die beste Lösung.«

Keller und die anderen beiden Männer traten kurz in den Flur hinaus. Sokolow schüttelte Kosminskys Hand, und die beiden tauschten einige Worte auf Russisch aus, dann schritt der Mann vom Geheimdienst eilig den Flur hinunter.

»Dann will ich mal los, Chef.«

»Ich warte gespannt auf Ihren Bericht.« Keller senkte die Stimme. »Wir *müssen* von dem Jungen erfahren, wo die Quelle dieser Verseuchung ist, das ist unsere einzige Chance. Und Sie haben ein Händchen für solche Gespräche, Kosminsky, glauben Sie mir. Jetzt ab mit Ihnen.«

13:17 UHR

Keller war fest entschlossen, Moreaux zum Mittagessen einzuladen.

»Bereitschaft heißt Bereitschaft, Josef. Ich kann nicht einfach vom Gelände runter, ohne dass es auffällt.« Sie blickte ihn entschuldigend, aber unnachgiebig an.

Keller hielt das für ein wenig übertrieben. Schließlich arbeitete sie in einer ambulanten Versorgungseinrichtung für malade Döbelner Bürger, keinem Krankenhaus mit Notaufnahme oder intensivmedizinischer Betreuung. Wenn sie sich derartig unentbehrlich fühlte, konnte man ihr daraus aber auch kaum einen Strick drehen. Vielleicht war die Ärztin seiner Gesellschaft ja überdrüssig… Aber dann hätte sie nicht angeboten, ihn später nach Waldheim zu fahren. *Seltsam, diese Moreaux.* Keller schüttelte den Gedanken ab.

»Gut, aber Sie haben doch bestimmt eine Kantine, in der man sich zumindest etwas Warmes gönnen und ein wenig gesellig sein kann.«

»Wenn Sie unsere Kantine wirklich meinem Büro vorziehen«, seufzte Moreaux.

Ob sie nicht verstehen *wollte*, warum er ihre Räume mied? In der vergangenen Woche hatte er die Abenteuerlust der Ärztin geschätzt, und vielleicht ein Stück weit ausgenutzt. Doch dass sie nun so tat, als wäre er übervorsichtig, stieß ihm irgendwie auf. Er wünschte sich, er könnte mit ihr über den ungeheuerlichen Verdacht sprechen, der ihn umtrieb. Eine radioaktive Verseuchung, hier in ihrem Land. Und wenn er an Kaltenbrunns Verhalten dachte, handelte es sich kaum um einen harmlosen Störfall. Der Mann war Wissenschaftler gewesen, und was immer er erlebt hatte, es hatte ihn dazu gebracht, sein gesamtes Leben infrage zu stellen. Auch wenn Sokolows Anweisung zu schweigen arrogant gewesen war, in der Sache hatte der Russe recht. Keller konnte die Ärztin nicht noch tiefer reinreißen.

»Josef?« Moreauxs grüne Augen musterten ihn eindringlich. »Ich dachte ja bloß, dass Sie eine privatere Umgebung als die Kantine vielleicht vorziehen.«

»Um ehrlich zu sein, ist mir der Schutz der Anonymität im Augenblick lieber.« Keller schüttelte den Kopf. »Ihnen muss doch klar sein, dass die Stasi Sie und Ihre Räumlichkeiten vielleicht überwacht.«

Die Kantine der erst vor wenigen Jahren renovierten Poliklinik war unerwartet gemütlich, und zu Kellers Freude standen heute Quarkkeulchen zur Auswahl. Nachdem er den letzten Bratling mit Staubzucker verspeist hatte, sank er in dem bequemen Sitz zurück.

Moreaux hatte kaum die Hälfte des süßen Mittagessens gegessen und wirkte etwas nervös. Keller hatte vorhin schon versucht, das

Gespräch auf die Beschlagnahmung von Kaltenbrunns Leiche zu bringen, aber die Ärztin hatte nur mit den Schultern gezuckt und in den Quark-Kartoffel-Bällchen herumgestochert. Als er einen neuen Anlauf startete, atmete Karla Moreaux tief durch, schob ihren Teller fort und lächelte ihn melancholisch an. »Was soll ich sagen, Josef? Dass es mir einerlei ist, dass die Staatssicherheit meine Leichenhalle ausgeräumt hat? Oder dass ich mir keine Sorgen mache, obwohl die Herren mir Konsequenzen angedroht haben?«

Keller schluckte. »Ich versichere Ihnen–«

»Wirklich, lassen Sie es bleiben, Josef. Spätestens jetzt ist doch vollkommen klar, dass hier etwas im Gang ist, das sich weit außerhalb Ihrer Kontrolle befindet. Ich schätze, es hängt von Ihnen und Ihren weiteren Ermittlungen ab, wie schlimm die Sache am Ende für mich ausgeht.« Keller wollte einhaken, doch die Ärztin ließ ihn nicht zu Wort kommen. »Eigentlich für uns alle ausgeht. Für Sie, für den Unterleutnant. Ich weiß, dass Sie unbedingt das Geheimnis um Kaltenbrunn aufklären wollen. Josef... Ich habe das Gefühl, dass Sie mir etwas Wichtiges verschweigen, und das ist schon in Ordnung. Aber sind Sie sich sicher, dass es das Risiko wert ist, das Sie eingehen? Mit den Männern, die da bei mir waren, ist nicht zu spaßen, da habe ich keinen Zweifel. Und–«

Keller griff einem Impuls folgend nach Moreauxs Unterarm. »Es geht nicht anders. Glauben Sie mir, Karla, diesmal verrenne ich mich nicht. Ich kann den Fall nicht einfach schließen.«

Moreaux schüttelte sacht den Kopf, dann drückte sie die Schultern nach hinten und streckte sich kurz. »Sie machen ohnehin, was Sie für richtig halten. Ich hole uns jetzt einen schönen Kaffee, in Ordnung?«

Keller nickte nur stumm, während sie ihre Teller stapelte und damit zur Theke ging. Gut möglich, dass Moreaux recht hatte. Vielleicht riss er sie und Kosminsky in einen Abgrund. Er bemerkte, dass es ihm auch um den etwas eigenartigen Unterleutnant wirklich leidtäte.

Drei Minuten später balancierte Karla Moreaux auf einem kleinen Kunststofftablett ein Kännchen und zwei kleine Tassen. Auch Milch war da, und sie erinnerte sich sogar, dass er seinen Kaffee mit einem großzügigen Schuss davon trank. Er nippte vorsichtig und stellte fest, dass selbst der Kaffee hier besser schmeckte. Seine Laune hob sich.

Er erzählte von der Kantine in der Leipziger Bezirksbehörde. »Das wäre geradezu ein Grund, den Dienstort zu wechseln«, scherzte er, wurde aber gleich wieder ernst. »Wissen Sie, Karla, Sie sollten überlegen, ob Sie sich nicht stärker auf die forensische Medizin verlegen wollen. Mir wären Sie als Rechtsmedizinerin in Leipzig jedenfalls mehr als willkommen.«

»Damit ich mit Ihnen in Ihrer Kantine leiden muss?«, lachte sie. »Nein, Josef. Ich denke nicht, dass das Aussicht auf Erfolg hat. Ich bin zu alt, um umzusatteln. Hier in einer Kreisstadt lässt man mich Leichenbeschauerin sein, das ist etwas anderes.«

Keller wusste nichts darauf zu sagen. Er hatte galant sein wollen, sicher, aber er meinte es ernst. Diese Karla Moreaux, die über ihre Vorschriften nicht das eigentliche Ziel ihrer Arbeit aus den Augen verlor und wie er zu unkonventionellen Aktionen bereit war, wäre schon eine angenehme Kollegin. Es würde nicht viel geben, an das er sich nach Beendigung dieses Falles gern erinnern würde... In Kellers Ohren begann es, ganz sacht zu rauschen.

»Lassen Sie uns ein wenig an die frische Luft gehen, ja?«

Moreaux führte ihn am Ellenbogen aus der Kantine in die baumbestandene Grünanlage hinaus. In der kalten Februarsonne eher grau als grün, aber Keller war einfach froh um die frische Luft, die er gierig einsog.

»Mir–« Er blinzelte und musste sich kurz an Moreauxs Schulter festhalten. »Ich glaube, ich muss mich setzen.«

»Kommen Sie, Josef. Mein Büro mit der Couch, die Ihnen so gut gefällt, ist gleich dort, nur gerade die Treppe rauf.«

Die Worte schwammen in seinem Kopf herum, und dann wirkte alles wie Schnipsel einer Fotostrecke. Die Tür, die Treppe, Moreauxs besorgtes Gesicht, die seidigen Muster ihrer Knüpfteppiche, die weiße Decke über ihrem Sofa. Dann wurde alles schwarz.

14:42 UHR

»Seit meiner Meldung heute Vormittag haben sich wichtige neue Entwicklungen ergeben. Allem Anschein nach gibt es einen zweiten Vorgang, der mit dem Vorgang Kaltenbrunn in Verbindung steht.«

»Was meinen Sie mit einem zweiten Vorgang?«

»Kurz nach unserem Gespräch hat ein Bote weitere Laborergebnisse gebracht, die diesmal an diesen Sokolow adressiert waren. Die Ergebnisse stehen in eindeutigem Zusammenhang mit dem OV Kaltenbrunn.«

»Was soll das heißen?«

»Ich kenne keine Details, Genosse Lotz, aber es gibt einen Mann, dessen hämatologische Befunde die von Oberleutnant Keller vermuteten Hintergründe des OV Kaltenbrunn bestätigen könnten.«

»Einen Mann? Verdammt nochmal. Was für einen Mann?«

»Einen Patienten in Berlin, im Universitätskrankenhaus Charité. Dort im pathologischen Institut wurden auch die von Keller beauftragten Laboruntersuchungen durchgeführt. Alle Unterlagen dort sollten vernichtet werden.«

»Ja, sicher. Wie lautet der Name des Patienten?«

»Sascha Petrow. Der Mann muss auf einer Intensivstation liegen, und es scheint, dass die Ärzte bislang falsch therapiert haben. Mit etwas Glück erledigt sich das Problem einer Zeugenaussage daher von selbst.«

»Wieso bislang falsch therapiert?«

»Keller und dieser Sokolow vermuten die korrekte Diagnose.«

»Dank Ihrer Hilfe, nehme ich doch an.«

»Das war unvermeidbar.«

»Was können Sie mir noch über diesen Fall Petrow sagen?«

»Im Grunde nichts. Ich weiß, dass es außer Sascha Petrow noch den Todesfall Alexej Orlow gegeben hat, von dem ebenfalls Proben untersucht wurden. Auch in Berlin. Aber was da genau passiert ist, oder was die Todesursache bei Orlow war, konnte ich nicht in

Erfahrung bringen. Ich hatte jedoch den Eindruck, dass Oberleutnant Keller und dieser Kosminsky im Bilde sind.«

»Und Sie haben vorher nichts von alldem mitbekommen? Ich dachte, Sie wären so dicht an dem Mann dran?«

»Ich kann Ihnen nicht erklären, wie der Kontakt zwischen Sokolow und Keller zustande gekommen ist. Viel wichtiger aber ist, dass Kosminsky auf dem Weg zu Petrow ist, um ihn zu befragen.«

»Haben Sie nicht gerade gesagt, er sei als Zeuge kein Problem?«

»Ich sagte mit ein wenig Glück. Es ist möglich, dass er zu einer Aussage fähig ist. Eine kurzzeitige Genesungsphase ist denkbar.«

»Sie wissen, wie Ihre Anweisungen für eine solche Situation lauten.«

»Ich habe bereits die vereinbarte Maßnahme Stufe eins gegen Oberleutnant Keller durchgeführt, Genosse Lotz.«

»Sehr gut. Dann–«

»Wenn ich mir die Bemerkungen erlauben darf… Dieser Sokolow ist meines Erachtens in ermittelnder Funktion für Karlshorst oder Wünsdorf tätig. Er ist eilig nach Leipzig aufgebrochen, um das Krankenhaus in Berlin zu informieren. Sie sollten wirklich dringend erwägen–«

»Keine Sorge. Die finalen Maßnahmen gegen den Genossen Sokolow sind veranlasst, Überwachung ist aktiv. Er wird das Hotel nicht lebend verlassen. Kümmern Sie sich darum, dass dieser Keller ein für alle Mal das Ermitteln einstellt. Aber machen Sie es auf die wasserdichte Art. So viel Dreck, wie der schon aufgewirbelt hat, wäre es besser, wenn er sich eines besonders natürlichen Todes erfreuen dürfte.«

»Selbstverständlich. Es wird keine offenen Fragen geben.«

15:39 UHR

Kosminsky zitterten noch immer die Knie. Er stand am Geländer des schmalen Balkons und zog an seiner Zigarette. Die beruhigende Wirkung stellte sich nur sehr langsam ein.

Er hatte noch nie in seiner Dienstzeit Gebrauch von der Schusswaffe machen müssen. Und er war nicht darauf vorbereitet gewesen, dass sich das an dem Tag ändern würde, an dem er einen zwölfjährigen Jungen befragen sollte.

Hinter ihm öffnete sich die Tür. »Genosse Kosminsky, kommen Sie herein. Wie müssen Ihre Aussage aufnehmen.«

»Haben Sie–« er stoppte und wechselte mit etwas Mühe ins Russische. »Haben Sie Oberst Sokolow informiert?« Kosminsky drückte die Zigarette auf dem eiskalten Eisengeländer aus und warf sie zu mehreren Dutzend Stummeln in einer alten Glasvase.

»Bitte kommen Sie mit.«

»Verdammt nochmal.« Kapierte niemand, dass das wichtig war? Kosminsky wischte ungehalten an dem jungen Soldaten vorbei, der ihm kaum bis ans Kinn reichte. Auf dem Krankenhausflur bot sich ein chaotischer Anblick. Der verschmierte Blutfleck auf dem Boden war noch nicht beseitigt worden und nahm allmählich eine bräunliche Farbung an. Die zwei Wachen von der Kasernierten VP standen mit betretenen Gesichtern neben dem Zimmer, für das sie abgestellt worden waren. Als der Polizist vor knapp einer halben Stunde eingetroffen war, war kein einziger der Männer auf seinem Posten gewesen. Als er nun auf sie zukam, sahen sie zu Boden.

»Sie sind Unterleutnant Kosminsky?« Ein ihm unbekannter russischer Offizier trat aus Saschas Zimmer.

»Ja, und wie Sie sicherlich wissen, bin ich im Auftrag von Oberst Sokolow hier, um Sascha Petrow als Zeugen zu befragen. Kann ich jetzt Zugang zu dem Jungen bekommen?« Kosminsky tat sein Bestes, nicht so verschreckt zu wirken, wie er sich fühlte.

»Sobald die Ärzte sich davon überzeugt haben, dass es dem Eindringling nicht gelungen ist, bisher unentdeckte Manipulationen an den medizinischen Apparaten vorzunehmen. Es kann sich nur um Minuten handeln, Genosse Unterleutnant.« Der Hauptmann machte eine besänftigende Geste und Kosminsky zwang sich zur Ruhe.

»Bis dahin hätte ich gerne Ihren Bericht, was hier vorgefallen ist.«

»Haben Sie Oberst Sokolow von dem Vorfall verständigt? Er ist höchstwahrscheinlich in der Garnison Leipzig zu erreichen.« Kosminsky kämpfte die Frustration nieder. Er konnte niemandem hier erklären, wie wichtig es war, dass der Oberst umgehend von diesem Anschlagsversuch erfuhr. Und er fürchtete, dass sein Beharren eher amüsant wirkte, denn was hatte ein kleiner Volkspolizist überhaupt in dieser ganzen Angelegenheit zu suchen? Gute Frage eigentlich, dachte Kosminsky.

Der Hauptmann runzelte die Stirn. »Wir haben den Genossen Oberst informiert, ja. Und jetzt verlange ich Ihren Bericht.«

Kosminsky war so schnell über die Autobahn nach Berlin geprescht wie nie zuvor in seinem Leben. Glücklicherweise war es selbst ohne Ortskenntnisse kein Problem, den Weg zu der großen Innenstadtklinik zu finden. Die Schwierigkeiten hatten erst im Krankenhaus begonnen. Er war zu der Station gegangen, wo man Sascha aufgenommen hatte. Aber natürlich hatte man den Jungen verlegt, nachdem die Informationen zur vermuteten Krankheitsursache eingegangen waren. Nur wusste niemand genau zu sagen, wohin. Nach einem Dutzend Telefonaten kreuz und quer im Haus hatte sich herausgestellt, dass der behandelnde Arzt, Doktor Brauer, den Jungen auf eine Odyssee durch unterschiedlichste Abteilungen geschickt hatte, und er deshalb seit über zwei Stunden auf keiner Station angemeldet war. Anschließend war geplant, ihn in einem speziell ausgestatteten Isolierzimmer in der Abteilung für Infektionskrankheiten unterzubringen.

Es stellte sich heraus, dass Doktor Brauer zwar aus medizinischer Sicht beherzt und rasch gehandelt, aber niemand daran gedacht hatte, die Wachablösung zu informieren. Als Kosminsky um einiges später als geplant in der richtigen Abteilung ankam, lag der Flur menschenleer vor ihm. Er meldete sich bei der Stationsschwester, die ihm bestätigte, dass Sascha vor ein paar Minuten eingetroffen war. Wenn er mit ihm sprechen wolle, müsse er Schutzkleidung anziehen, um das Risiko für das geschädigte Immunsystem des Jungen so gering wie möglich zu halten.

Das war der Moment, als ein Arzt am Ende des Flures erschien. Er trug einen der üblichen weißen Kittel und ging zielstrebig auf Zimmer 4.19 zu und verschwand. Als die Schwester ihm nur Augenblicke später sagte, dass Sascha in der Neunzehn liege, schellten bei Kosminsky Alarmglocken. Wieso sollte ausgerechnet ein Arzt ohne die notwendige Schutzkleidung in das Zimmer gehen? Und wo waren die Wachen abgeblieben? Ohne auf die Proteste der Schwester zu reagieren, eilte Kosminsky den Flur hinunter. Er drückte die Klinke und schob die schwere Tür mit dem Fuß auf. Der Arzt stand mit dem Rücken zu ihm am Krankenbett. Als Kosminsky ihn ansprach, drehte sich der etwa vierzigjährige Mann um, eine kleine Ampulle und eine bereits aufgezogene Injektionsnadel in den Händen. Die darauf folgenden Momente liefen immer wieder vor Kosminskys innerem Auge ab. Der Mann hatte ein Namensschildchen auf der Brust und erklärte in ganz ruhigem, sachlichem Ton, dass er für Doktor Brauer gekommen sei, der gerade dringend anderswo gebraucht würde. Kosminsky wies den Mann an, von dem Bett wegzutreten und ihm auf den Flur zu folgen. Aber der angebliche Arzt griff in einer einzigen routinierten Bewegung nach dem Katheterschlauch, der in Saschas Armbeuge führte, stieß die Nadel hinein und presste den Spritzenkolben vollständig runter. Das anschließende Handgemenge dauerte nur einige Sekunden, doch Kosminsky, der an den Schlauch gelangen wollte, kam es wie Minuten vor. Er zog seine Dienstwaffe und richtete sie auf den falschen Arzt, der endlich den Weg zu Saschas Bett freigab. Der Junge sah ihn mit großen Augen an, und Kosminsky erkannte, dass er sich den Katheter schon selbst aus dem Arm gerissen hatte. Ein schlauer Bursche.

Schlauer als Kosminsky jedenfalls, der den Attentäter einen Moment zu lange aus den Augen gelassen hatte. Die Tür flog auf, und der Mann nahm Reißaus. Kosminsky rief ihm die obligatorische Warnung zu stehenzubleiben, aber der Flüchtige reagierte nicht. Konnte er einen Korridor mit Personal oder Patienten erreichen, dann würde der Polizist mit seiner Waffe rein gar nichts mehr ausrichten können. Mit einem letzten Kontrollblick den leeren Flur hinunter zielte Kosminsky auf das Bein des Mannes und schoss.

»Das war es?« Der Hauptmann beendete seine Notizen und sah auf.

»Reicht das nicht?« Kosminsky befingerte seine Zigarettenschachtel. Ihm wurde übel. »Wissen Sie, was mit dem Mann ist?«

»Oh, er wird es überleben, wenn Sie das meinen. Und natürlich werden wir uns um ihn… kümmern.«

»Weiß man inzwischen, was in dieser Spritze war?«

»Es gibt keinen Grund zu bezweifeln, dass das Etikett der Ampulle korrekt ist. Es war Heparin. In seinem Zustand wäre der Junge innerhalb von Minuten innerlich verblutet, wenn Sie nicht eingegriffen hätten.«

16:35 UHR

Ein lauter Knall. *War das ein Schuss?* Irgendetwas lag auf seinem Gesicht, und er wollte es fortwischen, aber seine Hände waren… Etwas tropfte auf seinen Hals. Warm, wie das Gewicht, das ihm das Atmen schwer machte.

»Keller?«

Sein Herz fing an zu rasen. Was war passiert? Er musste etwas unternehmen. Eine bleischwere Müdigkeit brachte den Gedanken zum Stillstand. Er konnte nicht einmal die Augen öffnen, ganz egal, wie sehr ihn die Haare im Gesicht kitzelten. Wie sonderbar.

»Keller. Verdammt nochmal.« Die Stimme war jetzt viel näher. Oder einfach nur lauter?

»Hm?« Er zwang seine Augen einen winzigen Spalt auf, und die Helligkeit war fürchterlich. Was immer er auf seinem Hals spürte, es rann nun langsam an der Seite seines Nackens herunter. Ein Finger legte sich auf das Oberlid seines linken Auges und schob es empor. Dann war das andere Auge dran. »Lassen Sie–« Beim lallenden Klang seiner eigenen Stimme verstummte Keller. Eine kurze, nachdrückliche Passage auf Russisch war die Antwort. Russisch... Wieso Russisch?

Der Druck auf seinen Brustkorb verringerte sich plötzlich. »Besser?«

Keller brummte. »Was... passiert?«

»Vielleicht machen Sie die Augen auf, dann dürften sich die meisten Ihrer Fragen von selbst beantworten.«

Keller überlegte kurz. »Hm.«

»Oberleutnant Keller? Jetzt machen Sie verdammt nochmal die Augen auf.«

Zuerst sah er nur ein paar verschwommene Umrisse, und die Helligkeit ließ ihm übel werden. Eine hochgewachsene Gestalt stand über ihn gebeugt, ein grauer, analytischer Blick folgte jeder seiner Bewegungen.

»Sehr gut. Ich löse jetzt die Fixierungen, und dann setzen wir Sie hin, in Ordnung?«

»Was? Wie?« Keller blickte an sich hinunter und erkannte die dick gepolsterten Gurte, die um seine Handgelenke geschlungen waren. »Wieso?« Er versuchte, seinen Rachen zu befeuchten. Seine Zunge fühlte sich wie ein alter Lappen an.

»Aha, Sie werden schon wieder ein bisschen klarer. Also, halten Sie still.« Mit zwei Handgriffen löste Sokolow die Fesselung. Sokolow?

»Sokolow?«

»Was ist denn, Genosse Keller?« In der Stimme des Mannes klang Erleichterung. »Kommen Sie, wir setzen Sie hin. Sie müssen auf die Füße kommen.«

Beim bloßen Gedanken aufzustehen wurde ihm schlecht. Er schluckte hektisch gegen den heftigen Speichelfluss an, der seinen zuvor so trockenen Mund flutete. Sokolow zog und schob ihn, bis er schließlich aufrecht saß, den Rücken gegen die Wand, die Füße über die Kante der Krankenhaus-Standardliege baumelnd. Auch das stimmte irgendwie nicht. Wieso war er… Wo war er eigentlich?

Er bewegte seinen Blick mit einiger Anstrengung fort von seinen Knien und erkannte ein Behandlungszimmer. Er fuhr sich mit der Hand an den Hals. Es klebte, fast wie Honig. Irritiert besah er sich seine rot verschmierte Handfläche. Ihm wurde mit einem Schlag klar, was geschehen sein musste. Er beugte sich vor und sah auf dem Fußboden Moreauxs verrenkten Leichnam. Ihre Augen starrten ihn an, ihr halbes Gesicht war voller Blut. Eine genau platzierte Kugel hatte ihren Kopf seitlich getroffen und die Schläfe zerrissen.

Sokolow hatte Moreaux erschossen.

»Was? Wieso haben Sie–«

»Wollen Sie raten, was in der Spritze ist, Genosse Keller?« Während Keller auf die Kunststoffspritze neben der toten Hand starrte, schob Sokolow Kellers Ärmel hoch. Ein blutender Einstich wurde an seinem Oberarm sichtbar. »Ich hatte keinen großen Spielraum mehr. Los jetzt. Bewegen Sie sich. Ich glaube nicht, dass es sehr lange dauert, bis man die tote Frau Doktor findet, und ich möchte, dass wir dann schon auf dem Weg sind.« Sokolows Aussprache litt offenbar darunter, dass er einen Menschen erschossen hatte.

Oder darunter, dass man seinen Anweisungen nicht rasch genug nachkam, dachte Keller grimmig. Er biss die Zähne zusammen und versuchte stehenzubleiben. Er hatte jetzt zwei große Gläser Wasser intus und seine Gedanken liefen schon wieder flüssiger. Nur Koordination und Sicht waren noch immer ziemlich im Argen. Als er es bis zur Tür geschafft hatte, wandte er sich um und sah zu, wie Sokolow die Leiche zu dem einen Schrank in der Raumecke zog und mit wenigen Handgriffen darin verstaute. Es sah unbequem aus, wie ihre Beine da zusammengeschoben wurden. Keller war dankbar, als Sokolow schließlich die zweite Tür zudrückte. Dann breitete der Geheimdienstoffizier zwei Handtücher über den Flecken auf dem Boden aus. »Zumindest auf den ersten Blick sieht man nichts. Wenn wir Glück haben, verschafft uns das ein wenig Zeit.«

Keller schüttelte den Kopf. Er musste Sokolow so einiges erzählen. »Stasi… weiß Bescheid.«

»Ja, das ist mir schon klar, Keller.« Sokolow nahm ein weiteres Handtuch und hielt es unter den Wasserhahn. »Deswegen werden wir jetzt auch zügig und unauffällig von der Bildfläche verschwinden.«

Der Russe trat zu Keller, während er nachdenklich die Räumlichkeit betrachtete. Dann hielt er ihm den nassen Lappen hin. »Wischen Sie sich mal ein bisschen sauber, dann können wir los.«

»Wohin?«

»Ich glaube nicht, dass ich Ihren Kopf jetzt damit belasten werde. Das sehen Sie dann schon.«

Ganz gleich wie groggy er von dem Dreckszeug war, das Moreaux ihm injiziert hatte, Sokolows Herablassung ging ihm gründlich gegen den Strich. Er bedauerte, nicht in der Verfassung zu sein, dem Russen Paroli zu bieten. Sich Hals und Nacken abzuwischen, kostete ihn bereits große Anstrengung.

»Sie müssen es nur bis zum Wagen schaffen«, murmelte Sokolow.

»Ihr Auto…« Keller hoffte, dass er das meiste Blut beseitigt hatte, und ließ das Handtuch sinken. »…in der Fahndung.«

Sokolow wandte sich mit skeptischem Blick zu ihm. »Sind Sie sicher?«

Mehr als ein Nicken schaffte er nicht.

»Wissen Sie was? Ich habe eine ausgezeichnete Idee.«

Knapp zehn Minuten später verließ Moreauxs roter Schiguli mit anscheinend nur einem Insassen den Personalparkplatz der Kreispoliklinik. Der Wagen nahm die nahegelegene F 169 und fuhr unter strikter Einhaltung der erlaubten Höchstgeschwindigkeit Richtung Norden. Sie kreuzten bald die hier erst kürzlich fertiggestellte Autobahn 14. Wäre die Strecke bereits bis Dresden ausgebaut, wären sie an dieser Stelle aufgefahren, aber so blieb ihnen nur der Umweg über Riesa bis Schwarzheide. Sokolow steuerte den Wagen durch die langsam hereinbrechende Dämmerung und fuhr nach einer weiteren Stunde endlich auf die A 13.

Keller erwachte zu den monotonen Geräuschen und Vibrationen des Wagens, der über den mit vielen Fugen verlegten Asphalt rollte. Er fühlte sich wesentlich besser, sein Kopf war fast klar. Er starrte einige Minuten zum stoffbespannten Himmel empor. Der hell-dunkel-Rhythmus der entgegenkommenden Scheinwerfer passte nicht zum Rumpeln der Fahrbahn. Moreaux wollte ihn umbringen. Und Sokolow hatte Moreaux erschossen. Und ihm dadurch das Leben gerettet, verdammt.

Alles, was in der vergangenen Woche passiert war, jeder Gedanke, der die Ärztin betraf, schien irgendwie schief. Was hatte er ihr nicht alles erzählt! Und war an nichts von dem, was sie gesagt hatte, etwas Ehrliches gewesen? Er hatte keinerlei Verdacht gehegt… das war das Schlimmste. Er hatte die Ermittlungen, Kosminsky, sie alle in Gefahr gebracht durch seine Naivität.

»Woher wussten Sie es?«, fragte Keller und setzte sich auf der bequemen Rückbank auf.

»Es gab einen Anschlag auf Sascha Petrow in Berlin.«

»Es… Was?«

»Wäre Ihr Unterleutnant nicht gewesen, stünden wir beide jetzt mit völlig leeren Händen da.«

»Kosminsky?« Keller versuchte, den Überblick wiederzugewinnen. Wie viele Stunden war er außer Gefecht gewesen?

»Er kam gerade rechtzeitig, um zu verhindern, dass Sascha mittels einer Überdosis Gerinnungshemmer endgültig der Mund geschlossen wurde. Als man mich darüber informierte, wurde mir klar, dass es nur eine Erklärung geben konnte. Nur eine Person außer uns wusste von der Verbindung unserer Fälle und Saschas Bedeutung. Das Leck konnte nur Ihre Doktor Moreaux sein.«

»Sie war nicht *meine* Doktor Moreaux«, stieß Keller hervor.

»In Ordnung.« Sokolow blickte zu Keller.

»Sehen Sie lieber auf die Straße. Und das hat Ihnen gereicht, um zu vermuten–«

»Nun, ich erkenne eine großflächige Säuberungsmaßnahme, wenn ich sie sehe, glauben Sie mir. Nachdem schon Ihr Vorgesetzter Major

Schüttau derzeit nicht aufzufinden ist, fiel es mir schwer, bei Sascha an eine Einzelaktion zu glauben.«

Keller ließ sein Gesicht in die Hände sinken. Die restliche halbe Stunde Fahrt verging in Schweigen.

17:26 UHR

»Also gut, Sascha. Ich würde gern ein bisschen mit dir reden.« Peter Kosminsky hatte sich einen Besuchersessel herangezogen und setzte sich neben das Bett des Jungen.

»Sie haben den Mann erschossen«, stellte Sascha fest. »Den Mann, der mich vergiften wollte.«

Kosminsky schluckte. »Na ja…«

Sascha war leichenblass, als er den Volkspolizisten einer eingehenden Musterung unterzog. Doktor Brauer hatte Kosminsky vorhin beseitegenommen und ihm verdeutlicht, wie ernst der Zustand des Jungen war. Er befand sich derzeit, so erklärte der Arzt, in der Phase der scheinbaren Genesung. Das war bei schwerer Strahlenkrankheit Teil des normalen Verlaufs: Nach einigen Tagen, in denen die Patienten unspezifische und individuell stark unterschiedliche Symptome wie Übelkeit, völlige Erschöpfung und Durchfall zeigten, ging es ihnen danach wieder besser. Manche waren sogar fast symptomfrei. Diese Phase konnte mehrere Tage, ja sogar Wochen andauern – und letztlich trotzdem auf einen Strahlentod hinführen. Die Mediziner gingen mittlerweile davon aus, dass bei Sascha eine Belastung von etwa drei Sievert vorlag. Die Hautschäden waren bei ihm nur schwach, die Schäden an Magen und Darm dafür umso stärker ausgeprägt. Es war also anzunehmen, dass die Verseuchung vor allem durch die Aufnahme radioaktiver Nahrung oder Flüssigkeiten erfolgt war. Die Überlebenschancen sah Brauer bei etwa fünfzig Prozent; zumindest kurzfristig. Langzeitfolgen wie verstärkte Tumorbildung oder Leukämie ließen sich nicht kalkulieren.

Dass man die Diagnose nicht korrekt gestellt hatte, war Doktor Brauer unangenehm, aber Kosminsky glaubte ihm, dass die Strahlenkrankheit ein so rares Krankheitsbild war, dass man erst recht bei einem Kind nicht so einfach darauf kam, sie als Diagnose in Betracht zu ziehen. Der Arzt hatte natürlich versucht, von Kosminsky eine Erklärung für diesen Befund zu bekommen. Kosminsky schwieg und insistierte darauf, seine Befragung durchführen, auch wenn Brauer das alles andere als guthieß.

»Sie haben mir das Leben gerettet«, bemerkte Sascha.

Was auch immer das wert ist, mein Junge. »Das hast du ja eigentlich selbst getan.« Kosminsky räusperte sich. Verdammter Mist.

»Worüber wollen Sie reden?«, fragte der Junge.

»Ich denke, dass ich weiß, warum der Mann es auf dich abgesehen hat. Und ich glaube, das weißt du auch.«

»Weil ich mit Alexej… dort war.« Sascha kämpfte kurz mit den Tränen.

Kosminsky war hin- und hergerissen zwischen Mitgefühl und Aufregung. »Genau. Du bist wirklich ein kluger Kopf, Sascha. Ich möchte, dass du mir jetzt genau erzählst, was passiert ist. Alles, woran du dich erinnerst.«

Sascha holte weit aus. Wahrscheinlich, weil das bedeutete, dass er erst später von Alexejs Tod erzählen musste, vermutete Kosminsky. Die Idee zu dem Abenteuer war natürlich Alexejs gewesen. Der war einfach an allem interessiert gewesen, was mit Expeditionen, unbekannten Ländern oder Planeten, mit Forschung und Entdeckung zu tun hatte. Für Alexej war das noch recht neue Leben auf dem abgeriegelten Stützpunkt in Deutschland nicht schön gewesen – anders, als es die meisten anderen Kinder empfanden. Er vermisste die Freiheiten, die er zu Hause genossen hatte, und er vermisste es, mit seinen Brüdern und seinem Vater in den Wäldern zu biwakieren. Irgendwann war die Langeweile so groß geworden, dass Alexej begonnen hatte, einen Ausbruch zu planen. Nicht, weil er ernsthaft aus Hagenow hätte weglaufen wollen, sondern nur, um zu sehen, ob es ihm gelingen würde. Die beiden Jungen hatten wochenlang Beobachtungen angestellt, Schichtwechsel und

Bewegungsmuster analysiert und mögliche Schwachstellen in der Bewachung ausgemacht. Sascha hatte nie ganz realisiert, dass Alexej tatsächlich plante, das Gelände zu verlassen, bis der Freund im letzten Jahr plötzlich verschwunden war. Zwei Tage lang hatten sie Alexej auf dem Garnisonsgelände gesucht – und dann war er einfach wieder da gewesen. Sascha hatte gehört, dass Alexejs Vater unglaublich wütend gewesen war. Sein Freund hatte drei Wochen Stubenarrest bekommen. Aber als sie sich endlich wiedersahen, wirkte der Freund nicht etwa geknickt. Ganz im Gegenteil. Alexej hatte etwas gefunden, das ihn die ganze Zeit beschäftigte und für das sich angeblich sogar ein neuerlicher Stubenarrest lohnen würde. Er hatte allerdings vor, es diesmal schlauer anzustellen und sich gar nicht erst erwischen zu lassen. Alexej hatte alles genau überlegt. Von der Ausrüstung über den Proviant bis zur Verschleierung ihrer Abwesenheit. Durch einige geschickte Lügen in der Schule hatten sie sich einen ganzen Tag ergaunert, an dem man sie nicht vermissen würde. Alexejs Mutter war zur Oma nach Leningrad gereist, und sein Vater würde ohnehin nicht merken, wenn er morgens fehlte. Bei Sascha war das Ganze etwas komplizierter, aber als sich ihm endlich die Gelegenheit bot, seinen Eltern unbemerkt zu entwischen, ergriff er sie ohne zu zögern. Er schlich sich mit seinem Freund aus der Garnison – das klappte wie am Schnürchen. Alexej wusste ganz genau, an welcher Stelle sie sich in dem kleinen Wäldchen gleich hinter den Wohnquartieren der Offiziere verstecken und wo sie unter dem Zaun durchschlüpfen konnten. Auch in der Sperrzone mussten sie immer wieder anhalten und warten, doch am Ende hatten sie den Stützpunkt hinter sich gelassen, lange bevor es hell wurde.

»Wichtig ist, wohin ihr gegangen seid, Sascha. Wo wurde Alexej…«

»Er wurde erschossen«, ergänzte Sascha tonlos. »Der eine hat ihn einfach erschossen.«

Kosminsky zwang sich zur Ruhe. Er begann in dem sterilen, langärmeligen Kittel zu schwitzen. Er sollte lieber Notizen machen und den Jungen nicht unterbrechen. »Wie ist das passiert, Sascha?«

Die Jungen waren fast die ganze Zeit durch Wald und Heide marschiert. Ein Stückchen waren sie dann der Eisenbahnlinie gefolgt, vorbei an dem alten Bahnhof. Später hatte Alexej den Weg an einem kleinen Bachlauf eingeschlagen, dem sie immer weiter gefolgt waren, weitab von jeglicher Besiedlung. Nur ein- oder zweimal hatte man ein Haus in der Ferne gesehen. Und dann war die große Straße gekommen. Dahinter sah es aus, als käme nur noch Wald, aber das stimmte nicht. Nicht viel später hatten sie den Zaun gefunden, und dahinter die alten Panzerstraßen. Alexej war sich sicher, dass er etwas Geheimes entdeckt hatte, denn bei seiner ersten Erkundung war er auf einen kleinen Bunkerbau gestoßen. Und nun war er vollkommen überzeugt, dass es hier noch ganz andere Dinge zu entdecken geben musste.

»Alexej hatte recht, weißt du«, sagte Kosminsky, der sah, dass Sascha langsam die Kraft verließ. Der Junge brauchte Ruhe. »Er hat da ein Geheimnis entdeckt.«

»Ich weiß. Sonst hätten uns die Soldaten nicht gejagt und Alexej nicht erschossen.« Sascha verstummte abrupt.

Kosminsky war bewusst, dass der Junge noch nicht alles erzählt hatte, was an diesem Tag passiert war, aber er war sich ebenso sicher, dass er auf Nachfrage nichts verschweigen würde.

Sascha erzählte knapp vom weiteren Weg in das Innere des scheinbar verlassenen Sperrgeländes und von dem versiegelten Bunker. »Aber da waren dann plötzlich diese... Geräte. Die waren nicht besonders alt. Wir haben welche abgemacht und wollten sie mitnehmen. So als... Andenken.« Sascha wischte sich die Augen.

»Geräte?«

»Ich weiß auch nicht. Ich konnte nicht lesen, was darauf stand. Und gesehen hab' ich sowas noch nie.« Nach kurzem Überlegen hielt Kosminsky Sascha Notizbuch und Stift hin, damit er eine ungefähre Skizze machen konnte. Die Linie war zittrig, doch das Bild erkennbar. »Wissen Sie, was das ist?«, fragte Sascha ihn, als er den Arm sinken ließ.

»Nein«, erwiderte Kosminsky wahrheitsgemäß. Eine Ahnung hatte er allerdings. Und Sascha war nicht auf den Kopf gefallen. Sicherlich hatte der Junge seine eigenen Schlüsse gezogen, als er erfahren hatte, woran er litt. Oder hatten ihm die Ärzte gar nichts gesagt? Kosminsky zwang sich zur Konzentration.

»Wo ist das Gerät denn geblieben?«

Sascha zuckte mit den Schultern. »Ich denke, ich habe es irgendwo da fallen lassen, als die Männer in dem Geländewagen auftauchten. Ja«, fügte er nach einigen Momenten hinzu, »als Alexej mir den Rucksack zugeworfen hat, da habe ich es bestimmt verloren. Und dann sind wir weggerannt.«

»Aber nicht zusammen?«, riet Kosminsky.

»Alexej war viel schneller als ich. Er...« Der Junge kämpfte mit den Tränen. »Der eine Soldat, der Alexej verfolgt hat, hat gleich geschossen. Aber der andere nicht.« Viel mehr war danach nicht mehr aus Sascha herauszubringen. Kosminsky baute sich aus den Bruchstücken ungefähr zusammen, wie diese Jagd geendet hatte. Schließlich brach es aus Sascha heraus, »Es ergibt überhaupt keinen Sinn, dass Alexej jetzt tot ist, und ich nicht. Wenn einer von uns da entkommen konnte, dann Alexej!«

»Du hast dich einfach besser versteckt, Sascha. Und du hattest Glück, dass sie dich nicht entdeckt haben«, versuchte Kosminsky ihn zu beruhigen.

Sascha schüttelte den Kopf. »Quatsch. Der Soldat *hat* mich entdeckt.«

Kosminsky schälte sich erleichtert aus dem eng gewebten Kittel und warf ihn in einen Wäschebehälter, auf den die Schwester zeigte. Er brauchte eine Zigarette, doch schon der Gedanke drückte seinen Magen zusammen. *Großartig. Nikotinabhängig, aber zu nervös zum Rauchen.* Nachdenklich erkundigte er sich, ob eine Nachricht für ihn angekommen war.

Die Schwester schüttelte den Kopf. »Wir sind hier aber auch kein Empfang, wissen Sie?«

Kosminsky ließ sich nicht darauf ein. Er warf der Wache vor Saschas Zimmer einen letzten, wenig freundlichen Blick zu und entschied, zum Haupteingang der Klinik zurückzukehren. Vielleicht hatten

Keller und Sokolow dort Informationen für ihn hinterlegt. Anderenfalls gab es sicherlich einen Fernsprecher.

Der Unterleutnant rief den Fahrstuhl per Knopfdruck. Vielleicht kamen die beiden aber auch direkt zur Klinik. Mit einem Pling-Geräusch fuhr der Fahrstuhl auf dem Stockwerk ein. Die breite, dreiteilige Metalltür öffnete sich zur einen Seite. Kosminsky stieg in den leeren Lift, in dem auch Krankenbetten befördert werden konnten, und wählte das Erdgeschoss.

Im ersten Stock wurde seine Fahrt unterbrochen. Vier fast identisch aussehende Männer in dunkler Zivilkleidung stiegen ein und teilten ihm mit, dass er und seine Aufzeichnungen von Saschas Befragung sie nun begleiten würden.

18:44 UHR

Kosminsky hatte also recht gehabt, dachte Keller, als sie die Autobahn 13 noch vor dem Berliner Ring bei Freiwalde verließen. Es war kein Geheimnis, dass der sowjetische Geheimdienst KGB sein deutsches Hauptquartier in Karlshorst aufgeschlagen hatte. Karlshorst aber war nicht Sokolows Ziel, sondern das riesige abgesperrte Areal in Wünsdorf. Dort, wo das militärische Oberkommando der Gruppe der Sowjetischen Streitkräfte in Deutschland saß und mit ihm, wahrscheinlich aufs Engste verflochten, der militärische Geheimdienst, für den Sokolow arbeitete. Keller kannte noch nicht einmal den Namen der Institution.

Sokolow fuhr mit dem auffälligen Schiguli langsam auf die Schlagbäume zu, die die Zufahrt in das abgeschirmte Gelände schlossen. Es war inzwischen stockdunkel, doch hier herrschte kein Mangel an Beleuchtung, und die Durchfahrt war besonders gut erhellt. Rechts der Fahrbahn trat ein Wachsoldat in langem Mantel und mit Pelzmütze heraus. Die roten Abzeichen an seiner Uniform leuchteten auf, als er sich langsam ihrem Fahrzeug näherte. Sobald er den Ausweis erkannt hatte, den Sokolow aus dem Fenster hielt, entspannte sich die Haltung des jungen Mannes deutlich. Dann salutierte er. Keller folgte dem kurzen Wortwechsel, ohne etwas verstehen zu können, aber es war offenkundig, dass die Wache nach ihm fragte. Sokolow gab eine knappe Erklärung und verlangte dann, dass der Schlagbaum geöffnet wurde.

Eine breite, gut ausgebaute Straße führte schnurgerade in den Militärkomplex, den es schon lange vor der sowjetischen Besatzung hier gegeben hatte. Links, gleich hinter der Zufahrt erhob sich eine große bunte Tafel mit zweifellos hoch sozialistischer Botschaft in großen Lettern. Auf beiden Seiten der Fahrbahn reihten sich Kasernengebäude in Reih und Glied. Das meiste davon Vorkriegsbauten, von altem Baumbestand umringt. Doch trotz der Grünzonen wirkte die Gleichförmigkeit und Größe der Kasernenarchitektur bedrohlich. Keller hielt sich für weitgehend immun gegen Einschüchterung. Nicht, dass das immer eine positive Eigenschaft war... Aber offenkundige Versuche, ihn zu verunsichern, machten ihn meist sauer. Ob es an den Stoffen lag, die noch immer in seinem Blut zirkulierten, oder an dem nervenzehrenden Stress der vergangenen Tage, jedenfalls fühlte Keller sich jetzt tatsächlich eingeschüchtert. Und dass das funktionierte, schmeckte ihm nicht.

Nach einigen hundert Metern verlangsamte Sokolow das Auto auf Schritttempo. Auf der linken Seite formten Gebäude ein großes U. Er bog dahinter auf einen Parkplatz mit beträchtlichem Fuhrpark ein, und der Wagen rollte aus. Der Oberst ließ den Motor laufen und drehte das Gebläse der Heizung auf Maximalstellung.

»Haben Sie einen Plan?«, erkundigte sich Keller nach etwa einer Minute.

Sokolow drehte den Zündschlüssel und zog ihn ab. »Im Grunde gibt es doch nur eine Option. Oder sehen Sie das anders, Genosse Oberleutnant?«

»Nun. Ich sehe eine Option, die sich aber kaum verwirklichen lassen dürfte.«

»Als Deutscher Volkspolizist, nein.« Sokolows Hände lagen in seinem Schoß. Er machte keine Anstalten, den Wagen zu verlassen.

»Sie glauben...« Keller wünschte sich, er wäre nicht so müde. »Sie glauben, dass Sie das möglich machen könnten?«

»Wir werden es herausfinden, nehme ich an. Kommen Sie.«

Keller war sich schnell sicher, dass er keinen Fuß weiter in das Gebäude setzen würde als bis in dieses Zimmer gleich neben der Wachstube. Der Raum war karg eingerichtet und nicht besonders warm. Sokolow hatte ihn mit Instruktionen an die wachhabenden Soldaten zurückgelassen, und das war vor wenigstens einer Stunde gewesen. Der Polizist fluchte halblaut.

Was war heute Nachmittag passiert, während die Moreaux sich um sein Ableben gekümmert hatte? Bisher hatte er jeden Gedanken an die Ärztin resolut beiseitegeschoben, aber je länger er hier saß, um so schwerer fiel ihm das. Die Frau hatte praktisch alles über seine Nachforschungen gewusst. Ob sie von Anfang an gegen ihn gearbeitet hatte? Oder war man erst später auf sie zugekommen, als nach oben durchgedrungen war, dass der renitente Oberleutnant Josef Keller von der Leipziger Kriminalpolizei eine anständige Ermittlung durchführen wollte? Was hatte sie ihm alles verschwiegen, und hätte er Kaltenbrunns Tod vielleicht verhindern können, wenn er weniger leichtgläubig gewesen wäre? Er konnte noch immer nicht fassen, dass sie bereit gewesen war, ihn umzubringen. Aber es gab keinen Zweifel. Er hatte gehört, was sie am Telefon gesagt hatte... Wie auch immer. Es ging nicht nur um ihn bei dieser ganzen Angelegenheit. Wo steckte Kosminsky jetzt eigentlich – und was meinte Sokolow damit, dass Schüttau verschwunden sei?

Keller drehte eine weitere Runde durch das Zimmer. Vor dem Fenster war gar nichts zu erkennen, weil das Licht der Deckenlampe so stark in den welligen Scheiben reflektierte, dass er sich selbst wie in einem Spiegel sah. Unrasiert, mit beindruckenden Ringen unter den Augen.

Er fragte sich, ob der Russe vorhin im Auto wirklich dasselbe gemeint hatte wie er. Eine Option, die so verrückt war, dass Keller sie nicht laut nennen wollte, aber die Einzige, die den Fall voranbringen und die offenen Fragen beantworten konnte: Sie mussten die Quelle finden, den Ort, wo das alles angefangen hatte.

Keller war trotz der harten Holzbank kurz eingenickt. Unvermittelt stand Sokolow im Türrahmen, und sein Gesicht war von eigenartiger Farbe. Er sah wie immer beherrscht aus, aber Keller hätte gewettet, dass der Oberst mächtig geladen war. Schön, da waren sie schon zu zweit.

»Kommen Sie, Keller.« Sokolow musterte ihn, fand in seinem Anblick aber offensichtlich keinen Grund zur Freude. Nun ja. Es erinnerte ihn daran, dass er noch immer Blut und weiß Gott, was sonst noch, von Karla Moreaux auf Hemd und Jackett hatte. »Man möchte Sie oben kurz sehen.«

Keller folgte Sokolow zum Treppenaufgang. »Und das passt Ihnen so gar nicht in den Kram, nicht wahr?«

»Ich versuche, Sie hier ein bisschen herauszuhalten, nicht, Sie zu ärgern, Keller.«

»Sie halten mich aus gar nichts raus«, gab er zurück. Seine Worte hallten merkwürdig in diesem Treppenhaus. »Das ist mein Fall. Kaltenbrunn mag ja zu Ihrer Truppe gehört oder für sie gearbeitet haben, doch das ändert nichts daran, dass Sie ohne mich nicht an dieser Sache dran wären. Weder Sie noch Ihre Vorgesetzten hätten je erfahren, was hier–«

»Es ist ja gut, Oberleutnant. Da drinnen sagen Sie bitte nichts.« Sokolow warf ihm einen mahnenden Blick zu, dann klopfte er an die Tür, vor der sie stehengeblieben waren.

19:58 UHR

Es war bereits dunkel, als er entschied, genug Material gesammelt zu haben. Er durchmengte den Haufen abgestorbener Pflanzenteile, bis eine homogene Mischung aus trockenen Blättern und Ästchen entstanden war. Er leerte die Wachstuchtasche und stopfte sie stramm mit Dämmmaterial aus. Anschließend platzierte er sie in Brusthöhe.

Die Nierengegend legte er mit dem verbliebenen Pflanzenmaterial aus; darauf kam noch eine gitterförmige Schicht aus dünnen Ästen, damit er auch dort einen Mindestabstand zum Boden halten konnte. Er öffnete seinen Overall, steckte die Ersatzbatterien in die Innentasche des Parkas, um sie vor schneller Entladung zu schützen, und stellte die Wasserflasche so hin, dass ihr Inhalt in der Morgensonne tauen konnte. Er hatte keinen Zweifel, dass sein einziger Flüssigkeitsvorrat in der Nacht gefrieren würde, deshalb zog er die Maske für einen Moment hoch und nahm kleine Schlucke eiskalten Wassers zu sich, bevor er sich hinlegte. Als er mit seiner Bettstatt zufrieden war, nahm er die große Geländekarte und und zerknüllte das steife Papier. Dann zog er sie vorsichtig wieder in die ursprüngliche Form, legte sich auf sein Laubbett und breitete das Papier über Brustkorb und Unterleib aus. Als Letztes legte er den gummierten Poncho der ABC-Schutzausrüstung über seinen Oberschenkeln über die knittrige Landkarte. Diese Isolierung sollte ihn in den morgigen Tag bringen. Obwohl er lange Unterhosen und dicke Wollsocken unter Kampfhose und Schutzanzug trug, wusste er nicht, ob er seine fast gefühllosen Beine retten konnte; seltsamerweise beunruhigte ihn dieser Gedanke nur wenig. Er zog die Kapuze über und legte den Kopf langsam auf die Kopfstütze, die aus seinem Ersatzfilter bestand, den er mit dem Gewinde nach unten auf zwei dünnen Betonbrocken fixiert hatte. Die Taschenlampe auf der Brust und die behandschuhten Hände darüber wartete Fassbender darauf, dass die Nacht vorüberging.

20:06 UHR

»Wissen Sie, Sie sollten einfach diesen Vermisstenfall klären, Oberst Sokolow. Nicht alten, ungeklärten Fällen nachjagen – und schon gar nicht kompromittierende Freundschaften mit Deutschen schließen«, rügte ihn der Generalleutnant (selbstverständlich auf Russisch), während er lächelnd auf Keller zutrat und ihm die Hand zur

Begrüßung reichte. Danach kehrte Morosow zu seinem Sessel hinter einem riesigen Schreibtisch zurück. »Setzen Sie sich.«

Sokolow nahm den Platz wieder ein, auf dem er die vergangene Stunde berichtet und dann Rede und Antwort gestanden hatte. Keller setzte sich in den zweiten Stuhl und erwiderte Morosows nicht eben freundlichen Blick stoisch.

Schließlich wandte der Generalleutnant sich von dem Volkspolizisten ab und ihm wieder zu. »Und dieser deutsche Oberleutnant will bei Ihrem Himmelfahrtskommando also dabei sein?«

Sokolow zuckte gelassen mit den Schultern. »Es dürfte problematischer sein, den Mann davon abzuhalten. Immerhin war es seine Ermittlungsarbeit, die zur Aufdeckung dieses ungeheuerlichen Vorgangs geführt hat.«

Keller verstand kaum ein Wort. Er ahnte, dass es um seine Person ging, auch wenn die Nennung seines Namens offensichtlich vermieden wurde. Sokolow sah ihm an, dass er sich zusammenreißen musste, um seine Verärgerung über ihre Unhöflichkeit nicht herauszuschreien.

Morosow kümmerte sich weniger um eine beherrschte Fassade und schlug mit beiden Händen auf die Tischplatte. »Sie haben rein gar nichts aufgedeckt, Genosse Oberst! Ihnen muss klar sein, dass wir ohne Beweise, ich meine handfeste Beweise und Personen, die bereit sind auszusagen, keinesfalls Maßnahmen ergreifen können. Das ist Ihnen doch klar, Sokolow? Sie sind vielleicht noch nicht lange hier, und natürlich sind die Umstände sehr spezielle – trotzdem wird kein Mitglied des Stabes den Befehl zur militärischen Besetzung eines Geländes auf deutschem Boden geben. Eine Blitzaktion wie die, die Ihnen vorschwebt, mit Mobilisierung von Truppenteilen… Da müssen Sie den Herren im Haus nicht nur etwas Lohnendes in Aussicht stellen, sondern fertig auf dem Silbertablett servieren.«

»Genosse Generalleutnant. Bedenken Sie bitte, worum es geht. Unsere deutschen Freunde verschleiern hier etwas mit beträchtlichem Aufwand und immensem Risiko. Wir haben Anhaltspunkte für die Liquidierung eines unserer Führungsoffiziere, und das auf verbündetem Staatsgebiet. Und von dem alarmierenden Umstand, dass wir über einen nuklearen Zwischenfall nicht informiert wurden, spreche ich gar nicht.« Sokolow zwang sich zu einer Pause und äußerlicher Ruhe. »Genosse Generalleutnant. Mir ist bewusst, dass die Ansicht vorherrscht, wir hätten die Aufsicht, sogar die Kontrolle über die deutsche Hauptverwaltung Aufklärung und alle ihre Dependancen. Aber das ist doch, offen gesagt, eine Illusion, wenn solche Vorgänge im Geheimen abgelaufen sind und weiterhin ablaufen können. Es ist unsere Pflicht, hier schleunigst Aufklärung zu betreiben.«

»Nun, reine Aufklärung ist ja nicht das, was Sie vorschlagen. Und doch haben Sie nur Ihre Theorie, Genosse Oberst. Falls es so sein sollte, wie Sie sagen–«

»Was mit dem Agenten Kaltenbrunn geschehen ist, ist mehr als eine vage Theorie, Genosse Generalleutnant. Und durch Sascha Petrow und Alexej Orlows Tod wissen wir, dass es sich nicht um eine kleine, abgelegene Verseuchungszone handeln kann. Da sind militärische Einheiten entweder von der NVA oder der Kasernierten VP im Einsatz.« Sokolow atmete durch. »Irgendwo direkt vor unserer Nase läuft das ab. Das ist ein Fakt. Und wie wollen wir das am Ende der Zentrale in Moskau erklären?«

Morosows Augen wurden schmal, als er nachdachte. Kommentarlos schob er die Landkarte, über der er und Sokolow in der vergangenen Stunde gebrütet hatten, näher an sie heran. Sie zeigte das Gebiet um die Garnisonsstadt Hagenow und hatte in der Vergangenheit bereits zur Planung verschiedener Aufklärungsoperationen der GRU gedient, wie alte Markierungen und Einheitenkürzel anzeigten. Keller warf einen neugierigen Blick darauf.

»Der Generalleutnant und ich haben die Karte auf Areale hin analysiert, auf denen die von uns vermuteten Vorgänge durchführbar wären«, erläuterte Sokolow an Keller gewandt. »Wenn wir diese Überlegungen mit Saschas Angaben korrelieren, sollten wir in der Lage sein, das infragekommende Gelände zu bestimmen oder wenigstens näher einzugrenzen.«

Keller sagte kein Wort. Er blickte zu Morosow, der keine Regung erkennen ließ. Dann nickte er unmerklich.

»Nach Rücksprache mit unseren Spezialisten«, fuhr Sokolow auf Deutsch fort, »ist jetzt klar, dass es sich nicht um einen uns bekannten Forschungsreaktor handeln kann, der für die radioaktive Verseuchung in diesem Bereich verantwortlich ist.«

Keller gab seine stumme Rolle endlich auf. »Also muss es irgendwo dort einen geheimen atomaren Forschungskomplex geben. Wie ist das möglich?«

Morosows Blick war warnend auf Sokolow gerichtet, der für ihn antwortete: »Das hat Sie nicht zu kümmern, Genosse Keller. Und auch die Existenz eines, wie Sie es nennen, geheimen Forschungskomplexes ist reine Spekulation. Nichts als das theoretische Produkt einer Indizienkette.« Sokolow war halb darauf gefasst, dass Keller ihm an die Gurgel gehen würde, aber stattdessen entspannte der sich mit einem Mal.

»So muss man das wohl sehen«, bestätigte Keller. »Bis man es mit eigenen Augen gesehen hat.«

Sokolow konnte sich ein Lächeln nicht verkneifen.

»Wenn irgendetwas schief geht«, schnauzte Morosow dazwischen, »dann rollen Köpfe. Und Ihrer zuerst, Sokolow. Das ist Ihnen bewusst?«

»Heißt das, Sie werden die Operation in die Wege leiten?«

»Das heißt, dass ich die Angelegenheit dem Stab vortragen werde. Ich werde vorschlagen, Ihnen zeitweise Verfügungsgewalt über das Motorisierte Schützenregiment der Garnison Hagenow zu gewähren. Die tatsächliche Befehlskette wird dadurch nicht berührt. Wenn Sie ohne triftigen Grund einen... Zwischenfall mit den Deutschen auslösen, falls es gar zu einer bewaffneten Auseinandersetzung kommt... kann ich nichts für Sie tun, Genosse Oberst.«

23:41 UHR

Sie hatten Moreauxs roten Schlitten gegen ein weniger sportliches, dafür mit dem »CA« der Sowjetarmee gekennzeichnetes Fahrzeug eingetauscht. Sokolow hatte sich geweigert, Keller in seinem Zustand ans Steuer des Wagens zu lassen. Auf der Fahrt nach Nordwesten in Richtung Schwerin bestätigte Sokolow seine Vermutungen darüber, was Morosow gesagt hatte.

»Sie sollten ein wenig schlafen, Keller.«

Er schüttelte den Kopf, sie hatten einiges zu besprechen. Doch nur Minuten später drückte eine bleierne Müdigkeit ihm die Augen zu. Erst als sie kurz vor Hagenow die Landstraße verließen, wachte Keller wieder auf; endlich fühlte sich sein Kopf wieder vollkommen klar an.

»Guten Morgen, Genosse Keller«, begrüßte ihn Sokolow.

»Drei viertel zwölf«, las Keller ab. »Wie weit ist es noch?«

Anstelle einer Antwort deutete Sokolow auf den Zaun, der längs der Straße verlief. Ein gelbes, handgemaltes Schild, das vor dem Betreten der Sperrzone warnte, wischte vorüber. Kaum drei Minuten später fuhren sie mit dem Wünsdorfer Fahrzeug auf das Garnisonsgelände ein. Die Wachposten am Eingang hatten ganz offenkundig auf ihr Kommen gewartet und gaben ihre Ankunft sogleich per Funk durch. Ein kleiner UAZ setzte sich in Bewegung, Sokolow reihte sich dahinter ein. Nach der überdimensionierten Anlage in Wünsdorf war Hagenow geradezu gemütlich, fand Keller. Das hier war ein *kleines* Militärstädtchen, und keines, das die Sowjetarmee eingerichtet hatte. So wie es aussah, stammten die Kasernengebäude größtenteils aus der Vorkriegszeit. Daneben waren typische Funktionsbauten neueren Datums zu sehen, die wohl vornehmlich der Unterbringung von Soldaten dienten. Der große Platz vor dem Stabsgebäude war beleuchtet, und es herrschte für die Uhrzeit ungewöhnliche Betriebsamkeit. Soldaten und Fahrzeuge waren unterwegs. Was hinter den geschlossenen Hallentoren vor sich ging, konnte Keller nur erahnen. Sicher würde man das meiste Gerät erst nach Klärung letzter

Details in Marschbereitschaft versetzen. Sokolow brachte den Wagen einen Meter hinter ihrem Begleitfahrzeug zum Stehen. Ein regelrechtes Empfangskomitee trat aus dem Haupteingang der Garnisonsverwaltung. In der Mitte ein älterer Offizier, vermutlich der Garnisonskommandant, neben ihm einige Männer seines Stabes. Keller achtete darauf, zeitgleich mit Sokolow aus dem Wagen zu steigen, und hielt sich so gut wie möglich im Hintergrund, während Sokolow den Generalmajor förmlich grüßte. Trotzdem hatte er das Gefühl, dass die meisten Augen auf ihn gerichtet waren. Auch der Kommandant sah mehrmals zu ihm herüber, während er mit Sokolow sprach. Außer den Namen Petrow und Orlow verstand Keller nichts von ihrem Gespräch. Nach zwei oder drei Minuten wandten sich Oberst und Generalmajor um und verschwanden im Inneren des Gebäudes. Keller trat für einen Moment unschlüssig auf der Stelle. Als er die drei Stufen hinaufstieg, um ungefragt zu folgen, stellten sich ihm sofort die zwei Männer rechts und links des Eingangs in den Weg.

»He, Sokolow!« Keller schluckte die Verwünschung herunter, die er dem arroganten Oberst hinterherrufen wollte.

Mit einem kurzen Blick über die Schulter verschwand Sokolow.

Keller wurde einen langen Flur im Erdgeschoss entlanggeführt. Er hatte es langsam satt, von den Sowjets wie ein Gepäckstück mal hier, mal dort abgestellt zu werden. Dass er nicht wirklich damit rechnen konnte, in die strategischen Planungen einer Operation der Sowjetarmee – und noch dazu einer derart heiklen Operation – einbezogen zu werden, minderte seinen Unmut kaum. Als er schließlich durch die ebenfalls bewachte Tür trat, zu der man ihn geführt hatte, vergaß er seinen Ärger kurzzeitig.

»Hier stecken Sie also«, begrüßte er seinen Unterleutnant.

»Chef!« Kosminsky hüpfte beinahe von seinem Stuhl. Dann stand er unschlüssig vor ihm und entschied sich scheinbar im letzten Moment dagegen, Keller um den Hals zu fallen. Stattdessen grinste der junge Mann voller Erleichterung – bis er seinen Vorgesetzten näher betrachtete. »Großer Gott, was ist denn mit Ihnen passiert?«, platzte er raus.

»Das wollen Sie nicht wissen.« Was brachte es auch, wenn Kosminsky jetzt von Moreauxs Verrat erfuhr?

»Sind Sie verletzt?«

Keller schüttelte den Kopf und ließ sich auf Kosminskys Stuhl sinken. »Jetzt berichten Sie mir erstmal von Berlin, Kollege. Was hat Sascha Ihnen erzählt? Und wie sind Sie überhaupt hierhergekommen?«

Kosminsky wirkte nach seinem Bericht ein wenig fahrig. Keller fragte sich, ob es die Schießerei mit dem Attentäter oder die Unterhaltung mit dem todkranken Jungen war, die den Unterleutnant aus der Fassung brachte – er vermutete Letzteres. Er war jedenfalls froh, dass Sokolow in Leipzig so schnell die richtigen Schlüsse aus dem Anschlag in der Berliner Charité gezogen hatte. Es hatte möglicherweise nicht nur sein Leben gerettet. Und egal, wie unangenehm Keller der Gedanke war, genau das hatte der Oberst getan.

Keller stand auf und steuerte einen Rundkurs durch das Zimmer an, wie fast immer, wenn er nachdachte. Diesmal war es keine ungemütliche Wartekammer, sondern eine Offiziersstube mit Schreibtisch, einer großen Landkarte und weiteren Möbelstücken, allesamt einfach und funktional.

»Sagen Sie mir jetzt, was in Döbeln passiert ist, nachdem ich weg war?«, erkundigte sich Kosminsky, an der Schreibtischecke lehnend.

»Nichts, was jetzt von unmittelbarem Interesse wäre«, behauptete Keller und fuhr sich unbewusst mit der Hand über den Hals.

»Sie wissen schon, dass Ihr Hemd und das Revers voller–«

Keller wäre an die Decke gegangen, hätte sich nicht in diesem Moment die Tür geöffnet. Ein Mann Ende dreißig trat ein. Kosminsky flüsterte Keller zu, dass das Sokolows Assistent Iljin sei. Dahinter kam der Oberst und schließlich der Kommandant. Er trug nach seiner Besprechung mit dem Geheimdienstler einen ähnlich ernsten Gesichtsausdruck wie zuvor Generalleutnant Morosow in

Wünsdorf. Niemand hielt sich mit weiteren Vorreden auf. Nachdem einige weitere Stühle herbeigebracht waren, breitete Iljin eine Karte auf dem Tisch aus.

Sokolow blickte in die Runde und ergriff das Wort: »Angesichts der heutigen – vielmehr inzwischen gestrigen – Ereignisse müssen wir davon ausgehen, dass die Ergebnisse unserer Nachforschungen und unsere Absichten der Gegenseite bekannt sind oder rasch bekannt sein werden. Daher ist ein schnellstmöglicher Zugriff unsere einzige Chance auf einen erfolgreichen Abschluss der Operation.« Der Oberst sprach Deutsch, woraus Keller schloss, dass alles Relevante bereits im Vorfeld mit dem Generalmajor besprochen worden war. »Die topographische Analyse, die Auswertung unserer jüngsten Daten und Sascha Petrows Aussagen weisen alle darauf hin, dass unser Zielgebiet hier«, er fuhr mit dem Finger einen Teil der Karte ab, »in der Gegend östlich von Lübtheen zu suchen ist. Durch die geographischen Gegebenheiten kommt dieses Areal für die von uns vermuteten Aktivitäten am ehesten infrage. Laut offiziellen Liegenschaftsplänen ist auf dem Gelände eine Abteilung der Grenztruppen stationiert, über eine Verwendung der nahegelegenen, ausgedehnten Trockenmoorzone und der angrenzenden Waldgebiete im westlichen Teil ist nichts verzeichnet. In den Luftbildaufnahmen aus 1970 ist nichts zu erkennen, was auf eine weitergehende Verwendung hinweist. Aktuellere Bilder existieren nicht.« Sokolow sah Keller an, aber es war Kosminsky, der darauf einstieg und fragte: »Das muss also nicht heißen, dass dort nichts ist?«

»Nun, wir wissen ja nicht, welche Art von Einrichtung die Verseuchung in dieser Zone verursacht hat. Auch wenn die Luftaufklärung keine verdächtigen Gebäudekomplexe erkennen lässt, kann das verschiedene Ursachen haben. Zunächst ist zu bedenken, dass die Aufnahmen mehrere Jahre alt sind. Möglicherweise sind die Bauten nicht groß genug, um bei der vorhandenen Vegetation klar erfasst zu werden, oder es werden unterirdische Anlagen genutzt. Darüber hinaus ist es denkbar, dass das Gebiet lediglich zur Entsorgung radioaktiver Abfälle genutzt wird – in diesem Falle stellt sich die Frage, wo die Abfälle entstanden sind.«

Keller nickte, in Gedanken versunken. Die Abkommen zur Nutzung der Kernkraft in der DDR sahen vollständige Kontrolle durch die UdSSR vor, wie Sokolow gestern ausgeführt hatte. Da sämtliches geförderte Uranerz ohne Umwege an den großen Bruder weitergereicht wurde und außerdem eigene Innovationen der Deutschen Demokratischen Republik auf dem Gebiet der Brütertechnologie seit fast zehn Jahren auf Eis lagen, hatte Moskau alle Fäden in der Hand. Jeder Reaktor zu Forschungszwecken oder zur Energiegewinnung in der DDR stammte aus der Sowjetunion.

»Es fehlt uns an Beweisen für ein vertragsbrüchiges Verhalten des Politbüros beziehungsweise des Nationalen Verteidigungsrates. Diese auf dem Gelände so umfänglich wie möglich zu sichern, ist Ziel der Operation *Feuerzauber*, auf die sich Teile des 283. motorisierten Schützenregiments derzeit vorbereiten. Mit Blick auf die diplomatischen Konsequenzen und nicht auszuschließende Kollateralschäden ist die Operation äußerst heikel.« Sokolow unterbrach sich und atmete hörbar durch, ehe er hinzufügte, »Der Oberleutnant und ich werden daher diskrete Aufklärung betreiben. Und erst, wenn die Sachlage ohne jeden Zweifel festgestellt ist und Moskau als Justifikation genügen wird, werde ich den Zugriff einleiten.«

Es dauerte einen Moment, bis Kosminsky begriff, dass Keller mit dem 'Oberleutnant' gemeint war. Er sah seinen Vorgesetzten entgeistert an. Keller ahnte, dass der Unterleutnant sich die Unterstützung durch ihre sowjetischen Freunde etwas anders vorgestellt hatte. »Das... Sie wollen zu zweit auf das Gelände, wo auf die Jungen geschossen wurde? Wollen Sie sich das nicht noch einmal überlegen, Chef?«

»Führen Sie sich nicht auf wie das Kindermädchen«, schoss Keller zurück. »Selbstverständlich werde ich mit Genosse Sokolow die Aufklärung übernehmen.«

»Und Sie, Unterleutnant«, ergänzte Sokolow, »werden mit Major Iljin die funktechnische Verbindung vor Ort sicherstellen. Sie halten von einem unserer Fahrzeuge aus den Kontakt mit uns und dem Stab in Hagenow.«

»Kontakt?« Kosminsky sah den Oberst misstrauisch an. »Haben Sie nicht gerade eben gesagt, dass Sie selbst den Zugriff…« Er verstummte, als er Kellers Blick auffing.

»Im Planfall gebe ich den Befehl natürlich persönlich. Aber je nachdem, welche Bedingungen wir vor Ort vorfinden, kann es erforderlich werden, den Befehl für die Operation *Feuerzauber* über Sie an die Einsatzgruppe weiterleiten zu lassen.«

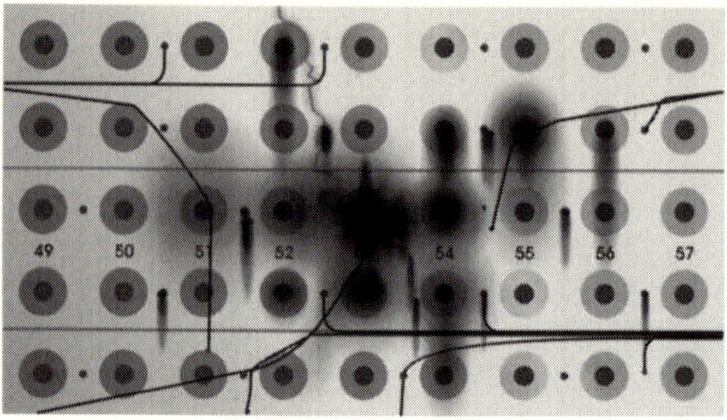

Dienstag, 19. Februar 1974

04:48 UHR

Fast fünf Stunden hatte er es geschafft, gegen die Müdigkeit anzukämpfen. Doch jetzt begannen seine Augen immer öfter für Sekunden zuzufallen. Er durfte nicht einschlafen. Fassbender war sich sicher, dass das sein Ende wäre; es wurde erst in einigen Stunden hell, und bis dahin wäre er erfroren. Umständlich schob er seine Liegestatt Richtung Betonwand. Nachdem er aufrecht saß und seine erstaunlich gut funktionierende Dämmung wieder geordnet hatte, leuchtete er nach oben. Unmöglich, hier ohne Leiter oder Seil (inklusive Helfer) herauszukommen. Und Klettertouren konnte er sich mit seinem zertrümmerten Bein ohnehin abschminken. Um sich wachzuhalten, richtete er seine Gedanken auf den Zweck dieser unterirdischen Halle. Vielleicht konnte er ein paar Meter herumhumpeln, wenn es wieder hell war, und einen näheren Blick auf die mysteriösen Behälter werfen.

Tausende von Stahlzylindern in Reih und Glied, verbunden über dünne Druckleitungen… Mit einem Mal wusste er, was er vor sich hatte. Das hier war nichts anderes als eine Anreicherungsanlage für Uran. Jetzt fiel ihm auch wieder ein, wo er davon gehört hatte. Im Umkleidebereich für die Laboranten hatte er vor etlichen Jahren Teile eines Gesprächs mitbekommen. Offensichtlich war der Erzähler in einer anderen Einrichtung ausgebildet worden. Dort wurde im großen Maßstab Uran 238 von dem selteneren Uran 235 getrennt. Dieses Uran 235 war äußerst begehrt, denn nur das Isotop mit der ungeraden Neutronenzahl ließ sich einigermaßen leicht spalten. Der wichtigste Ansatz zur Trennung bestand darin, eine chemische Verbindung aus Uran und Fluor zu Hilfe zu nehmen. Bei knapp sechzig Grad Celsius und normalem Druck entstand aus diesem Uranhexafluorid ein hochaggressives Gas. In diesem Aggregatzustand nutzte man den Gewichtsunterschied – immerhin fast ein Prozent – um das seltene und leichtere Uran 235 vom schwereren Uran 238 zu separieren. Eine aufwendige Sache, bestand natürliches Uran doch doch zu über neunundneuzig Prozent aus dem unerwünschten schweren Isotop 238. Das übliche Verfahren zur Anreicherung des Urans mit dem Isotop 235 bestand nun darin, Uranhexafluoridgas durch poröse Membranen diffundieren zu lassen, was das leichtere Isotop schneller schaffte. Der Gasstrom hinter der Membran enthielt dann eine etwas größere Konzentration an Uran 235. Die Kehrseite war der Wirkungsgrad. Man benötigte Unmengen an Energie für unzählige Durchläufe, und es waren sehr viele Trennstufen mit beträchtlichem Platzbedarf nötig, um die gewünschte Anreicherung zu erzielen. All das war Fassbender schon lange vorher bekannt gewesen.

Was sein Interesse an dieser Unterhaltung damals geweckt und das Anlegen seiner Schutzausrüstung unglaublich in die Länge gezogen hatte, war das neuere Verfahren, von dem der Mann berichtete. Angeblich arbeitete man daran, ein wesentlich effizienteres Verfahren zur Anreicherung von Uran mittels Gaszentrifugen in den Griff zu bekommen. Das Problem schienen die Fertigungsgenauigkeit und die Haltbarkeit unter Dauerlast zu sein, weil diese Zentrifugen mit mehreren zehntausend Umdrehungen (unglaublich, wie Fassbender fand) laufen sollten. Wegen dieser extrem hohen Geschwindigkeiten kam für solche Gaszentrifugen nur die Bauweise als schmale, hohe Zylinder infrage – und genau das sah er vor sich.

Aber wieso? Die Forschungseinrichtung wurde mit dem gleichen Uranbrennstoff beliefert, mit dem auch die Kernkraftwerke bestückt wurden. Für ihre Versuchsreihen war der Anreicherungsgrad von etwa vier Prozent mehr als ausreichend. Eine weitere Anreicherung hätte nur extreme Kosten und Gefahren verursacht. Es sei denn...

Fassbenders Mund wurde trocken. Alles passte zusammen. Der unterirdische Tank mit der extrem heißen, grünen Flüssigkeit – sicherlich der beim Anreicherungsprozess anfallende Müll – und jetzt diese riesige Maschinenhalle voller Gaszentrifugen. Hier wurde an waffenfähigem Uran gearbeitet, ganz eindeutig. Dazu passte auch die penible Geheimhaltung, selbst gegenüber den Mitarbeitern der Einrichtung. Nur wenige konnten davon wissen, wenn selbst die Messtrupps der umgebenden Sektoren nicht ahnten, was sich in Planquadrat 53 abspielte. Ganz offenbar hatte sich ein Unfall ereignet. Uranhexafluorid reagierte äußerst heftig mit Wasser. So ließ sich der Deckeneinsturz in der Zentrifugenhalle erklären. Vielleicht war der Behälter hinter der roten Tür ebenfalls dadurch in Mitleidenschaft gezogen worden. Zumindest war die Anwesenheit von Grundwasser in dem Bunkerbau nicht normal.

Er konnte nicht mehr warten, bis es hell wurde. Unter Stöhnen kroch Fassbender auf die nächstgelegene Stahlröhre zu und zog sich am Betonsockel hoch. Wenige Zentimeter über dem Flansch befand sich ein Blechschild mit eingeschlagenen Ziffern, die im Strahl seiner Taschenlampe zwischen den schwarz gedruckten Wörtern funkelten.

MAFAB

Baureihe Nr. GD3 240
Entladedruck 4:1
Bauart IIIb / 88
Nennspg. 380V
Funkentstört FZ72/02 FD-605 Nr.655

Anlagenbau MAFAB AG – 4800
Bielefeld Made in West-Germany

Was sollte das jetzt? Eine feindliche Urananreicherungsfabrik in *seiner* Forschungseinrichtung? Erneut war der Mixer angeworfen worden, in dem sein Weltbild in kürzer werdenden Abständen zerfetzt und durcheinandergewirbelt wurde. *Das ergibt doch keinen Sinn. Arbeite ich in Wirklichkeit für–?*

»He, Sie da!«

Fassbender wirbelte herum und konnte sich mit einem Griff an ein Ventilrad gerade noch vor dem Sturz retten. Die Silhouetten von zwei Personen waren im schwachen Gegenlicht am Rand des Einsturzbereiches zu erkennen.

05:03 UHR

»Iwan eins an Iwan zwei.« Keller grinste, als er zu Sokolow schaute, der die Augen verdrehte. »Iwan eins an Iwan zwei«, wiederholte er. Aus dem Funkgerät war weiter nichts als Rauschen zu hören.

»Das ist die Retourkutsche für gestern, nehme ich an«, flüsterte der Oberst. »Macht's Spaß, Genosse Keller?«

Der griemelte nur weiter, ohne auf den Russen einzugehen. »Iwan zwei, hören Sie mich? Hier Iwan eins, bitte melden.« Das Rauschen des Äthers wurde von ein paar Knacksern unterbrochen, eine Antwort erhielt Keller nicht.

Jetzt war es Sokolow, der lächelte. Er nahm dem Volkspolizisten das Funkgerät aus der Hand und drückte die Sprechtaste. »Unterleutnant Kosminsky, bitte kommen.«

»Hier Kosminsky, ich höre.«

Sokolow reichte das Sprechfunkgerät an Keller, der es mit einer ärgerlichen Geste ergriff.

»Warum melden Sie sich nicht, wenn... ach egal. Lagebericht!«

»Hier ist alles in Ordnung. Keine Vorkommnisse. Wie kommen Sie und der Oberst voran? Schon irgendwelche Erkenntnisse?«

»Der *Oberst* und ich kommen gut voran.« Der Oberleutnant bedachte den russischen Offizier mit einem abschätzigen Blick. »Den Bunker, beziehungsweise den Bunkereinstieg, den der Junge beschrieben hat, haben wir vor wenigen Minuten hinter uns gelassen. Die Tür war hingegen nicht geschlossen, wie der Junge das behauptet hat. Wenn seine Angaben stimmen, dann war da in der Zwischenzeit jemand drin.«

»Verstehe. Hoffentlich nicht weitere Kinder«, es knackte aus dem kleinen Lautsprecher. Nach wenigen Sekunden sprach Kosminsky weiter. »Also weil die Bunkertür nicht geschlossen worden ist, meine ich. Soldaten hätten das ja wohl getan. Na ja, wie dem auch sei. Haben wir etwas Neues?«

»Ja... nein, nicht direkt. Also wir konnten nicht so einfach, weil unser Messgerät–«

Sokolow nahm das Funkgerät an sich. »Kosminsky, hören Sie?«

»Ich höre, Genosse Sokolow.«

»Gut. Wir haben hier überall erhöhte Strahlungswerte. Kaum besonders schädlich, wenn man sich nicht zu lange hier aufhält. An der geöffneten Bunkertür hat der Geigerzähler allerdings deutlich erhöhte Strahlungsintensität angezeigt. Ohne Schutzausrüstung können wir da nicht rein.«

»Verstehe, das könnte der Ausgangspunkt der radioaktiven Verseuchung sein. Soll ich–?«

»Nein, noch nicht, Kosminsky. Wir schauen uns in der Umgebung dieses Gebäudes noch etwas um. Ich kann mir nicht vorstellen, dass es hier nur diesen Bunkerzugang gibt. Wir melden uns später wieder, das war es soweit.«

»Verstanden, Iwan eins.«

Ein Knacken, dann herrschte das leise Knistern der Funkstille.

Sokolow sah sich um. Keller war während seines Lageberichts an Kosminsky zirka fünfzig Meter weiter in westliche Richtung gelaufen. Jetzt ruderte er mit beiden Armen und bedeutete Sokolow, zu ihm zu kommen.

»Es ist nicht besonders klug, in diesem unübersichtlichen Gelände alleine weiterzumarschieren, Genosse Oberleutnant.«

Aber der hörte ihm überhaupt nicht zu. »Ich glaube, da vorne ist noch etwas. Das sollten wir uns ansehen. Ich wollte nur nicht alleine da rein laufen. Nachher passiert noch was. In so einem Gelände weiß man ja nie.« Als der russische Offizier zu ihm aufgeschlossen hatte, fuhr er fort. »Für mich sieht es so aus, als ob da weitere Bauten im Wald wären, so richtig erkennen kann man aber nichts. Kommen Sie.«

Im Schein ihrer Taschenlampen erschienen niedrige Betonklötze ohne erkennbare Funktion. Als sie näher kamen, erkannten sie, dass die Quader auf einer großen Fläche aus Betonplatten platziert waren.

»Was ist das? Sie sind doch vom Militär. Kommt Ihnen das bekannt vor?«

»Ich habe keine Ahnung.« Sokolow ging auf den nächsten Betonsockel zu und beleuchtete die nach oben herausstehenden Gewindestangen. »Ich würde sagen, das ist recht neu. Jedenfalls wurde dieser Flansch noch nicht benutzt.«

»Aha, und was soll uns das sagen, Genosse Oberst?«, entgegnete Keller gereizt.

»Herr Keller, ich verstehe Ihre Verärgerung. Wenn ich mich gestern im Ton vergriffen habe, dann entschuldige ich mich. Wir kommen hier nur kooperativ weiter – Ihr 'Iwan' war übrigens gar nicht so schlecht, touché, würde ich sagen.«

Kellers Gesichtszüge entspannten sich. »Wie kommen Sie darauf, dass diese Strukturen neu sind?«

»Der Stahl dieser Gewindebolzen ist kaum verrostet, dafür sehr gleichmäßig. Die können schon einmal nicht alt sein. Und wäre da etwas festgeschraubt worden – ein Mast, ein Träger oder Ähnliches – würde man das am Gewinde erkennen können. Zudem hätte so ein Bauteil selbst Spuren hinterlassen, beispielsweise Rostverfärbungen auf dem Betonsockel. Dem ist aber nicht so. Wahrscheinlich ist das Ganze hier noch im Bau befindlich.«

»War«, murmelte Keller.

»Was meinen Sie?«, hakte Sokolow nach.

»Ich meine, es war im Bau befindlich. Dieses Unkraut in den Fugen und das ganze Laub, das hier herumliegt. Das spricht nicht für eine Baustelle, die noch in Betrieb ist.«

»Das stimmt, den Gewächsen in den Ritzen zufolge mindestens seit Herbst letzten Jahres.« Sokolow wirkte nachdenklich. »Warum sollte man die Bauarbeiten abbrechen? Materialmangel ist in militärischen Einrichtungen ein seltener Umstand, ebenso wie Geldsorgen. Es muss ein anderes–«

»Ereignis gegeben haben, einen Vorfall«, fiel ihm Keller ins Wort.

Sie sahen einander für einen Moment wortlos an, dann nickte der Russe langsam. »Lassen Sie uns die Ausdehnung des Komplexes herausfinden. Eventuell gibt es Verbindungen zu weiteren Teilen, die aufschlussreicher sind.«

»In Ordnung. Sie gehen vor mit Ihrem Messding.«

»In der Nähe der Baustelle ist die Strahlungsbelastung übrigens etwas höher als im Gelände. Nicht so schlimm wie an der Bunkertür, aber doch deutlich.«

»Aha, schön«, brummte Keller leise.

Sie hatten die Betonfläche rechter Hand liegenlassen und gingen vorsichtig weiter in westlicher Richtung an ihrem Rand entlang, als Sokolow unvermittelt stehenblieb und die Arme ausbreitete. »Halt.« Er schwenkte einen Bereich fünf Meter vor ihnen ab. »Sehen Sie das, Oberleutnant? Kein Bewuchs, alles dunkel. Wir müssen ab jetzt vorsichtig sein.«

»Aha, schön«, murmelte Keller erneut.

Nach wenigen Schritten tat sich zu ihren Füßen ein rechteckiges Loch von etwa fünf mal fünf Metern auf. Der Boden bestand aus Beton und lag vier, vielleicht fünf Meter tiefer. Vor einer industriell anmutenden Szenerie stand ein Mann in ABC-Montur, der ihnen den Rücken zuwandte.

»He, Sie da!«, rief Keller der Gestalt zu, die sich erschrocken umdrehte und einen Sturz gerade vermeiden konnte. »Wer sind Sie, und was machen Sie hier?«

Der Mann reagierte nicht. Stattdessen schien er in einer grotesken Pose eingefroren, die Keller an einen Flamingo erinnerte.

Sokolow schaltete sich ein. »Nehmen Sie die Maske runter. Unser Geigerzähler zeigt an, dass wir uns gefahrlos unterhalten können.« Er schwenkte das Gerät über seinem Kopf.

Der Angesprochene ließ sich umständlich sinken und lehnte sich an das Betonpodest, auf dem ein stählerner Behälter zu stehen schien. Dann zog er die Schutzmaske vom Kopf, blieb aber stumm.

Keller seufzte »Nun gut« und sagte dann lauter: »Ich bin Oberleutnant Keller von der Deutschen Volkspolizei und das ist mein Kollege Obe–«, Keller stockte. »Oberleutnant Sokolowski.« Er blickte mit Unschuldsmiene zum Oberst und zuckte mit den Schultern.

Der Mann zögerte. »Hauptmann Fassbender vom... Sie sind gar nicht von... hier?«

Natürlich hatte dieser Fassbender Soldaten erwartet. Jetzt war er misstrauisch. Keller wechselte das Thema. »Sind Sie verletzt?«

»Ja, ich habe mir das Bein gebrochen, als ich gestürzt bin. Gott sei Dank, dass Sie mich gefunden haben. Holen Sie mich raus, ich brauche dringend einen Arzt.«

Bevor der Polizist antworten konnte, schaltete sich Sokolow ein. »Hören Sie zu, Hauptmann Fassbender. Wir können Sie jetzt nicht bergen. Wir haben keinerlei Hilfsmittel dabei, kein Seil, keinen Gurt. Wir holen schnellstmöglich Hilfe, das sichere ich Ihnen zu. Doch vorher müssen Sie uns einige Fragen beantworten. Was ist das? Was wird hier gemacht?«

Wieder ließ sich Fassbender Zeit, um schließlich eine anscheinend antrainierte Aussage zu machen. »Ich fürchte, ich darf Ihnen als Zivilisten keine Auskunft geben. Die gesamte Einrichtung unterliegt strengster Geheimhaltung.« Nach einer kurzen Pause setzte er leiser hinzu: »Sie dürften nicht einmal hier sein.«

»Und ich fürchte, Sie haben recht, Hauptmann... Mist, habe ich schon wieder vergessen. Wir dürften nicht einmal hier sein. Oberleutnant Keller, wir gehen.« Sokolow fasste Keller an der Schulter und zog ihn von der Öffnung weg. Sie entfernten sich ein paar Schritte, sodass sie außer Sichtweite waren, als sie die erwartete Äußerung hörten.

»Halt, warten Sie!«

Keller machte kehrt, aber Sokolow hielt ihn zurück und bedeutete ihm, nichts zu erwidern.

»Kommen Sie zurück, ich–«, Fassbender schien mit sich zu ringen. »Ich werde reden, kommen Sie zurück.«

Mitleid scheint der Unterschied zwischen einem normalen Polizisten und einem Geheimdienstler zu sein, dachte Keller. Vielleicht sollte er Zeugenbefragungen in Zukunft eher wie Verhöre führen. Jedenfalls schien Sokolow der kompromisslosere Ermittler zu sein. Der Oberst ließ weitere zwei Minuten verstreichen, bevor er mit Keller im Schlepptau zum Deckensturz zurückging.

»Hauptmann. Wir sind nur noch einmal zurückgekommen, um Ihnen etwas Proviant für die Ihnen verbleibende Zeit dazulassen.« Er warf eine in Wachspapier gewickelte Wurstbemme auf den Betonboden, wo sie aus ihrer Umhüllung in den Dreck kullerte. »Viel Glück. Leben Sie wohl, Genosse.«

Keller bekam eine Gänsehaut. Das konnte dieser Sokolow doch nicht durchziehen.

»Verdammte Scheiße nochmal, die haben mich doch selbst betrogen.« Fassbenders forscher Ton hatte mit einem Mal etwas Weinerliches. »Bleiben Sie und holen Sie mich hier raus. Ich sage Ihnen alles, was ich weiß.«

Für einen Moment grinste Sokolow den Polizisten zufrieden an, dann erstarrten seine Züge wieder zur gewohnten Kälte. Er kehrte an den Rand der Einsturzstelle zurück und zeigte sich Fassbender. »Schön, ich höre, Genosse Fassbender.«

Nach einer Viertelstunde, in der Sokolow und Keller nur wenige Zwischenfragen gestellt hatten, endete Fassbenders Bericht der vergangenen Nacht.

»Gut, kommen wir zum… sagen wir, spekulativen Teil, Fassbender«, übernahm Keller. »An der eingestürzten Decke was für eines Gebäudes stehen wir hier?«

Der Mann im Schutzanzug zog hörbar Luft ein. »Wissen Sie, was eine Anreicherungsanlage ist?« Als die Zuhörer nicht antworteten, fuhr er fort, »Das gesamte Sperrgebiet ist Teil einer Forschungseinrichtung der NVA. Wir untersuchen die Auswirkungen von Verseuchungen aller Art auf die Umwelt und Lebewesen. In unserer Anlage wird die gesamte Forschung der DDR bezüglich atomarer Kontamination gemacht. Bis vor ein paar Jahren wurden gelegentlich auch chemische Felduntersuchungen durchgeführt, aber da gibt es scheinbar nicht mehr viel zu erforschen. Mann, ist das kalt.« Fassbender erhob sich unter Stöhnen und balancierte auf dem rechten Bein.

»Warten Sie«, Sokolow holte eine große Feldflasche aus Aluminium hervor und ließ sie auf Fassbenders Laubbett fallen. »Das ist heißer Chai mit viel Zucker.«

Der Verletzte brauchte einige Minuten, um mit kleinen Hüpfern und vielen Pausen zu seiner Tasche zu gelangen. Mit einem lauten Ächzen sank er auf sein Laubkissen. »Vielen Dank, Genosse Sokolowski!«

Keller wartete, bis Fassbender einen wärmenden Schluck zu sich genommen hatte. »Gut, Sie führen hier also Atomexperimente durch. Sie verseuchen die Landschaft, und dann warten Sie ab, was passiert.«

Sokolow warf dem Oberleutnant einen unerfreuten Blick zu. »Genosse Fassbender, Sie sprachen von einer Anreicherungsanlage.«

»Ja, das stimmt. Erzähle ich gleich, wie ich darauf komme. Also, für unsere Versuchsreihen erhalten wir Uranbrennstoff mit dem gleichen Uran 235-Anteil wie das Kernkraftwerk in Rheinsberg. Deshalb ist–«

»Was für ein Urandings?«, warf Keller ein.

»Das natürlich vorkommende Uranerz, das in unserem Falle die Wismut fördert, enthält hauptsächlich Uran, welches wir mit 238 bezeichnen. Damit es sich gut spalten läßt, also Energie freigesetzt wird, benötigt man aber einen Anteil Uran mit ungerader Neutronen... mit ungerader Zahl. Das Uran 235. Soweit klar?«

Keller nickte. »Fahren Sie fort.«

»Gut. Hier kommt die Anreicherung ins Spiel. Für ein Kernkraftwerk wird das Uran 238 so verändert, angereichert, dass es am Schluss etwa vier bis fünf Prozent Uran 235 enthält. Das reicht für die Energieerzeugung und auch für unsere Versuchsreihen.«

Fassbender zog die Schutzhandschuhe aus und wärmte seine Hände an der verbeulten Aluminiumflasche.

»Das heißt, Sie brauchen in dieser Einrichtung gar keine eigene Anreicherungsanlage«, folgerte Sokolow.

»Exakt, Genosse Sokolowski. Der Betrieb ist aufwendig und kostspielig. Eine Anlage zur Urananreicherung hat für uns wenig Sinn.« Er trank einen Schluck und schraubte die Feldflasche wieder zu. »Das hier unten *ist* aber eine Urananreicherungsanlage. Eine sehr moderne sogar.«

»Wenn Sie diese Anlage gar nicht gebrauchen können, was soll das Ganze dann«, fragte Keller ratlos.

Sokolow antwortete schneller als Fassbender. »Mir fällt nur ein Grund dafür ein, und der gefällt mir überhaupt nicht. Eine weitere Anreicherung wird in der Regel durchgeführt, um Uran waffenfähig zu machen. Wenn die hier den Brennstoff für Kernkraftwerke heißer machen, dann um Nuklearwaffen zu entwickeln.«

»Jetzt wird mir…«, Kellers Gedanken überschlugen sich. »Jetzt ist auch klar, warum wir die Staatssicherheit auf den Füßen haben.«

»Und Ihre Karla, Genosse.«

»Mein Gott, erinnern Sie mich nicht daran. Kein Wunder, dass die mir den Kosminsky so madig gemacht hat. Ohne seine erfolgreiche Dachbodenaktion…«

»Eigentlich hat Kaltenbrunn selbst alles ins Rollen gebracht, aber darüber können wir später sprechen. Ich werde die Gegend um den Bunkereinstieg nach den Geräten absuchen, die die Jungs angeblich abmontiert haben. Vielleicht liegen die noch da.«

»Sie haben recht, es ist unter Umständen hilfreich, wenn wir etwas 'Handfestes' als Beweis mitbringen. Ich werde Ihnen helfen.«

»Nein, Oberleutnant, bitte. Ich denke, es ist sinnvoller, wenn Sie die Zeit dazu nutzen, Hauptmann Fassbender zu dieser Forschungseinrichtung zu befragen. Wir sind schon recht lange auf dem Gelände, und das gefällt mir nicht.«

Keller deutete ein Salutieren an. »In Ordnung, Kollege.« Er ging in die Hocke und wandte sich dem Verunglückten zu, während Sokolow sich zu dem kleinen Bunker aufmachte.

Beinahe zwanzig Minuten waren vergangen, als Keller ein entferntes Geräusch vernahm. Er signalisierte Fassbender mit dem Zeigefinger vor den Lippen, still zu sein. Dann krachte ein Schuss. Keller warf sich ins hohe Gras und lauschte. Aufgeregte Stimmen, Befehle wurden gerufen. Ein weiterer Schuss. Kurze Zeit später das Zuschlagen von Fahrzeugtüren, gefolgt von Motorengeräuschen. Für wenige Sekunden kamen sie näher, um sich anschließend Richtung Westen zu entfernen. Auf dem Bauch liegend zog er das Funkgerät zu sich, drehte die Lautstärke herunter und rief Kosminsky.

»Hier Iwan zwo, ich höre.«

»Lassen wir den Quatsch«, flüsterte Keller. »Die haben den Sokolow geschnappt.«

»Wo sind sie? Soll ich Hilfe schicken?«

»Die haben mich nicht entdeckt, kümmern Sie sich nicht darum. Sie starten jetzt, wie vereinbart, den Feuerzauber. Bitte bestätigen.«

»Verstanden. Starte *Feuerzauber.*«

»Hören Sie mir jetzt genau zu, Kosminsky. Ich werde unseren Russen da rausholen, aber vorher muss ich noch einige Informationen einholen. Ich melde mich gleich mit genauen Instruktionen.«

»Chef, lassen Sie das. Das Einsatzkommando wird Sokolow befreien.«

»Ich will darüber keine Diskussion, das ist *meine* Angelegenheit. Sie befolgen exakt die Anweisungen, klar?«

»Ist verstanden.«

»Gut. Also, in wenigen Minuten wird ein Hauptmann Fassbender das Funkgerät übernehmen und Ihnen genau erklären, wo unsere Kavallerie zugreifen muss. Sie fahren bei der Einsatzleitung mit. Sie werden unsere Freunde schon davon überzeugen, dass das sinnvoll ist. Bis gleich, Kollege.« Keller kroch zur Einsturzstelle, lugte über den Rand und winkte Fassbender zu sich. Als der Soldat an der Betonwand unterhalb lehnte, begann der Polizist ein leises Gespräch. »Sie erklären mir jetzt ganz genau, wie ich unbemerkt in die Anlage komme, Hauptmann Fassbender.«

06:15 UHR

Die Einheit, die ihn erwischt hatte, war sich nicht im Klaren, was sie mit ihm anfangen sollte. Sokolow verbuchte es fürs Erste positiv, dass er nicht an Ort und Stelle erschossen wurde. Er trug selbstverständlich keine Identifikation bei sich und war zivil gekleidet, aber seine Schusswaffe zeigte an, dass es sich bei ihm nicht um einen verirrten Wanderer handelte. Sie befragten ihn, und er schwieg.

Vielleicht zehn Minuten später zerrten sie ihn von der abgedeckten Ladefläche ihres UAZ und mit vorgehaltener Waffe eine glitschige Treppe hinunter in einen Raum im Souterrain. Er sah kaum etwas von dem Gebäude oder der Umgebung. Nachdem sie ihn auf dem Rücken mit Handschellen, einem Standardmodell aller Exekutivorgane der DDR, und Fußfesseln ausgestattet und auf den einzigen Stuhl im Raum platziert hatten, verschwanden die Wachen.

Er ahnte, was kommen würde. Die Einheiten, die den Wachdienst auf dem Gelände und an den äußeren Absperrungen leisteten, waren sicherlich nicht dieselben, die für den Objektschutz der Anlage verantwortlich waren. Sokolow war nicht überrascht, als kurze Zeit später ein uniformierter Offizier der Staatssicherheit den Raum betrat. Die Frage, von der sein weiteres Schicksal abhing, war, ob man den bevorstehenden Zugriff der Sowjettruppen ahnte, oder nicht.

»Wer sind Sie? Warum sind Sie auf diesem Gelände?« Der Stasi-Oberleutnant wirkte nicht besonders alarmiert, was Sokolow ein wenig Hoffnung gab, dass Keller nicht aufgeflogen war. »Sie sind bewaffnet in ein militärisches Sperrgebiet eingedrungen. Das wird ernste Konsequenzen für Sie haben, das ist Ihnen doch klar.«

Sokolow reagierte nicht. Er brauchte Zeit, um zu überlegen. Vielleicht gab es eine Möglichkeit, sich herauszuwinden. Aber Zeit war nicht das, was er bekam. Vor dem Innenzugang zum improvisierten Verhörraum waren laute Stimmen zu hören. Ein bulliger Uniformierter stürmte durch die Tür auf Sokolow zu. »Keller! Sie verdammtes Arschloch, Sie dreckiger Verräter–« Weiter reichte der Vortrag nicht. Die Fäuste des Mannes trafen ihn an der linken Schläfe, dann überall im Gesicht und am Kopf.

07:52 UHR

Fassbender war nicht leicht davon zu überzeugen gewesen, ihm die wärmende Geländekarte zu überlassen, doch Keller war sich nicht sicher, alleine mit dem Kompass den Forschungskomplex finden zu können. Die Mahnung zur Kooperation überzeugte den Soldaten schließlich, seine Chancen auf schnelle Rettung so verbessern zu können. Dass die Gegenstelle seiner Funkverbindung den Ablauf ihres Einsatzes nicht ändern würde, nur um ihn aus der havarierten Anreicherungsanlage zu bergen, schien Fassbender nicht ganz klar. Keller war es recht. Sein Mitleid für den Verunglückten hielt sich – angesichts seiner Tätigkeit – in Grenzen... aber das musste er dem Hauptmann ja nicht auf die Nase binden. So war er um sechs Uhr Richtung Westen losmarschiert. Gegen halb acht war, etwa fünfhundert Meter südlich seines Kurses, endlich der gesuchte Gebäudekomplex in Sicht gekommen.

Es dauerte nicht lange, die Stelle zu finden, an der Fassbender den Zaun aufgeschnitten hatte. Zu Kellers Erleichterung schien der Durchgang in den vergangenen Stunden unentdeckt geblieben zu sein. Er zwängte sich hindurch und wartete aus der Deckung eines immergrünen Buschwerks die Wachsoldaten ab, welche pünktlich wenige Minuten vor acht seinen Standort passierten. Als alles ruhig blieb, legte er die Strecke zu Fassbenders Wohnbaracke im Laufschritt zurück. Unter dem beschriebenen Fenster angekommen gönnte Keller sich zwei Minuten, um zur Ruhe zu kommen und sein weiteres Vorgehen noch einmal durchzugehen. Nicht, dass er die frühmorgendliche Wanderung nicht dazu benutzt hätte... aber doppelt nachzudenken brachte in solchen Fällen doppelte Sicherheit – davon war er überzeugt.

Bald begann er zu frieren und fasste, mit einem kräftigen Ausatmen, den Beschluss, endlich durch das Fenster zu steigen. Fassbenders Beschreibungen waren auch hier perfekt. Es dauerte keine zehn Minuten, bis der Oberleutnant sich in einen Hauptmann der NVA verwandelt hatte. Die Feldjacke war zwar um die Körpermitte etwas stramm, die Kampfstiefel hingegen boten mehr Raum als erwartet. Besser als anders herum, sinnierte Keller. Jetzt musste nur noch die Wegbeschreibung zu den Arrestzellen Fassbenderqualität haben.

07:55 UHR

Es lag lange zurück, dass man Sokolow ohnmächtig geschlagen hatte. Aber der Hieb aufs Kinn hatte ihn wegtreten lassen. Als er wieder zu sich kam, war er sich der Situation nicht sofort bewusst – und deswegen steckte er jetzt in noch größeren Schwierigkeiten.

»Was hat der gesagt?«, hörte er leise. »Scheiße, war das Russisch? Das war doch Russisch!«

In dem Raum wurde es still. Er hielt die Augen geschlossen. Das einzige Geräusch war das Knirschen von Stiefeln auf Estrich. Die Schritte näherten sich, umkreisten ihn. Dann stand der Mann vor ihm und wartete. Sokolow wusste, dass wenigstens vier weitere Personen im Raum waren, doch es war still – bis auf sein eigenes angestrengtes Atmen. Eine Ohrfeige ermunterte ihn, seine Augen aufzumachen.

»Wir sollten vernünftig reden, Genosse. Du wirst mir jetzt sagen, was du hier suchst. Wer weiß, dass du hier bist? Wie viele von euch schlagen sich noch in den Büschen rum?«

Sokolow spuckte ein wenig Blut auf den Boden. Benommen beobachtete er, wie das rotschaumige Gemisch in den trockenen Beton sickerte.

»Du willst nicht reden? Auch gut. Denn weißt du, was mir das sagt? Dass du versuchst, Zeit zu schinden. Ich habe dafür durchaus Verständnis.« Der kompakte Hauptmann packte seinen Kopf und drehte ihn mit dem Gesicht nach oben. »Aber nützen wird dir das gar nichts. Du bist nicht Keller. Wahrscheinlich dieser Russe. Wie praktisch für uns«, grinste er, »denn der Befehl für deine Liquidierung ist schon lange raus. Da brauche ich nicht langwierige Anfragen zu stellen, was wir mit dir machen sollen, und ich kriege noch nicht einmal Schwierigkeiten.« Der Hauptmann ließ ihn los. Das Pochen in seinem Gesicht verriet ihm, dass es angeschwollen war. Vorsichtig fuhr er mit der Zunge die Zähne entlang. Noch schienen sie an Ort und Stelle zu sein.

»Du bist zum Abschuss freigegeben – aber so muss es nicht enden. Wir haben dich ja jetzt hier, und wir haben Zeit. Mein Chef hat das Ganze schön vergeigt«, lächelte der Hauptmann. »Das heißt allerdings nicht, dass ich nicht das Beste aus seinem Fehler machen kann. Ich bin mir sicher, dass du uns eine ganze Menge erzählen kannst, und Kooperation könnte deinen Hals vielleicht retten.«

Sokolow fragte sich, woher der Mann seine Informationen hatte. Er konnte sich das nur mit Berichten erklären, die Moreaux abgesetzt hatte. Nachdem er mit Keller untergetaucht und es der Stasi nicht gelungen war, sie wiederzufinden, musste der Kommandant durch die Zentrale des MfS informiert worden sein. Er war froh, dass sein Hirn die Arbeit wieder aufnahm.

»Genosse Hauptmann, sind Sie sicher, dass der Sie überhaupt versteht?«, warf einer der Anwesenden ein.

Der Hauptmann fuhr herum. »Halten Sie die Schnauze. Natürlich versteht der mich.« Aber ganz sicher schien er nicht zu sein. »Wer bist du?«, fragte er in üblem Russisch. »Bist du vom KGB? Oder eurer HV-A?«

Das gerinnende Blut unter seiner Nase kitzelte. Der Hauptmann trat einen Schritt zurück und Sokolow setzte sich etwas gerader auf den Stuhl. Dann traf ihn völlig unvermittelt ein Tritt aufs Schienbein. Er schrie auf. Es folgten weitere genau platzierte Tritte, bis die Schmerzen ihm den Magen umdrehten und er sich übergab.

»Jetzt kotzt du uns hier auch noch alles voll?«, schnauzte der Hauptmann ihn an. Sokolow schluckte und versuchte, Luft zu bekommen. »Hast wohl Probleme mit dem Magen, Genosse. Da können meine Jungs dir sicher helfen. Nicht wahr?«

Ein junger Mann nahm den Platz des Hauptmanns vor dem Stuhl ein und stieß Sokolow das Knie in die Magengrube. »Wer weiß, dass du hier bist? Mit wie vielen Männern bist du gekommen?«, fragte der Stasi-Hauptmann.

Sokolow konzentrierte sich darauf weiterzuatmen.

»Wenn du glaubst, dass ich ein Problem damit habe, dich kaltzumachen, dann irrst du«, ließ ihn der Hauptmann wissen. Er war hinter ihn getreten und zog ihn an den Schultern in eine aufrechtere Sitzhaltung. »Ich werde wegen einem von euch nicht einmal schlecht schlafen.« Sokolow bezweifelte das nicht. »Niemand wird je erfahren, was mit dir passiert ist. Sobald wir deine Reste hier rausgekehrt haben, verschwinden die für immer und ewig.«

Der Uniformierte gab ein Zeichen. Wenige Augenblicke später reichte ihm jemand einen Gegenstand, den Sokolow als Zange erkannte. Er schloss die Augen.

»Wer weiß, dass du hier bist. Wo ist Keller?«

08:33 UHR

Er hatte es gewusst. Peter Kosminsky erkannte eine von Grund auf dumme Idee, wenn er sie hörte. Und auch wenn Keller im Moment sein Vorgesetzter war... die Risikoeinschätzung des Mannes war einfach verheerend. Kosminsky starrte aus dem Beifahrerfenster in den morgendlichen Winternebel und steckte sich eine Zigarette an. Er hatte mit seinen Vorbehalten absolut recht behalten. Die Aufklärungsmission selbst war zwar ein Erfolg gewesen, aber dann war alles schief gelaufen.

Der stinkende Qualm seiner Zigarette füllte allmählich den Innenraum des Militärautos. Major Iljin, der ihren Wagen fast am

Ende der Kolonne eingereiht hatte, sagte nichts und kurbelte nur ein wenig das Fenster herunter. »Wir müssen bald da sein, wenn Fassbenders Angaben stimmen«, murmelte er.

Der Funkkontakt mit dem verletzten Hauptmann war zwischenzeitig abgebrochen, weil sie sich zu weit entfernt hatten. Zudem litt die Verbindung darunter, dass Fassbender in einem stahlarmierten Kellergeschoss festsaß. Er hatte ihnen eine Beschreibung der Zufahrt geliefert, die nur über den Stützpunkt der Grenztruppen am Rand des großen Geländes möglich war. Von dort führte eine Plattenstraße in das Areal hinein zu der geheimen Forschungsanlage.

Das Problem waren nicht Fassbenders Angaben. Das Problem war die verfluchte Befehlskette gewesen. Und hatte Kosminsky nicht auch das geahnt? Nachdem er und Iljin Kellers hektischen Funkspruch aufgefangen hatten, hatte sich Sokolows Vertreter sofort an die Funkanlage im UAZ geklemmt und Hagenow kontaktiert. Der Generalmajor hatte natürlich verlangt, mit Oberst Sokolow verbunden zu werden, was zu diesem Zeitpunkt aber nicht mehr möglich war. Als Iljin von der vermuteten Gefangennahme des Oberst berichtete, ließ man sie minutenlang warten, bevor sich die Gegenstelle in der Garnison wieder meldete. Ob der Genosse Oberst sich hatte schnappen lassen, sei für ihn nicht von Belang, ließ der Generalmajor, der nun höchstpersönlich am Funk stand, sie wissen. Das Einzige, was ihn interessierte: Hatte der Oberst den Zugriff durch Operation *Feuerzauber* befohlen?

Iljin hatte Kosminsky angesehen und kein Wort gesagt. Sie wussten beide ganz genau, was passieren würde, wenn der Generalmajor hörte, dass der Oberleutnant von der DVP die Operation freigegeben hatte – gar nichts. Kosminsky nickte, und Iljin schickte die Lüge durch den Äther. »Der Genosse Oberst hat die notwendigen Beweise gefunden und sofortigen Start der Operation *Feuerzauber* befohlen.«

Das war um kurz vor sechs gewesen. Vor zweieinhalb Stunden. Kosminsky fluchte vor sich hin, nahm einen letzten Zug seiner Filterzigarette und warf den Stummel aus dem Fenster.

Eine Vorhut des Hagenower Regiments war dann vor gut einer Stunde an ihrem Feldposten zu ihnen gestoßen, damit die Einsatzleitung mit Fassbenders Informationen zu Sicherungsmaßnahmen und Aufbau der Einrichtung einen konkreten Plan aufstellen konnte. Und jetzt waren sie schleichend langsam, wie es Kosminsky vorkam, auf dem Weg zu diesem Stützpunkt der Grenztruppen am südöstlichen Rand der Sperrzone.

Gegen zwanzig vor neun fuhr die Einsatzgruppe *Feuerzauber* des motorisierten Schützenregiments – die die Aufklärungs- und die Stabskompanie, sowie drei Schützenbataillone umfasste – auf den Stützpunkt der 3. Kompanie, Bataillon I des Grenzregiments 8 der Deutschen Demokratischen Republik ein. Man hatte dort nicht mit ernsthafter Gegenwehr gerechnet; und tatsächlich traf der Kompanieführer die kluge Entscheidung, den unangekündigten Besuch der sowjetischen Freunde und die zeitweise Besetzung des Geländes mit Gleichmut hinzunehmen. Im Grunde konnte die Besatzungsmacht Übungen abhalten wann und wo sie wollte. Und erfahrungsgemäß taten sie dies mit schöner Regelmäßigkeit – zum Verdruss der NVA und der örtlichen Bevölkerung.

Iljin platzierte ihren Wagen in der Aufstellung der Transportfahrzeuge und BTR-70 Schützenpanzer der Aufklärungskompanie und einiger T-62, die praktisch den gesamten befestigten Platz zwischen dem großen Kompaniegebäude und den flacheren Nebengebäuden belegte. Jede Art von Gegenwehr wäre lächerlich, dachte Kosminsky. Aber diese Kompanie war auch nicht ihr Ziel, die unbekannte Größe war die Geheimanlage, die praktisch mittig in dem riesigen Areal liegen sollte. Auf der Karte hatten sie im Gespräch mit Fassbender den vermutlichen Verlauf der Panzerstraße eingezeichnet, und das hieß, dass sich an der nördlichen Umfassung des Kompaniestützpunktes eine Durchfahrt in das Sperrgebiet befinden musste.

Was für Informationen die Grenzkompanie zu dem angrenzenden Areal herausgab, wie und ob überhaupt der Generalmajor seine Forderung auf Durchfahrt begründete, erfuhr Kosminsky nie. Niemand dachte noch daran, den Nachrichtenoffizier Iljin oder ihn in irgendwelche Abläufe einzubinden. Das Einzige, was Kosminsky blieb, war, die Ausführung der Operation *Feuerzauber* zu beobachten und das Beste zu hoffen. Die Militärkolonne setzte sich jedenfalls nach weniger als zehn Minuten Standzeit wieder in Bewegung. Iljin trat aufs Gas und reihte sie weiter vorne, gleich hinter den Geländewagen der Stabskompanie ein.

Kosminsky war wütend auf seinen Chef. Was für eine hirnverbrannte Aktion, hinter Sokolow herzustürmen. Er fragte sich, ob die beiden Männer überhaupt wieder auftauchen würden. Wenigstens Sokolow war seit Stunden in den Händen der Armee, und es fiel ihm schwer zu glauben, dass der Oberleutnant nicht ebenfalls in die Falle gegangen war. Er fummelte in seiner Jackentasche vergeblich nach einer neuen Zigarette.

Schließlich tauchten aus dem Februarnebel Umrisse der Anlage auf. Rechts neben der Straße, mitten im Nirgendwo, verlief ein hoher Zaun, hinter den sich mehr als ein Dutzend funktionaler Plattenbauten drängte.

Die Eingreiftruppe der Operation *Feuerzauber* durchbrach die Sperren in das geheime Forschungsareal um elf Minuten nach neun. Die Einrichtung war offenbar durch ihr Vorzimmer, die Grenzkompanie, seit einigen Minuten vorgewarnt und hatten eine Barrikade aus LKW und Geländewagen errichtet. Den schweren T-62 und der weit überlegenen Feuerkraft hatten sie nichts entgegenzusetzen. Zu Kampfhandlungen kam es erwartungsgemäß nicht. Der Befehlshaber der GSSD besaß letztlich die operative Kontrolle über die Streitkräfte der Nationalen Volksarmee. Dies war auch dem Hauptmann klar, der das Wachregiment führte. Kosminsky beobachtete, wie der Mann nach wenigen Augenblicken des Zögerns den Befehl gab, die Durchfahrt in den inneren Bezirk freizugeben.

Die Schützenpanzer nahmen strategisch wichtige Positionen ein, und die Soldaten verließen die Ladeflächen der Transportfahrzeuge, um die Gebäude unter ihre Kontrolle zu bringen. Die Kampfpanzer positionierten sich mehr demonstrativ als strategisch in der Mitte der Freifläche. Kurz darauf wurde die Belegschaft der Anlage mit

Lautsprecherdurchsagen dazu aufgefordert, sich auf dem zentralen Platz einzufinden.

Kosminsky stieg aus dem Geländewagen und beobachtete das Chaos. Die ersten Männer und auch einige Frauen traten sichtlich verwirrt aus den Wohnbaracken. Von den zivilen Mitarbeitern würde sicherlich keiner Widerstand leisten. Eine Gruppe Wachsoldaten wurde aus dem kasernenartigen Altbau in einer Ecke der Absperrung zusammengetrieben, wo sie sich mit geringer Mannstärke bewachen ließen.

Der Nebel brach das Licht in trübes Grau und ließ die weiter entfernten Bauten verschwimmen. Keller und Sokolow konnten überall sein. Iljin hielt Kosminsky am Arm zurück, als er die Anspannung nicht mehr ertrug und auf die Suche gehen wollte. »Das ist keine gute Idee, Genosse Kosminsky.«

Die Tür zum zentralen Verwaltungsgebäude öffnete sich erneut, und Männer in Uniformen der Staatssicherheit kamen heraus. Sie wurden von drei Soldaten der Sowjetarmee die Treppe hinuntergetrieben. Einem der Stasi-Offiziere klebte getrocknetes Blut im Gesicht.

Kosminsky riss sich von Iljin los. Wenn hier jemand ein Interesse an Sokolow und Keller hatte, dann die Männer von der Stasi. Und dieser Hauptmann sah aus, als wäre er auf Gegenwehr gestoßen. »Wo habt ihr den gefunden?«, er sprach die Soldaten auf Russisch an und zeigte auf den verletzten Gefangenen.

Die Männer blieben zwar stehen, antworteten jedoch erst, als Major Iljin neben ihnen erschien. »Da ist ein Kellerraum. War alles voller Blut. Aber sonst keiner zu finden.«

Kosminsky rannte die Treppe hinauf, durch die Eingangshalle und dann eine Innentreppe hinunter. Es gab fünf nicht verschlossene Räume hier unten. Einer sah aus, als hätte man dort ein Tier geschlachtet. Alle fünf waren leer.

08:40 UHR

Vor ein paar Minuten hatte eine ziemliche Unruhe um sich gegriffen. Mehrere NVA-Offiziere waren aus Unterkunftsgebäuden über den Platz in Richtung des Stabsgebäudes geeilt, andere waren in umgekehrter Richtung unterwegs. In den Baracken der Mannschaftsdienstgrade tat sich ebenfalls etwas. Keller betete, dass ihr *Feuerzauber* der Grund für die hektische Aktivität war, und hatte dann eilig den freien Platz überquert. Er wagte es nicht, im Eingang des Gebäudes, in dem die Arrestzellen untergebracht waren, stehenzubleiben, um sich zu orientieren, sondern schritt zügig durch den großen Raum auf die symmetrische Steintreppe zu – nur um zu merken, dass hier kein Abstieg ins Untergeschoss möglich war. Mit Herzrasen erklomm Keller die Treppe zum ersten Stock. Er konnte schlecht unten herumsuchen oder nach dem richtigen Weg fragen. Oben schlüpfte er in die Herrentoilette, um sich zu sammeln. Fassbender hatte von unterirdischen Arrestzellen gesprochen, die bei den Soldaten aber eher der Stoff von Legenden waren. Das Personal der Anlage gehörte nicht zu den Leuten, die sich mit der Wachmannschaft oder den Männern von der Staatssicherheit anlegten. Und Außenstehende hatten das Gelände schon seit vielen Jahren nicht mehr betreten.

Dann erinnerte er sich. Fassbender hatte erwähnt, dass er erst in den Flur nach rechts abbiegen und dort die Treppe nehmen sollte. Keller warf einen Blick auf seine Uhr. Es war bald neun. Worauf zum Teufel warteten die Russen? Keller folgte dem Flur bis zu dem kleineren Treppenhaus am Ende und stieg zwei Etagen in das Untergeschoss hinab. Zum Glück war es hier unten dunkel – er hatte gerade noch Zeit, sich hinter einen Vorsprung zu drücken, als fünfzehn Meter weiter jemand eine Tür öffnete und Meldung machte. Zu leise, als dass Keller sie hätte verstehen können. Dafür war die Antwort umso deutlicher.

»Was haben Sie gesagt? Verdammter Scheißdreck«, brüllte jemand. »Los, nach oben mit Ihnen allen. Melden Sie sich bei Major Neutzer. Ich komme gleich nach, wir sind mit dem Kerl fast fertig.«

»Jawohl, Genosse Hauptmann!« Fünf Männer kamen aus dem Raum, und Keller war sich sicher, im nächsten Moment entdeckt zu werden, aber die Soldaten kehrten ihm den Rücken zu. Am anderen Ende des Flurs musste es einen weiteren Treppenaufgang geben, der für sie näherlag.

Keller wartete, bis er das Schlagen der Tür hörte. Es hallte kurz durch den langen Gang. Dann hörte er, wie der Stasi-Hauptmann auf- und abging, und nutzte das Klackern, um selbst unbemerkt den Flur hinunterzuschleichen. Je näher er der offenstehenden Tür kam, desto deutlicher wurden die Geräusche zwischen den Schritten. Dumpfe Hiebe auf ein weiches Ziel – ohne jede Reaktion. Er hastete die letzten Meter auf die Tür zu und löste seine Makarow aus dem Holster. Zwei tiefe Atemzüge lang stand er neben der Holztür. Er musste sich unbedingt auf den Mann konzentrieren, bevor er sich im Raum selbst umsah. Er hatte nur diese eine Gelegenheit, die Sache zu beenden. Mit erhobener Waffe trat Keller in die Tür. »Gehen Sie von dem Mann weg und heben Sie Ihre Hände über den Kopf.«

Der Uniformierte erstarrte. Er stand mit dem Rücken zu Keller und hob seine blutverschmierten Hände. Mit der Rechten umklammerte er eine Zange.

»Fallenlassen.« Noch bevor das Scheppern verstummt war, hatte er dem Mann mit dem Kolben der Pistole einen Schlag an die Schläfe versetzt. Diesmal war es Keller herzlich egal, welches Risiko diese Methode barg.

»Oh, Scheiße«, war alles, was er bei Sokolows Anblick herausbrachte. Der Oberst hing ohnmächtig in seinen Fesseln, was vermutlich der Grund war, warum der Hauptmann aufgehört hatte, ihm weitere Nägel aus den Fingern zu ziehen. Keller starrte auf das viele Blut, das sich unter den schlaff herabhängenden Händen gesammelt hatte. Er durchsuchte den bewusstlosen Stasi-Hauptmann und fand die Schlüssel wie vermutet in der Hosentasche. Dann kniete er sich hinter den Russen und machte sich an den Handschellen zu schaffen. Kellers Hände zitterten, aber er schaffte es nach einigen Augenblicken, die Arretierung zu lösen.

Die Arme fielen nach vorne, Sokolow stöhnte auf. Als der Oberst kurz darauf das nicht zugeschwollene Auge öffnete und ihn fixierte, konnte Keller endlich wieder normal atmen.

»Sie sind verrückt«, krächzte Sokolow kaum hörbar.

Keller grinste. »Und ich dachte, Sie hätten das mit meinem *quid pro quo* verstanden… Ich entferne noch die Fußfesseln und dann sehen wir zu, dass wir verschwinden.«

Wenn der Stasi-Hauptmann nicht wie angekündigt in den nächsten Minuten oben im Gebäude erschien, würde man garantiert nach ihm suchen. Sie hatten keine Wahl.

Es war eine Qual, den Oberst zu bewegen. Für sie beide. Als Keller ihn auf die Füße hievte, schrie Sokolow auf und murmelte irgendetwas von seinen Beinen. Keller verbot sich jede Reaktion und zog den Arm mit der stark blutenden Hand über seine Schultern. Er ächzte unter dem Gewicht des großgewachsenen Russen, der nur halb bei Besinnung war. Schließlich schafften sie es in den Flur und von dort schräg gegenüber in einen fensterlosen Raum voller Gebäudetechnik. An eine weitere Flucht war nicht zu denken. Wenn niemand kam, um sie hier herauszuholen, waren sie tot.

Keller saß mit der Waffe im Anschlag hinter der Tür, als wenige Minuten später jemand, wie erwartet auf der Suche nach dem Hauptmann, zurückkehrte. Er hatte offensichtlich doch zu zaghaft zugeschlagen, denn kurz darauf hörte er den Hauptmann schon wieder schreien.

»Die Schweinehunde können nicht weit–«

»Genosse Hauptmann, dafür haben wir jetzt keine Zeit.«

»Wenn ich diesen verfluchten Dreckskerl erwische, dann kriegt der eine Kugel–« Der Rest der Verwünschung fehlte, denn von irgendwo oben im Gebäude wurde das Plärren einer Lautsprecherdurchsage hörbar. »Was zur Hölle ist hier los! Gott, mein Kopf bringt mich um.«

»Kommen Sie, Genosse Hauptmann. Neutzer braucht Sie oben.«

Keller ließ die Waffe sinken, als er sich sicher war, dass der Flur wieder leer war. Er wandte sich zu Sokolow um, den er hastig in der hinteren Ecke abgelegt hatte.

»Sokolow?«, flüsterte er.

Der Geheimdienstler brummte Unverständliches, dann schob er etwas auf Russisch hinterher.

»Wenn Sie schon etwas sagen, dann so, dass ich Sie verstehe. Tun Sie mir den Gefallen.« Keller rückte an Sokolows Seite, damit der nicht laut sprechen musste. »Und machen Sie die Augen auf.«

Es war offensichtlich nicht einfach, der Aufforderung nachzukommen. Keller blieb jedoch hartnäckig und ließ sich von Sokolow Belanglosigkeiten erklären, an die er sich schon drei Sekunden später nicht mehr erinnern konnte. Hauptsache, der Mann blieb wach. Wenn Sokolow in diesem Zustand das Bewusstsein verlor, dann vielleicht für immer. Wieso kam verdammt nochmal niemand, was–

Das rhythmische Klatschen von Schuhsohlen war zu hören, dann wieder die zufallende Treppenhaustür. Jemand machte da draußen eine ganze Menge Lärm, indem er achtlos Türen öffnete und wieder zuwarf. Schließlich war die Tür der Arrestzelle gegenüber an der Reihe.

Keller nahm die Waffe wieder hoch und hielt Sokolow den Mund zu.

Irgendetwas polterte gegen die Tür ihres Verstecks. »Großer Gott«, presste der Mann auf der anderen Seite der Tür hervor und übergab sich geräuschvoll.

Als ihm klar wurde, wessen Stimme er gehört hatte, fing Keller an zu lachen. Einige Augenblicke später öffnete er Kosminsky die Tür.

23:34 UHR

Ihre Krisensitzung hatte nun schon beinahe den gesamten Dienstag ausgefüllt. Bis zweiundzwanzig Uhr war der Strom an Nachrichten nicht abgerissen. Dann war es ruhiger geworden, und sie hatten die weiteren Notfallmaßnahmen durchgesprochen. Eigentlich waren die seit der Planung des Atomprogramms durch den NVR fester Bestandteil. Nur den Kopf des wichtigsten Wissenschaftlers hatte man nicht unter Kontrolle bringen können. Kaltenbrunns Attentat hatte alles ins Rollen gebracht. Vielleicht wäre es klüger gewesen, den Mann gleich zu liquidieren, als er nach der Havarie der Urananreicherungsanlage die Nerven verloren hatte, überlegte Mielke. Sie hatten diese Option in Betracht gezogen, doch die Aussicht, dass der Mann irgendwann zur Vernunft kommen würde, war zu verlockend gewesen. So hatte man ihn in Waldheim bei Professor Heise gewissermaßen geparkt. Was die Entwicklung einer eigenen Nuklearwaffe anging, war dieser Doktor Heinrich Kaltenbrunn einfach ein Genie. *Hinterher ist man immer schlauer.* Der Minister wischte die hinfälligen Gedanken fort und versuchte, sich wieder auf die aktuelle Situation zu konzentrieren.

Gärtner hatte in der Kürze der Zeit hervorragende Arbeit geleistet. Sein Dossier enthielt alles Wesentliche und leistete gute Dienste bei der Einschätzung der Lage. Das Unglück in der NVA-Forschungseinrichtung bei Lübtheen war nicht bekannt geworden, nicht einmal die Sowjets hatten etwas geahnt... bis heute. Die Anreicherungsanlage war im vergangenen Herbst nach dilettantischer Bedienung und einem – wahrscheinlich durch Feuchtigkeit bedingten – Unfall teilweise explodiert. Dabei war das Dach der obersten Zentrifugenhalle an einer Stelle eingestürzt. Ob die über Umwege aus der BRD beschafften Gaszentrifugen oder falscher Umgang mit ihnen der Auslöser waren, konnte man nicht klären. Als Folge der Havarie war das Gebiet um die Urananreicherungsanlage mit radioaktivem Niederschlag belastet – allerdings weniger als zunächst befürchtet.

Schlimmer betroffen waren die unterirdischen Tanks mit den beim Anreicherungsprozess anfallenden Abfällen. Die Explosion hatte offensichtlich einige schlampig ausgeführte Schweißnähte der einschaligen Behälter beschädigt. Und auch Fundamentteile schienen Risse bekommen zu haben, denn in einige Bereiche war in der Folge Wasser eingedrungen. Die austretenden Flüssigkeiten waren hochradioaktiv und hatten bereits das Grundwasser verseucht. Glücklicherweise war das Areal mit einer akut lebensgefährdenden Strahlungsbelastung bisher auf die unterirdischen Bereiche der Tankfarm beschränkt.

Selbstverständlich hatten die Russen Zweck und Ausdehnung der Einrichtung im Laufe des heutigen Tages recht vollständig erfasst und waren erwartungsgemäß äußerst erbost. Wie ihm berichtet wurde, hatte Breschnew mit sofortigem Kriegsrecht und Einsetzung einer Militärregierung gedroht. Honecker hatte nach Rücksprache mit ihm und dem kürzlich ins Politbüro des ZK aufgenommenen Verteidigungsminister Karl-Heinz Hoffmann das Kunststück fertig gebracht, den russischen Regierungschef zu besänftigen und die schlimmsten Folgen für die DDR vorerst abzuwenden. Das Gelöbnis des Oberbefehlshabers der NVA, in Zukunft mit uneingeschränkter Loyalität zur Sowjetunion zu handeln, und die Vermeidung von Aufsehen hatten Breschnew offensichtlich überzeugt.

So hatten er selbst und der Chef der HV-A sich im Verlauf des späteren Abends den notwendigen Maßnahmen bezüglich des NSAs, genauer der Bundesrepublik, zugewandt. Schon länger vermutete der Westen verstärkte Aktivitäten der DDR beim Ausspionieren der Kernforschung in der BRD. Allerdings kannte man weder Namen von Zielpersonen der HV-A noch hatte man eine Vorstellung, wer als Agent infrage kam.

Das derzeitig rege Treiben im Lübtheener Sperrgebiet konnte auch jenseits der Grenze kaum übersehen werden. Das war allerdings weiter nicht schlimm, sofern man die Aktivitäten als gemeinsame Übung von NVA und Sowjetarmee glaubhaft machen konnte. Eine Messung erhöhter Radioaktivität durch den Westen schlossen alle Fachleute aus. Trotzdem hatte er beschlossen, die Geheimdienste der

Bundesrepublik sicherheitshalber mit einem ausgewachsenen Skandal zu beschäftigen, der sie einige Zeit fesseln würde, genauso wie die westliche Journaille.

Es hatte Mielke viel Überzeugungsarbeit gekostet, den von Wolf aus unerfindlichen Gründen hochgeschätzten IM Hansen alias Günter Guillaume als Bauernopfer festzulegen. Letztlich hatte der HV-A-Chef sich einsichtig gezeigt und mit dem Vorhaben des Ministers angefreundet. Erich Mielke war zufrieden, denn er hielt den gefassten Plan für die beste aller Lösungen. Die BRD wäre erschüttert und gleichzeitig erleichtert, einen (angeblichen) Topspion in unmittelbarer Kanzlernähe dingfest gemacht zu haben. Es war für Verfassungsschutz und BND höchst glaubhaft, dass Rüstungsgeheimnisse des Westens durch Guillaumes Hände gegangen waren. Dass dies zu Mischa Wolfs Enttäuschung niemals gelungen war, hätte der Westen sowieso nicht geglaubt. Er persönlich fühlte sich mit einem blauen Auge davongekommen; die Russen heruntergekocht, der Westen hinters Licht geführt und der lästige Guillaume abgeschossen – man musste in die Zukunft schauen.

Kurz vor Mitternacht klopfte es. Ohne eine Aufforderung abzuwarten, stand Gärtner in der Tür. »Entschuldigen Sie, Genosse Minister…«

»Gärtner! Hat Ihnen Frau Blume nicht mitgeteilt, dass ich mit Genosse Wolf Dringendes zu besprechen habe? Wenn es wirklich wichtig ist, kommen Sie in einer halben Stunde wieder, ansonsten muss das bis morgen warten.«

»Doch, Genosse Minister, das hat sie, aber es ist sehr… es ist äußerst dringend…« Er blickte zu Markus Wolf.

»Sie können frei sprechen, Gärtner. Genosse Wolf ist über alle Vorgänge informiert und kennt auch Ihr Dossier. Also, was ist so wichtig?«

Gärtner räusperte sich. »Ich habe den stellvertretenden Leiter der GRU, Generalleutnant Morosow, am Telefon. Ihre Sekretärin hat ihn zu mir durchgestellt, weil sie Sie nicht stören wollte. Der Genosse

Morosow besteht darauf, mit Ihnen zu sprechen, Genosse Minister. Ich habe gesagt, dass ich nachschaue, ob Sie noch im Hause sind.«

Mielke verbarg das Gesicht in den Händen. »Als wenn wir nicht genug Ärger hätten. Ausgerechnet Morosow. Was will der?«

»Wie schon gesagt, Genosse Minister, er will ausschließlich mit Ihnen sprechen... Außerdem ist mein Russisch nicht so–«

»Sagen Sie ihm, Sie haben mich nicht mehr im Büro angetroffen... oder besser, sagen Sie, Sie hätten mich im Auto erwischt und ich würde morgen in aller Frühe zurückrufen.« Der Minister bedeutete Gärtner zu verschwinden. »Außerdem hat der Genosse Honecker mit dem Genossen Breschnew höchstpersönlich telefoniert. Ich denke, dass die Wogen damit etwas–«

»Entschuldigen Sie, Genosse Minister, ich befürchte–«

Gärtner verstummte, als der Chef der HV-A die Hand hob. »Ist gut Gärtner, ich übernehme das. Ich kann mit dem Genossen Morosow recht gut. Außerdem ist mein Russisch vermutlich etwas besser als das der anderen Anwesenden.« Bevor er mit Gärtner den Raum verließ, bedachte er Mielke mit einem verärgerten Blick.

Der aber nahm keinerlei Notiz von Wolfs Angebot und blätterte demonstrativ in den Lageberichten der vergangenen Woche. Noch war es nicht zu spät, um die aktiven Operationen zu schützen. Die Anreicherung zu waffenfähigem Uran war zwar auf absehbare Zeit auf deutschem Boden unmöglich geworden, doch von Mischa Wolfs wertvollster Quelle hatte niemand Wind bekommen – und das würde er auch mit allen Mitteln verhindern. Sie hofften für die nahe Zukunft auf Pläne direkt aus den Entwicklungsabteilungen bundesdeutscher Rüstungskonzerne und Forschungsergebnisse aus den Laboren der Universitäten. Damit konnten sie eine modernere, effektivere Anlage bauen. Eine, die mit den Amerikanern konkurrieren konnte – und mit den Russen. *Vielleicht sollten wir unsere Beziehungen zu Angola mittelfristig vertiefen.* Die wären ab nächstes Jahr unabhängig von Portugal (er hatte da recht verlässliche Informationen). Und in Afrika wurden in jüngster Zeit vielversprechende Uranvorkommen entdeckt. Das könnte mehrere Probleme auf einmal lösen... Die Geheimhaltung wäre einfacher, der

Westen hätte weniger Einblick – ebenso die Russen, wenn man die afrikanischen Partnerländer sorgfältig auswählte. Außerdem gäbe es bei Zwischenfällen nicht so viel Geschrei. Logistik, Beschaffung und Koordination waren eine Herausforderung, aber da vertraute er auf Schalks Koko und Mischa Wolf. Man würde sehen...

Nach etwa zwanzig Minuten war Wolf zurück in den Diensträumen des Ministers, sichtlich aufgebracht. »Dieser Schweinehund! Der erpresst uns, Erich. Dieser verfluchte Drecksack!«

Mielke erhob sich. »Erpressen? Womit? Was soll das heißen?«

»Er droht damit, den Westen einzuweihen – in alles. Und weißt du, warum? Nur damit wir mit diesen Verrätern, die uns das alles eingebrockt haben, keinen kurzen Prozess machen. Dieses Schwein.«

»Verräter...«, murmelte der Minister. »Dann warten wir ab, bis Gras über die Sache gewachsen ist. Bis dahin ziehen wir diesen Polizisten Keller aus dem Verkehr – und seine Kumpane gleich mit. Endgültig kaltstellen können wir die auch noch später.«

Wolf trat gegen die Bürotür, die mit einem lauten Krachen ins Schloss fiel. »Du hast mich nicht verstanden. Ich spreche von Protektion. Es gibt angeblich schriftliche Instruktionen für den Fall, dass diesen Polizisten 'etwas passiert'. Das gilt auch für den Offizier von der GRU. Durch die Blume hat er mir sogar zu verstehen gegeben, dass man uns für das Verschwinden eines Verbindungsoffiziers verantwortlich macht.«

»Und, stimmt das?«

Der HV-A-Chef winkte ab. »Die haben offensichtlich auch noch einen Überläufer aus der Einrichtung. Einen, der angeblich alle Details der Lübtheener Projekte kennt und die havarierte Anreicherung mit eigenen Augen gesehen hat. So eine Scheiße.«

Mielke ging zurück zu seinem Schreibtisch, setzte sich in den lederbezogenen Drehstuhl, lehnte sich zurück und dachte nach. »Es sieht so aus, als ob unsere Freunde uns in der Hand haben. Ich frage mich, wie dieser kleine Polizist es geschafft hat, seinen Arsch zu retten – und dann noch durch Morosow persönlich.« Er fuhr in ruhigerem Ton fort. »Sei's drum. Das ist ein Patt, Mischa. Ich zweifle keine

Sekunde daran, dass die Russen uns in die Pfanne hauen würden – aber die werden das nur tun, wenn es sein muss. Schließlich kommen sie dann auch nicht ungeschoren davon.«

»Diese Polizisten sind Zeitbomben. Das weißt du schon?«

Der Minister schüttelte den Kopf. »Nach Lage der Dinge werden wir mit diesem Damoklesschwert klarkommen müssen. Wir können diese Angelegenheit nicht liquidieren. Auch ohne die beiden Polizisten... An den GRU-Offizier und diesen Informanten kommen wir überhaupt nicht heran. Und selbst wenn wir *diese* Probleme lösen könnten, was dann? Maschinen und Gerätschaften, die die Koko im NSA organisiert hat, alle Dokumentation – und weiß Gott, was die Russen noch in die Finger bekommen haben – sind damit nicht aus der Welt... Nein, Mischa...«

Wolf stand für einige Sekunden da und strich nachdenklich über seinen Nasenrücken. Dann setzte er die getönte Hornbrille auf und ging zur Bürotür. »Ich kümmere mich sofort um Hansen.«

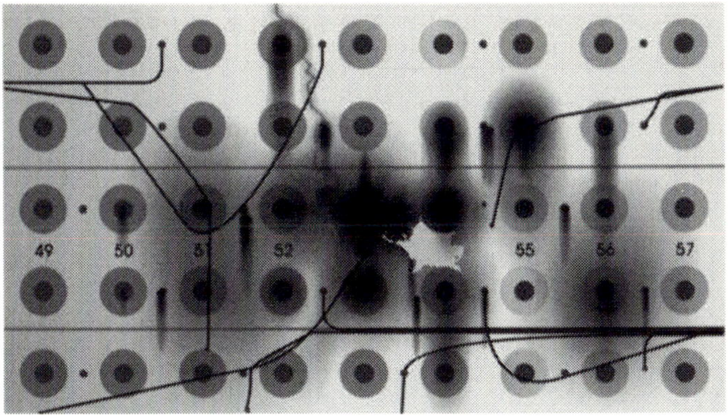

Samstag, 27. April 1974

05:48 UHR

Kölnische Nachrichten
unabhängig – überparteilich
Freitag, 26. April 1974

Deutschland im Schockzustand

Willy Brandts Vertrauter als Ostspion verhaftet

Bereits am Mittwoch, 24. April, ist der persönliche Referent von Bundeskanzler Willy Brandt, Günter Guillaume, wegen Spionage-verdachtes verhaftet worden. Die Kriminalbeamten klingelten um halb sieben morgens an der Wohnungstür der Familie Guillaume im ersten Stock der Ubierstraße 107 im Bonner Nobelstadtteil Godesberg.

Als ihm der Haftbefehl des Generalbundesanwaltes präsentiert wurde, soll Günter Guillaume sich sogleich als Bürger der DDR und "Offizier im besonderen Einsatz" der Hauptverwaltung Aufklärung des Staatssicherheitsdienstes der DDR zu erkennen gegeben haben. Ebenso soll Guillaume sich sofort mit der Durchsuchung der Wohn- und Arbeitsräume einverstanden erklärt haben. Dazu, ob dabei verdächtige Gegenstände oder Schriftstücke sichergestellt wurden, hat sich das Bundeskriminalamt bisher nicht geäußert.

Zusammen mit dem 47-jährigen Günter Guillaume ist auch seine Frau Christel verhaftet worden. Der siebzehnjährige Sohn Pierre soll, laut der Redaktion vorliegenden Informationen, von der Agententätigkeit seiner Eltern nichts gewußt haben. Bundeskanzler Willy Brandt hat die Nachricht über die Verhaftung seines engsten Mitarbeiters erst im Laufe des Mittwochabends, nach der Rückkehr von einem Auslandsaufenthalt in Algerien und Ägypten, von Innenminister Hans-Dietrich Genscher erhalten. Der Kanzler habe sich, Informationen aus dem engsten Kreis zufolge, "menschlich zutiefst enttäuscht" geäußert.

Günter Karl Heinz Guillaume siedelte 1956 in die Bundesrepublik über und war lange in der hessischen SPD engagiert. Ab 1964 machte der gewissenhafte Arbeiter als Funktionär und Organisator in der Partei Karriere. Dort galt er als Anhänger des konservativen Flügels. Er gelangte 1970 als Mitarbeiter ins Bundeskanzleramt und war seit 1972 der persönliche Referent des Bundeskanzlers. Er gilt als enger Vertrauter von Willy Brandt mit Einblick in das Familienleben der Brandts und sogar in das, laut Gerüchten, teilweise turbulente

Privatleben des Bundeskanzlers. Im Juli 1973 verbrachten Brandt und Guillaume wie geplant den Sommerurlaub in Norwegen. Beide Männer wurden von ihren Familien begleitet.

Welchen Zugang der unter Spionageverdacht stehende Guillaume zu geheimen Staatspapieren hatte, ist bisher nicht bekannt. Wegen seiner Stellung im Kanzleramt und seiner engen Verbindung zu Willy Brandt ist jedoch damit zu rechnen, daß der nachrichtendienstliche Schaden für die Bundesrepublik beträchtlich ist. Offiziell hieß es auf Nachfrage der Redaktion vom Bundeskanzleramt "Kein Kommentar". Es bleibt also abzuwarten, wie weit sich die Agentenaffäre ausweitet.

(ms)

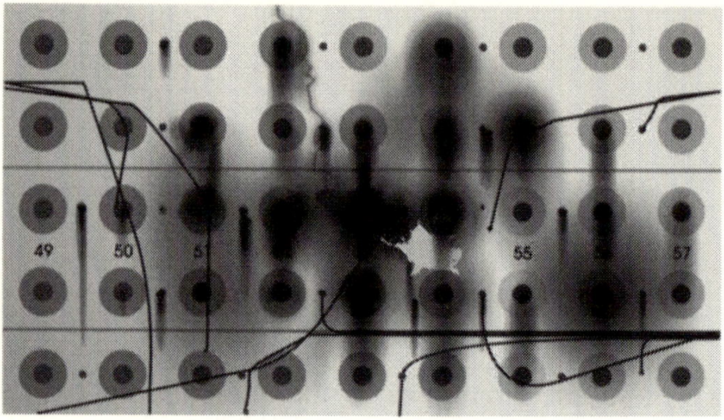

Dienstag, 7. Mai 1974

23:06 UHR

BONNER ABENDBLATT
Dienstag, 7. Mai 1974

Bundeskanzler zurückgetreten

Willy Brandt stürzt über DDR-Spion

B o n n (BA). Bundeskanzler Willy Brandt ist in der vergangenen Nacht im Zuge der Spionageaffäre um den Referenten im Bundeskanzleramt zurückgetreten. Wie heute Nacht gegen 00:30 Uhr offiziell bestätigt wurde, hat der Regierungschef "die politische Verantwortung für Fahrlässigkeiten" im Zusammenhang mit der Agentenaffäre übernommen.

Wie aus gut informierten Quellen zu hören ist, werde Brandts Wunsch nach unverzüglicher Wirksamkeit seines Rücktrittsgesuches entsprochen. Die Regierungsgeschäfte werden ab sofort vom Vizekanzler Walter Scheel (FDP) fortgeführt. Die Wahl eines neuen Bundeskanzlers hat das Parlament für den 16. Mai vorgesehen, wie Regierungssprecher Rüdiger von Wechmar (FDP) verlauten ließ.
Der Finanzminister des sozialliberalen Regierungskabinettes, Helmut Schmidt von der SPD, gilt als aussichtsreichster Kandidat für das Amt des Bundeskanzlers. Es wird davon ausgegangen, daß Schmidt mit den Stimmen der Freien Demokraten gewählt wird, wenn sich an den fünf Ministerien, die die Liberalen zurzeit innehaben, in einer zukünftigen Regierung Schmidt nichts ändert.
Nach den vorliegenden Informationen hat Brandt seinen Rücktritt während des gestrigen Montages mit den Spitzen der SPD und den Mitgliedern des Bundeskabinetts besprochen. Erste Gerüchte wurden bereits am Vormittag laut, als bekannt wurde, daß die vorgesehene Ministerbesprechung mit dem Bundeskanzler über die Lage in der Europäischen Gemeinschaft verschoben wurde. Gegen siebzehn Uhr verdichteten sich Vermutungen, die von personellen Konsequenzen in höchsten Kreisen sprachen. Gegen einundzwanzig Uhr empfing schließlich nicht Bundeskanzler Willy Brandt, sondern der Vizekanzler Walter Scheel die Vorsitzenden der drei Bundestagsfraktionen im Kanzleramt.
Seinen Entschluß zum Rücktritt hat Brandt, unbestätigten Berichten zufolge, seinen engsten Vertrauten bereits am Sonntag mitgeteilt. Der Bundespräsident hat das Rücktrittsgesuch des Bundeskanzlers formell zur Kenntnis genommen. Nachfolgend haben wir den Wortlaut des Rücktrittsgesuches von Willy Brandt, welches Kanzleramtschef Horst Grabert

am Montagabend Bundespräsident Heinemann überbracht hat, abgedruckt.
(zp)

"Sehr geehrter Herr Bundespräsident,

Ich übernehme die politische Verantwortung für Fahrlässigkeiten im Zusammenhang mit der Agentenaffäre Guillaume und erkläre meinen Rücktritt vom Amt des Bundeskanzlers. Gleichzeitig bitte ich darum, diesen Rücktritt unmittelbar wirksam werden zu lassen und meinen Stellvertreter, Bundesminister Scheel, mit der Wahrnehmung der Geschäfte des Bundeskanzlers zu beauftragen, bis mein Nachfolger gewählt ist.

Mit ergebenen Grüßen

Ihr
Willy Brandt."

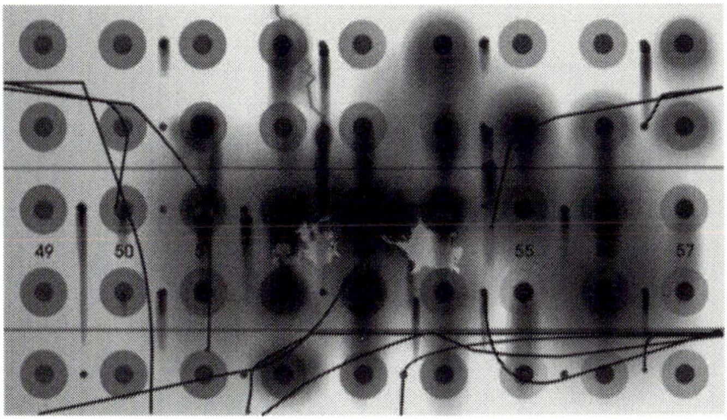

Freitag, 10. Mai 1974

20:19 UHR

»Sie können jetzt durchgehen.« Jessika Blume öffnete die Tür zum Dienstzimmer des Ministers und gab Gärtner den Weg frei. Noch im Türrahmen stehend grüßte er und bereitete Erich Mielke auf sein Anliegen vor. »Genosse Minister, ich bitte die späte Störung zu entschuldigen. Wir haben ein, nach meiner Meinung, höchst interessantes Papier von einem operativ noch aktiven Mitarbeiter aus dem Bundeskanzleramt der BRD zugespielt bekommen.«

Der Minister sagte nichts. Er sah noch nicht einmal von den Dokumenten auf, in denen er offensichtlich Anmerkungen oder Korrekturen anbrachte, sondern beorderte Gärtner mit einem angedeuteten Winken an seinen Schreibtisch. Der Ministeriumsangestellte kam heran, blieb aber stehen und wartete auf Gehör.

»Jetzt setzen Sie sich endlich hin, Gärtner. Was ist so außergewöhnlich, dass ich es nicht in den Akten zum Vorgang, den der Genosse Rehmers betreut, irgendwann nachlesen kann?« Als der Angesprochene nicht sofort redete, blickte Mielke hoch und fuhr fort, »Sehen sie, Genosse Gärtner, glauben Sie nicht, mir wäre es entgangen, dass Sie mit der Situation nicht glücklich sind. Das sind wir alle nicht, nur gibt es nichts, was wir tun können, außer den Schaden zu begrenzen. Unser Guillaume und seine Frau sind wunschgemäß verhaftet, und der Westen hat seinen großen Geheimdiensterfolg. Der Offizier Guillaume hat sich zu erkennen gegeben und die Beilegung der Angelegenheit mit seinen wertlosen Geständnissen bescheuerterweise beschleunigt. Auch wenn ich mir mehr Beschäftigung des Westens mit der Enttarnung Guillaumes gewünscht hätte, ändern kann ich es nicht. Stattdessen ist am Ende sogar der Brandt zurückgetreten, auch wenn das nicht unsere Absicht war. Wer kann schon ahnen, dass dieses dekadente System sich selbst und nicht den Spion bestraft. Mischa Wolf macht keinen Hehl daraus, dass er diese Entwicklung für ein Eigentor hält.« Er lachte kurz. »Ich teile diese Einschätzung. Wer weiß schon, ob der nächste Bundeskanzler auch so sozialdemokratisch ist, wie der Brandt es am Schluss war. Und was unsere russischen Freunde erwarten beziehungsweise was sie nicht erwarten, haben sie ja mehr als deutlich zum Ausdruck gebracht. Wir haben in der nächsten Zeit praktisch keinerlei Handlungsspielraum, um auf bestimmte Vorkommnisse in Westdeutschland operativ zu reagieren – jedenfalls nicht in den kommenden Monaten. Wenn wir nicht in Deckung bleiben, sondern durch Aktionismus die Lage verkomplizieren, dann hat das auch für uns alle persönlich Konsequenzen. Das wissen Sie. Und ich sehe auch keinen Handlungsbedarf zur Zeit.«

»Genosse Minister, natürlich hat die Abschaltung von IM Hansen nicht hundertprozentig wie geplant funktioniert. Aber es ist nach unserer Aktenlage auch klar, dass Hansen keinen einzigen Kundschafter in Westdeutschland verbrennen kann, selbst wenn er es wollte, um sich denen anzudienen. Von dieser Seite droht nach meiner Einschätzung absolut keine Gefahr. Dieses Dossier hier könnte allerdings Anlass zur Sorge geben, wenn in der angedeuteten Richtung vom Westen weitere Aufklärung veranlasst wird.« Er reichte Mielke einen dünnen Schnellhefter ohne jegliche Beschriftung.

Der Minister zog die Schreibtischlampe weiter herunter und klappte die Mappe auf.

```
Eine private Studie über
Sicherheitsrisiken und politische Lage in
Westdeutschland.

Am 02. Mai 1974
```

»Eine private Studie über irgendwelche Sicherheitssorgen des Westens? Die haben die doch dauernd. Was soll das mit unserem Vorgang zu tun haben, Gärtner? Ich habe für so einen Käse keine Zeit.« Mielke schob den Hefter beiseite.

Der Sekretär räusperte sich und blätterte einige Seiten weiter. »Das, was meine besondere Aufmerksamkeit erregt hat, steht auf Blatt acht.« Er legte dem Minister die Akte erneut vor und deutete mit dem Finger auf den betreffenden Abschnitt.

```
...............
Anfang April 1974 erhielten wir von
unseren Spezial-Agents in Bonn die
Nachricht, dass ihren Erkenntnissen nach
die Ostdeutschen planen, Guillaume im
Bundeskanzleramt als Spion durch die
westdeutsche Abwehr entlarven zu lassen,
um dadurch vermutlich an erster Stelle
uns den Mann wegzunehmen, an zweiter
Stelle den von uns vermuteten Spion in
der Bonner Regierung in der Person
Guillaumes zu praesentieren und an
dritter Stelle durch den Spionageskandal
politische Auswirkungen fuer die Bonner
Regierung vorzubereiten. Ein guter Plan
sicher, aber er konnte nur durchgeführt
werden, wenn in der Zentrale der
westdeutschen Abwehr Agenten des
Ostberliner oder Moskauer
Spionagedienstes sitzen....
...............
Und dieser gute Plan wurde zwischen dem
10. und 25. April 1974 auch tatsächlich
wie geplant durchgeführt!
...............
```

> Die Begleitumstände der Verhaftung von Guillaume und seiner Ehefrau zeigen deutlich, dass diese Aktion genau in die Konzeption der Sowjets passt, die nach wie vor auf die Spaltung des westeuropaeischen Buendnisses und Neutralisierung Westdeutschlands abzielt.

Es dauerte fast eine Minute, bis Mielke seine Sprache wiederfand. »Weiß Genosse Wolf davon?«, war seine erste Sorge.

»Nein, die Quelle, von der wir dieses Dokument erhalten haben, ist nicht der HV-A zugeordnet. Sie wurde, gewissermaßen zur besonderen Verwendung, von uns schon vor dem IM Hansen im Bundeskanzleramt installiert.«

Der Minister blätterte zurück, schrieb eine kurze Notiz auf die erste Seite der Studie und legte den Inventarbogen wieder oben auf, dann klappte er den Schnellhefter zu. »Bedauerlich gute Schlussfolgerungen, die die Westdeutschen da machen. Aber in der Gesamtbewertung sind sie ja zu unserem Glück komplett auf dem Holzweg. Wissen wir denn, wer dahintersteckt?«

Gärtner nahm die Akte entgegen »Nein. Auch unser Mann hat keine Informationen, wer der Auftraggeber ist und wer diese Untersuchung durchgeführt hat. Die Wortwahl deutet aber auf eine geheimdienstinterne Kommunikation hin. Bundesnachrichtendienst, MAD, Verfassungsschutz, vielleicht sogar mit den Amerikanern, wir wissen es nicht. Ich stelle in den Raum, dass nur wenige aus dem innersten Kreis das zu lesen bekommen werden, trotzdem...«

»Sehr wenige, hoffe ich. Am besten überhaupt niemand. Doch das können wir leider nicht verhindern«, Mielkes Stimme klang, als spräche er zu sich selbst.

»Ich will das nicht überdramatisieren, Genosse Minister. Immerhin würde der Westen sich nur selbst schaden, wenn bekannt würde, dass ihre Geheimdienste infiltriert sind. Und für die nächste Zeit sind die damit beschäftigt, ihre Regierung in Ordnung zu bringen. Aber im Auge behalten sollten wir die Entwicklungen.«

Der Minister für Staatssicherheit schüttelte langsam den Kopf und erhob sich wortlos. Der Referent konnte den Blick, mit dem Mielke ihn geradezu anstarrte, nicht deuten. Nach einer Minute drehte er Gärtner den Rücken zu, zog die Vorhänge auf und blickte lange aus dem Fenster auf Hof fünf, den beleuchteten Parkplatz von Haus eins.

»Kommen Sie mal hier herüber.«

Mit Mühe konnte Gärtner ein genervtes Aufstöhnen verhindern. Er wechselte die Akte in die linke Hand, strich mit der rechten imaginäre Falten aus der Anzugjacke und trat neben seinen Dienstherrn an das breite Fenster. Während er darauf wartete, dass Mielke zu ihm sprach, blickte er ebenfalls aus dem Fenster. Seine Erfahrung hatte ihn gelehrt, den Minister nicht anzusprechen oder auch nur offensichtlich zu beobachten, wenn der seine Gedanken ordnete und die notwendigen Äußerungen sorgfältig vorformulierte.

Die Aussicht auf den Platz vor dem Ministerium des Inneren war nicht besonders spektakulär. Insgesamt konnte man ihn am ehesten als großen Parkplatz mit Grünfläche beschreiben. Tagsüber waren die Standplätze stets knapp, jetzt standen dort nur wenige Fahrzeuge. So spät am Abend konnte Gärtner nur eine Handvoll entdecken, darunter das des Ministers und sein eigenes. *Kelkowitz und der Fahrer vom Chef sitzen garantiert wieder beim Pförtner und kloppen Skat.* Hoffentlich ohne Pils und Schnaps, ging es ihm durch den Kopf. Auf der gegenüberliegenden Seite des Vorplatzes von Haus eins gab es einige wenige Bäume vor dem Kantinengebäude und weiter rechts Rasenflächen, die einen in der Mittagspause dazu hätten verleiten können, nach draußen zu gehen und frische Luft zu atmen. Aber kaum einer hielt sich auf der großen Betonfläche des Hofes fünf mit seinem seltsamen aufgemalten Fischgrätenmuster und den überflüssigen Leitstangen für die Parkbuchten auf. Und auch die Wiese von Hof eins bot keine Sitzgelegenheiten, nicht einmal ein Mäuerchen. Wenn sie überhaupt ihre Dienstzimmer verließen, dann nur, um die Kantine zu besuchen.

Die Baumkronen warfen gespentische Schatten auf dieses gegenüberliegende Kantinengebäude, welches mit seinem Satteldach zwischen den Flachdächern der höheren Häuser eins und sieben etwas altbacken wirkte. Wenn die Pläne für die Hochhäuser an der Ruschestraße, der Normannenstraße und der Frankfurter Allee tatsächlich verwirklicht würden, dann würde das Haus, welches die Kantine beherbergte, abgerissen und durch einen modernen Bau ersetzt – da war Gärtner sich sicher. Jetzt lag die trostlose Verkehrsfläche des Hofes weitgehend in erstaunlicher Dunkelheit, die durch das scharf begrenzte Licht von Laternen und Scheinwerfern noch tiefer erschien. Nur die Zufahrt, die von der Ruschestraße schnurgerade auf den Eingangsbereich von Haus eins zuführte, war durch die Straßenbeleuchtung in ein diffuseres, gleichmäßiges Licht getaucht.

»Genosse Gärtner, es wird Sie kaum verwundern, dass ich schon seit längerer Zeit Ihre Arbeit beobachte.« Der Referent schaute Mielke verwundert an, der seinen Blick jedoch nicht vom Gebäudevorplatz abwandte.

»Ich vertraue Ihnen, das müsste klar sein. Spätestens seit Sie Einblick in Geheimdokumente haben und in eines der sensibelsten Vorhaben der DDR eingeweiht sind wie kaum ein anderer.« Wieder schwieg der Minister.

»Ich fühle mich geehrt, Genosse Minister. Doch ich verstehe beim besten Willen nicht–«, er räusperte sich, um das Krächzen aus seiner Stimme zu bekommen. »Ich verstehe nicht... Was meinen Sie damit, dass der Westen auf dem Holzweg ist? Es gibt doch nichts mehr, was die entdecken könnten, wenn wir nicht verraten werden. Und unsere sowjetischen Genossen werden uns nicht düpieren, wenn wir uns an ihre Bedingungen halten.« Als Mielke immer noch nicht zu einer Erklärung bewegt schien, hakte Gärtner vorsichtig nach. »Natürlich ist unser...«, er suchte nach einer Formulierung, die ihm keine Standpauke einbrachte. Der Chef war dafür bekannt, selbst in seinen Diensträumen mit Abhörgerätschaften zu rechnen. »Ich nenne es einmal Unabhängigkeitsprogramm auf absehbare Zeit gescheitert. Das ist ein Rückschlag. Trotzdem finde ich, dass die Deutsche Demokratische Republik in den Augen der Welt recht gut aus den öffentlich gewordenen Sachverhalten hervorgegangen ist.«

Der Minister ging nicht auf die Ausführungen seines Mitarbeiters ein. »Sehen Sie hinaus, Gärtner. Was sehen Sie?«

»Wie… Ich…«, erneut bekämpfte er den Drang, eine unbeherrschte Äußerung zu machen. »Den Parkplatz, die Kantine und die Zufahrt von der Ruschestraße.«

»Ja, schön gleichmäßig ausgeleuchtet, der Weg zu uns. Man wird geradewegs auf den Eingang des Ministeriums geleitet. Mir wird der Eingangsbereich sogar etwas zu viel beobachtet. Tatsache ist, dass kaum einer rechts und links guckt. Und das ist gut so.«

»Das stimmt.« Ratlos hielt Gärtner seinen Blick auf den Vorplatz des Ministeriums gerichtet.

»Doch es gibt Geheimdienste, aufmerksame Beobachter der Szenerie. In jedem Land. Man braucht so etwas, wenn man nicht das Risiko eingehen will, eines Morgens in einem vom Feind besetzten Gebiet aufzuwachen. Deshalb haben wir die HV-A, der Westen das BfV, den BND, den MAD, was weiß ich. Und die Amerikaner die CIA. Selbstredend kommt auch die große Sowjetunion nicht ohne Geheimdienste aus, wie Sie wissen.«

Jetzt lehnte sich Mielke auf die Fensterbank, den Blick weiterhin auf den Hof gerichtet.

Wie die alten Leute, dachte Gärtner, Rentner, die stundenlang das Treiben auf der Straße beobachteten, weil alles andere noch langweiliger war.

»Diese Einrichtungen sind nur dazu da, im Zwielicht des Halbdunkels nach Vorgängen Ausschau zu halten, die die jeweilige Gegenseite auf keinen Fall im Licht der Öffentlichkeit sehen will. Man könnte es fast als ein Spiel betrachten. Das größte Spiel, das die Welt kennt.«

Noch immer konnte der Referent nicht ausmachen, worauf sein Chef mit den ungewohnt philosophischen Betrachtungen hinauswollte.

»Was machen Sie, wenn westliche Spione entdeckt haben, dass der im Dunkeln liegende Parkplatz doch nicht leer ist? Endlich haben die das Automobil entdeckt, dessen Existenz sie die ganze Zeit nur vermutet haben.«

Gärtner zog die Stirn kraus. »Ich fahre die Karre weg, bevor die da sind. Oder was meinen Sie?«

Mielke schüttelte den Kopf. »Das hat doch keinen Sinn, Genosse. Wenn die Ihr Fahrzeug einmal entdeckt haben, können Sie nichts mehr machen. Und was noch viel schlimmer ist – wenn Sie da hinrennen, um den völlig unwichtigen Wagen wegzufahren, machen die ein Foto von Ihnen und freuen sich, dass der viel wichtigere Fahrer des Wagens endlich aufgetaucht ist. Dann ist nicht nur Ihr Wagen verbrannt, sondern Sie gleich mit. Denken Sie nach, Gärtner.«

»Da haben Sie vollkommen recht, Genosse Minister. Daran habe ich überhaupt nicht gedacht.« Gärtner ärgerte sich, zugeben zu müssen, in diese Falle getappt zu sein.

»Nein, mein Lieber. Sie schicken den Gegner ins Moor, ohne dass er es bemerken kann. Sie sorgen dafür, dass die durch ihre eigene – wie die glauben – erstklassige Geheimdienstarbeit den Schalter für den Scheinwerfer finden, der Ihren Wagen in gleißend helles Licht taucht. Dann kann der Feind Ihr Fahrzeug komplett auseinandernehmen, ist glücklich und beschäftigt.«

»Aha, ja, interessant«, murmelte der Referent.

»Sagen Sie mal, Genosse Gärtner, was befindet sich denn eigentlich hinter meinem Dienstfahrzeug da drüben?«, fuhr Mielke in beiläufigem Ton fort.

»Dahinter? Was soll sich denn dahinter befinden? Nichts, leerer Parkplatz, Chef. Das ist doch völlig uninteressant. Außerdem kann man dahinter sowieso nichts erkennen, weil...«, Gärtner fühlte sich erneut bloßgestellt.

»...die Lichtkegel dieser grellen Natriumdampflampen in diesem Falle zufällig nur genau bis zu meinem Dienstwagen reichen.« Endlich wandte der Minister seinem Blick dem Referenten zu und grinste. »Und ob Sie es glauben oder nicht, hinter meinem Wagen steht der große Omnibus, voll mit unseren wichtigsten Kundschaftern des Friedens, von dem Sie überhaupt keine Ahnung haben, Genosse Gärtner.« Als Mielke den entgeisterten Gesichtsausdruck seines Mitarbeiters bemerkte, legte er ihm die Hand auf die Schulter. »Ich halte große Stücke auf Sie, das habe ich Ihnen schon gesagt. Sie sind noch jung, der Partei und unserer sozialistischen Gesellschaft treu ergeben, und Sie lernen schnell. Ich könnte mir vorstellen, dass jemand aus solchem Holz dem Ministerium in Zukunft noch große Dienste erweisen kann. Aber Gärtner, Sie geben zu schnell auf – und Sie handeln manchmal, ohne vorher gründlich nachgedacht zu haben. Sie machen dem Feind das Leben viel zu leicht. Unsere Waffen heißen Täuschung, Ablenkung und Desinformation. Solange wir eine Chance haben, werden wir von unserem großen Ziel nicht lassen. Niemals.« Mielke zog seine Hand zurück und tippte auf den dünnen Schnellhefter. »Das schaffen Sie jetzt direkt zu Mischa Wolf. Der weiß, was zu tun ist. Gute Nacht, Gärtner.« Er wandte sich wieder dem Fenster zu und bedeutete Gärtner zu gehen.

»Wird erledigt. Gute Nacht, Genosse Minister.« Beim Hinausgehen bemerkte er, dass das Vorzimmer dunkel und Frau Blume bereits nach Hause gegangen war. Im Türrahmen drehte er sich noch einmal um und sah den Minister reglos aus dem Fenster starren, als wolle er den Rest der Nacht mit der Observierung des Vorplatzes verbringen. Gärtner schloss leise die Tür.

Der Referent ging einige Schritte den Flur entlang, wurde langsamer und blieb schließlich stehen. Die seltsamen Andeutungen und Metaphern des Ministers gingen ihm nicht aus dem Kopf. War die ganze Angelegenheit etwa nicht glimpflich für die DDR ausgegangen? Auch wenn man für eine Weile unter schärferer Beobachtung (durch die Sowjetunion) stand und deshalb relativ handlungsunfähig war, was geheime Rüstungsprojekte anging, so hatte man doch nicht das Gesicht in der westlichen Welt verloren. Die Russen würden – schon im eigenen Interesse – dichthalten.

Und von was für einem 'großen Ziel' redete Mielke da? Konnten denn die Enttarnung von IM Hansen und die kleinlauten Zugeständnisse an die Sowjets tatsächlich zu einem vor längerer Zeit ausgeklügelten Notfallplan gehören; fungierten sie gewissermaßen als Sollbruchstelle, wenn die hochgeheimen Nuklearforschungen und die durchgeführten Strahlungsexperimente im Lübtheener Sperrgebiet aufflogen? Oder ging gerade seine Fantasie mit ihm durch, dachte er in die völlig falsche Richtung? Waren die Aussagen des Ministers vielleicht nur harmlose Allgemeinplätze, um ihn auf eine höhere Position im MfS, gar in der Hauptverwaltung von Genosse Wolf vorzubereiten?

Rational, mit Ruhe und Abstand betrachtet war die Lage völlig eindeutig. Zwar war die BRD in der Welt blamiert, aber sowohl die Geheimdienste Westdeutschlands als auch die Sowjets freuten sich gerade insgeheim, den Strategen in der Deutschen Demokratischen Republik kräftig auf die Finger gehauen zu haben. Die DDR befand sich diplomatisch in der Position des reuigen Sünders und fügte sich ganz offensichtlich in diese Rolle. Er war sich sicher, dass alle – der Westen wie die Russen – glaubten, die Affäre zur Gänze aufgeklärt zu haben. Keiner in der Führung der Sowjetunion würde annehmen, dass all diese Ereignisse, der verbrannte Topspion Guillaume, die havarierte Forschungseinrichtung und die selbstzufriedene Zurechtweisung durch den großen Bruderstaat etwas anderes waren als ein schwerer Rückschlag für die ungehörigen Autonomiebestrebungen der immer noch besetzten Deutschen Demokratischen Republik.

Gärtners Zweifel weigerten sich immer noch, vollständig zu verschwinden. Konnte es sein, dass die dramatischen Entwicklungen der DDR-Führung in Wirklichkeit eine Menge Zeit und Schutz vor Entdeckung des eigentlichen Planes verschafften? Der Blitz schlägt ja bekanntlich nicht zweimal in denselben Baum ein. Taten Mielke, Wolf, Honecker und Konsorten im Moment genau das – den völlig zerstörten Baum spielen, der, einmal aus der Aufmerksamkeit entlassen, stärker ausschlug als je zuvor? Das wäre für die Volkswirtschaft eine extrem teure Charade gewesen. *Quatsch, dieses Risiko geht keiner ein, der ein Land regiert.* Das wäre ja russisches Roulette, ein Spiel mit unbegrenztem Einsatz, dachte Gärtner. Das größte Spiel, das die Welt kennt...

Kurz zögerte er, dann zog er die Gummifäden über die Ecken des Schnellhefters und schlug ihn auf. Er schob den Laufzettel, auf dem Erich Mielke bereits mit seinem Kürzel unterschrieben hatte und den nun nur noch der Chef der Hauptabteilung Aufklärung abzeichnen musste, beiseite und las, was der Minister mit Bleistift auf das Titelblatt der Studie geschrieben hatte: *Schutz von Stahlmann hat weiterhin oberste Priorität!*

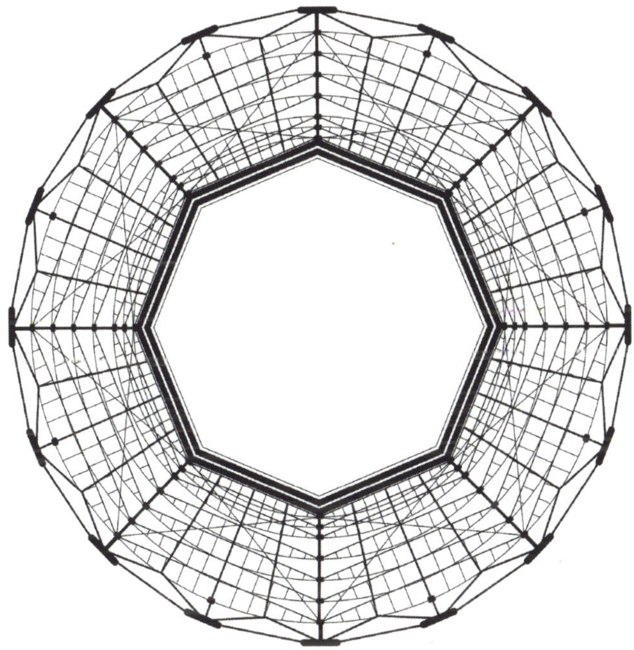

Glossar zu GREEN MAMBA

ABC – Abk. für »Atomar-Biologisch-Chemisch«.

ABV – Abk. für »Abschnittsbevollmächtigter«.

AG BKK – Abk. für »Arbeitsgruppe Bereich Kommerzielle Koordinierung«. Mit Ausgliederung der >BKK aus dem >Ministerium f. Außenhandel und direkter Unterstellung unter das >ZK übernahm die AG BKK des >MfS die Kontrolle des BKK.

BdVP – Abk. für »Bezirksdirektion der Volkspolizei«.

BfV – Abk. für »Bundesamt für Verfassungsschutz«.

BKK – Abk. für »Bereich Kommerzielle Koordinierung«. 1966 im Ministerium für Innerdeutschen Handel, Außenhandel und Materialversorgung (ab 1967 Ministerium für Außenwirtschaft, ab 1973 Ministerium für Außenhandel) eingerichtete Abteilung zur Beschaffung von Devisen. Ab ca. 1970 gehörte auch Beschaffung von Embargoware zu den Aufgaben.

Container – Im Geheimdienstjargon (der Stasi) Behältnis zum geheimen Transport von Dokumenten (z.B. Schuhabsatz mit eingebauter Kamera oder hohle Batterien als Filmdose). Meist von der >HV-A speziell hergestellt.

DVP – Abk. für »Deutsche Volkspolizei«.

GRU – Abk. für Glawnoje Raswedywatelnoje Uprawlenije. Ungefähre Übersetzung: »Hauptnachrichtenverwaltung des Generalstabes« der Sowjetstreitkräfte. Einen eingängigen Vergleich liefert Viktor Suworow: »Was der KGB für die Polit-Führung, ist die GRU für die Rote Armee« (GRU – Die Speerspitze, ISBN 3-502-16730-3).

GSSD – Abk. für »Gruppe der Sowjetischen Streitkräfte in Deutschland«.

HO – Abk. für »Handelsorganisation«. Einzelhandelskette der DDR.

HV-A (von uns verwendet – Schreibweise in vielen >MfS-Dokumenten bzgl. Inoffiziellen Mitarbeitern) oder ***HV A***, selten ***HVA*** – Abk. für »Hauptverwaltung Aufklärung«. Der für die Auslandsspionage zuständige Teil des MfS. Chef der HV-A im Jahr 1974 war Markus, genannt Mischa, Wolf. Die >GRU hatte ebenfalls eine entsprechende Einheit, die mit »Hauptverwaltung Aufklärung« bezeichnet wurde.

IADE – Abk. für »Informationsauswertende Diensteinheiten« (der >HV-A).

IM – Abk. für »Inoffizieller Mitarbeiter« (fälschlich oft »Informeller Mitarbeiter«). Bezeichnung für Informanten bzw. Agenten / Spione des >MfS.

K – Abk. für »Kriminalpolizei«.

KT – Abk. für »Kriminaltechnik«.

KTU – Abk. für »Kriminaltechnische Untersuchung«.

Kundschafter – manchmal auch »Kundschafter des Friedens«. Bezeichnung für die im Ausland tätigen >IMs.

MAD – Abk. für »Militärischer Abschirmdienst«.

MdI – Abk. für »Ministerium des Inneren«.

MfnV – Abk. für »Ministerium für Nationale Verteidigung«.

MfS – Abk. für »Ministerium für Staatssicherheit«, umgangssprachlich »Stasi« genannt. Minister im Jahr 1974 war Erich Mielke.

MUK – Abk. für »Morduntersuchungskommission«.

MZ – Abk. für den >VEB »Motorradwerk Zschopau«.

NSA – Abk. für »nicht-sozialistisches Ausland«.

NVA – Abk. für »Nationale Volksarmee«.

NVR – Abk. für »Nationaler Verteidigungsrat«. Seit 1960 höchstes Organ zu Fragen der Landesverteidigung. Verantwortlich für die militärische Konzeption der DDR.

OibE – Abk. für »Offizier im besonderen Einsatz«.

OTS – Abk. für »Operativ-technischer Sektor«.

OV – Abk. für »Operativer Vorgang«.

Politbüro (des >ZK) – Führt die Tagesgeschäfte des ZK. Die offizielle Regierung, der Ministerrat, war oft nur ausführendes Organ des Politbüro des ZK der >SED.

Quelle – Bezeichnung für einen Informanten / >IM.

SBZ – Abk. für »Sowjetisch besetzte Zone«.

SED – Abk. für »Sozialistische Einheitspartei Deutschlands«.

SIRA – Abk. für »System der Informations-Recherche der HV-A«

SMAD – Abk. für »Sowjetische Militäradministration«.

SVA – Abk. für »Strafvollzugsanstalt«.

SWT – Abk. für »Sektor Wissenschaft und Technik«. Abteilung V der >HV-A.

UAZ – Abk. für »Uljanowski Awtomobilny Sawod«. Sowjetrussisches Automobilwerk.

UdSSR – Abk. für »Union der Sozialistischen Sowjetrepubliken«.

VEB – Abk. für »Volkseigener Betrieb«.

Vopo – umgangssprachliche Abk. für »Volkspolizist«.

VP – Abk. für »Volkspolizei«.

VPKA – Abk. für »Volkspolizei-Kreisamt«.

VS-NfD oder ***VSnfD*** – Abk. für »Verschlußsache – nur für Dienstgebrauch«.

WB – Abk. für »West-Berlin«.

ZK – Abk. für »Zentralkomitee«.

STILLER & STILLER

Dana studierte Ägyptologie und Frühgeschichte, sowie die Archäologie Mesoamerikas und Keltische Sprachen. Es folgte ein Mathematik- und Anglistikstudium. Barry ist Journalist und arbeitete bei privaten TV-Sendern und Zeitschriften in München, später in Köln. Ende der 90er Jahre studierte er Ur- und Frühgeschichte sowie mesoamerikanische Archäologie.

Mit GREEN MAMBA — Schatten des Todes schafften es die Autoren 2018 auf die Shortlist für den Indie-Autor-Preis der Leipziger Buchmesse. Derzeit arbeiten Stiller&Stiller an einer Fortsetzung des Debuterfolges INFORMIUM — Tödliches Experiment.

Folgen Sie den Autoren auf Facebook oder Twitter (@StillerBooks) oder besuchen Sie ihre Webseite www.stillerstiller.com. Die Autoren freuen sich auch über Nachrichten an info@stillerstiller.com.

DIE ERSTEN

EIN FALL FÜR PETER CONRAD

Es ist die Entdeckung ihres Lebens: 1988 findet ein internationales Forscherteam in der kanadischen Arktis eine Wikinger-Siedlung und gut erhaltene Eismumien. Doch zwei Wochen später stirbt der erste Mitarbeiter unter mysteriösen Umständen.

Und das ist erst der Beginn einer Reihe unerklärlicher Ereignisse: Rätselhafte Zeichnungen und Funde tauchen auf, Wissenschaftler der Expedition verhalten sich eigenartig, und in den verschneiten Wäldern scheint etwas auf sie zu lauern. Haben die Forscher etwas Böses aus den finsteren Legenden der Eskimos wiedererweckt?

Peter Conrad, gerade erst aus der DDR zurückgekehrt, weiß von alledem nichts. Als man ihm eine Stelle in Kanada anbietet, hat er keine Ahnung, dass er einen Toten ersetzen soll... und worauf er sich einlässt. Das Geheimnis der Wikinger könnte die Welt für immer verändern – und jemand wird um jeden Preis verhindern, dass es je gelüftet wird.

BLUT

EIN FALL FÜR PETER CONRAD

Während einer Stadtgrabung in London entdecken Peter Conrad und Lisa Franks innerhalb der Grundmauern einer alten Kirche mysteriöse Bestattungen. Was sich anfangs wie ein mittelalterlicher High-Society-Friedhof darstellt, erweist sich bald als Ort uralter Flüche und Rituale: Den Toten fehlen die Köpfe, ihre Knochen wurden zertrümmert und Nägel in ihre Leiber getrieben.

Wenig später stoßen die Forscher um Professor Small auf Brompton Cemetery auf ähnliche Verstümmelungen und in einer vergessenen Krypta auf erstaunlich gut erhaltene Mumien aus viktorianischer Zeit. Zunächst ignorieren die Forscher alle Warnungen und seltsamen Vorfälle. Doch dann wird eine ausgeblutete Frauenleiche gefunden. Und welches schreckliche Geheimnis hütet der Professor?

Je tiefer die Archäologen in den Fall eintauchen, desto größer wird die Gefahr. Schließlich greifen Conrad und Franks zu einer Maßnahme, die sie Kopf und Kragen kosten kann. Und ihren Verstand.

INFORMIUM

TÖDLICHES EXPERIMENT

In der ägyptischen Wüste stößt das Ausgrabungsteam um Peter Conrad auf ein riesiges Gräberfeld. Den Archäologen wird klar, dass einiges nicht zusammen passt. Die Mumien lassen sich nicht datieren und zeigen Anzeichen von schweren Erbkrankheiten. Und auch die religiösen Inschriften, mit denen der Fundort übersät ist, geben Rätsel auf. Während Ägyptologin Lisa Franks Hinweise entdeckt, dass bereits die Nazis hier unter höchster Geheimhaltung gegraben haben, wird ein Mitarbeiter des Teams erstochen aufgefunden.

Zur gleichen Zeit wird Ost-Berlin von einer Mordserie erschüttert, die den Volkspolizei-Hauptmann Josef Keller mit einer Verschwörung konfrontiert, deren Ursprung in Zeiten des Dritten Reiches liegt und anscheinend mit den Ereignissen in Ägypten in Zusammenhang steht.

Nach einem Überfall auf das Grabungshaus können Peter und Lisa aus Ägypten fliehen. Doch das ist erst der Anfang einer tödlichen Jagd nach einer Geheimgesellschaft im geteilten Berlin.